"十二五"国家重点图书出版规划项目
材料科学研究与工程技术系列

新型材料及其应用

主　编　齐宝森　张　刚　栾道成　房强汉
副主编　常　春　姜　江　钱宇白　边　洁
主　审　李木森　王成国

哈尔滨工业大学出版社

内 容 简 介

本书以材料的开发、特征、性能、应用及发展前景为重点,有选择性地介绍了各类新型材料。全书共分9章,第1章新型材料导论,主要介绍了新型材料的定义、分类、成分(组成)、组织结构与性能之间的关系及发展趋势;第2~9章分别介绍了新型金属材料,新型聚合物材料,新型无机非金属材料,新型复合材料,非晶、准晶与纳米材料,新型功能材料,新能源材料与智能材料。本书力求通俗易懂、避免过多理论推导,以点带面,以达抛砖引玉、引领求知者更加深入学习新型材料的目的。

本书既可作为材料工程领域工程硕士专业的基础必修课程、本科生的选修课程的教材,也适用于广大理工科学生及相关工程技术人员参考。

图书在版编目(CIP)数据

新型材料及其应用/齐宝森等主编. —哈尔滨:哈尔滨工业大学出版社,2007.9(2023.7 重印)

ISBN 978-7-5603-2594-1

Ⅰ.新…　Ⅱ.齐…　Ⅲ.材料科学　Ⅳ.TB3

中国版本图书馆 CIP 数据核字(2007)第 139505 号

材料科学与工程
图书工作室

策划编辑	杨　桦　张秀华	
责任编辑	费佳明	
封面设计	卞秉利	
出版发行	哈尔滨工业大学出版社	
社　　址	哈尔滨市南岗区复华四道街 10 号　邮编 150006	
传　　真	0451-86414749	
网　　址	http://hitpress.hit.edu.cn	
印　　刷	肇东市一兴印刷有限公司	
开　　本	787mm×1092mm　1/16　印张 19.5　字数 450 千字	
版　　次	2007 年 9 月第 1 版　2023 年 7 月第 8 次印刷	
书　　号	ISBN 978-7-5603-2594-1	
定　　价	38.00 元	

前　言

材料是社会技术进步的物质基础与先导,现代高新技术的发展更是紧密依赖于材料的进步,因此材料与能源、信息技术被称为现代人类文明进步的三大支柱。

新型材料指那些新近研制成功或正在研制的、具有比传统材料更加优异的特性和功能,能够满足高新技术发展需要的一类材料。其特点是高性能化、高功能化、高复合化。其应用范围广泛,发展前景广阔。当前,新型材料产业已渗透到国民经济、国防建设乃至人们日常生活的各个领域,从神舟六号载人飞船的胜利返回、上海磁悬浮列车的顺利通车,到儿童玩具商店里的遥控小汽车、机器人等,新型材料的应用已极为广泛。学生与广大的工程技术人员普遍感觉到学习与了解新型材料知识的迫切性与必要性。

然而新型材料毕竟是近年来才快速发展起来的领域,大学各类相关课程介绍甚少而且滞后。为了更好普及新型材料有关知识,满足广大学生和工程技术人员的需要,作者结合近年来为工学硕士、工程硕士研究生及本科生讲授新型材料及其应用课程的体会,特联合西华大学、山东交通学院等兄弟院校共同编写此书。本书的编写,力图体现新型材料的特点,以材料的开发、性能和应用为重点,充分反映其先进性、技术性和实用性,在文字叙述上力求通俗易懂、避免过多的理论推导,以适应更广大理工科大学生、工程技术人员以及求知者的需求。应当说明,新型材料种类繁多、五彩缤纷,而且新内容、新知识点不断涌现,本书仅为其一瞥,但愿能起到抛砖引玉的效果,以达引导求知者深入学习新型材料的目的。

全书共分9章。第1、2章由齐宝森编写,第3章由钱宇白编写,第4章由常春编写,第5章由房强汉、边洁、常春编写,第6章由姜江编写,第7、9章由栾道成、张刚编写,第8章由张刚编写。全书由齐宝森、张刚、栾道成、房强汉任主编,常春、姜江、钱宇白、边洁任副主编,并请李木森、王成国教授主审。

本书在编写过程中参考了众多国内外有关教材、著作和研究论文,得到哈尔滨工业大学出版社等多方面的支持和帮助,并且得到山东大学出版基金的资助,谨此表示衷心的感谢。

由于本书涉及多学科,内容广泛,信息量大,加之新型材料、高新技术不断涌现,以及编者水平有限,难免存在疏漏及不足之处,敬请广大读者批评指正。

编　者

2007 年 2 月

目　　录

第1章　新型材料导论 ················· 1

　1.1 新型材料与高新技术 ··············· 1

　　1.1.1 何谓"新型材料","高新技术" ········· 1

　　1.1.2 新型材料是高新技术研究、开发的先导和基石 ···· 1

　1.2 新型材料的特征与分类 ············· 4

　　1.2.1 新型材料的特征 ·············· 4

　　1.2.2 五彩缤纷、绚丽多彩的材料世界 ········ 6

　1.3 材料的成分、结构与性能之间的关系 ······· 7

　　1.3.1 材料科学的"四要素"与"五要素" ······· 7

　　1.3.2 材料结构、成分、性能与应用之间的关系 ····· 8

　1.4 新型材料的发展趋势 ·············· 8

　　1.4.1 伴随高科技的迅猛发展,对新型材料提出新的总体要求 ··· 8

　　1.4.2 新型材料的发展趋势 ············ 9

　　思考题 ··················· 12

第2章　新型金属材料 ················ 13

　2.1 概述 ··················· 13

　　2.1.1 金属材料仍将是21世纪最主要的结构材料 ···· 13

　　2.1.2 金属材料的主要强韧化途径 ········· 14

　2.2 新型工程结构用钢 ·············· 16

　　2.2.1 低合金结构钢 ·············· 16

　　2.2.2 新型工程结构用钢的成分与组织设计 ····· 18

　　2.2.3 控制加工工艺过程,提高钢的强韧性 ····· 19

　　2.2.4 控制夹杂物形态 ············· 22

　　2.2.5 微合金化低碳高强度钢 ·········· 22

　　2.2.6 微合金化低碳 F－M 双相钢 ········· 25

　　2.2.7 发展新型低合金结构钢 ·········· 27

　　2.2.8 积极开发低碳马氏体(M)钢 ········· 28

　2.3 新型机器零件用钢——非调质钢 ········ 29

　　2.3.1 概述 ················· 29

　　2.3.2 强韧化特点 ··············· 30

　　2.3.3 冶金工艺特点 ············· 31

　　2.3.4 性能特点 ··············· 32

2.3.5 非调质钢的应用 ……………………………………………… 34

2.3.6 非调质钢的发展与研究动向 ………………………………… 35

2.4 金属间化合物高温结构材料 ……………………………………… 41

2.4.1 金属间化合物及其特性 ………………………………………… 41

2.4.2 改善金属间化合物作为高温结构材料的方法 ………………… 43

2.4.3 金属间化合物结构材料的发展 ………………………………… 43

2.5 刚柔相济的超塑性合金 …………………………………………… 46

2.5.1 超塑性合金的由来 ……………………………………………… 46

2.5.2 超塑性合金的优点 ……………………………………………… 48

2.5.3 为什么金属会产生超塑性行为 ………………………………… 48

2.5.4 外界条件对超塑性的影响 ……………………………………… 49

2.5.5 超塑性合金的作用 ……………………………………………… 50

思考题 ……………………………………………………………………… 52

第3章　新型聚合物合成材料 …………………………………………… 53

3.1 概述 ………………………………………………………………… 53

3.1.1 聚合物材料的发展与分类 ……………………………………… 53

3.1.2 聚合物材料的性能 ……………………………………………… 54

3.1.3 聚合物材料的强韧化(即改性) ……………………………… 55

3.1.4 聚合物材料的发展前景展望 …………………………………… 58

3.2 新型工程塑料 ……………………………………………………… 59

3.2.1 通用工程塑料 …………………………………………………… 59

3.2.2 特种工程塑料 …………………………………………………… 62

3.3 聚合物液晶材料 …………………………………………………… 64

3.3.1 何谓液晶材料 …………………………………………………… 64

3.3.2 聚合物液晶材料的形成 ………………………………………… 65

3.3.3 聚合物液晶材料的类型 ………………………………………… 66

3.3.4 聚合物液晶必须具备的条件 …………………………………… 68

3.3.5 聚合物液晶特殊的结构 ………………………………………… 69

3.3.6 奇妙的效应 ……………………………………………………… 69

3.3.7 聚合物液晶材料的应用 ………………………………………… 70

3.3.8 聚合物液晶材料的发展 ………………………………………… 73

3.4 导电聚合物材料 …………………………………………………… 74

3.4.1 概述 ……………………………………………………………… 74

3.4.2 结构型导电聚合物材料 ………………………………………… 74

3.4.3 复合型导电聚合物材料 ………………………………………… 75

3.5 聚合物材料与可持续发展 ………………………………………… 77

3.5.1 废弃聚合物的回收与再利用 …………………………………… 77

　　3.5.2 绿色聚合物——环保与可降解聚合物 ·················· 81

　思考题 ······································· 85

第4章　新型无机非金属材料 ························· 86

　4.1 概述 ······································ 86

　　4.1.1 无机非金属材料的范围 ····················· 86

　　4.1.2 无机非金属材料的分类 ····················· 86

　　4.1.3 无机非金属材料的制备方法 ··················· 87

　　4.1.4 无机非金属材料的基本特点 ··················· 90

　　4.1.5 无机非金属材料的应用发展前景 ················· 91

　4.2 氧化物陶瓷材料 ····························· 91

　　4.2.1 氧化铝(aluminum oxide, alumina) ··············· 91

　　4.2.2 二氧化锆 ····························· 93

　　4.2.3 ZTA 陶瓷 ···························· 97

　4.3 碳化物陶瓷材料 ····························· 98

　　4.3.1 碳化硅(silicon carbide)陶瓷 ················· 99

　　4.3.2 碳化硼(boron carbide)陶瓷 ················· 101

　　4.3.3 碳化钛陶瓷 ·························· 104

　4.4 氮化物陶瓷材料 ···························· 106

　　4.4.1 氮化硅陶瓷(silicon nitride ceramics) ············ 106

　　4.4.2 Sialon 陶瓷 ·························· 108

　　4.4.3 氮化铝陶瓷(aluminium nitride ceramics) ·········· 110

　　4.4.4 氮化硼陶瓷 ·························· 111

　4.5 碳素材料 ······························· 113

　　4.5.1 概述 ····························· 113

　　4.5.2 石墨材料的分类和应用 ···················· 118

　　4.5.3 C_{60} 和碳纳米管材料 ···················· 120

　思考题 ····································· 121

第5章　新型复合材料 ···························· 123

　5.1 概述 ······································ 123

　　5.1.1 复合材料的概念 ······················· 123

　　5.1.2 复合材料的分类 ······················· 124

　　5.1.3 复合材料的性能特点 ····················· 126

　　5.1.4 复合材料的现状与发展前景 ·················· 128

　5.2 复合材料用增强材料 ························· 130

　　5.2.1 纤维增强体 ·························· 130

　　5.2.2 颗粒增强体 ·························· 136

　　5.2.3 片状增强体 ·························· 136

    5.2.4 织物增强体 ·· 137

    5.2.5 毡状增强体 ·· 137

  5.3 聚合物(树脂)基复合材料 ··· 138

    5.3.1 概述 ·· 138

    5.3.2 纤维增强聚合物基复合材料 ·· 139

    5.3.3 颗粒填充聚合物基复合材料 ·· 141

    5.3.4 聚合物基层状复合材料 ·· 141

  5.4 金属基复合材料 ··· 142

    5.4.1 连续纤维增强金属基复合材料 ····································· 143

    5.4.2 晶须增强金属基复合材料 ··· 143

    5.4.3 颗粒增强金属基复合材料 ··· 143

  5.5 陶瓷基复合材料 ··· 144

    5.5.1 纤维增强陶瓷基复合材料 ··· 144

    5.5.2 晶须增强陶瓷基复合材料 ··· 148

    5.5.3 颗粒弥散强化陶瓷基复合材料 ····································· 148

    5.5.4 纳米陶瓷(基)复合材料 ··· 149

  5.6 梯度功能材料研究进展 ·· 149

    5.6.1 概述 ·· 149

    5.6.2 梯度功能材料的研究动态 ··· 150

    5.6.3 前景展望 ·· 155

  思考题 ·· 156

第6章 非晶、准晶与纳米材料 ··· 157

  6.1 材料的稳定态与亚稳态 ·· 157

    6.1.1 亚稳态常见的几种类型 ·· 157

    6.1.2 为什么非平衡的亚稳态能够存在 ··································· 157

  6.2 非晶态材料 ··· 158

    6.2.1 非晶态的形成 ··· 158

    6.2.2 非晶态的结构特性 ·· 159

    6.2.3 非晶态合金的性能 ·· 161

    6.2.4 非晶态合金的制备与应用 ··· 162

  6.3 材料的准晶态 ·· 166

    6.3.1 准晶的形成 ·· 166

    6.3.2 准晶的结构特征 ·· 167

    6.3.3 准晶的性能 ·· 167

    6.3.4 准晶的应用 ·· 167

  6.4 纳米材料 ··· 168

    6.4.1 概述 ·· 168

6.4.2 纳米材料的结构特征 ··· 171
6.4.3 纳米材料的性能 ··· 176
6.4.4 纳米材料的合成与制备 ·· 177
6.4.5 纳米材料的应用 ··· 180
6.4.6 实现"在原子和分子水平上制造材料和器件"的梦想 ·········· 185
思考题 ·· 186

第7章 新型功能材料 ··· 187
7.1 概述 ··· 187
7.1.1 功能材料的发展 ·· 187
7.1.2 功能材料的特征与分类 ·· 187
7.1.3 功能材料的现状与展望 ·· 188
7.2 新型电功能材料——超导材料 ····································· 190
7.2.1 超导材料的开发历程 ··· 190
7.2.2 超导体的几个特征值 ··· 193
7.2.3 超导材料的类型 ·· 195
7.2.4 超导材料的应用 ·· 197
7.3 生物医学材料 ·· 201
7.3.1 生物医学材料的发展概况 ······································· 202
7.3.2 生物医学材料的用途、基本特性及分类 ···················· 202
7.3.3 金属生物医学材料 ··· 203
7.3.4 生物陶瓷 ·· 205
7.3.5 生物医用聚合物材料 ··· 210
7.3.6 生物医学材料的发展趋势 ······································· 213
思考题 ·· 214

第8章 新能源材料 ··· 215
8.1 锂离子电池材料 ·· 215
8.1.1 概述 ··· 215
8.1.2 锂离子电池负极材料的研究 ···································· 217
8.1.3 锂离子电池正极材料 ··· 224
8.1.4 二次锂离子电池电介质研究的进展 ·························· 237
8.2 镍氢电池材料 ·· 243
8.2.1 概述 ··· 243
8.2.2 镍氢电池的正极材料 ··· 244
8.2.3 镍氢电池的负极材料——储氢合金 ·························· 247
8.2.4 Ni – MH 电池的电解液 ·· 257
8.3 燃料电池材料 ·· 257
8.3.1 概述 ··· 257

　　8.3.2 熔融碳酸盐燃料电池(MCFC) ·· 261
　　8.3.3 固体氧化物燃料电池(SOFC) ·· 264
　　8.3.4 质子交换膜燃料电池(PEMFC) ·· 269
　思考题·· 278
第9章　智能材料··· 279
　9.1 概述·· 279
　　9.1.1 智能材料的发展历程·· 279
　　9.1.2 智能材料的定义与特性·· 280
　9.2 神秘的形状记忆智能材料·· 281
　　9.2.1 形状记忆效应(SME)的概念·· 281
　　9.2.2 SME 的实质··· 283
　　9.2.3 SMA 材料与开发过程··· 284
　　9.2.4 SMA 的应用·· 285
　　9.2.5 形状记忆陶瓷与形状记忆聚合物材料的开发、应用································· 286
　9.3 发展中的电流变液智能材料··· 289
　　9.3.1 概述··· 289
　　9.3.2 电流变液的分类及电流变液效应·· 290
　　9.3.3 电流变液的影响因素··· 291
　　9.3.4 电流变液的应用·· 292
　　9.3.5 电流变液材料的研究进展··· 293
　思考题·· 294
参考文献·· 295

第1章　新型材料导论

1.1　新型材料与高新技术

众所周知,材料、能源与信息技术是现代文明的三大支柱,而能源与信息技术的发展在一定程度上又依赖于材料的进步。因此,世界上许多国家都把材料与材料科学列为重点发展学科之一,材料的质量、数量和品种又成为衡量一个国家科学技术、国民经济水平和国防力量的重要标志之一。材料是人类生活和从事生产的物质基础,是衡量人类社会文明程度及劳动力发展水平的标志,是人类进化的里程碑。人类历史上的石器时代、青铜器时代、铁器时代都是以材料作为时代的重要标志,现今人类正跨入人工合成新型材料的崭新时代。现代科学技术特别是高新技术的发展给新型材料的研制和开发创造了必要条件和可能,而新型材料的出现和使用又往往会给技术进步、高科技和产业化的形成,乃至整个经济和社会带来重大影响。

1.1.1　何谓"新型材料","高新技术"

新型材料一般系指那些新近研制成功或正在研制的、具有比传统材料更加优异的特性和功能,能够满足高新技术发展需要的一类新材料。它具有多学科交叉和知识密集、技术密集的特点,是一类品种繁多、结构特性好、功能性强、附加值高、更新换代快的材料。目前全世界已经注册的新材料约有 30 万种,并且还以每年大约 5% 的速度迅速增长,其中相当一部分具有发展成为新型材料产业的潜力。

高新技术是相对意义上发展变化着的一个概念,它可分为三个层次:第一层次称做技术的改进;第二层次称做技术的复合;第三层次称做技术的创造。

新型材料是高新技术的一个组成部分,它不但具有高新技术产业的特点,即高效益、高智力、高投入、高竞争、高风险、高势能,而且是其他高新技术产业得以发展和应用的基础和先导;同时,新型材料的发展亦有赖于其他高新技术的支持或支持。它们之间联系密切,互相依存、互相促进,共同推动经济发展和社会进步。例如,没有半导体材料的工业化生产,就没有电子计算机的问世;没有耐高温的轻质高强结构材料,就没有宇航业的发展;没有低损耗的光导纤维,就没有光纤通信,更不会使整个通信产业发生革命性的变化。

1.1.2　新型材料是高新技术研究、开发的先导和基石

21 世纪是知识经济、信息时代,新型材料作为高科技、高新技术研究、开发的先导和基石,其作用将展现得更加淋漓尽致。

例如,支撑微电子工业的集成电路近十年来发展迅速,更新换代快,集成度遵循著名的莫尔定律每 18 个月翻一番,线宽以 70% 的比例递降:1992～1994 年为 0.5 μm,1995～

1997 年为 0.35 μm，1998～2000 年则为 0.25 μm。然而，采用现有的材料和加工技术，集成度将很快达到极限，若要继续提高集成度必须另辟蹊径。在众多的材料和加工技术中，纳米材料和纳米加工技术是最有希望的。利用纳米材料和纳米加工技术可实现集成电路的三维集成和加工，实现在原子和分子尺度上的集成。

又如，由于控制环境污染方面的要求，在 21 世纪，地面运输工具将使用高比强度、高比刚度材料，以减轻自重，如汽车每减重 100 kg，每升油可多行驶 0.5 km。美国到 2003 年单位体积燃料的里程数由 12 km/L 提高至 35 km/L，该目标的实现，37%靠车辆的轻量化，40%靠提高热效率，而这两项均与所使用的新型材料直接相关。此外，太阳能的高效率利用、高功率燃料电池发电，均是以高性能新型材料的研制和开发为先导的。

再如，要提高热机效率势必会升高工作温度，所以要求制造热机的结构材料在高温下具有足够的强韧性、耐热性。这是一般钢铁材料无法达到的，而用新型工程陶瓷材料制成的高温结构陶瓷柴油机，可节油 30%，热机效率提高 50%。目前还研制出在 1 400 ℃下工作的涡轮发动机陶瓷叶片，大大提高了效率。这说明，开发新型材料可提高现有能源的利用率。

众所周知，切削刀具是机械制造中的重要工具。19 世纪 80 年代普遍使用的是合金钢制作的车刀、铣刀，切削速度 10 m/min；到 20 世纪 40 年代采用硬质合金，刀具也改成负前角，切削速度提高至 60～70 m/min；而进入 80、90 年代来，采用陶瓷刀具，由 Al_2O_3、Si_3N_4 到立方氮化硼，切削速度由 200 m/min 提高至 500 m/min；而刀具表面强化处理更是锦上添花，高速钢表面经 PVD 或 CVD 制成 TiC、TiN 的复合涂层，可制备形状复杂、精度要求高的耐冲击、耐磨刀具，使钻头寿命提高 5 倍以上。

新型材料的开发和使用给人类生活带来的便利是实实在在的，人类在推进文明发展的同时，已更加注重自身生活质量和周围环境的改善。因此，生物材料和环境相容性材料的开发和使用将会受到重视。随着人口老龄化和生活质量的提高，人体器官的修复与更换变得十分必要。利用生物材料，人们可以生产出人造肝、人造肾、人造胰、人造皮肤和人造血管等，还可以制造出药物缓释系统的新型材料，以控制药物的释放时间和速度。

长期以来，人类在材料的提取、制备、生产以及制品的使用与废弃的过程中，消耗了大量的资源和能源，并排放出废气、废水和废渣，污染着人类自身的生存环境。有资料表明，从 1970 年至 1995 年的 25 年间，人类消耗了地球自然资源的 1/3；美国每年排放工业废料约 120 亿吨，其中约有 7.5 亿吨是有害的（可燃、腐蚀、有毒），与材料生产相关的工业所排放的有害废料约占 90%。现实要求人类从节约资源和能源、保护环境，从社会可持续发展的角度出发，重新评价过去研究、开发、生产和使用材料的活动；改变单纯追求高性能、高附加值的材料，忽视生存环境恶化的做法；探索发展既有良好性能或功能，又对资源和能源消耗较低，并且与环境协调较好的材料及其制品。图 1.1 给出了材料的"生命周期"示意图。由图可见，从矿物开采，原材料加工、冶炼，材料半成品加工，产品生产使用等各个环节都会向我们居住的地球或大气层排放污染物。为此，应该用系统工程的方法，综合考虑材料的生产、使用、回收利用等各个环节，达到污染物的零排放。此外，从原子、分子、显微和复合结构等不同尺度精心设计和人工合成高性能的新型材料,如复合材料、纳米材料、超合金、信息功能材料、灵巧和智能材料等,以减少对地球矿藏的依赖,这也是降低环境污染的有效措施。

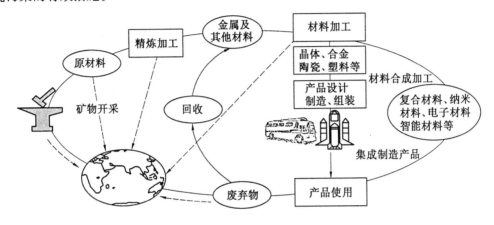

图 1.1　材料的"生命周期"示意图

未来各种新兴产业的发展,无不依赖于新型材料的进步。像开发海洋用的深潜器及各种海底设施需要耐压、耐蚀的新型结构材料;卫星、宇航设备需要轻质高强度的新型材料;医学上制造人工脏器、人造骨骼、人造血管等要用各种具有特殊功能且与人体相容的新型生物医学材料等。

总之,在当前激烈的竞争中,谁掌握了最先进的新型材料,谁的高新技术及其产业就能得到迅猛发展。与此同时,高新技术及其产业的发展,又对新型材料提出了更新、更高和更为迫切的要求,如高强度、高韧性、耐高温、耐低温、耐磨损、抗腐蚀、抗疲劳等,同时还要求构件质量轻、成本低、生产工艺简单等。这是推动材料科学技术发展的一个关键因素。

目前,世界各国对新型材料的研究开发、生产和应用都十分重视,并把它列为带头学科和优先发展领域。如美国的研究机构、企业和大学均有许多课题进行新型材料的研究,据 1972 年美国国家科学院的白皮书报告,全美科技人员中有 25% 从事材料问题的研究,而且还有 25% 以某种形式参与材料的研究;1986 年《科学的美国人》杂志在专题讨论有关材料研究的文章中指出"材料科学的进展决定了经济关键部门增长速率的极限范围";1990 年,美国总统的科学顾问更是明确地说"材料科学在美国是最重要的学科";美国的许多技术性问题是通过采用新型材料来解决的,如高性能的飞机就是一个突出的例子。我国也在 1986 年把新型材料列入了"863 高技术计划"的 7 个重点发展领域之一;在国家基础研究重大项目 973 计划中选择的 6 个研究领域,材料就是其中之一;另外在国家科技攻关计划、火炬计划、高技术研究成果产业化等项目中,新型材料都是重要内容。在世界范围内,一场研制新型材料的高技术角逐正方兴未艾,新型材料产业化的竞争也愈演愈烈,无论在我国,还是全世界,新型材料的发展已进入了一个黄金时期。

1.2 新型材料的特征与分类

1.2.1 新型材料的特征

1. 新型材料获得途径与传统(普通)材料不同

新型材料是过去不曾有、自然界中亦不存在的人造材料。传统的材料是利用天然原材料加以提炼、加工而成的。而新型材料是在研究并掌握了物质结构、变化规律的基础上,根据人类的需要,通过对原子、分子等的选择、组合,并创造必要的环境条件,得到的具有预期性能的物质,所以是人工合成或人工创造的。在新型材料的研究和制造中人们是主动的,原因有以下3点。

(1)研制新型材料是出于人类的主观需要,因而有明确的目的要求。此点自始至终贯穿于整个新型材料的研究、试验和制造过程中,因而是有目的的"创造"。

(2)新型材料的研制是在人类已掌握各方面必需知识的基础之上进行的。由于人类已经越来越多地掌握了物质结构及其变化规律,及由此对性能产生的影响,因此新型材料的出现绝不是偶然事件,也绝不是盲目的摸索,而是人类科学、技术发展的必然结果。现在探索和创造新型材料有以下3种途径。

①利用极限条件。如超高温、超高压、极低压等,以获得有特异性的原子排列特点的材料。

②通过形态和纯度的控制。如超细化、超薄膜化、多孔质化等设计和控制技术,创造出具有高纯度、完全结晶、非晶态等极限状态的新材料。

③材料复合。如金属、陶瓷、有机材料等的相互复合,利用其复合效应开发高性能材料。

(3)新型材料不像传统材料那样靠大规模、连续生产维持竞争能力,它们一般生产规模小,经营分散,更新换代快,而且品种变化频繁。

2. 新型材料是多学科相互交叉、相互渗透、相互促进,综合研究的成果

新型材料的出现是多种学科相互交叉、渗透和互相促进,综合研究和进步的成果;是基础学科(如物理、化学、生物、数学等)与理化专业技术(如微电子、计算机、冶金学等)新成果交织在一起的成果。新型材料的研究、制造是以先进的科学、技术为基础的,是包括物理、化学、冶金学等多种学科综合研究和进步的成果。因此,其涉及面广,知识密度高。如果没有各种学科最新研究成果的指导或支持,新型材料的设计、研究是不可能的,即使有了设想和设计也不可能制造出来。

新型材料工业本身亦是知识、技术密集型的新产业,其产品——新型材料具有极高的附加价值。例如由精密陶瓷材料制成的人造齿售价高达 1 000 万日元/kg,而碳纤维达 1~2 万日元/kg,钢材仅为 100 日元/kg,可见其相差甚远。

3. 新型材料具有高新性能,能满足尖端技术和设备制造的需要

新型材料,是高新技术、高新设备得以完成和实现的重要条件和保证。例如,不需高压和钢瓶,也不需要低温致冷设备和绝热保护来贮存氢是一项高新技术,是利用新能源——氢的关键,但是如果没有新型的贮氢材料,这一高新技术是不可能实用化的;光导纤维的开发使光纤通信这一高新技术得到实际应用;高纯单晶硅半导体材料的研制成功,使集成电路问世,开创了微电子学这一新领域。而以新型材料砷化镓制作的电子器件比硅制器件的运算速度快 5 ~ 10 倍,甚至高达 100 倍,从而可使计算机的运算速度达到 100 亿次/s,所以新型半导体材料的出现才使对无线电波的控制有了希望。

令人可喜的是一大批超轻质、耐高温、耐腐蚀、超高强、超电导以及耐超低温等极限材料已经成为航天、海洋、新能源、生物工程以及信息技术等领域的主要应用材料。

4. 新型材料发展的驱动力由军事需求向经济需求转变

回顾 20 世纪,由于国防和战争的需要,核能的利用和航天航空技术的发展,成为新型材料发展的主要驱动力。

而在 21 世纪,卫生保健、经济持续增长以及信息处理和应用等将成为新型材料发展的最根本的动力。工业和商业的全球化更加注重材料的经济性、知识产权价值和其与商业战略的关系,新型材料在发展绿色工业方面也会起重要作用。未来新型材料的发展将在很大程度上围绕如何提高人类的生活质量而展开。

5. 新型材料的开发与应用联系更加紧密

现代社会经济的发展要求新型材料的开发必须与其具体应用紧密相连,没有明确目的的研究开发往往得不到足够的资金支持,而且研究成果也很难转化为生产力。针对特定应用目的开发新型材料可加快研制速度,提高材料的使用性能,便于新型材料走向实际应用,并且可减少材料的"性能浪费",从而节约了资源。

推进新型材料的研发及其产业化的关键是加强材料科技研究与商业应用的联系,这就要求新型材料研究要预先进行商业化应用考虑,并开展相应的应用研究工作。

6. 新型材料应注重与生态环境及资源的协调性

面对资源、环境和人口的巨大压力,世界各国都在不断加大生态环境材料及其相关领域的研究开发力度,并从政策、资金等方面都给予更大支持。材料的生态环境化及其产业在资源和环境问题制约下满足经济可承受性,是实现可持续发展的必然选择。环境协调性已经成为研究开发新型材料的指导思想。发展新型材料和改造基础材料更重视从生产到使用的全过程的影响,如资源保护、生产制备过程的污染和能耗、使用性能和回收再利用的问题等。

生态环境材料的三个特征是:优异性能并节约资源、减少污染和再生利用。目的是实现资源、材料的有机统一和优化配置,达到资源的高度综合利用以获得最大的资源效益和环境效益,为形成循环型社会的材料生产体系奠定基础。

因为新型材料具有极其重要的作用,所以受到世界各国的高度重视,竞相开展研究工作,投入大量人力、物力、财力,从而加速了新型材料的发展。

应该指出,新型材料和传统材料并无明确的界限,新型材料的发展必须以传统材料为基础,而且从数量和影响看,传统材料仍将占有十分重要的地位,但是要实现质量的不断提高,品种的不断增加,性能的不断改进和成本的不断下降,就必须对传统材料开展更多、更深入的研究工作。传统材料在很多情况下会发展成为新型材料,而新型材料又推动了传统材料的进一步发展。目前新型材料已成为各种高新技术发展的关键,如高效燃气轮机和内燃机,太阳能的利用,磁流体发电、高能蓄电、超导输电等,均需使用各种新型材料。因此,加强新型材料的研究和开发势在必行。

1.2.2　五彩缤纷、绚丽多彩的材料世界

材料世界门类繁多、五花八门、多种多样,用途广泛,真可谓"五彩缤纷、绚丽多彩"。世界各国和不同学科的科学家,对材料的分类方法不尽相同,因此材料的分类方法也没有一个统一的标准。

(1) 按材料使用性能或用途的侧重点不同分类

可把材料分为结构材料和功能材料两大类。结构材料是着重于利用其力学性能的一大类材料,它是机械制造、工程建筑、交通运输、能源乃至航空航天等各种工业的物质基础。提高质量、增加品种、降低成本仍是其重要任务。另外,开发新型结构材料,满足高强度、高韧性、耐高温、耐磨、耐蚀、抗辐照等性能要求也是急需解决的关键问题。人们可喜地看到新型陶瓷结构材料、复合材料和聚合物结构材料的相继开发,为结构材料注入了新的生命力,正在受到高度重视。

功能材料则是指除强度之外还具有其他功能的材料,即侧重于以特殊的物理、化学性能为主的材料。它们对外界环境具有灵敏的反应能力,即对外界的光、热、电、压力等各种刺激可以有选择地完成某些相应的动作,因而具有许多特定的用途。电子、激光、能源、通信、生物等许多新技术的发展都必须有相应的功能材料。可以说,没有众多功能材料的出现,就不可能有今日科学、技术的飞速发展。与结构材料相比,功能材料的发展尤为突出,并因此而使材料科学进入了一个崭新阶段。

(2) 在工程上,或从成分、特性的角度分类

可将材料划分为金属材料、无机非金属材料(包括陶瓷、半导体等)、聚合物材料以及复合材料4大类。每种材料各具不同的结构特性和功能特性。

国外也有把固体材料分成金属材料、无机非金属材料、聚合物材料、复合材料和半导体材料5类。

(3) 按材料应用对象的不同进行分类

可将材料分为结构材料、电子材料、航天航空材料、汽车材料、核材料、建筑材料、包装材料、能源材料、生物医学材料、信息材料等。

(4) 按材料的某种特殊用途(功能)分类

可将材料分为超导材料、贮氢材料、形状记忆材料、信息材料、非晶态材料、磁性材料、生物医学材料、机敏材料、智能材料等。

(5) 按材料的结晶状态进行分类

可将材料分为单晶材料、多晶材料、非晶材料、准晶材料以及液晶材料等。

(6) 按材料的物理性能分类

可将材料分为高强度材料、高温材料、超硬材料、导电材料、绝缘材料等。

(7) 按材料发生的物理效应分类

可将材料分为压电材料、热电材料、铁电材料、光电材料、激光材料、磁光材料、声光材

料等。

(8) 从化学的角度进行分类

可将材料分为无机材料与有机材料。

(9) 传统材料及新型材料则是另外一种对材料的分类方法

传统材料是指已在大量生产、价格一般较低、在工业应用上已有长期使用经验和数据的材料。新型材料则指具有优异性能的高科技产品、正在努力商业化或研制之中、并具有一定保密性的材料。以上的划分方法有一定的相对性,新型材料解密后,开始商业化及大量生产并积累了经验之后,就成为传统材料;也可能一些传统材料采用特殊高科技工艺加工后,具有了新的、更优良的性能,则就成为新型材料。

1.3 材料的成分、结构与性能之间的关系

材料的所有性能都是其化学成分和其内部的组织、结构在一定外界因素(载荷性质、应力状态、工作温度和环境介质)作用下的综合反映,它们之间有很强的依赖关系,相辅相成,而又是不可分割的,它们是材料科学的核心,同时又是认识和开发新型材料的理论基础。

1.3.1 材料科学的"四要素"与"五要素"

材料科学是研究各种固体材料的成分、组织结构、制备加工工艺与性能之间关系的科学。它包含 4 个基本要素:材料的合成与制备、成分与组织结构、材料特性和使用性能。这 4 个基本要素既概括了材料科学的范围,又共同支撑着材料科学,它可用如图 1.2 所示的四面体来表示。四面体的各顶点为材料的成分/组织结构、制备合成与加工工艺、材料的固有特性和使用性能。

材料的成分/组织结构反映材料的本质,是决定其性能的内在因素。它包含材料的原子结构、结合健、原子排列方式(晶体与非晶体)和组织状态(显微组织、晶体缺陷和冶金缺陷等),是认识材料和开发材料的理论基础。材料的制备合成与加工工艺,着重研究获取材料的手段,以工艺技术的进步为标志,其方法和对性能影响随材料种类的不同而不同。材料的固有特性表征了材料固有的物理性能(如电、磁、光、热等性能)、化学性能(如抗氧化和抗腐蚀、聚合物的降解等)和力学性能(如强度、塑性、韧度等)等,是选用材料的重要依据。使用性能或服役性能则是把材料的加工和服役条件相结合来考察材料的各种行为,它往往成为材料科学的最终追求的目标。

材料科学的四要素之间有很强的依赖关系,相辅相成而又是不可分割的。工程技术的发展促进了材料科学的深入,而材料科学的新发现又推动材料制备技术的发展。

考虑到四要素中的材料"成分"和"组织结构"不能等同,例如相同成分的材料通过不同的合成或加工工艺,可得出不同的组织结构,从而材料的性能或使用性能都不会相同。因此,应该把它们区分开来,则材料科学与工程的组成由四面体变成如图 1.3 所示的六面体。这种改变不但赋予材料设计一个恰当的位置,而且使用性能与材料特性的关系就更加明确了,即前者是后者在不同环境(温度、气氛与受力状态)下的表现。

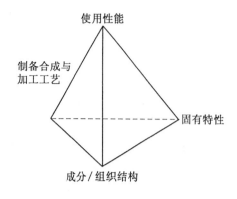
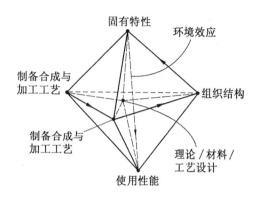

图 1.2　材料科学与工程的四要素模型　　　　图 1.3　材料科学与工程的五要素模型

1.3.2　材料的结构、成分、性能与应用之间的关系

材料科学的重要研究领域是材料的成分、结构、性能与应用之间的关系。

材料的化学成分对其强韧化的影响有直接作用和间接作用,且以间接作用为主。一般而言,材料的组成元素与其含量的改变对材料的强韧化作用是通过材料结构的改变来实现的。所以材料的化学成分或化学组成是其结构的主要决定因素之一。

材料的结构是指材料的组元及其排列和运动方式,它包括形貌、相组成、晶体结构和缺陷等内涵。通常用来表示材料结构的名词有宏观组织、显微组织、晶体结构、原子结构等。原子结构与电子结构是研究材料特性的两个最基本的物质层次。

当材料的化学成分或化学组成一定时,可通过变更不同的加工工艺(如改变热处理工艺,进行冷、热变形加工等)来改变材料的组织结构,从而导致材料在力学性能上有较大的差异。

另一影响材料性能的主要因素是原材料的质量或冶金质量,如钢材在生产过程中要经过冶炼、铸造、轧制(或锻造)等工序,最后成材,由这些工艺过程所控制的质量,一般称冶金质量(它包括疏松、气孔、偏析、白点、带状组织及非金属夹杂物等)。

大家在学习新型材料课程中也应该紧紧抓住这个纲(主线索),"纲举目张",只有抓住那些共性的规律性东西,才能把握新型材料的实质内容。

1.4　新型材料的发展趋势

1.4.1　伴随高科技的迅猛发展,对新型材料提出新的总体要求

材料是人类赖以生存和发展的物质基础,人类的进步对材料不断提出新的要求。回想在 20 世纪 50 年代,金属材料占绝对优势;而进入 21 世纪,则金属材料、无机非金属材料、聚合物材料和复合材料将平分秋色。

当今人类正面临一场新技术革命,需要越来越多的品种各异和性能独特的新型材料。现代社会对开发研制新一代材料提出了如下的要求。

1. 结构与功能相结合

要求材料不仅能作为结构材料使用,而且具有特殊的功能或多种功能,正在开发研制

的梯度功能材料和仿生材料即属于此。

2. 智能化

要求材料本身具有感知、自我调节和反馈的能力,即具有敏感和驱动的双重功能。

3. 减少污染

由于人类生产活动的增加和工业污染物的大量排放,已引起生态环境日益恶化。在现代文明社会,人类既期望获得大量高性能或多功能的各种材料,又迫切要求有一个良好的生态环境,以提高人类的生存质量,并使社会持续发展。实际上这两种要求有时很难协调。以往材料工程学的出发点是,力求最大限度地发挥材料的潜在性能和功能,对环境的影响较少考虑(如造纸、制革厂的水污染,聚乙烯覆盖膜对水和耕地的污染等)。现在,为了人类的健康和生存,要求材料的制作和废弃过程中对环境产生的污染尽可能少。

当前国际上在开发、研究先进材料时,除了考虑材料的性能外,同时也注意到环境保护。近年来提出了环境协调材料(ecomaterials)的概念。环境协调材料应是一个指导性的原则,是指导人类今后在开发、发展和应用那些具有良好性能和功能的材料的同时,又要能与环境相协调,也就是说,在研究材料时必须要有环境保护意识。

4. 可再生性

可再生性是指一方面可保护和充分利用自然资源,另一方面又不为地球积存太多的废物,而且能再次利用。如正在研制开发中的自降解塑料,这种材料一方面可减少白色污染,还可再生利用,与环境保护有一定关系。

5. 节省能源

制造材料时耗能尽可能少,同时又可利用新开发的能源。

6. 长寿命

要求材料能长期保持其基本特性,稳定可靠,制造的设备和元器件能少维修或不维修。

以上是对新一代材料开发、研制时的总体要求。这是从最佳状态来考虑的,实际上很难能够同时满足。一般总是从尽可能多地满足这些要求出发,采用折中方案来实施。

1.4.2 新型材料的发展趋势

进入 21 世纪,新型材料的发展趋势有下列几方面。

1. 继续重视高性能的新型金属结构材料

高性能材料是指具有高强度、高韧度、耐高温、耐低温、抗腐蚀、抗辐射等性能的材料,而新型材料是指采用高新技术和高新工艺发展的。新型金属材料仍然是 21 世纪的主导材料。这种发展主要是采用高新技术和新工艺,例如,合金成分的合理物理冶金设计,微量元素的加入与控制,特殊组织结构的控制等,从而大幅度提高材料的性能。

2. 结构材料的复合化、功能化

尽管金属材料采用了一系列强韧化措施以及发展了聚合物和陶瓷材料等非金属材料,但由于单一材料存在难以克服的某些缺点(如脆性、弹性模量低、比强度不足等),所以把不同材料进行复合以得到优于原组分的新材料,就成为结构材料发展的一个重要趋势。如玻璃钢(玻璃纤维增强树脂基复合材料)为第一代复合材料,碳纤维增强树脂基复合材料是第二代复合材料,第三代复合材料则是正在发展的金属基、陶瓷基以及碳基复合材料。复合材料在航空、航天工业和汽车工业中获得了广泛的应用,在化工设备和其他方面也有较多的应用。

为满足高新技术对材料性能的综合要求,必须采用新型的复合材料。这种新型的复合材料可以获得比单体材料更优良的性质或原先材料不具备的性质。因而新型多相复合材料成为当前材料研究的重要对象,其内涵也非常广泛。目前新型多相复合材料的研究开发热点有以下几个方面。

(1)纤维(或晶须)增强或补强复合材料。

(2)第二相颗粒弥散强化复合材料。

(3)无机和有机功能复合材料。

(4)梯度功能复合材料。

(5)纳米复合材料等。

3.低维材料正扩大应用

低维材料指的是零维(超微粒),一维(纤维)材料,二维(薄膜)材料等。这些材料也是近年来发展最快的一类新型材料,可用做结构材料和功能材料。

零维材料例如纳米材料,是指粉体或材料中晶粒为纳米级(0.1～100 nm)的材料。由于晶粒尺寸很小,使得界面、表面原子数目的比例增加(可达50%)。表面界面原子具有高度的活性,可使这些材料在烧结、扩散、硬度、强度等物化性能上表现出崭新的性质。纳米材料的尺寸已达到电子的德布罗意波长,这时材料中电子的运动必须考虑到它的波动性和尺寸效应,因此必然出现新的电、磁、光等性质。

一维材料中最突出的是光导纤维,可用做通信工程材料。纤维结构材料也同样重要,是复合材料中的主要增强组分,它决定了复合材料的关键性能。纤维中的晶须,其强度和刚度可接近理论值。碳纤维、有机聚合物纤维和陶瓷纤维均具有广阔的应用前景。

二维的薄膜材料也发展迅速,由于电子器件的小型化,需要各种薄膜态绝缘、半导体、介电及磁性材料。金刚石薄膜可用于高速电子计算机的微型芯片;聚合物分离膜已开发的品种有离子交换膜、透析膜、微孔过滤膜、反渗透膜和气体分离膜等,在水处理、化工生产、食品工业、高纯物质制备以及医疗卫生事业等方面获得应用;高温超导薄膜将开辟超导技术的新领域。

4.非晶材料日益受到重视

由于非晶态材料具有合金化程度高、高强度、耐磨、耐腐蚀、良好的磁学性能等,从而具有良好的开发前景。

20世纪70年代通过快冷技术(10^6℃/s)而获得非晶态或亚稳态合金材料。由于骤冷,金属中的合金元素偏析程度降低,没有晶界,从而可提高合金化程度,而不致产生脆性相。非晶态合金具有高强度、耐腐蚀等特点,某些非晶态铁基合金具有很好的磁学性能,用做变压器比硅钢片的铁损少2/3。

在工程应用中,通光激光束表面处理可在工件表面获得非晶态,具有高耐磨性和耐蚀性。另外,非晶态的硅太阳能电池,光电转换率可达15%,有待进一步实用化。

5.功能材料迅速发展——多功能集成化、智能化、材料和器件一体化

由于功能材料是当代新技术中能源技术、空间技术、信息技术和计算机技术的物质基础,所以发展特别迅速。例如,梯度功能材料的性能是原来均质材料和一般复合材料所不具备的,因而有着广泛的应用潜力。又如生物医学材料,其目标是对人体组织的矫形、修复、再造、充填以维持其原有功能。它要求材料不仅具有相应的性能(强度、硬度等),还必须与人体组织有相容性,以及一定的生物活性。聚乳酸与羟基磷灰石、磷酸钙的复合材料,以及加入碳纤维或玻璃纤维组成的复合材料是矫形固定器、组织再造等的有效材料。碳基复合材料可用做人造心瓣膜等。再如,由于超大容量信息通信网络和超高速计算机的发展,对集成电路的要求越来越高,促进集成度逐年增加。从材料看,除了硅半导体外,化合物半导体受到越来越多的重视,主要表现在以下几个方面。

(1)光电子材料将成为发展最快和最有前途的信息材料,主要集中在激光材料、红外探测器材料、液晶显示材料、高亮度发光二极管材料、光纤材料等领域。

(2)新能源材料的发展趋势是绿色二次电池、氢能、燃料电池、太阳能电池和核能所用的关键材料,储氢材料的研究也受到各国的重视。

(3)生物医用材料研究和发展的主要方向,一是模拟人体硬软组织、器官和血液等的组成、结构和功能而开展的仿生或功能设计与制备;二是赋予材料优异的生物相容性、生物活性或生命活性,使现人体器官的替代向器官的修复发展;三是工业生产中的生物模拟。

(4)纳米材料的发展趋势是开展纳米加工、纳电子学、纳米医疗以及机器人等未来能形成新兴主导产业领域的基础研究,同时对现有信息高科技产业和传统产业进行改造、提升。

(5)超导材料的发展趋势是不断探求更高温度超导体,实现高温超导材料产业化技术在能源、电力、移动通信、国防等领域的应用。

(6)智能材料是 21 世纪高新技术发展的重要方向之一,其在一些重要工程和尖端技术,如桥梁、水坝、建筑、航空航天、高速列车安全监测、形状主动控制、减噪抗振、损伤自愈合及提高生物医用材料的相容性等方面均有着重要的应用前景。

6．特殊条件下应用的材料

在低温、高压、高真空、高温以及辐照条件下,材料的结构和组织将会转变,并由此引起性能变化。研究这些变化规律,将有利于创制和改善材料。例如,在高压下的结构材料,由于原子间距离缩短,材料将由绝缘体转变为导电体,Nb_3Sn、Nb_3Ge 和 Nb_3Si 等超导体均在高压下合成。现正在开展高压力及冲击波对材料性能影响的试验研究,理论上预测氢在几千万大气压下将转变为金属态,它在室温时就具有超导性,它的实现还有待于高压条件的创建。另外,太空、深海洋等工程技术所用的材料将继续深入研讨。

7．依靠计算材料科学设计新型材料

由于电子计算机及应用技术的高度发展,使得人们可以按照指定的性能进行材料设计正逐步成为现实。

材料设计大体可分为 3 个层次:一是亚微观,即以材料的原子与分子为尺度,研究原子与分子的集体行为,并用计算机模拟结构模型,设计参数,而后利用不同手段,对其进行控制或重新组合,以达到预期的性能。二是微观结构,其尺度以微米计,考虑的是某一微区范围内的平均性质,这对材料设计十分重要,如通过凝固过程来控制合金结构与偏析、改善材料的断裂性能。三是更为宏观,是研究材料的宏观性能、生产流程与使用性能之间的关系,指导材料的生产和选用。

通过电子计算机的应用以及量子力学、系统工程和统计学的运用,可以在微观与宏观相结合的基础上进行材料设计和选用,使之最佳化。目前已建立起计算机化的各种材料性能数据库和计算机辅助选材系统,并进一步向智能化方向发展,从而提高了工程技术的用材水平。

思考题

1.何谓新型材料,高新技术? 两者之间的关系如何?

2.新型材料的主要特征是什么? 其常见的分类方法有哪些?

3.简述材料的成分、结构(包括组织)与性能之间的关系。

4.现代社会对新型材料的总体要求有哪些?

5.简述新型材料的发展趋势。

6.谈谈你对新型材料的认识。

第2章 新型金属材料

2.1 概　述

2.1.1 金属材料仍将是21世纪最主要的结构材料

自然界已知的化学元素中,大约有3/4是金属元素。金属元素由于其原子间结合方式的特点所赋予的一系列有用的特性,在近代物质文明中起着关键的作用。

金属材料资源丰富,提炼和加工比较容易,种类繁多,不少金属材料具有各种优良性能,因而受到人们普遍的重视和欢迎,故其应用范围广,使用量大,在人类社会的进步发展中发挥了关键性作用。自工业革命到现在,金属材料特别是钢铁材料一直是人类使用的主要结构材料,它已经成为现代工业、现代农业、现代军事装备及各种科学技术中不可缺少的物质基础。可以毫不夸张地说,人类的每一点进步都与金属材料工业的发展紧密相连。从某种意义上,金属材料特别是钢铁的生产能力和消费水平往往是国家综合国力和人民富裕程度的重要指标。

自20世纪60年代起,高新技术、新型材料的不断涌现,现代科学技术和产业对金属材料的性能和质量也提出了越来越高的要求,而且最近几十年无机非金属材料与有机聚合物材料等非金属材料有了长足的进展,在材料领域中已经占据了一定的重要位置,这就向传统的金属材料提出了挑战。

面对这种激烈的竞争和严峻的挑战,使金属材料尤其是钢铁在材料中的地位受到了严重的挑战,美国有人甚至曾一度把钢铁工业视为"夕阳工业"。然而,金属材料经过不断研究、改进和开发,加快了发展速度,在金属材料领域也就出现了一系列新型的金属材料和新型加工技术。

在传统的金属材料方面,通过高纯化、简化合金成分、微观组织控制等新技术,不断改进和提高金属材料的性能;同时也相继开发出如金属间化合物、金属基复合材料、快速凝固材料等新型金属材料。

金属间化合物的应用目标主要是航空航天领域,但近年来民用工业领域已成为这些新型材料的另一重要目标。除了 Ni-Al 系、Fe-Al 系等合金早已走向民用外,Ti-Al 基合金在汽车上的应用也受到重视,如用做汽车排气阀。国际上 Ti-Al 基合金再次成为最热门的研究对象,许多发达国家投入比以往更多的人力和财力,以加快这种合金的实用化研究步伐,研究的重点是合金的综合力学性能(尤其是蠕变、疲劳性能)和加工成形技术。

纵观金属材料特别是钢铁与其他结构材料的生产、技术及消费水平,金属材料尤其是钢铁在资源、能耗、成本、环保及性能诸方面仍具有明显的优势。

首先,金属材料资源丰富,不仅蕴藏众多的陆地矿产,而且在海洋中还蕴藏大量金属矿物。其次金属材料的生产加工工艺规模宏大,使用经验丰富,采用现代化大型高炉、氧气吹炼、连铸连轧以及控轧控冷等新技术,可生产出高质量、价格低廉的原材料。再者,金属材料优异的强韧性等综合力学性能、高的性价比,目前还是其他材料所不能替代的;金属材料的性能潜力还有很大的发展空间,采用高新技术和强韧化措施,可进一步提高材料的质量。另外,通过对金属材料实施各种热处理和新型表面强化技术,可赋予新的复合性能,满足多方面的性能要求。

回顾 20 世纪 90 年代以来,工业界对材料的性能提出了评价要素系统,并指出对材料性能的要求主要是强度、变形、断裂、热特性以及综合性能等。从经济和社会角度看,21 世纪对材料和工业技术的评价要素则主要是低成本、环境友好、节能节材、便于自动化等。依据这些评价要素,钢铁材料具有其他材料不可比拟的优越性。从可持续发展角度来看,材料的易于回收和循环使用对环境保护和节能有着重要意义,是选择材料的一个重要依据。从现在的统计资料可以看出,在钢铁、玻璃、纸、铝和塑料等主要材料回收率的比较中,钢铁材料的回收率明显高于其他材料。由于环保技术与钢铁生产工艺的结合,钢铁生产中空气排尘和污泥外排正在减少,产生的固体废弃物已近全部回收利用。实际上,全球的粗钢产量中有一半左右是以各类废钢为原料生产出来的。因此,在可以预见的未来年代里,钢铁作为一种重要结构材料的地位不会发生重大变化,仍将是全球性的主要基础原材料,并将对全球(尤其是发展中国家)经济发展和社会文明的进步起到基础性的支撑作用。

因此,金属材料特别是钢铁材料仍将是 21 世纪最主要的结构材料。

2.1.2 金属材料的主要强韧化途径

强度是对结构材料最基本的要求,屈服点和抗拉强度是其主要指标。为防止材料在使用状态下发生脆性断裂,要求材料有一定阻止裂纹扩展的能力,即一定韧性。钢的韧性的主要指标是冲击韧度和韧脆转变温度。对于结构材料而言,强度与塑、韧性往往是矛盾的,提高强度将导致塑韧性的降低,反之也是如此。那么,何谓材料的强韧化呢? 在结构材料的选择和使用中,不能单纯片面追求强度,而是要充分考虑到塑韧性,使之达到强度和塑韧性的良好配合,此即材料的强韧化。

1. 细化晶粒

晶粒细小均匀,不仅使材料强度高,而且塑、韧性好,同时还可降低韧脆转变温度。其原因是由于晶界增多,减少了晶界处的应力集中,即晶界阻碍位错运动的结果。当把晶粒进一步细化以后,可使钢的强度大幅度升高,故晶粒细化是钢材、铝合金等金属材料强韧化的重要途径之一。

2. 调整化学成分,降低杂质,提高钢的纯净度

钢材中随 C、N、P 含量增加,冲击韧度下降,韧脆转变温度升高且范围变宽。钢材中偏析、白点、夹杂物、微裂纹等缺陷越多,韧度越低。钢中加入 Ni 和少量 Mn 可提高韧性,并降低韧脆转变温度。故降低有害杂质(P、S、N、H、O 等)含量,降低 C 含量,用 Ni、Cr、Mo、Mn 等进行合金化可提高钢材韧性。采用电渣熔炼真空除气,真空浇铸,提高钢的纯净度,可有效提高钢的韧性而不损失强度。

3. 控制轧制与控制冷却

组织细化是同时可提高钢材强度和韧性的唯一强化方式,而热变形加工(轧钢)的目的不仅要获得所期望的形状和表面质量,而且要通过工艺控制组织结构,提高钢的性能。

控制轧制(controlled rolling)与控制冷却(controlled cooling)是近年来冶金领域的重要进

展之一,它是一种定量、预计程序地控制热轧钢的形变温度、形变量、形变道次、形变间歇停留、终轧温度以及终轧后冷却速度的轧制新工艺。

控制轧制是在热轧过程中通过对金属加热制度、变形制度和温度制度的合理控制,使热变形加工与固态相变结合,以获得细小晶粒组织,使钢材具有优异的综合力学性能的轧制新工艺。对低碳钢、低合金钢而言,采用控制轧制工艺主要是通过控制轧制工艺参数,一方面,可细化变形奥氏体晶粒,经过奥氏体向铁素体和珠光体的相变,形成细化的铁素体晶粒和较为细小的珠光体球团;另一方面可使MC、M(C,N)等第二相粒子弥散而均匀分布,从而改善了钢的强韧度和焊接性能的目的。

控制冷却是控制轧后钢材的冷却速度达到改善钢材组织和性能的目的。由于热轧变形的作用,促使变形奥氏体向铁素体转变温度(A_{r3})的提高,相变后的铁素体晶粒容易长大,造成力学性能降低。为了细化铁素体晶粒,减少珠光体片层间距,阻止碳化物在高温下析出,以提高析出强化效果而采用控制冷却工艺。

控制轧制和控制冷却相结合能将热轧钢材的两种强化效果相加,进一步提高钢材的强韧度和获得合理的综合力学性能。在钢的碳当量相同的前提下,控制轧钢具有较普通热轧钢为高的强韧度,而且T_K低于调质钢。通过控制轧制,可显著细化铁素体晶粒,第二相粒子MC、M(C,N)弥散析出所引起的沉淀强化,以及由于终轧温度较低(650~600℃)而使位错密度急剧提高。

4. 马氏体强韧化

(1)对中、高碳钢而言,获得马氏体是相变强化(综合强化)的结果。但淬火马氏体性脆,需要进行回火以调整强韧性。

(2)低碳马氏体的强韧化。低碳马氏体,由于其亚结构由高密度的位错胞所构成,因而是一种既有高强度又具韧性的相。获得位错型板条马氏体组织,是钢铁材料强韧化的一条重要途径,它又是多种强化因素的叠加结果。

①由于快冷,使马氏体碳含量和合金元素含量达过饱和状态,故有相当程度的固溶强化效果。

②马氏体转变过程中有非扩散切变和容积变化产生的滑移变形,位错密度高达10^{11}~10^{12}/cm²,具有明显的形变强化效果。

③低碳马氏体具有板条状结构,在板条群(晶块)和细板条(亚晶)之间分别以大角度晶界和小角度晶界的方式,产生晶界强化,其效果比固溶强化和冷变形强化弱些。

④由于低碳钢马氏体开始转变温度较高,有细小碳化物自马氏体中析出,故有弥散强化效果。

5. 下贝氏体强韧化

高碳马氏体一般经低温回火后使用,硬度虽高,但仍较脆。研究发现,在等强条件下下贝氏体比回火马氏体韧度更好一些。经等温淬火获得下贝氏体组织,既可减少工件变形开裂,又使之具有足够的强、韧度,它亦是钢铁材料强韧化的一条重要途径。

6. 相变诱发塑性(简称 TRIP)

它是能够同时提高钢材强度和塑性的一种强韧化方法。金属材料在扩散型和非扩散型的相变过程中都具有较大的塑性。20世纪60年代,在含镍、铬的奥氏体不锈钢中发现TRIP效应。20世纪90年代以来,研究发现铁素体－马氏体(或贝氏体)－残余奥氏体钢中会显示出 TRIP 效应,因而导致了低合金硅－锰系相变诱发塑性钢的研究,这是一种很有前途而且是廉价的高强韧性材料。

2.2　新型工程结构用钢

2.2.1　低合金结构钢

1. 低合金结构钢概述

金属材料 90% 以上是钢铁材料,钢铁材料 80% 以上是低碳钢。而在低碳钢中,利用添加少量合金元素(w_{Me}总量小于 5%,一般小于 3%)使钢在轧制或正火状态下的屈服点超过 275 MPa 的一类低合金钢,称为低合金结构钢(简称普低钢),在美国,称高强度低合金钢即 HSLA(high strength low alloy steels)钢。

低合金结构钢是为了适应大型工程结构(如大型桥梁、大型压力容器及船舶等)减轻结构质量,提高使用的可靠性及节约钢材的需要而发展起来的。这是一类高效节能、用途广泛、用量很大的一类钢。此类钢的强度,尤其是屈服点大大高于碳含量相同的普碳钢。最常用的普碳钢 Q235 与低合金结构钢 Q345(其碳含量相同)强度的比较见表 2.1。

表 2.1　Q235 与 Q345(16Mn)钢的强度比较

钢号	屈服点(σ_s)/MPa	抗拉强度(σ_b)/MPa
Q235	≥235	375～460
Q345(16Mn)	≥345	510～660

2. 低合金结构钢(HSLA 钢)强化的途径

(1)钢的强度主要取决于钢中的碳含量,但随钢中碳含量的增加,却使钢的塑韧性下降。现人们早已摒弃了单纯以提高碳含量,牺牲塑韧性而追求强度的做法。

(2)少量合金元素的作用而产生的固溶强化、细晶强化和沉淀强化。利用细晶强化使钢的韧脆转折温度 T_K 降低,来抵消由于碳氮化物沉淀强化使钢的 T_K 升高。

①固溶强化。主要利用 Mn、Si 等元素溶入 F 来提高强度,但置换强化的贡献很小;而以元素 C、N 所产生的间隙固溶强化对基体的强化效应显著,但它却严重损害钢的塑韧性以及焊接性等。图 2.1 示出了在 0.2C－0.15V 钢中 3 种强化机制的贡献与 Mn 含量的关系。图 2.2 为含 N 的 C－Mn 钢中的 3 种强化机制的贡献与 F 晶粒尺寸之间的关系。

②细晶强化(晶粒细化)。Nb、V、Ti 等强碳化物形成元素有效地细化 F 晶粒尺寸,如图 2.3 所示。这些元素及 Al、N 的细化晶粒作用通常用于正火钢,但在控制轧制的微合金钢中则有更明显效果,实验室最佳控制轧制的最小平均 F 晶粒尺寸为 1～2 μm(大生产为 5～10 μm)。

③析出强化(沉淀强化)。Nb、V、Ti 在钢中能形成细小碳氮化物起着阻止 γ 晶粒长大,抑制再结晶及在 γ 未再结晶区形变时富化形核的作用,同时又具有很强的析出强化作用。如图 2.4 所示,强化效果与析出物质点的平均直径 $\overline{X}$ 呈反比,与析出物质点体积分数呈正比。

3. 典型牌号简介

其典型牌号的钢为 Q345(16Mn)和 Q420(15MnVN),一般采用正火作为最终热处理状态。

Q345 钢属于屈服点为 345 MPa 级,有较高的强度,良好的塑性和低温韧性以及焊接性,是我国这类钢中产量最多、用量极广的钢种。其中,Mn($w_{Mn} = 1.2\% \sim 1.6\%$)起着固溶强化的作用,Mn 降低 A_3 温度,增大钢的 γ 过冷能力,细化 F 晶粒,降低钢的冷脆性和 T_K 温度。该钢广泛用于生产钢筋和建筑钢结构,以及多种专用钢,如桥梁、容器、造船等用钢。

Q420 钢屈服点则属于 440 MPa 级别,钢中加入微量 V 起细化晶粒和沉淀强化作用,而微量的 N($w_N \leqslant 0.022\%$)以形成稳定的 VN,比 VC 更有效地起细化晶粒和沉淀强化作用。它是为适应建筑和桥梁工程而开发的钢种。

多年来低合金结构钢发展迅速,在生产和科研上取得一系列重要成果,相继开发了一系列新型工程结构用钢。

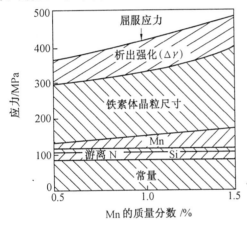

图 2.1 各强化作用与 Mn 的质量分数关系(0.2C – 0.15V 钢)

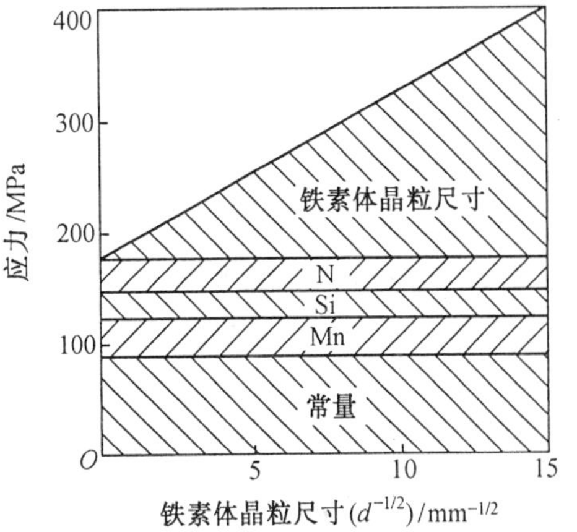

图 2.2 F 晶粒尺寸与强化作用间关系(C – Mn – Si – N 钢)

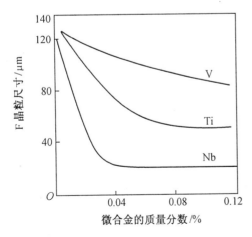

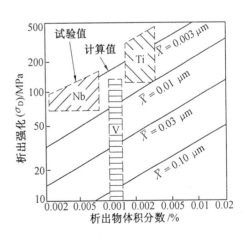

图 2.3 微合金的质量分数对 C – Mn 钢 F 晶粒尺寸的影响

图 2.4 析出物颗粒尺寸、体积分数与强化作用的关系

2.2.2 新型工程结构用钢的成分与组织设计

成分和组织设计是通过筛选与控制钢的化学成分,严格执行材料科学与工程思路,以优选组织,来获得预期的性能。对于新型工程结构钢成分设计的原则是:降低碳含量,微合金化和控制夹杂物形态;而组织设计的原则是在监控一定化学成分基础上,严格控制加工工艺规范(控制轧制、控制冷却、控制沉淀等),以优化钢的组织,从而显著改善钢的性能。

1.碳含量的控制——降碳和降硫

随碳含量的增加,钢的强度、硬度升高,但塑性、韧性降低,焊接性能亦受到损害,所以一般都尽量降低碳含量。

通过降碳(其碳含量由 0.12% 降至 0.08%,又由 0.05% 降至 0.02%),成功地取代了传统的热轧 F－P 钢、正火钢和淬回火钢。如无间隙原子钢中的碳当量控制在 $w_C < 0.002\%$。

降低钢中硫含量及硫化物形态控制是新型低合金钢设计的组成部分之一。钢的延性断裂过程是通过夹杂物、第二相质点或晶粒间界空洞的形核、长大和聚集过程而断裂的。所以对钢的高纯净度要求,主要是对硫化物的数量、尺寸、形态及其分布的要求。钢中硫化物普遍要控制在小于等于 0.008%,油气输送管线钢的硫含量要求小于等于 0.005%,为了商业上竞争,甚至控制在 0.001%。

2.多元(复合)微合金化

弥补钢中降碳所损失的强度依靠细化晶粒,改变相变动力学和溶质原子过饱和状态的脱溶,最为有效的是添加元素周期表中ⅣA、ⅤA 族元素 Ti、Zr、V、Nb 和ⅥA 族元素 Mo、Cr、W 等,微合金化元素加入量一般控制在 0.001% ~ 0.1%,极限加入量也不超过0.4%。Nb、V、Ti 是强烈的碳氮化物形成元素,在钢中主要以 MC、MN 或 M(C,N)形式存在。Re 的主要作用在于控制夹杂物的形态。微合金化元素是通过其与杂质元素结合或作为铁基体中的第二相析出物而发挥作用的,这与一般合金钢中典型合金元素通过改变钢基体从而改变钢的性能是不同的。

微合金化元素对钢组织、性能的影响表现如下。

(1)改变钢的相变温度,相变时间,从而影响相变产物的组织和性能。

(2)细晶强化。在高温抑制 γ 晶粒长大,从而获得细小的 F 晶粒,明显地提高了钢的强韧性。

(3)沉淀强化。微合金化元素最重要的特性是容易形成 MC、MN、M(C,N)等第二相粒子,高度弥散均匀分布,强化效应非常显著。

(4)改变钢中夹杂物(如硫化物等)的形态、大小、数量和分布。

(5)通过控制轧制、控制冷却等加工工艺规程,改善了组织,提高了力学性能。

(6)改善钢的工艺性能,如焊接性、成型性等。

(7)加入微合金化元素,严格控制珠光体的体积分数,可获得少珠光体钢(显微组织为:F＋P)、无珠光体钢(显微组织为:相当于低碳 B 的针状 F)乃至于无间隙固溶钢等新型微合金化钢种。

图 2.5 为组织因素对屈服点的作用;图 2.6 表示不同参量对几种高强度低合金钢

(HSLA)的贡献;图 2.7 为铌、钛、钒对奥氏体再结晶临界温度的影响。

因素	强度/MPa	
位错	0	200+
析出	0	200+
晶粒度	162	420
固溶	40	107
基本晶格	65	108
	最小	最大

图 2.5 组织因素对钢的屈服点的作用

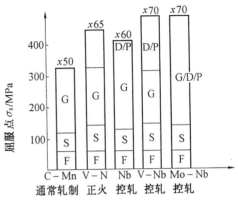

图 2.6 不同参量对 HSLA 钢屈服点的作用
D—位错;P—沉淀析出;G—晶粒度;
S—固溶;F—基体

当多种合金元素同时加入钢中时,由于它们可相互补充、相互促进,这就充分发挥了每一微合金化元素的有利作用,避免其不利影响。例如 Nb、Ti 主要用于细化 A 晶粒,并用 Nb 阻抑形变 A 再结晶。用 V、Ti 产生强烈的沉淀强化效应。从而可设计、研制各种成分与类型的多元(复合)微合金化高强度钢。

3.条状铁素体

对微合金低碳高强度钢的组织设计上,以"条状"F(微碳贝氏体)代替等轴 F + P 组织,从而进一步改善了钢的强韧性。其工艺

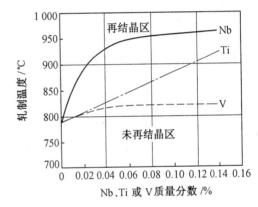

图 2.7 Nb、Ti、V 对 A 再结晶临界温度的影响

措施是:在控制轧制的终轧后加快冷却速度,使细晶粒的 A 过冷至更低的温度,全部转变为细小的条状 F。在随后的时效过程中,于条状 F 基体上沉淀析出微合金碳、氮化物,如 MC、M(C,N)等。这些第二相粒子弥散均匀分布,使条状 F 基体上形成高密度位错。因此,条状 F 组织使钢集 3 种强化机构于一体(细晶强化、沉淀强化和相变强化),从而把钢的强韧化提高到一个新水平。

为获得条状 F,一般希望降低碳含量($w_C \leqslant 0.06\%$),加入 $w_{Mn} = 1.7\%$,$w_{Mo} = 0.5\%$,$w_{Nb} = 0.07\%$。

2.2.3 控制加工工艺过程,提高钢的强韧性

控制轧制是微合金化低碳高强度钢 20 世纪 90 年代在加工工艺方面的发展方向。通过形变热处理使钢的强韧性获得较理想的配合。控制轧制是一种定量的预计程序地控制热轧钢的形变温度、形变量、形变道次、形变间歇停留、终轧温度以及终轧后冷却速度的轧制新工艺。通过控制轧制,一方面可细化晶粒,另一方面可使 MC、M(C,N)等第二相粒子

弥散而均匀分布,从而改善了钢的强韧性。

1. 控制轧制与钢的强韧性

控制轧制是运用显微强韧化理论设计钢种的实例。在钢的碳当量相同的前提下,控制轧钢具有较普通热轧钢为高的强度和韧性,而且脆性转变温度低于调质钢。微合金化低碳高强度钢经控制轧制所获得的组织为:细小的条状(或等轴状)F、位错亚结构和 Nb(C,N)的相界面沉淀(第二相微区)。通过控制轧制,F 晶粒尺寸可细化到 ASTM11 ~ 13 级,即 4 ~ 10 μm。由于细化晶粒而引起的强化作用约为 300 MPa(见图 2.8)。此外,第二相粒子 MC、M(C,N)所引起的沉淀强化增量约为 100 MPa(见图 2.8)。如果终轧温度较低(650 ~ 600℃),则使位错密度提高到 $2 \times 10^{11} cm^{-2}$,其位错强化增量约为 80 MPa。

2. 控制轧制过程

控制轧制主要包括下列四个阶段(见图 2.9):

第Ⅰ阶段:高温轧制(高于 1 000℃)。在 A 区上半部分内轧制,由于温度高,产生动态再结晶,即 A 迅速再结晶,并且晶粒急剧长大。所以在这一阶段内不能获得细小的 A 晶粒。

第Ⅱ阶段:在 1 000 ~ 950℃间的控制轧制。在图 2.9 中,第Ⅱ阶段轧制又可获得三种组织:(a)较细的晶粒;(b)混合晶粒——发生部分再结晶;(c)混合晶粒——再结晶后发生不连续长大。

为了抑制再结晶后的晶粒长大,在微合金化钢中加入 Nb、Ti、V,其中 Nb 是推迟 A 再结晶和抑制晶粒长大最理想的合金元素。Ti 也有很大的作用,V 的作用则小得多。

常规热轧的终轧相当于控轧的第Ⅱ阶段的轧制,但第Ⅱ阶段对控制轧制只是准备阶段。

第Ⅲ阶段:950℃ ~ A_{r3} 的控制轧制。在此温区内轧制非常关键,其特点是多道次的精轧。主要由于微合金化元素有阻止形变 A

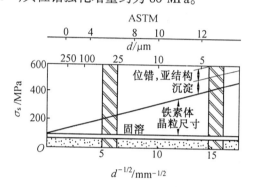

图 2.8 控制轧制的强化控制因素示意图(钢的成分: $w_C = 0.1\%$, $w_{Mn} = 0.5\%$, $w_{Si} = 0.2\%$, $w_N = 0.006\%$)

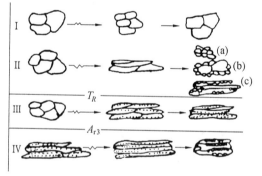

图 2.9 控制轧制时 A 晶粒的变化示意图
T_R—M(C,N)抑制 A 再结晶的最高温度

再结晶的作用,特别是 Nb 的延迟再结晶效应非常显著,使每道次的形变得到“冻结”的机会,从而获得具有密集形变带的薄饼型的 A 晶粒。薄饼型晶粒厚度≥20 ~ 30 μm,它是一个被形变带所分割而再次变薄了的有效晶粒。若以这种特殊形态组织作为冷却相变时 $\gamma \rightarrow \alpha$ 的母相组织,则将获得非常细小的 F 晶粒。

第Ⅳ阶段:低于 A_{r3} 的两相区轧制。在两相区内,部分 A 转变为 F,所以在这个阶段内开始接受形变的组织为薄饼型 A 晶粒和细小的 F 晶粒。经第Ⅳ阶段终轧后的组织为混合组织(具有密集形变带、薄饼型 A + 胞状位错亚结构的微形变 F)。

控轧的终轧温度对钢的性能影响很大。降低终轧温度,F 晶粒显著细化,在 800 ～ 750℃温区细化最明显,并使钢的屈服点提高。对于含 Nb、Ti、V 的微合金化钢,控轧的强化效果更大。

一般认为,控制轧制的终轧温度以 800℃为佳。从图 2.10 可以看出,在 800℃终轧时可使钢获得良好的韧性,但允许将形变延续到 700 ～ 650℃。改变终轧温度,对于钢的强韧性的配合将产生影响。图 2.11 为控轧钢板的强化控制因素与终轧温度的关系。

必须指出,控制轧制对轧制设备的负载能力要求很高,且对生产率有很大影响。近年来人们为了获得细小晶粒,主要通过适当地沉淀析出的第二相晶粒阻止再结晶晶粒长大。这时轧制温度较高,对轧制设备没有特殊要求,对生产率影响较小。晶粒细化则通过再结晶和第二相粒子阻止晶粒长大而达到,这便是"再结晶轧制"。

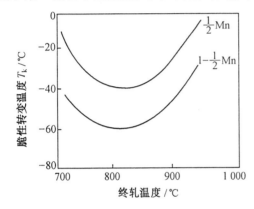

图 2.10 控制终轧温度对脆性转变温度的影响

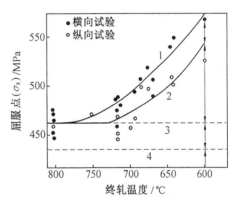

2.11 控轧钢板的强化控制因素与终轧温度的关系
1—织构强化;2—位错亚结构强化;
3—沉淀强化;4—基体强度

3. 控制冷却与控制沉淀

控制轧制的另一方面是控制冷却。对于热轧带钢机,意义尤为重要。因急冷可降低相变温度并细化 F 晶粒。再加上在轧钢厂输出辊道有效的水冷,可生产板厚达 10 mm 的高屈服强度的钢带。通过控制终轧温度、直接冷却可获最佳的强韧性。亦可利用冷却速度来控制沉淀析出的 MC、M(C,N)第二相粒子的大小、数量、形态和分布,防止发生过时效。

控制轧制时,从均热温度到轧制温度的冷却过程极大地限制了生产率,因此必须进行强制冷却(如水幕冷却)。轧道之间和终轧后的冷却速度也应加以控制,即采用快速冷却(如喷水冷却)以有效地抑制再结晶。此外,快速冷却还可降低相变点 A_{r3},从而进一步细化 F 晶粒。

如前所述,微合金化高强度钢中的碳、氮化物第二相粒子的沉淀强化机制主要是奥罗万机制。一定体积分数的粒子尺寸越小,强化效果越大;沉淀析出温度越低,则沉淀析出的第二相粒子越细,因此在 F 中沉淀析出的粒子尺寸小于 A 中析出的。所以控制轧制过程中以及终轧后迅速冷却,对获得最佳沉淀强化效果是非常必要的。为此必须在轧后快冷到最大形核率温度保温一段时间,这便是控制沉淀。

总之,控制轧制后的冷却速度的控制应使 F 晶粒细化,并能产生 Nb(C,N)第二相粒子的相界面沉淀,但不出现过时效,不发生 B 相变,控制轧制最终获得的组织为:细条状(或细的等轴状)F + 高密度位错亚结构 + 弥散均匀分布的 MC、M(C,N)第二相粒子。

2.2.4 控制夹杂物形态

1.夹杂物对性能的影响

微合金化低碳高强度钢中的夹杂物形态、大小、数量和分布,对钢的性能有直接影响,特别是对塑性和韧性的影响更为突出,它们是韧性断裂的策源地。拉伸变形时,在夹杂物与基体的界面上产生松弛,夹杂物亦可能脱开,形成空穴,这些空穴不断长大,并连在一起,就产生了韧性断裂。在生产实践中,拉长的 MnS 是降低断裂强度的基本原因。

试验表明,断裂韧度参数不仅与夹杂物的长度有关(见图 2.12),而且与夹杂物的分布有关(见图 2.13)。

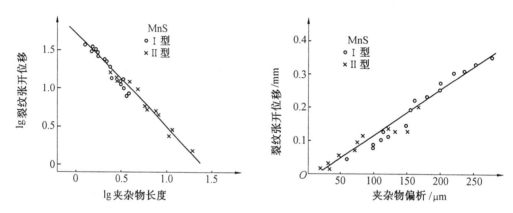

图 2.12 MnS 夹杂物长度与断裂裂纹张开位移　图 2.13 MnS 夹杂物偏析和断裂裂纹张开位移
　　　　的关系　　　　　　　　　　　　　　　　　　的关系

夹杂物对力学性能、成型性、焊接性都有一定影响。因此控制夹杂物的形态,特别是硫化物夹杂形态的控制,是十分紧迫的任务。一般认为,成品中的夹杂物尽可能接近球状,但变态的夹杂物较硬,还可能开裂,从而提高脆性转变温度。

2.控制夹杂物形态的措施

微合金化低碳高强度钢中夹杂物最理想的形态是呈球状,最不理想的是共晶体的棒状物。轧制时在外力作用下产生塑性变形,夹杂物都被拉长。塑性是成分和温度的函数。由于操作条件和其他冶金因素决定了轧制温度,所以控制塑性的唯一方法是改变夹杂物成分,使它变硬。

在微合金化低碳高强度钢中添加 Ca、Ti、Zr 及稀土(如 Ce),能改变硫化物的组成,显著地减小钢材的各向异性。

2.2.5 微合金化低碳高强度钢

近年来低合金结构钢发展的一个重要动向是采用低碳、多元、微合金化。在此化学成分基础上,严格控制加工工艺规范(控制轧制、冷却、沉淀及夹杂物等),以优化钢的组织,从而显著地改善钢的性能。

微合金化低碳高强度钢就是在普通低合金钢基础上迅速发展起来的新型工程结构用钢。它在高压容器、输油管道、船舶、桥梁、建筑、车辆、石油、化工和大型军事工程结构上获得日益广泛的应用，具有很高的经济效益。微合金化低碳高强度钢通过化学成分的合理设计、运用各种强化途径以及控制轧制、控制冷却等工艺的有机结合，使钢具有较高的屈服点和屈强比，优良的韧性、塑性，高的脆断抗力和低的韧脆转变温度，及良好成型性和焊接性能。

1. 成分与强韧化特点

众所周知，随碳含量的增加，钢的强度、硬度升高，但塑性、韧性降低，焊接性能亦受到损害。因此，从塑韧性和可焊性等方面考虑，微合金低碳高强度钢一般都尽量降低碳含量。其成分特点是低碳，高锰并加入微量合金元素钒、钛、铌、锆、铬、镍、钼及稀土元素等。常用 $w_C = 0.12\% \sim 0.14\%$，甚至降至 $w_C = 0.03\% \sim 0.05\%$。

从上述合金成分看出，碳含量较低，势必影响钢的屈服点和抗拉强度。

为了克服低碳所引起的强度不足的问题，采用了下列几种方法。

(1)在含铌的钢中加入微量钒，通过细化晶粒与沉淀强化来提高强度。

(2)对含钒、铌的微合金化钢采用不同工艺方案，例如在控轧时将终轧温度降低至700℃以下，以及最终轧道采用大形变量等。这样不仅 F 晶粒细化，而且获得高密度的位错亚结构，通过位错与弥散均匀分布的第二相微粒 Nb(C,N)的弹性交互作用，使钢进一步强化。因此，V-Nb 钢成为广泛的可焊接的微合金化低碳高强度钢的基础。

(3)V-Nb 钢中添加铬、镍或钼，从而发展了一系列应用更广泛的微合金化低碳高强度钢。

(4)当 $w_C < 0.06\%$ 时，添加钼和铌，以控制钢的相变特性，发展一种具有高密度位错的条状(或等轴状)F 细晶粒组织，其屈服点不低于 500 MPa，并获得强韧性良好配合。

必须指出，上述方法都采用控制轧制、控制冷却和控制沉淀，因为它是微合金化低碳高强度钢获得高的强韧性的基础。

微合金化低碳高强钢的另一个特点是加入微量合金元素，复合量范围一般控制在0.01% ~ 0.1%(质量分数)。微量合金元素对钢的组织性能影响如下。

(1)改变钢的相变温度、相变时间，从而影响相变产物的组织和性能。

(2)细晶强化。在高温抑制 A 晶粒长大，从而获得细小 F 晶粒，明显提高钢的强韧性。

(3)沉淀强化。微合金元素最重要的特性是易形成 MC、MN、M(C,N)等第二相粒子(M 代表微合金元素如钛、铌、钒、锆等)，高度弥散均匀分布，强化效果显著。

(4)改变钢中夹杂物的形态、大小、数量和分布。

(5)加入微合金元素，严格控制珠光体(P)的体积分数，可获得少珠光体钢、无珠光体钢(如针状铁素体)乃至无间隙固溶钢等新型微合金化钢种。

2. 冶金工艺特点

(1)积极引入冶炼新技术，控制夹杂物形态，提高冶金质量。工程结构钢的冶炼工艺和终脱氧，对钢的质量有很大影响。广泛采用的氧气炼钢使钢中氮量降低，再加上用铝脱氧并固定氮,形成 AlN,对细化钢的晶粒,减少应变时效,起了良好的作用。用铝脱氧,还保证了微合金化元素钛、铌、钒的收得率。

钢中非金属夹杂物的形态,大小、数量和分布对钢的力学性能、冷热变形加工成型性、焊接性都有一定的影响。特别是对钢的塑性、韧性影响更为突出,它们是韧性断裂的策源地。试验表明,断裂韧度不仅与夹杂物的长度有关,而且还与夹杂物的分布状态有关。

往钢中加入钙,可改变硫化物与氧化物的形态,并可降低钢中夹杂物含量。加钙对钢材横向冲击韧度的影响比加稀土元素更引人注目。加入稀土元素可强烈降低氧和硫在钢液中的溶解度,硫化物、氧化物夹杂在凝固前可上浮,因而使钢去硫。加入稀土元素还可改变硫化物形态,因此用稀土元素控制夹杂物形态是很受欢迎的一种工艺。

由于炉外冶炼新技术的发展,如钢液真空处理,钢包精炼等,能很好地脱气和脱硫,生产高质量的纯净钢。

(2)控制轧制与控制冷却。微合金化必须与控轧、控冷相结合,才能发挥其强韧化作用。控制轧制是高温形变热处理的一种派生形式,其主要目的是细化晶粒,提高热轧钢的强韧性。常规热轧和控制轧制之间的基本差别在于,前者 F 晶粒在 A 晶界上成核,而后者由于控制轧制,奥氏体晶粒被形变带划分为几个部分,F 晶粒可在晶内和晶界上同时成核,从而形成晶粒非常细小的组织。控制轧制后空冷可使 F 晶粒细化到 5 μm 左右。如国外已成功地对含铌的普低钢进行控制轧制,使 σ_S 达到 500 MPa 以上,而 T_K 下降到 $-100℃$ 以下,获得了良好的强韧化效果。

目前控制轧制在冶金厂广泛采用,用以生产钢板、钢带和钢棒。经常采用的规范是粗轧—保温—终轧工艺。

3. 微合金化低碳高强度钢应用例解

(1)超低碳深冲无间隙原子钢。用 BOF 吹炼 + RH 真空处理等冶炼技术,降低钢中的碳含量($w_C = 0.005\% \sim 0.01\%$),加入 Ti、Nb 元素固定 C、N 元素,从而得到了无间隙原子的纯净 F,即为无间隙原子钢,简称 IF 钢(interstitial free steel)。由于其具有优良的深冲性能,几乎可满足各种复杂的冷冲压成形件的性能要求,因而成为可取代沸腾钢(如 08F)、铝镇静钢(如 08Al)的第三代冲压用钢,主要用于汽车冲压用钢,也用于船舶和家用电器行业。

IF 钢经过特定的热轧、冷轧的退火工艺,使对深冲性能有利的再结晶结构得到充分发展,因此 IF 钢具有高的 r 值(塑性应变比)、高的 n 值(应变硬化指数)和大的伸长率、无时效等特性。IF 钢按添加合金元素的种类可分为 Ti – IF、Nb – IF 和(Ti + Nb)– IF 三大类,其中(Ti + Nb)– IF 钢对深冲性能有利。

国内目前只有宝钢和武钢两家生产 IF 钢,因而不能满足汽车行业对产品多样化的需求,而且产品性能的波动性较进口产品大。这一方面是由于生产规模小,使得 IF 钢的生产成本较高,另一方面是因为国内 IF 钢的生产技术没有完全成熟,生产工艺也不尽合理。目前宝钢开发转产的 IF 钢品种较多,已形成普通软钢超深冲板、高强度超深冲板、搪瓷板基板和深冲性优良的热镀锌基板 IF 钢等系列产品,用于超深冲复杂零件等产品,为实现汽车材料国产化,促进我国 IF 钢的研制生产作出巨大贡献。

宝钢超深冲冲轧薄钢板(IF)钢的生产流程为:转炉冶炼—RH 真空脱气—连铸—热

轧—酸洗—冷轧—连续退火或罩式炉退火—平整。从总体上说,我国对 IF 钢的生产和研究还处于发展阶段。

(2)铌微合金化钢。在"西电东送"工程中,电站压力钢管需要大量屈服点为 490 MPa 级别的高强度,而采用铌微合金化技术即可生产该强度级别的高强度钢板,且具有很低的焊接裂纹敏感性指数,符合国际上低焊接裂纹敏感性高强钢的规定。若再降低碳含量,加入 Cu、B 等合金,采用控轧加回火工艺,还可生产强韧性更高的低碳贝氏体钢,特别是在高强韧性的同时,仍具优异的焊接性能。

在"西电东送"电站厂房钢结构领域,采用铌微合金化技术可生产具备低屈强比和抗震特性的钢材,若采用 Nb – Mo 复合,还可提高钢材的耐火性,满足 600 ℃屈服点大于和等于常温屈服点 2/3 的要求。

"西电东送"工程需要大量配套装备,如要求运载 200～400 t 大型装备的铁路货车、装载物料 105 t 的电动轮自卸车及其他大型工程机械等。这些大型装备需要使用 60 kg 级以上的高强钢和布氏硬度在 360 HBS 以上的耐磨高强钢,要求在高强度的同时具备良好的加工性和优异的焊接性能,而铌微合金化正是生产这些高强钢的技术途径。

(3)桥梁用微合金钢。桥梁钢主要用于建造桥梁钢结构,采用 16Mnq 钢成功建造了栓焊结构的南京长江大桥,但其强度和韧性均较低,板厚的尺寸效应较大;后来采用微合金钢 15MnVNq 钢建造了九江长江大桥,其强度较高,但性能稳定性略有不足,性能合格率较低,难以满足更大跨度铁路桥梁建造的需要。近年来采用现代先进的冶金技术开发出强韧性匹配好、焊接性能优良的 14MnNbq 钢,成功建造了芜湖长江大桥,武汉长江二桥和南京长江二桥。

桥梁用钢首先要求较高的强度以提高桥梁的承载能力并减轻自重,同时应具有良好的焊接性、尽量满足焊接不预热要求,还应具有良好的韧性特别是在寒冷地区必备的低温韧性以防止桥梁结构的脆性破坏等。

桥梁用微合金钢基本上以 C – Mn 钢为基,添加一种或一种以上的微合金化元素如 V、Ti、Nb(均为强碳氮化物形成元素)等。Nb 的添加量为 0.015% ～ 0.05%,其作用为细化晶粒,阻止均热时 F 晶粒长大,显著提高钢的无再结晶温度,产生沉淀析出强化等。

2.2.6 微合金化低碳 F – M 双相钢

20 世纪 80 年代出现的一颗引人注目的新星,那就是微合金化低碳 F – M 双相钢。它具有强度高、塑韧性好、容易冲压成型等一系列优点,受到国内外材料科学界的极大重视,发展迅猛。众所周知,冷成型构件约占汽车构件总重的 3/5。早期的汽车制造中,这些冲压件是选用普通低碳钢。为减轻汽车自重,又开发了高强度低合金钢,但产生了因强度增大而使塑性降低导致冷冲压件成型困难的矛盾,此时双相钢应运而生,成功地解决了长期存在的强度与成型性之间的矛盾。此外,双相钢有较好的抗疲劳性,优良的冲击韧度和低温韧性。在用途上,它已广泛地用于制造汽车加强板、连轴器加速体、轮盘、保险杠等构件,显著地提高了强度,减轻了车重。其应用已扩展到机械、农机、兵工,石油、采矿工业的形变成型件,收到明显的经济效益。

1.组织特征

双相钢的显微组织是通过在 γ + α 两相区加热淬火,或热轧后空冷得到 20% ～ 30% 马氏体(M)和70%~80%F。M呈小岛状或纤维状分布在F基体上。

2.性能特点

双相钢具有如下的性能。

①低屈服点,一般不超过350 MPa;②钢的应力-应变曲线是光滑连续的,没有屈服平台,更无锯齿形屈服现象;③高的均匀伸长率(ε_u)和总伸长率(ε_t),其总伸长率 ε_t 在24%以上;④高的加工硬化指数(n 值),在应力应变关系 $\sigma = K\varepsilon^n$ 中,n 值大于0.24,使之经低应变之后达到高的屈服强度增量;⑤高的塑性应变比(γ 值),$\gamma = \varepsilon_w / \varepsilon_b$,式中 ε_w 为宽度应变,ε_b 为厚度应变;$\gamma > 1.0$,冲压件厚度保持均匀。

3. 应用

双相钢首先是为了适应汽车用薄板冲压成型时保持表面光洁,无吕德斯带,并在少量变形后就提高了强度的需要;也应用于冷拉钢丝、冷轧钢带或钢管上。

4.组织的形成及生产工艺特点

这种F+M组织使钢中的碳在A发生转变,析出先共析F时集中在A中,最后A转变成中高碳M,而F中间隙碳原子贫化,并在M转变时在周围F中由于相变的体积效应而激发出许多位错,这些位错是可动的,未被碳、氮间隙原子钉扎。这样,双相钢有低的屈服点,且是连续屈服,无屈服平台和上、下屈服点,加之有强韧的马氏体岛或纤维,结合得牢的M/F界面,F中又有大量可动的位错,使加工硬化率增大,并且将微孔在相界面的形成及其聚集过程推迟。根据生产工艺,双相钢分为退火和热轧双相钢两大类,两者有不同的合金化方案。

(1)退火双相钢又称为热处理双相钢。将板带材在两相区($\gamma + \alpha$)加热退火,然后空冷或快冷,得到F+M组织。其化学成分可以在很大范围内变动,从普通低碳钢到低合金钢均可。为控制硫化物形态,可以加入稀土金属。当钢长时间在 $\gamma + \alpha$ 两相区退火时,合金元素将在A和F之间重新分配,A形成元素如碳、锰等将富集于A,提高了A在过冷条件下的稳定性,抑制了P转变,在空冷条件下即能转变成M。这里要控制退火温度,以控制A量和A中合金元素的浓度及其稳定性。若用 $w_{Mn} > 1.0\%$ 和 $w_{Si} = 0.5\% \sim 0.6\%$ 的低碳低合金钢,在生产工艺上更容易实现。

(2)热轧双相钢。热轧双相钢是指在热轧状态下,通过控制冷却得到F+M的双相组织。这就要求钢在热轧后从A状态冷却时,首先发生适量的多边形F,其体积分数 $\varphi = 70\% \sim 80\%$,然后未转变的A有足够的稳定性,避免产生P和B,冷却下来后转变成M。这就要求从合金元素量和风冷速度上来控制。这类钢要求有较多的合金元素。一般热轧冲压双相钢的化学成分范围为:$w_C = 0.04\% \sim 0.10\%$,$w_{Mn} = 0.8\% \sim 1.8\%$,$w_{Si} = 0.9\% \sim 1.5\%$,$w_{Mo} = 0.3\% \sim 0.4\%$,$w_{Cr} = 0.4\% \sim 0.6\%$,以及微合金元素钒等。其生产工艺:1 150~1 250℃加热,870~925℃终轧,空冷到455~635℃卷曲。加入合金元素 Si 和极低 C 是为了提高钢的临界点 A_3,促使形成要求含量的多边形先共析 F。加入锰、钼、铬是为了防止卷曲时剩余 A 转变为 P 和 B,最终冷到低温转变成 M。

5.典型钢号举例

热轧非冲压双相钢,用于冷镦钢、冷拔钢、Ⅳ级螺纹钢筋、薄壁无缝钢管等产品。钢材经热轧后控制冷却,得到 F 加 M 双相钢组织,然后经冷拔、冷镦等工艺制成成品。由于冷却条件良好,可以使用较少的合金元素,降低成本。如用于高速线材轧制生产散卷控制冷却得到的双相钢丝,钢种为 09Mn2Si,07Mn2SiV;热轧双相冷镦钢棒材钢种为 08SiMn2;薄壁双相无缝钢管用钢 07MnSi 等。

2.2.7 发展新型低合金结构钢

具有 F-P 组织的低合金结构钢,在保持良好综合力学性能的条件下,其屈服点最高约为 470 MPa,若希望获得强度更高的低合金结构钢,就需要考虑选择其他类型组织的低合金结构钢,因而发展了低碳 B 型钢、低碳索氏体(S)型钢及针状 F 型钢等。

1.低碳 B 型低合金结构钢

低碳 B 型钢的主要特点是使大截面的构件在热轧空冷(正火)条件下,能获得单一的 B 组织。发展 B 型钢的主要冶金措施是向钢中加入能显著推迟 P 转变而对 B 转变影响很小的元素,从而保证热轧空冷(正火)条件下获得 B_F 组织。

目前,B 型钢多采用 Mo(w_{Mo} = 0.5%) + B(w_B = 0.003%)为基本成分,以保证得到 B 组织,加入锰、铬、钒等元素是为了进一步提高钢的强度及综合性能。这些元素的作用是:①产生固溶强化作用;②降低 B 转变温度,使 B 及其析出的碳化物更加细小;③强烈推迟 C 曲线中 P 转变,进一步提高 B 的淬透性;④提高回火稳定性(钼和钒最有效)。

低碳 B 钢的焊接性能很好。这是因为 B 的转变温度较高(> 300℃),可使组织应力得到充分消除,而且体积效应较小,不易出现焊接脆性。此类 B 钢主要缺点为:韧性低,强度不高。近来又开发出高强度、韧性的无碳化物 B 钢。

我国发展的几种低碳 B 型钢见表 2.2,其主要用于锅炉和石油工业中的中温压力容器。

表 2.2 我国发展的几种低碳贝氏体型钢

钢号	化学成分 w_B/%					
	C	Mn	Si	V	Mo	Cr
14MnMoV	0.10 ~ 0.18	1.20 ~ 1.50	0.20 ~ 0.40	0.08 ~ 0.16	0.45 ~ 0.65	–
14MnMoVBRE	0.10 ~ 0.16	1.10 ~ 1.60	0.17 ~ 0.37	0.04 ~ 0.10	0.30 ~ 0.60	–
14CrNnMoVB	0.10 ~ 0.15	1.10 ~ 1.60	0.17 ~ 0.40	0.03 ~ 0.06	0.32 ~ 0.42	0.90 ~ 1.30

钢号	化学成分 w_B/%		板厚/mm	力学性能		
	B	RE(加入量)		σ_b/MPa	σ_s/MPa	δ_5/%
14MnMoV	–	–	30 ~ 115(正火回火)	≥620	≥500	≥15
14MnMoVBRE	0.001 5 ~ 0.006	0.15 ~ 0.20	6 ~ 10(热轧态)	≥650	≥500	≥16
14CrNnMoVB	0.002 ~ 0.006	–	6 ~ 20(正火回火)	≥750	≥650	≥15

2.低碳索氏体(S)型普低钢

提高低合金结构钢强度的另一途径是采用低碳低合金钢淬火获得低碳 M,然后进行高温回火,获得低碳 $S_{回火}$ 组织,以保证钢具有良好的综合力学性能和焊接性能。生产这种钢是有一定困难的,因为钢材在淬火时容易变形,所以钢板和型钢必须在淬火机上进行淬火,而截面厚的钢板不易完全淬透。

与热轧状态或正火状态使用的 F + P 型低合金结构钢不同,低碳 S 型钢的强度主要取决于碳含量及钢的回火稳定性,所选的合金元素及其含量应保证钢具有足够的淬透性、较高的回火稳定性和良好的焊接性能。

美国对这类钢研究较多的是 T - 1 型钢,成分为:$w_C = 0.1\% \sim 0.2\%$、$w_{Mn} = 0.6\% \sim 1.0\%$、$w_{Si} = 0.15\% \sim 0.35\%$、$w_{Ni} = 0.7\% \sim 1.0\%$、$w_{Cr} = 0.4\% \sim 0.8\%$、$w_{Mo} = 0.4\% \sim 0.6\%$、$w_V = 0.04\%$、$w_{Cu} = 0.15\% \sim 0.5\%$、$w_B = 0.002\% \sim 0.006\%$。上述成分主要为保证得到适宜的淬透性,而实际上采用的成分随截面不同而变化。T - 1 型钢板在不同状态下其力学性能见表 2.3。

表 2.3 T - 1 型钢板不同状态下的力学性能

钢板状态	$\sigma_{0.2}$/MPa	σ_b/MPa	δ/%	ψ/%	韧脆转变温度 T_K/℃
热轧	570	829	21.8	58.6	17
927℃淬火	978	1368	14.0	52.5	- 96
927℃淬火 + 650℃回火水冷	743	827	22.0	68.5	- 153

这种钢易于焊接,焊前不需预热,具有良好的焊接性能。低碳 S 型钢已在重型载重车辆、桥梁、水轮机及舰艇等方面得到应用。我国在发展这类钢中也做了不少工作,并成功地应用于导弹、火箭等国防工业中。

3. 发展针状铁素体型钢

为了满足在北方严寒条件下工作的大直径石油和天然气输出管道用钢的需要,目前世界各国正在发展针状铁素体型钢,并通过轧制以获得良好的强韧化效果。典型成分为 $w_C = 0.06\%$、$w_{Mn} = 1.6\% \sim 2.2\%$、$w_{Si} = 0.1\% \sim 0.4\%$、$w_{Mo} = 0.25\% \sim 0.40\%$、$w_{Nb} = 0.02\% \sim 0.10\%$、$w_{Al}$ 约为 0.05%、$w_N \leqslant 0.01\%$、$w_S \leqslant 0.02\%$、$w_P \leqslant 0.02\%$。这种钢控制轧制后可使 σ_s 达 490 MPa 以上,而 T_K 在 - 100℃以下。而且其焊接性能相当良好,可以用普通电弧焊焊接。

(1)创制针状 F 型钢的主要着眼点于以下 3 点。

①通过轧制后冷却时形成非平衡的针状 F(实际上是无碳 B)提供大量的位错亚结构,为以后碳化物的弥散析出创造条件,并可保证钢管在原板成形时有较大的加工硬化效应,以防止因包申格效应引起的强度降低。

②利用 Nb(C、N)为强化相,使之在轧制后冷却过程中以及在 575 ~ 650℃时效时从 F 中弥散析出以造成弥散强化,可使 σ_s 提高 70 ~ 140 MPa,但又相应使 T_K 提高约 8 ~ 19℃,为此需要采取相应的补救措施。

③采用控制轧制细化晶粒,将终轧温度降至 740 ~ 780℃(A_{r3} 附近),并使在 900℃以下的形变量达 65% 以上,每道轧制后用喷雾快冷,以防碳化物从 A 中析出,减弱时效强化效果。

(2)针状 F 型钢合金化的主要特点如下。

① 用低碳含量($w_C = 0.04\% \sim 0.08\%$)。

② 主要用锰、钼、铌进行合金化。

③ 对钒、硅、氮及硫含量加以适当限制。

2.2.8 积极开发低碳马氏体(M)钢

工程机械上对运动的部件和低温下使用的部件,要求有更高的强度和良好的焊接性,因而生产出了低碳马氏体(M)钢。为使钢得到好的淬透性,防止发生先共析 F 和 P 转变,加入钼、铌、钒、硼及控制合理含量的锰和铬与之配合,铌还可作为细化晶粒的微合金元素起作用。常见的有 BHS 系列钢种,其中 BHS – 1 钢的成分为:$w_C = 0.10\%$,$w_{Mn} = 1.80\%$,$w_{Mo} = 0.45\%$,$w_{Nb} = 0.05\%$。其生产工艺为锻轧后空冷或直接淬火并自回火,锻轧后空冷得到 B + M + F 混合组织,其性能为:$\sigma_{0.2} = 828$ MPa,$\sigma_b = 1\,049$ MPa,室温冲击功为 96 J,可用来制造汽车的轮臂托架。若直接淬火成低碳 M,性能为 $\sigma_{0.2} = 935$ MPa,$\sigma_b = 1\,197$ MPa,室温冲击功为 50 J,– 40℃冲击功为 32 J,缺口疲劳断裂大于 500 kHz,可制造下操纵杆。由此看来,这种钢具有极高的强度,好的低温韧性和超群的疲劳性能,可保证部件的高质量和安全可靠。BHS 钢还用来生产车轴、转向联动节和拉杆等,也可用于冷镦、冷拔及制作高强度紧固件。

另外一种 Mn – Si – Mo – V – Nb 系低碳 M 钢,其屈服点可达 860 ~ 1\,116 MPa、室温冲击功为 46 ~ 75 J。

低碳 M 钢具有高强度、高韧性和高疲劳强度,达到了合金调质钢经调质热处理后的性能水平,若采用锻轧后直接淬火并自回火的工艺,最能发挥其潜力。

2.3 新型机器零件用钢——非调质钢

2.3.1 概述

1. "非调质钢"的含义

机械制造行业大量使用碳素结构钢及合金结构钢制作机械零件。为使零件具有良好的综合力学性能,一般都要经过调质热处理(淬火 + 高温回火)。20 世纪 70 年代以来,为节约能源、降低制造成本,各国相继开发出一系列不需要调质热处理的机械结构用钢。这种钢,是在碳素结构钢或低合金钢中加入微合金化元素(主要是 V、Ni 和 Ti),使之在锻造或轧制状态就具有良好的综合力学性能。这样,既节减了热处理工序和热处理设备,又避免了在热处理过程中产生变形或淬火裂纹所造成的废品,改善了劳动条件,并减少了热处理造成的污染,具有很好的经济和社会效益。图 2.14 所示为应用这两类钢典型的生产工艺流程。比较图 2.14(a)、(b)可见,非调质钢由于取消了淬、回火等工序,从而简化生产工艺流程,提高材料利用率,改善零件质量,降低能耗和制造成本(降低 25% ~ 38%),减少污染,绿色环保。

何谓非调质钢? 从广义上说,在制造和应用过程中,通过采用微合金化、控制轧制(控锻)和控制冷却等强韧化方法,取消了调质热处理,而能达到或接近调质钢性能的优质或特殊质量钢,即可称为"微合金非调质钢",简称"非调质钢"。

在轧制或正火状态下使用的高强度钢,其显微组织主要是 F + P。提高非调质钢强度的方法,主要是通过添加合金元素和轧制、细化组织。在低合金钢的范围内,通过添加合金元素所增加的强度一般与元素的添加量成正比。常采用对于焊接性影响较小而又廉价的硅、锰作为非调质钢主要合金元素。通过控制轧制也可细化组织,提高非调质钢的强韧性。还因为钢中珠光体(P)有损于钢的韧性,故在要求高韧性的情况下希望尽量降低钢中的碳,以减少 P 量,P 量少的低碳钢叫少 P 钢;碳含量很低以致于完全消除 P 的钢叫无 P 钢,这种钢显著改善了钢的韧性和焊接性。

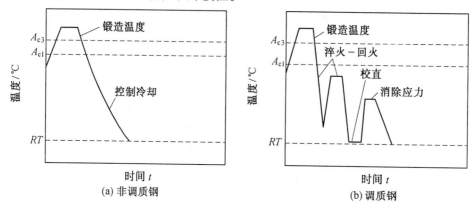

图 2.14 非调质钢与调质钢典型的生产工艺流程

2. 非调质钢的分类

对于非调质钢,有多种分类方法,见表 2.4。

表 2.4 非调质钢的分类

按加工工艺分类	热锻微合金非调质钢,直接切削微合金非调质钢,冷作强化微合金非调质钢等
按产品形状分类	微合金非调质钢棒材、板材、管材及线材等
按性能特征分类	高强度微合金非调质钢,高韧性微合金非调质钢,高强高韧微合金非调质钢及表面强化微合金非调质钢等
按切削加工性能分类	易切削微合金非调质钢,对切削性能无特殊要求的微合金非调质钢等
按组织特征分类	铁素体 - 珠光体微合金非调质钢,晶内铁素体微合金非调质钢,低碳贝氏体微合金非调质钢与低碳马氏体微合金非调质钢等

3. 牌号表示法

按加工方法的不同,非调质钢的牌号表示法见表 2.5。

表 2.5 非调质钢的牌号表示法

类型	钢号举例	钢号表示方法说明
切削加工用微合金非调质钢	YF35V,YF45MnV,YF35MnV YF40V,YF45V,YF40MnV	YF 表示易切削微合金非调质钢
热压力加工用微合金非调质钢	F45V,F35MnV,F40MnV	F 表示热锻用微合金非调质钢
冷作强化微合金非调质钢	LF××	LF 表示冷作强化微合金非调质钢
高强度高韧性微合金非调质钢	GF××	GF 表示高强度高韧性微合金非调质钢

2.3.2 强韧化特点

非调质钢已先后经历了 F – P 型、B 型、M 型 3 个阶段,目前工业上应用最广的是 F – P 型非调质钢。这类钢的化学成分特点是在中碳钢基础上加入硅、锰外,还添加微量钒、铌或钛元素,使钢的强度达 800 ~ 900 MPa,冲击韧度为 20 ~ 50 J/cm²。但在实际应用此类新材料时,遇到的主要障碍仍是强度、硬度有余而韧度不足。因此近几年来研究工作的重点集中在不降低强、硬度的同时,提高非调质钢的韧度,包括冲击韧性、疲劳韧性和塑性。

1．碳是最有效的强化元素

合理增加碳含量利于增加组织中 P 的质量分数,提高材料强度,但却使材料的韧性下降。

2．非调质钢中均含有微合金化元素

非调质钢属于微合金钢的范畴,合金元素的作用在于使钢在轧制状态下,具有一般机械结构钢经调质处理后才可达到的性能。

(1)均含有一定量的 Mn。在 F – P 钢中,Mn 可以使 P 量增多,降低 P 的形成温度,细化 P 的片间距,提高钢的强度;Mn 有促进 VN 和 VC 溶解、降低 VC 固溶温度的作用。因此,在非调质钢中均含有 0.60% ~ 1.00% 或 1.00% ~ 1.50% 的 Mn。当 Mn 的质量分数超过 1.50% ~ 1.60% 时,将促进贝氏体组织的形成。所以,具有 B 组织的微合金非调质钢,其 Mn 含量均较高。

(2)常用合金元素 V、Ti、Nb、B、N、Cr 等。这些合金元素以细晶强化和沉淀强化等方式同时提高材料的强度和韧性。最常用的是合金元素是 V,其沉淀强化作用最大,在一般热锻温度下,V 的碳化物或氮化物充分溶于奥氏体中,随着后续冷却弥散析出,产生沉淀强化,通常 V 的质量分数为 0.06% ~ 0.13%。

(3)易切削非调质钢中 S 的作用。在易切削非调质钢中均含有 0.035% ~ 0.08% 的 S,它所起的作用显然是为了改善钢的切削加工性能。但近年来对 S 的作用又有新的认识:在加热阶段增加 S 的含量可降低 A 晶粒度,在冷却阶段由于在 P 形成前,A 内大量的先共析 F 在 MnS 夹杂处成核长大,会增加晶内 F,细化晶粒。

3．冲击韧度

冲击韧度实际取决于材料受冲击时裂纹产生和扩展两个方面。裂纹产生能量与 P 片层间距息息相关。P 片层间距越小,裂纹产生能量越大,即越不易产生裂纹;而裂纹扩展能量主要受控于 F 的质量分数和 F 本身的韧性。因此从上述各元素对组织结构的影响可以得出:Mn、Cr 有利于提高裂纹产生能量,减少裂纹扩展能量,并最终提高冲击韧度;V、Si 有利于 F 形成和均匀分布,从而提高裂纹扩展能量。C、V、Mn、Cr、Si 应有合理的配比以实现强度与韧性的匹配。

2.3.3 冶金工艺特点

非调质钢的生产工艺与碳素结构钢及合金结构钢的生产工艺基本一样,并不复杂,可以大规模、工业化生产。但它毕竟是微合金化钢的一种,其生产工艺又具有某些特点。

1．冶炼

V、Ti、Nb 等微合金化元素与氧均具有较强的亲和力。为了提高微合金添加剂(特别是 V 和 Ti)的收得率,冶炼非调质钢时,均要充分脱氧,然后再进行合金化。

N 对微合金钢,尤其对于轧制(锻制)状态下直接使用的、含 V 非调质钢的性能有着重要的影响。冶炼装备和方法的不同,将导致钢中含 N 量的变化。因此,保证钢中含有稳定和适量的 N,对控制微合金非调质钢的性能是十分重要的。

非调质钢在冶炼时常加入 Al、Ti 等元素,通过析出 AlN、TiN 来钉扎 A 晶界,提高 A 晶粒长大激活能量,在加热时阻止晶粒长大,在形变过程中抑制 A 再结晶,细化 A 晶粒。新日本钢铁公司的非调质钢加热到 1 250℃时,晶粒度仍保持在 5 级以上,就是由于粒径小于 0.1 μm TiN 颗粒在高温下起到钉扎 A 晶界作用。

微合金元素的复合加入比单独加入作用更大,如用 Ti - V 复合微合金化,则晶粒尺寸和材料性能基本上不受加热温度影响。49MnVS3 作为最早开发的非调质钢,其室温冲击韧度一直是制约其进一步扩大应用的主要因素,为了提高其室温冲击韧度,在钢中加一定量的钛和少量的氧,配以适当的锻造工艺,A 平均晶粒直径可从原来的 110 μm 下降到 40 μm。加钛与不加钛钢断裂试验对比结果表明,其裂纹产生能量相近,而含钛钢因其组织精细裂纹扩展阻力加大,裂纹扩展能量提高,因而韧性提高。其室温冲击韧度可提高至 20 ~ 25 J(U 型缺口),并保持强度为 500 ~ 800 MPa,同时易于切削,加工性获得显著提高。

2. 轧制(锻制)

微合金化与控制轧制(锻制)、控制冷却相结合,才能充分发挥微合金化元素的作用,达到最佳的强韧化效果。试验证明,加入不同微合金化元素的非调质钢,其轧制(锻制)的加热温度、终轧(锻)温度、轧(锻)后的冷却速度是不同的,并对钢的性能具有显著的影响。

对于调质机械结构钢,其轧制(锻制)工艺是通过改变原始组织,从而对其性能产生一定的影响。零件的最终性能主要取决于调质处理工艺。

对于轧制(锻制)并经切削加工后使用的非调质钢来说,轧制(锻制)工艺将决定零件的最终性能。因此,认真研究其轧锻工艺,严格执行所制定的轧锻工艺,是十分重要的。

2.3.4 性能特点

1. 力学性能

通过选择不同的化学成分和相应的轧制(锻制)工艺,非调质钢可以具有与碳素及合金结构钢调质后一样的强度。虽然其韧性稍差,但在采取某些韧化措施后,也可达到相应的韧性水平。

与调质状态使用的机械结构钢相比,微合金非调质钢对尺寸(体积)效应不敏感,使其力学性能,尤其硬度值在零件截面上的分布比较均匀,对零件的工艺性能和使用性能具有一定的影响,这一点对于大型零、部件来说尤为可贵和重要。

2. 工艺性能

非调质钢的工艺性能,具有以下特点。

(1)良好的切削加工性能。在硬度相同的情况下,具有 F + P 组织的非调质钢,其切削加工性能比具有 S回 组织的调质钢好。对于需要钻深孔的零件来说,非调质钢的表层与心部的硬度大致一样,而调质钢的心部硬度较低,故其深钻孔加工性,非调质钢比调质钢稍差。

在不降低或极少降低钢强韧性的情况下,为进一步改善非调质钢的切削加工性能,可适量单独添加某种易切削元素,如 S 或 Pb 以及 Ca、Te、Se 等,或者复合添加这些元素。我国的易切削非调质钢,多添加一定数量的 S 或 S、Co。

(2)良好的表面强化特性。很多机械零件,为提高其表面的耐磨性和疲劳强度,都进行表面强化处理。非调质钢具有良好的高、中频感应加热淬火特性。与同等强度级别的调质钢相比,在同样氮化和软氮化工艺条件下,非调质钢的渗层可得到更高硬度、更深渗层深度、氮化处理后心部硬度也不降低。

3. 技术经济性能特点

在机械制造厂,采用调质与非调质钢制造各类机械零件时,生产工序的比较见表2.6。

表 2.6　采用调质与非调质钢制造机械零件生产工序的比较

分　类	零件示例	所用钢种	生 产 工 序 比 较
热压力加工	曲轴	非调质钢	轧材→热锻→机械加工
		调质钢	轧材→热锻→调质处理→机械加工
直接切削加工	销类	非调质钢	轧材→机械加工
		调质钢	轧材→调质处理→机械加工
冷成形加工	螺杆	非调质钢	轧材→拉拔加工→冷成形
		调质钢	轧材→退火→拉拔加工→冷成形→调质处理

从表可以看出,采用非调质钢制造零件,与调质钢相比,最大的不同就是省去了热处理工序。无论是热压力加工用非调质钢,还是直接切削用非调质钢,均省去调质处理。对于冷加工成形(例如冷拔和冷镦)非调质钢,不但省去了调质处理工序,还省去了退火处理。省去热处理工序,可使非调质钢明显地表现出如下的技术经济特点和优势。

(1)节减了能耗。在机械制造厂,热处理炉多采用电加热,部分厂采用煤气或重油,而少数厂还在使用煤来加热。因此,热处理是一个耗能较高的工序。采用非调质钢制造汽车、拖拉机、机床等机械零件,省去了热处理工序,据统计每吨工件可节约电能 750 ~ 1 000 kW·h,或节约煤气 420 ~ 810 m³。对于冷作强化非调质钢,省去了调质和冷拔前退火处理两个热处理工序,因而节减能耗效果更为显著,每吨钢最高可节省电能近 2 500 kW·h。

(2)减少污染。节省了热处理及相关工序的材料消耗,并减少了污染,已有"绿色钢材"之称。取消调质工序,还可省去淬火介质(特别是淬火油)的消耗,并免去淬火及回火过程中带来的污染。对于冷作强化非调质钢,因取消了冷拔前退火工序,热轧材的氧化较轻,可明显地减少冷拔前的酸洗时间和消耗,并减少了酸洗工序带来的污染。

(3)节省场地与设备投资。可省去部分热处理场地建设、设备的投资。

(4)节省设备维护费用。对于已有热处理车间,可省去部分热处理设备维护费用。

(5)避免因淬火、校直产生的废品。机械零件热处理过程中,常见产生废品的原因之一是淬火开裂。采用非调质钢制作机械零件,不经淬火处理,可完全避免因淬火开裂产生的废品。由于校直工序是一个生产效率很低的工序,目前多采用手工操作,劳动强度大,并且容易产生废品。采用非调质钢制作机械零件,因不再进行易于产生变形的热处理,因而可省去校直工序,并避免了校直过程中产生的废品,同时可提高零件的使用寿命。

(6)缩短了生产周期,提高劳动生产率。采用非调质钢不但省去了生产周期较长的调质工序,还可省去与调质相关的工序。例如,采用非调质钢生产花键轴,可使原来的 14 道工序减少至少至 10 道工序,其生产周期缩短 20% ~ 25%,有效地提高了劳动生产率。据统计,采用非调质钢制作零件,一般可缩短生产周期约 15%。

(7)提高了材料利用率。对于一般的非调质钢,由于省去了调质工序,可减小零件的加工余量,用料尺寸减小,提高材料利用率 5% ~ 10%。对于冷作强化非调质钢,因取消了冷拔前的退火工序,还可节省退火氧化的损失,进一步提高材料利用率 3% ~ 4%。

(8)节减了职工人数和费用。节减职工人数和相应的各种费用,可直接降低制造成本,提高产品的竞争能力,提高企业的效益。

(7)提高了零件的质量。以下几方面都反映了这一点:①由于非调质钢尺寸效应较小,使其强度和硬度沿零件截面的分布较为均匀,不但克服了用调质钢制作的零件尺寸稍大时达不到调质性能要求的缺点,而且提高了零件的整体强度,提高了零件的使用寿命和质量。②有些零件,如汽车曲轴等经冷态机械校直后,其疲劳寿命会降低 30% ~ 50%。所以在曲轴生产过程中,变形严重的,校直后不得不进行消除应力回火。而采用非调质钢制作曲轴,锻造、空冷后的变形率比经调质处理的降低 1/5,不但可取消冷校直工序,更重要的是提高了产品的质量。③采用非调质钢,改善了零件的切削加工性能,改善了零件表面的粗糙度,提高了零件的尺寸精度,提高了产品的质量。

当然,在冶金厂使用了微合金添加剂,增加了一些工艺过程的控制难度,将使轧材的价格有所提高。在机械零件制造厂,会因非调质钢热锻温度要求相对较低,热变形抗力增大而增加模具损耗,但总的制造成本会明显地降低。例如,欧洲的 Volkswagen 汽车制造厂采用 27MnVS6 制造连杆,使总成本降低 10%;英国的 Austin Rover 公司选用非调质 Vanard 925 钢制造 1 275 mL 发动机曲轴,用在 Metro、Maestro 和 Montego 汽车上,比采用 Mn – Mo 合金钢经调质处理的曲轴,其材料和加工成本约降低 39%。

我国的能源紧缺,价格较高,而且劳动生产率较低,所以机械产品生产成本高,产品竞争力差。微合金非调质钢优异的技术经济特点,对于在市场竞争中渴望得以生存的各个企业,无疑,将有着巨大的吸引力。

2.3.5 非调质钢的应用

非调质钢最早于 1972 年由德国蒂森特钢公司开发成功,代表钢种为 49MnVS3。由于其具有节能、节材和降低成本的优点,得到了迅速发展及推广,尤其在汽车工业中获得广泛应用。近几年对日本丰田、住友、奥村锻材等公司实地考察结果表明:目前日本有 90%以上的曲轴、连杆均采用非调质钢制造,如住友金属的 S43CV、S45CV、S50CV 用于汽车连杆制造。另据资料介绍德国大众汽车厂,采用非调质钢 27MnSiVS6 制造轿车连杆,年产 250 万件;瑞典 Volvo 公司每年约耗 25 000 t 非调质钢用于制造汽车零件。据统计目前除少数高性能赛车外,几乎 80%以上的汽车曲轴锻件均采用非调质钢制造,图 2.15 为近 30 年来非调质钢与调质钢用于曲轴用量的变化情况。

我国在非调质钢的研制与应用方面取得了一系列成果。例如,上海某锻造厂、国有青江机械厂与北京机电研究所合作,规模化、批量地将非调质钢及其控锻－控冷技术应用到实际生产,已建立了相应的控制冷却生产线分别用以生产轿车曲轴、连杆。产品质量和性能稳定,取得显著经济、社会效益。

近年来随着计算机技术、控制技术、传感技术及精密测量技术等当代高科技与传统钢铁工业、制造业的结合,微合金钢的开发应用获得了新的进展,除汽车工业外,应用范围涉及建筑用材、重型工程结构(起重机、载重车辆)、高压输送管道、桥梁、高压容器、集装箱、船舶等。而这些用途钢材一般占社会对钢材总需求量的60%左右。所以非调质钢应用前景广阔,是现代钢铁工业中的主力产品之一。

进一步研究发现在钢中添加一定量的钛和少量的氧,配以适当的锻造工艺,奥氏体平

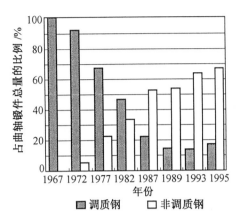

图 2.15　非调质钢用于曲轴的用量变化情况

均晶粒直径可从原来的 110 μm 下降到 40 μm。加 Ti 与不加 Ti 钢断裂试验对比结果表明,其裂纹产生能量相近,而含 Ti 钢因其组织精细裂纹扩展阻力加大,裂纹扩展能量提高,因而韧性提高。其室温冲击功可以提高到 20 ~ 25 J(U 型缺口),并保持强度为 500 ~ 800 MPa,同时易于切削,加工性获得显著提高。

微合金非调质钢开发之初,就是用于制造汽车发动机曲轴等零件的。目前,也主要是用于制作汽车零件。热锻和易切削加工非调质钢,多应用于制造汽车的连杆、曲轴、前轴、半轴、花键轴等发动机和传动系统的零部件。直接切削用非调质钢主要用来制造螺栓、销类和杆类等零件。当前,用于制造对韧性要求不太高的汽车零件,以代替调质碳素或合金结构钢的非调质钢,使用最为广泛。但是,随着高强度、高韧性非调质钢的发展,其应用范围也在逐渐扩大。例如,采用非调质钢制作汽车传动轴叉类零件及转向系统零件的研究,已取得显著进展。

2.3.6　非调质钢的发展与研究动向

1. 非调质钢冶金工艺的变革

(1)精炼工艺的采用。日本大同、山阳等公司,我国上海第五钢铁厂等单位均采用炉外精炼技术来冶炼非调质钢,致使钢中含氧量大大降低,纯洁度提高。其工艺流程为:电炉熔炼→钢包精炼(LF)→真空脱气→连铸或锭铸,获得的非调质钢的疲劳强度大大提高。

(2)氧化物冶金术。采用该技术而在钢的冶炼过程中控制钢中氧化物夹杂(Al_2O_3·MnO·FeO·$(Ti,Mn)_2O_3$)的成分、数量和分布状态,使晶粒中析出大量微小的 MnS 颗粒。在锻件冷却时,V、N 元素以 VN 的形式在 MnS 颗粒上析出,成为铁素体形核位置,均匀弥散分布于奥氏体晶内,因此就促进形成晶内铁素体(IGF)组织,较大幅度提高材料的强度和韧性。

(3)连铸。用连铸法生产非调质钢生产效率高、成本低,是必然的发展趋势。目前日本已有 90% 非调质钢均采用连铸法生产。在连铸生产过程中,通过电磁搅拌技术改善铸坯偏析,如 0.35% ~ 0.40% 中碳非调质钢通过电磁搅拌,使连铸坯心部得到无偏析雏晶组

织。

(4)控轧－控冷。对于直接应用的微合金非调质钢,在原料轧制时,采用控轧－控冷将轧钢与热处理工艺结合为一体,可有效提高钢的性能。通过对含 Ti 和含 Ti－V 类非调质钢热力模拟试验表明,非调质钢制备工艺上有两种途径可在强度不变情况下提高韧性:一种是轧制完成后,1 000℃以上高温阶段加快冷却速度,形成针状铁素体,细化组织,提高韧性;另一种是采用通常的冷却工艺,而在 850～900℃下热轧,形成精细铁素体－珠光体组织,从而提高韧性。

实际生产中用计算机精确控制轧机在高温区(动态再结晶区)和低温区(非再结晶区)轧制工艺参数和在线快速冷却,钢中的 Ti、V、Nb 元素在控制轧制或轧后时效过程中形成了弥散的纳米级的(1～10 nm)Ti、V、Nb 的复合碳氮化物沉淀,沿着基体(铁素体)的位错、晶界或亚晶界析出,对基体起“钉扎强化”作用。此时对钢强韧性起决定作用的已经不是合金成分而是铁素体形态和微合金元素在基体中的存在形态。通过调整计算机控制轧制工艺参数和在线快速冷却工艺参数就可以得到不同强度、韧性匹配的高强韧性结构用钢.

2. 控锻－控冷技术的开发应用

对于锻造用非调质钢,可通过开发控锻－控冷技术,采用新的锻造工艺规范与控冷设备,以确保规模化工业生产对非调质钢性能稳定性的要求。所述的控锻－控冷技术主要控制参量包括:锻造加热温度、终锻温度、锻后冷却速度、变形量和变形速率。

提高锻造时的加热温度,可使 V、Nb、Ti 的碳氮化物逐渐溶入奥氏体中,大量溶解的微合金碳氮化物在冷却过程中析出,可提高钢的强度和硬度;但另一方面,温度升高,奥氏体晶粒长大,组织粗化,韧性下降。图 2.16 为加热温度对非调质钢力学性能和显微组织影响规律的试验结果。

适当控制较低的终锻温度,可使晶粒破碎程度增加,晶界数量增加,有效地产生形变诱发析出弥散质点,同时再结晶驱动力小,晶粒细化,有利于改善韧性。

热锻后工件的冷却速度的变化,对非调质钢强度与韧性仍有重要的影响,在 Gleeble 1500热力模拟试验机上模拟非调质钢控制冷却过程,以不同冷速冷却后进行组织性能分析,试验结果表明:随着冷速加大,晶粒尺寸明显减小,珠光体百分数增加,钢的强度、硬度、冲击韧度均得到提高。原因在于冷速快,相变过冷度增大,新相形核率显著增加,且相变温度降低,使得相变产物晶粒细化,V(C,N)析出相增加,致使钢的强度与韧性同时得到改善,钢的综合力学性能得到提高。为了提高韧性,获得强韧性匹配优良的综合力学性能,设计了在不同阶段施以不同冷却速度的变冷速方案,经控制冷却处理后,强度略有下降,而冲击韧度较大提高,显微组织得到改善,晶粒细化且均匀,试验结果见图 2.17(变速控冷结果用“×”表示)。

变形量和变形速率对锻后组织也有一定影响。当变形量和变形速率较大时,奥氏体晶粒碎化,A 粗晶再结晶成细晶,由于晶界增多具有大量形核位置,所以形成大量先共析F 精细相变组织,均匀分布在组织里,这对钢的韧性有利。

对于 F－P 型非调质钢,其相变结果为先共析 F＋P 组织以及弥散分布于其中的沉淀强化相。定量分析表明,锻造工艺对相变结果有重要影响,原 A 晶粒直径 d_γ(单位 μm,受控于锻造加热温度),冷却速度 V_C(℃/min)决定了组织转变结果:先共析 F 百分数 f_a%,晶粒大小 d_a(单位 μm)以及形态和分布。沉淀强化效应在当冷速在 60 ~ 80℃/min 时作用最大,此时强 K 形成元素钒处于稳定沉淀相析出之前的预沉淀偏聚态或共格沉淀态,形成弹性应力场,完成 α - 固溶体—偏聚区(预沉淀相)—ω 相—VC、V_4C_3 的过程,此时沉淀强化效应最佳。

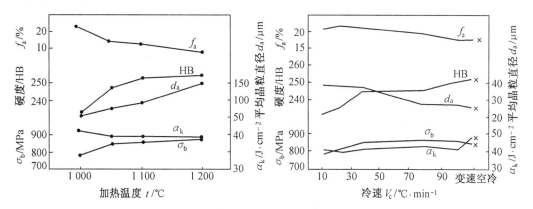

图 2.16　加热温度对力学性能和显微组织的影响　图 2.17　冷却速度对力学性能和晶粒度的影响

非调质钢的强度和硬度受先共析 F 含量及沉淀强化能力控制,韧性取决于先共析 F 析出百分数、形态和晶粒尺寸。因此,为提高非调质钢强度,保持较好韧性,获得良好综合力学性能,有效途径即是细化 A 晶粒,配以适当冷速,即通过控锻控冷来达到控制材料力学性能。

3. 直接淬火钢

由于空冷 F - P 钢不能满足关键部件对性能的要求,自 1985 年开始,发展和生产从锻造温度直接淬火产生板条 M 与均匀分布的回火 K,不需要进行随后的热处理即可使钢的性能(包括韧性)和标准的淬火、回火调质钢相似。开始一般加铌,形成 Nb(CN),延迟锻造时奥氏体再结晶和晶粒长大,以后又发展了添加其他合金元素保证马氏体转变终了温度在 200℃以上,在输送带上完成水淬,产生具有高韧性的自回火组织。这类钢包括 Mn - Mo - Nb,Mn - Mo - V - Ti - N 和 Mn - Cr - Ti - B 等钢种,其显微组织为全低碳 M 到直接淬火状态的 M 和 B 的混合组织。最低屈服点为 700 ~ 930 MPa,最低抗拉强度为 950 ~ 1 170 MPa,V 型夏比冲击功为 40 ~ 80 J。

还有一种直接淬火钢是锻造或轧制后直接淬火,随后再回火以便获得更好的综合性能。

(1)直接淬火 - 回火非调质钢。直接淬火再回火的钢种包括碳钢、硼钢和微合金化钢。微合金化钢在 0.15% ~ 0.30%C - 1.0% ~ 1.5%Mn 基础上添加 0.03% ~ 0.20%V、Ti 微合金化,在最后轧制道次分级加速冷却,一般屈服点达 750 MPa,伸长率大于 25%。在(r + a)区轧制可使屈服点达 800 MPa,伸长率达 22%。为了替代 Ni、Cr 或 No 合金元素,用微合金化元素 V 或 Ti(<0.2%)的 0.2%C - 1.1%Mn 的非调质钢,经调节终轧温度,使直接淬火 - 回火钢的强度水平超过 1 100 MPa,同时伸长率能达到 18%。

锻造后直接淬火一般需进行回火,虽然这种工艺的成本比价格低廉的空冷非调质钢高,但有较高韧性,特别是大截面的零件。从热加工的温度下淬火的工艺操作适合于形状相对简单的零件,诸如卷簧和滚压成形的钢球等。欧洲包括英国在内已将直接淬火锻造广泛地应用在关键的汽车用锻件上,如轴梁、卷簧、转向和悬置支撑部件等。

从技术观点来看,因终锻温度相对较高,原始奥氏体晶粒尺寸比普通热处理所得晶粒大,则导致钢材具有更高的淬透性,在原则上可以使用低合金钢。

直接淬火钢需控制钢中的磷含量使粗晶 C – Mn 和 C – Mn – Cr 钢的回火脆性降到最小。另外,通过加入一定量的钛、氮和铝来限制锻造再加热奥氏体晶粒长大。这对在锻造过程因变形量小造成很少或没有再结晶粒细化的区域特别有利。

(2)低碳马氏体直接淬火非调质钢。低碳自回火马氏体非调质钢具有极好的强韧性配合,这类钢的韧性明显的高于空冷 F – P 型和直接淬火 – 回火型非调质钢。低碳马氏体的强度与钢的碳含量有密切关系,这类钢的碳含量一般低于 0.2%,碳量过低会使钢的强度不足,为达到 1 000 MPa,至少有 0.05% C。试验结果说明,满足 σ_b 1 000 MPa、α_K 100 J/cm^{2}时的碳含量为 0.05% ~ 0.20%。

为了提高淬透性,低碳马氏体非调质钢的锰含量一般在 1% 以上,并添加 Cr、B、Ti、V 等元素。该钢锻、轧后控制冷却的终止温度略低于马氏体转变始点,这时可获得最大程度的自回火,从而具有最佳的强度和韧性配合。

低碳马氏体型高强度高韧性非调质钢已由实验室研究逐渐应用于工业生产。日产汽车公司于 1991 年已将这类非调质钢用于车轮部分的转向节销,并逐步扩大到其他 4 种部件。1994 年,该公司低碳马氏体型非调质钢使用数量已达每月 500 t 的水平。

4.贝氏体非调质钢

为了进一步改善非调质钢的韧性,于 20 世纪 80 年代中期发展了贝氏体非调质钢。贝氏体钢分成两类:一类为低碳贝氏体钢,碳含量一般在 0.1% 以下,不需要回火处理;另一类为中碳贝氏体钢,碳含量在 0.2% 以上,有时需进行回火处理。

(1)低碳贝氏体非调质钢。低碳贝氏体钢的组织为贝氏体(B),B + P(量较少),B + F 或 B + M。低碳贝氏体钢的 Mn 在 1% 以上直至 3%,Cr 1% ~ 2%,另加 V、Ti、B 等微量合金元素。加 B 元素主要是为了扩大贝氏体转变区范围。试验结果表明,该低碳含硼的贝氏体非调质钢,特别是在锻造后温水冷却的情况下比一般调质钢和非调质钢表现出更好的强韧性。

低碳贝氏体非调质钢的强度一般在 800 MPa 以上。由于强度明显提高可使机械结构小型化和轻量化。

低碳贝氏体钢为达到足够的强度和韧性必须有 Mn 等元素合金化。Mn 含量超过 3% 时强化效果已趋饱和,加 Ti 可固定 N 而发挥 B 在钢中的作用。

(2)中碳贝氏体非调质钢。低碳贝氏体钢所需合金元素的量较大,当碳含量在 0.2% 以上、0.3% 以下时,Mn 含量小于 2.0 时可以获得较好的强韧性配合。在 Mn(Cr,N)大于 1.5% 的情况下,碳含量在 0.3% 以上时,所生成的贝氏体含碳较高,虽然强度较高,但韧性下降,一般非调质钢不希望出现这种高碳贝氏体组织。

当钢中碳含量低,即 0.1% 时,贝氏体中的碳化物颗粒尺寸很小,影响韧性的主要因素是决定贝氏体群尺寸的奥氏体晶粒大小(图 2.18)。所以对于改善低碳贝氏体钢韧性的主要因素是控制奥氏体晶粒度。

相反在碳含量较高情况下(0.25% C),非调质钢的韧性与贝氏体群尺寸的相关性较小。在这种情况下,韧性对碳化物颗粒的大小更为敏感,组织中存在粗大碳化物尤为如此。这就是在上贝氏体($B_上$)转换至下贝氏体($B_下$)时相对应的冲击韧度转变温度有一个急变(图2.19),这一般也与碳化物颗粒的细化程度相对应。看来极为重要的是控制贝氏体碳化物的尺寸或进而消除贝氏体组织中的碳化物。硅可抑制渗碳体形成而得到无碳化物贝氏体,故加硅可改善贝氏体非调质钢韧性。日本三菱钢公司报导了该公司研制的中碳贝氏体非调质工字梁用锻钢 0.25C - 1.5Mn - 0.35Cr - 0.15V 钢在 900 MPa 的抗拉强度下具有优良的韧性,F + P 非调质钢有较好的室温性能。试验结果得出,增加组织中的贝氏体量有利于提高钢的韧性,但如不进行热加工变形从 1 250℃ 空冷后,钢的性能变差。北美亦开发了中碳贝氏体非调质钢,内陆钢公司研制 0.38C - 0.3 ~ 1.6Si - 1.5Mn - 0.2Mo - 0.15V 贝氏体钢,直径 64 mm,终轧温度 1 000℃ 以上。试验结果表明,0.88% Si 贝氏体非调质钢(含 20% 残余奥氏体),室温冲击韧度和断裂韧度最高。

贝氏体钢在轧制时的延展性较低,这是由于在贝氏体组织中有一定程度的钒的弥散强化。可以通过时效处理提高贝氏体钢的强度,但韧性变差。F + P 非调质钢的韧性则不受时效处理的影响。

亦有在 0.2 ~ 0.3C - 1.5Mn - 0.15V 贝氏体非调质钢中加 Mo,以增加生成贝氏体的韧性,加 Mo 比加碳和铬更有利于提高贝氏体钢的强度,又不损害韧性。在工艺上加 Mo 钢对冷却速度的敏感小,性能稳定。

但是非调质钢的优势是其工艺和成本的优势,因而钢中加 Mo 和附加时效处理则降低 Mo 贝氏体非调质钢在一般构件中的竞争力。

(3)中碳贝氏体回火钢。贝氏体是钢中介于扩散型 F 和 P 转变与纯位移式 M 转变之间的从 A 进行的一种相变形式。贝氏体分上、下贝氏体,两种形式的贝氏体中,铁素体均含高密度位错并呈板状或板条状。即使是 $B_下$,在 M - B 组织中,随贝氏体百分体积含量的增加,钢的韧性有明显改善。

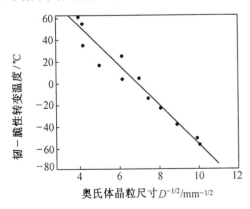
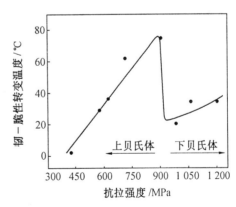

图 2.18　A 晶粒度对低碳 B 非调质钢韧性的影响　图 2.19　在上下 B 之间韧 - 脆转变温度的变化

贝氏体钢的强度取决于贝氏体铁素体的晶粒度、碳化物弥散程度、内应力、位错密度和固溶强化。当伸长率在 20% 左右,贝氏体屈服点接近 800 MPa,强度极限约为 900 MPa。

中碳回火贝氏体钢比 F + P 钢有更好的强度和韧性的平衡。与低碳贝氏体钢相比，尽管增加了回火工序所需费用，总起来说回火贝氏体非调质钢仍然是十分经济的。

与回火马氏体钢相比，回火贝氏体钢通常含有较少的合金含量和不需要昂贵的淬火设备，并且淬火裂纹、热处理变形和焊接热影响区的冷裂纹敏感性均较低。贝氏体钢蠕变断裂性能和可逆回火脆性的抗力均比马氏体钢高。

中碳贝氏体回火钢通常用于大截面部件，诸如汽轮机转子轴，压力容器，轧钢机支撑辊，大的模块，车辆用大截面弹簧，以及采煤机用切割齿轮传动装置，小型机械的齿条等耐磨部件，主要有 CrMo、CrMoV、NiCrMo 等。Mn、Si 都易引起大截面部件的回火脆性，Mn 易产生偏析，并与珠光体一道在原奥氏体晶界上偏聚，在无 Ni 或低 Ni 时 Si 的作用和 Mn 类似。所以这些钢中 Mn、Si 含量一般较低。

典型的支撑辊用钢为 3CrMoV，做模块和压铸模具的贝氏体钢分别为 P20(1.25CrMo) 和 H13(5CrMoV)。

5. F-B 型或 P-M 型复相非调质钢的开发

汽车工业用材一直在追求提高零部件的强韧性，同时减轻重量，降低成本，这需要通过优化材料成分，有效改善处理工艺技术来实现。非调质钢通过少量的合金化和简化的热处理制度便可实现高的强韧性，是满足上述需求的有效途径。继铁素体-珠光体(F-P)型、贝氏体(B)型、马氏体(M)型非调质钢相继开发应用之后，F-B 型、F-M 型复相非调质钢因成本低，性能优而被开发应用。

在传统非调质钢 27MnSiVS6 的基础上添加 0.016% ~ 0.024% 的 Ti，0.049% 的 Nb，以及 $(75 \sim 150) \times 10^{-6}$ 的 N，采用较低的锻造温度；锻后采用两级冷却(Two-Step Cooling)附加回火处理，简称 TSC + AN 工艺，可得到铁素体-贝氏体(F-B)型，或铁素体-马氏体(F-M)型复相非调质钢。材料性能，特别是屈服点 $\sigma_{0.2}$、断面收缩率 ψ 欲达到调质合金钢水平，必须通过变革工艺以充分发挥非调质钢的应用潜力。具体工艺为在 920℃ 热锻成形，促使形成细化的奥氏体晶粒，并大量增加晶界数量，利于铁素体形核。冷却时第一阶段慢冷(空冷)，在晶界形成大量均匀分布的先共析铁素体。由于铁素体形成温度较高，这些铁素体为韧性良好的等轴铁素体，并因富集较多的碳而强度高。同时碳能够从过饱和的铁素体中向毗邻的奥氏体中扩散，使得奥氏体稳定化，利于形成贝氏体或马氏体，而非珠光体。第二阶段从 640 ~ 680℃ 开始加速冷却(水冷)，完成贝氏体或马氏体转变。通过改变热锻成形温度和第二阶段开始温度，可以控制铁素体和贝氏体或马氏体的百分比，从而控制强韧性的匹配。为进一步提高塑性、韧性，还需要在 400℃ 韧化退火处理，在铁素体中形成 V(C,N) 弥散沉淀相。经上述工艺处理后 $\sigma_{0.2}$ 从 650 ~ 800 MPa 提高到 820 ~ 1 000 MPa，ψ 从 20% ~ 25% 提高到 40% ~ 50%，达到合金结构钢的调质水平。

6. 计算机模拟技术在微合金非调质钢研究上的应用

运用计算机技术，采用有限元方法，建立数学模型，模拟微合金非调质钢在热锻变形过程中的热-力学过程、显微组织转变过程，预测该过程中的塑性变形、热传导、显微组织演变及最终的力学性能，为实际应用选择化学成分、制定生产工艺，提供一种有效的工具。该技术包括建立以下模型。

①热锻变形过程中的热力学过程模型。

②显微组织转变模型。

2.4 金属间化合物高温结构材料

2.4.1 金属间化合物及其特性

1. 金属间化合物的发展与应用现状

金属间化合物材料是当前正在发展的一类新型金属材料。一般金属材料都是以固溶体作为基体,而金属间化合物材料则是以相图中间部分的有序金属间化合物为基体,因此它是一种全新的金属材料。

早在 20 世纪 50 年代,人们就已发现金属间化合物具有作为高温结构材料的特殊优点,即许多金属间化合物的强度随着温度的升高不是连续下降,而是先升高后下降。这种强度随温度升高而提高是一种反常强度 – 温度关系,完全不同于传统金属材料的强度随温度升高而不断下降的关系。这一发现推动了一轮研究热潮,去探索强度随温度升高而提高的物理本质,由此在金属间化合物形变特性和屈服点反常温度关系机制方面提出了新的模型。但是,由于材料有严重的脆性,发展材料的研究工作没有进展。1979 年,日本的 Izumi 发现加硼可以大大提高 Ni_3Al 金属间化合物的塑性,为解决金属间化合物的脆性问题提供了可能性。由此,以美国为代表的先进工业国家,为了能在 21 世纪保持在航空和航天领域的优势,大力推动了这方面的研究工作。希望能开发出一种能耐更高温度,比强度更高的新型高温结构材料,给新一代航空和航天器的发展开辟一个新时代,因此,具有轻比重、高熔点、具有塑性的金属间化合物结构材料,广受瞩目。

近十九年来,先进工业国家,如美、日、欧洲诸国都制订了全国性的研究计划,每年都有多次相关学术会议交流这方面的研究成果,目前已取得重大进展。发展金属间化合物的主要目标是发展比 Ni 基高温合金具有更高高温比强度的轻金属材料,特别注重发展一种介于镍基高温合金和高温陶瓷材料之间的高温结构材料,目标是要充填镍基高温合金和先进高温陶瓷材料之间的空隙。不仅是指使用温度在它们二者之间,而且是指其力学性能也存在它们二者之间,即比镍基高温合金具有更高的比强度,又比先进高温陶瓷材料具有更高的塑性和韧性,并在其生产和装备上更接近已有金属材料的生产装备。

目前已发展出许多有希望工业化的金属间化合物合金,确实具有比镍基高温合金更高的比强度,其中有的已经做成许多模型零件,经受实际使用考验。有的已经进入生产阶段,在航空科技领域、汽车工业及其他民用工业应用。虽然某些新型金属间化合物结构材料确实具有比镍基高温合金更高的比强度,但是在使用温度上,还达不到充填镍基高温合金和先进高温陶瓷之间空隙的目标。因此,当前的研究要更加注重于发展更高温更好综合性能的金属间化合物系,同时使已发展的金属间化合物结构材料实用化。

2. 金属间化合物的特性

研究发现,金属间化合物的强度随温度的升高不是连续下降,而是先升高后下降,它完全不同于一般金属材料。其强度随温度(在 $0.5 \sim 0.8 T_m$ 温度范围内)的变化趋势如图 2.20 所示。人们将这种强度随温度升高而提高的现象命名为"R 现象"。这一发现在理论和实践上的价值十分巨大,它既为材料的变形和强度理论的发展提供了新课题,又直接导致了一类新型金属材料——金属间化合物结构材料的产生。

许多金属间化合物具有密度小、比强度高,弹性模量高、刚度高以及高温力学性能和抗氧化性能优异等特点,被视为新一代高温结构材料。由于金属间化合物具有金属键和共价键共存的特性,其使用温度可介于高温合金和陶瓷材料之间(1 100~1 400℃),与陶瓷材料相比又具有较低的脆性,从而填补了金属与陶瓷在使用温度上形成的鸿沟。高温材料工作温度示意图如图 2.21 所示。

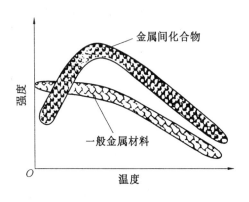

图 2.20　材料强度随温度的变化趋势示意图

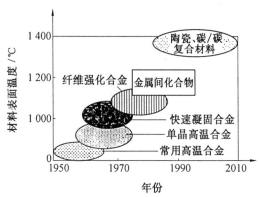

图 2.21　高温材料工作温度示意图

通常金属间化合物由两种或多种金属元素组成并具有有序结构,因此可根据其化学元素原子配比及其晶体结构来分类,表 2.7 列出了一些主要金属间化合物及其特性。

表 2.7　主要金属间化合物及其特性

化学配比	金属间化合物	熔点 T_m/℃	密度/$(g \cdot cm^{-3})$
A₃B	Ni_3Al	1 397	7.41
	Ti_3Al	1 600	4.2
	Fe_3Al	1 540	6.7
	Ti_3Sn	1 670	5.29
	V_3Si	1 925	6.47
A₂B	Co_2Si	1 326	4.98
	Fe_2Zr	1 645	7.69
	Nb_2Al	1 871	6.87
	Si_2Mo	2 030	6.3
AB	$NiAl$	1 640	5.88
	$TiAl$	1 452	3.9
	$FeAl$	1 250~1 400	5.6

金属间化合物作为结构材料的基本特色是有高的比强度,不仅在室温下有高的比强度,而且在高温下也能保持高的比强度。因此,作为高温结构材料的金属间化合物,必须是密度低的,而且要有较好的高温抗氧化性。以铝化物及硅化物为基的金属间化合物,是最有希望被开发成为一类新型的高温结构材料。

然而大多数金属间化合物在室温下都呈现低塑性和明显的脆性,而且其断裂抗力和成形性差,限制了它们在工程上的应用。近年来国内外科研工作者做了大量工作,进行系统研究与开发,已取得很大进展。

2.4.2 改善金属间化合物作为高温结构材料的方法

对于高温金属间化合物而言,室温塑性、高温强度和抗氧化性是它有待进一步完善的三个主要性能。

1. 改善室温塑性的有效方法

(1)加入微量元素。1978 年日本科学家首先发现在 Ni_3Al 中加入 0.05% ~ 0.1%的 B(硼)可显著提高其室温塑性,延伸率可达 35%。而当 Al 含量偏离 Ni_3Al 分子式、原子分数为 24%时,加入微量 B 后,Ni_3Al 的延伸率可达 50%。这是因为 B 偏聚于多晶 Ni_3Al 的晶界处,强化了晶界的缘故。

(2)获得复相组织。多相金属间化合物比单相金属间化合物的性能优越,特别是在塑性与强度的配合方面。如 Ni_3Al 基合金性脆,但加入第二相特殊稳定元素(Ni、Mo、V 等)形成的具有 BCC 的第二相后,可具有较好的塑性。研究发现,双相合金通过不同的热处理工艺,可得到一系列的微观结构,它们的塑性和韧度都比单相化合物好,因为双相合金的强度高,且第二相具有易于变形的立方结构,故两者结合显示出较理想的综合性能。

2. 改善抗氧化性的主要方法

改善抗氧化性,主要是通过加入合金元素。加入的合金元素易氧化,但氧化后产生致密的表面氧化层,比材料中其他任何元素的氧化物更稳定,能阻止气体原子向合金材料内扩散,从而起到保护材料的作用。此外,加入的合金元素量必须足够,以便能形成连续保护层。Al 可形成致密的 Al_2O_3 氧化层,是一种理想的元素。Al 的含量决定着化合物抗氧化能力的强弱。镍铝合金由于 Al 含量大、分布很均匀,因此表现出良好的抗氧化能力。

3. 利用金属加工工艺来开发金属间化合物,提高性能

常用的工艺有熔铸、定向凝固、喷射成型、热机械处理等,主要用来提高化合物的室温塑性和高温强度。但在制备过程中,必须尽量保持金属间化合物材料的纯净,特别是要降低氧和氢的含量,它们的含量对塑性和抗氧化性有直接影响。消除杂质,获得较细的微观组织是获得良好性能的关键。

2.4.3 金属间化合物结构材料的发展

发展工业上能够实际应用的金属间化合物结构材料,要满足两项基本要求:首先是要满足作为一种高温结构部件的性能要求,特别是要比已经经受长期使用考验的高温合金有更加吸引人的性能,才具有替代高温合金的可能性;其次是要有良好的制备工艺性能,可以经济地实现生产规模的制备。在众多的金属间化合物中,首先是铝化物,其次是硅化物受到重视,因为它们比较容易得到,并且具有良好抗氧化性,在高温下可能得到具有良好保护性的氧化铝或氧化硅膜。许多铝化物的晶体结构比硅化物简单,晶体对称性高,因而铝化物备受重视。Ni_3Al、Fe_3Al、Ti_3Al 等化合物都具有金属元素密排晶体结构的衍生结构,它们是第一批开发的金属间化合物结构材料。由于 Ni_3Al 合金的室温脆性问题首先被解决,因此 Ni_3Al 合金被作为典型材料大力研究开发,大大加深了人们对金属间化合物结构材料的理性认识,也得到了实用工程合金。不过,Ni_3Al、Fe_3Al、Ti_3Al 分别与镍基高温合金、铁基合金和钛合金金相比,其比强度的优越性有限,所以人们更愿意开发密度更小的 NiAl、FeAl 和 TiAl 基合金,它们也具有较简单的晶体结构,含铝量高,更易得到好的抗氧化性。NiAl 是金属间化合物中抗氧化性最佳的。TiAl 是目前最有前途的金属间化合物结构材料。在此期间,研究者还注意到一系列的三铝化合物,如 Al_3Ti、Al_3Zr、Al_3Nb 等,它们含有大量的铝,其熔点大大高于铝的熔点,同时又很轻,因而被认为是具有比铝合金更大的优越性的合金。但是,这方面的研究一直没有得到突破,室温脆性问题一直没有很好解决。

硅化物大多具有比较复杂的晶体结构,熔点高,比较脆。Ni_3Si 和 Fe_3Si 都具有比较简单的晶体结构,尤其是 Ni_3Si 自发现钛能大大改善 Ni_3Si 室温塑性以来,$Ni_3(Ti,Si)$ 已可能发展成工程合金。其作为高温结构材料的优越性(与镍基高温合金相比)不很明显,但在耐蚀合金方面早就有所发展。

要发展能充填镍基高温合金与陶瓷高温结构材料之间的空缺,发展使用温度能处于它们两者之间的金属间化合物合金,必须选择具有更高熔点的金属间化合物。为此考察了所有具有简单晶体结构的金属间化合物,发现其大多数具有密度大或熔点不够高的特点。因而必须注意研究开发那些具有较复杂晶体结构的金属间化合物。目前研究比较多的是 $MoSi_2$、Mo_5Si_3、Ti_5Si_3、Nb_5Si_3、Laves 相等,其共同特点是脆性大。这些化合物的晶体结构复杂,定向结合键强,塑性变形和位错运动难,孪晶变形复杂,晶界结构弱,因而有大量理论和实践问题尚待解决。

金属间化合物基复合材料是另一个发展方向。现已证明,通过复合软相或者硬相,都可以在一定程度上改善材料的韧性。合适的复合材料可以同时提高强度与韧性,但它们要作为高温结构材料,也还有一系列问题要解决。

下面简单介绍比较成熟的金属间化合物工程合金。

1. Ni - Al 系金属间化合物合金

(1)Ni_3Al 基合金。自从 Aoki 和 Izumi 发现硼可以大大提高 Ni_3Al 的室温塑性以来,Ni_3Al 作为一个典型合金得到了广泛的研究,主要合金成分范围为 Ni - 14/18Al - 6/0Cr - 1/4Mo - 0.1/1.5Zr 或 Hf - 0.01/0.02B(原子分数%)。铬的作用是提高抗氧化性及降低氧的损伤作用,锆和铪(Hf)是固溶强化元素,锆还能提高合金的塑性。钼能有效提高高温强度,而硼则起强化晶界和降低环境脆性作用。

Ni_3Al 相可溶解各种过渡族金属元素、硅和微合金化元素如碳、镁、钙、钇和稀土等元素,而且使其力学性能包括屈服点、抗拉强度、伸长率及蠕变极限等均得到提高。例如按上述合金化原理已设计和开发了定向凝固 Ni_3Al 合金(成分为原子分数 1%Hf、Zr,8.5%Cr,2%Ti,Nb、Ta、Mo、W,$w_{Mg}=0.01\%$,$w_B=0.04\%$,余量为 Ni_3Al)的单相 Ni_3Al 金属间化合物合金。这种合金在中温和高温下的持久强度和蠕变极限已达到高强度镍基铸造高温合金的水平。

Ni₃Al 基合金已在各种工业领域应用，铸态和锻态都有应用，可以做高温模具，热处理炉部件、汽车火塞、阀门、增压器涡轮等，我国发展的高钼的 Ni₃Al 合金，已作成导向叶片，通过试车和试飞。

(2)NiAl 合金。当铝含量高于原子分数 41% 时，镍的铝化物形成有序型结构的 NiAl 金属间化合物。NiAl 比 Ni₃Al 更有希望成为在高温使用的结构材料。它具有更高的熔点（1 638℃），更小的密度（5.86 g/cm³），更高的弹性模量（294 GPa）和很高的热传导系数（76 W/m²·K）。此外，NiAl 具有相当优异的高温抗氧化能力。

NiAl 成为结构材料有两个障碍，即低的常温断裂抗力和低的高温强度和蠕变抗力。近年来人们发现一个奇特的现象，当加入原子分数小于 1% 合金元素时，其拉伸伸长率就出现明显提高。例如加入原子分数 0.2% Fe 时，NiAl 单晶的室温拉伸伸长率可提高到 6%，但当铁含量增加到原子分数 0.5% 时其伸长率会有很大的降低。加入微量 Ga 和 Mo 也会在一定程度上提高其室温伸长率。

单晶 NiAl 合金曾作为重点研究的合金，结果表明，通过合金化得到 Ni₂AlTi Heusler 相，与 NiAl 基体保持共格结合，可以得到高的蠕变强度，达到镍基高温合金水平。但其室温脆性仍是一个大问题。

多晶 NiAl 合金经调整铝含量和用铁合金化得到 Ni – 30Fe – 20Al 和 Ni – 20Fe – 30Al 合金系列。此时得到 NiAl(β) 和 Ni₃Al(γ′) 双相组织，还可能有无序质点，起强韧化作用；进一步加钛、铌、钽，可得 β + γ + Heusler 相合金，明显提高蠕变强度，是一种有希望的多相 NiAl 合金。发展 NiAl 基复合材料也是一个正在研究的方向。

2. 铁 – 铝系富铁金属间化合物

在 Fe₃Al 和 FeAl 为基的铁的铝化物在高温氧化气氛下表面会生成致密的保护性氧化层，具有优异的抗氧化和抗腐蚀性能。此外，这些铝化物价格低廉、密度小，且不含或只含少量铬、镍等合金元素。因此，具有很大潜力发展成为一类高温结构材料。它们的致命弱点是常温下的低塑性和低的断裂抗力以及高于 600℃ 时低的高温强度和蠕变极限。

最近研究发现 Fe₃Al 和 FeAl 金属间化合物本质上是韧的。一般在空气中拉伸时获得低伸长率是由外来影响造成的，即产生环境脆化的缘故。实验表明，其伸长度在空气中为 2%，真空中为 6%，干氧中为 17.6%。在含水蒸气的水中和在空气中得到的伸长率一样低，这证明空气中的水分子是引起 FeAl 脆化的介质。当 FeAl 的铝含量高于原子分数 38% 时，它在空气及在干氧中的拉伸伸长率几乎都为零，即无环境敏感问题。而且当 Al > 38% 原子分数时，FeAl 都是沿晶界被拉断的，即其晶界本质是脆的。所以可以认为环境脆化和晶界本质脆两者同时是 FeAl 或其他金属间化合物脆性的主要原因。

通过研究和实践表明，可采用下列途径有效地改善铁的铝化物的韧性。

(1)添加铬或在空气中预氧化，在表面形成具有保护作用的氧化膜。

(2)进行热机械处理细化晶粒。

(3)添加 Zr、B 和 C 形成如锆的硼化物和碳化物等第二相粒子细化晶粒。

(4)添加微量硼元素偏聚到晶界上提高晶界的结合强度，从而减轻晶界的脆性。

(5)添加 Mo、Nb、Zr 和 B 等合金化元素，降低氢的溶解度和扩散速度。

有序金属间化合物研究的新进展表明,其力学和冶金性能已获得巨大改进。提供了比在高温下结构上使用的常规材料更先进的材料。到目前为止,与镍基高温合金相比,Ni_3Al 合金具有更好的抗疲劳性能、抗氧化性能、更低的密度和在高应变速率下更高的高温强度。Ni_3Al 合金具有比较好的抗氧化能力、较低的密度、较高的熔点和优异的热传导性能。和钛合金相比,γ – TiAl 金属间化合物合金具有更低的密度,更高的高温强度和更好抗氧化能力。

金属间化合物合金是 21 世纪的新型优良高温结构材料。材料科学界正致力于金属间化合物的合金化规律、室温韧化机理、反常高温力学性能的物理本质、微观结构与高温性能之间的关系等基础研究,以克服合金的室温脆性,进一步改善综合力学性能。金属间化合物结构材料在航空、航天、能源开发等领域开发应用已为期不远,如能在航空上应用,则发动机推重比(推进力/密度)将有一个飞跃,其应用前景广阔无限。

2.5　刚柔相济的超塑性合金

2.5.1　超塑性合金的由来

金属或合金,通常是坚硬的,有高的强度,做成的各种构件很坚固,不容易破坏,这当然是一种优点;但是,强度越高的材料,要做成某种形状,其成形就越困难,这时强度高就变成了缺点,给加工成形造成困难。

那么,有没有既柔软又坚硬的材料呢? 长期以来,人们幻想着有一种材料,加工成形时,像麦芽糖似的,用一点力就能把它拉长,柔软可塑,而加工成形后,又像钢铁一样坚硬牢固。今天"幻想"已经成为现实,人们在实验中发现了超塑性合金材料,大体上就是这样一种理想的材料。

1.一个有趣的实验

取长度、粗细相同的铅棒、锡棒、铝棒、铜棒和钢棒,做实验时,在每一种棒的两端分别用马拉。结果,铅棒两端各用 1 匹马就能把棒拉断;锡棒两端各用 2 匹马拉断;铝棒两端各用 8 匹马才能拉断,强度比铅和锡都大;铜棒的强度更大,两端各用 20 匹马才拉断;而钢棒两端各用 30 匹马也拉不断。其原因是这些材料的强度按铅、锡、铝、铜和钢,依次增大,钢比铜大 1 倍,比铝大 5 倍,比锡大 20 倍,比铅大 40 倍。可是,如果给你一块优质钢和一块铅,在规定的时间内加工成规定的复杂形状,那么情况恰恰与上面实验结果相反,铅可以很容易加工成形,而钢则要困难得多。

在国内某重点大学的金属超塑性研究室里,拉力实验机上的 Zn – Al 合金试样保持在 250℃左右的温度,在 $0.4 \sim 0.5\ kg/mm^2$ 的拉力下,慢慢伸长。长度增加了 1 倍、2 倍……最后试样拉断时的长度竟达到原来长度的 17 倍以上! 断口的直径比头发丝还细。坚硬的合金竟变成了一块柔软的"口香糖"了! 这就是金属的超塑性实验。

合金在一定条件下会变得像麦芽糖或口香糖一样柔软,容易延伸,容易变形吗? 答案是肯定的,能! 那么,到底怎样的合金称为超塑性合金呢? 1928 年英国物理学家森金斯为超塑性合金下了一个定义:凡金属在适当的温度下(大约相当于熔点温度的一半),变得像软糖一样柔软,而且其应变速率为每秒 10 mm 时产生 300％以上的伸长率,均属超塑性现象。1945 年,前苏联科学家包奇瓦尔等针对这一现象第一次提出了"超塑性"这一术语,并在许许多多有色金属合金中,发现了不少超塑性特别显著的特异现象。

在通常情况下,金属的延伸率不超过 90％,而超塑性合金的延伸率可以高达 2 000％,甚至高达 6 000％,就是可以产生 60 倍于自身的延伸。能够产生如此大的变形而不发生断裂,确实令人惊讶！而科学家的头脑是理智而冷静的,在惊奇之余,敏锐地意识到这是一种十分可贵、大有用处的材料。实际上最大好处是这种材料能够经受拉力的作用,产生大幅度的变形而不断裂的性能,利用这种性能可以在工厂里制造十分复杂机器的构件。

2. 塑性与强度的矛盾

众所周知,金属有两个重要的性质——塑性与强度。

塑性是金属在不破断的情况下所能得到的最大永久变形的能力,常用伸长率 δ 和断面收缩率 ψ 这两个塑性指标来衡量,材料的塑性指标 δ 或 ψ 的数值越高,表示其塑性变形加工性能就越好。在一般加工(塑性变形加工)条件下,黑色金属的 $\delta \leqslant 30\%$、有色金属的 $\delta \leqslant 60\%$,例如铸铁与高碳钢的 $\delta \approx 1\% \sim 3\%$。强度是金属对塑性流动和断裂(拉断、剪断)的抵抗能力,常用抗拉强度 σ_b,屈服点 σ_s 等表示。在通常情况下,这是一对矛盾的性质,往往金属的强度越大,塑性越小。反之,塑性越大,强度就越小。塑性加工,就是在常温或加热条件下对固态金属材料施加相当的外力,使金属产生永久变形(或称塑性变形)的工艺过程。人们常见的锻造、挤压、冲压、轧制等都属于塑性加工。要使金属产生塑性变形可不是一件容易的事。在手工劳动的时代,塑性加工主要依靠手抡大锤锻打。现在,机器代替了手工劳动,人类征服金属的能力大大加强了。

金属材料的强度越高,尺寸越大,塑性加工的机械设备也就必须造得越大,所需要的动力也就越大。这就迫使人们寻找一种加工时强度小、塑性大,加工后强度变大的金属。这种金属就是具有超塑性的金属。

3. 罗森汉等人的贡献

1920 年,德国科学家罗森汉等在将锌 - 铝 - 铜三元共晶合金板缓慢弯曲时发现了一个出乎意料的现象:这种塑性很低的脆性材料,通常快速一折即断。可是这次,将它两面慢慢对折起来连一点微小的裂痕都没有,显示出一种异常的塑性。当时被工程技术人员认为是一种奇异现象。不久,又有人相继发现另外几种合金具有异常的塑性。

1930 年,英国科学家皮尔逊对铅 - 锡、铋 - 锡共晶合金板的异常塑性进行了较为详细的研究。这两种合金也都是脆性材料,甚至落到硬的地面上都要碎裂。可是他把这两种材料进行拉伸时,其伸长率达到了 2 000％,即伸长 20 倍而不断裂！皮尔逊指出,异常塑性材料具有异常微细的晶粒,晶粒越细,异常延伸就越大。尽管变形量非常大,可是晶粒的形状仍然基本保持不变,只是相邻晶粒的相对位置关系发生了变化。这就是说,异常延伸情况下的变形是在晶粒的界面上发生的。皮尔逊的研究报告在当时引起了很大的反响,许多科学家开始重视这一特异的现象。

1945 年,前苏联科学家包奇瓦尔和普利斯尼亚可夫对这种异常的塑性现象进行进一步系统研究,并在许多有色金属合金中发现了延展性特别显著的奇异现象,于是首先给它取名为"超塑性"来概括金属及其合金在一定条件下出现的这一奇特的性质。从此,对超塑性合金的寻找与研究就成为许多科学家关注的课题。1962 年,美国人安达尔渥特在《金属》杂志上正式确立了"超塑性"这一名词,介绍了他们的记录,立即引起欧美科学工作者的强烈关心,各国都开展了活跃的研究。1964 年,美国麻省理工学院教授白柯芬等人详细地分析了当时世界上对锌－铝合金超塑现象的所有记录和研究报告,提出了有名的超塑性的力学表达式,这就使金属超塑性研究进一步向前推进了。从此以后,金属超塑性的研究出现了一个群雄逐鹿的新局面。白柯芬等人用 0.75 mm 厚的超塑性锌－铝共析合金板材进行"鼓包成形"试验。只用低压空气(压强 103 kg/m²)的压力就把它"吹"变形,这不能不使人惊叹这种合金的超塑性。

经过几十年的不懈探索,已经发现 200 余种合金材料具有超塑性,不少材料已实现工业应用。它包括纯的铅、铝、铜、铍以及铝、钛、锌、铁、镍为基的合金,钢和铸铁也发现具有超塑性。例如,锌－铅共晶合金的伸长率 $\delta = 1\,000\%$,铝－铜共晶合金的 $\delta = 1\,150\%$,镍合金的 $\delta = 1\,000\% \sim 1\,300\%$,锡－铅共晶合金的 $\delta = 4\,850\%$,而非晶态铜合金的伸长率 δ 则高达 $5\,500\%$ 之大。

2.5.2 超塑性合金的优点

超塑性合金与其他材料相比,其优点是什么呢? 航空航天已经形成很大的高技术产业,要求具有高强度、耐高温和能够实施复杂形状的加工成形。但是,材料的强度越高,形状越复杂,加工成形就越困难,特别是整体成形就更困难了。

目前,有静压法和旋压法等强力成形方法,对普通的高强度材料需要很高的压力,而且材料的利用率低,由于制造费用大,材料耗费多,所以成本必然居高不下。

利用超塑性合金,对航天飞机上的那些难加工成形的复杂形状的结构部件,就会比较容易完成加工。如美国利用普通锻造法制造飞机隔架,需要锻出 158.8 kg 的毛坯后,再经过机械加工,才能制成最后的构件。若利用超塑性合金,只需要 22.7 kg 材料即可制造成最后的部件。可以看到每件可以节省 136.1 kg 材料。若要生产 500 架飞机。则只这一个部件就可以节约约 150 万美元。这里有一个很好的例子,在制造 B－1 喷气式飞机的舱门、尾舱、骨架时,原工艺需要 100 个零部件,经过各种方法连接组装而成;若用超塑性钛合金,可以一次整体成形,既简易,又使尾舱架的重量减轻 1/3,而成本降低 55%。可见,利用超塑性合金制造普通飞机或航天飞机可以减轻飞机的重量,节约材料,简化工艺,提高质量,降低成本,有很高的经济效益。从中可以看到科学技术的进步对工业的巨大推动作用。

2.5.3 为什么金属会产生超塑性行为

科学家在大量的实验工作中发现,在两种特定条件下,会出现合金的超塑性行为。大家都熟悉,水是液体(液相),当温度降到 0℃时,会结成冰,冰是固体(固相)。水从液体变为固体称为相变。

1.相变超塑性

有些金属当受热达某个温度区域时,会出现一些异常变化,若使这种金属在内部结构发生变化的温度范围内上下波动,同时又对金属施加作用力,就会使金属呈现变化的超塑性,此即相变超塑性(或称环境超塑性,动态超塑性)。如纯铁加热到 912℃时,内部原子排列的方式会发生变化,从 α - 铁转变成 γ - 铁,称为相变。若使温度在 912℃附近上下波动,同时对铁块施加作用力,如拉伸、挤压、扭曲等作用力,此时铁块会变得像麦芽糖一样,呈现相变超塑性行为,你想让它变成什么形状,它会乖乖地变成什么形状。

铸铁质硬而脆,施加压力进行加工成形十分困难。但实验发现铸铁也有超塑性行为,所以,工厂里利用超塑性行为来加工铸铁,当然是一个理想的方法。

2.微细晶粒超塑性

超塑性合金的晶粒一般为微细晶粒(晶粒的平均直径一般小于 10 μm),这种超塑性称为微晶超塑性(或称恒温超塑性,静态超塑性)。

金属分为黑色金属(如钢铁是黑色金属)和有色金属(如金、银、铜、铝、锌、镍等)。有色金属及其合金在一定温度范围内慢慢(低速)进行加工时会产生超塑性行为,工业上加工成形十分方便。图 2.22 为超塑性变形的示意图。假设晶体由四个六方晶粒所组成(图2.22(a)),在垂直方向拉伸应力作用下,通过晶界三角点处原子的扩散和晶界的滑动,使这组晶粒由初始状态(图 2.22(a))演变成中间状态(图 2.22(b))。在这过程中晶界面积增加,系统的自由能增加。但是,在从中间状态向最终状态转变过程中,晶界面积逐渐减少(图 2.22(c))。这样,外部供给的能量消耗在晶界面积的变化上。这组晶粒在垂直方向拉伸应力作用下,从初始状态变为最终状态的结果是,晶粒的位置发生了变化。晶粒沿拉伸方向产生了很大的变形,但晶粒仍保持为等轴晶粒。

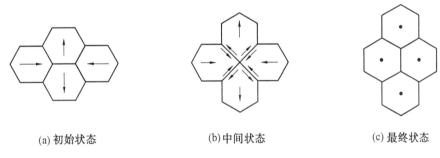

(a) 初始状态　　　　　　　　(b) 中间状态　　　　　　　　(c) 最终状态

图 2.22　一种超塑性变形模型

2.5.4　外界条件对超塑性的影响

目前已经被发现的超塑性合金不下百种,它们分别属于有色金属、黑色金属(包括铸铁)和粉末冶金制品。这些具有超塑性的金属大体上可以分为微细晶超塑材料和相变超塑材料。

影响合金超塑性的因素很多,其中主要的有变形速度、温度和晶粒度。超塑性合金对变形速度的反应非常敏感,应变速率一般在 $10^{-4} \sim 10^{-2}$/s 范围表现出最佳的超塑性。温度对超塑性合金的影响也很明显。超塑性变形只有在一定的温度下才能发生。要求的下限温度是 0.5 T_m(T_m 是合金熔点的绝对温度),在相变临界点以下某一温度范围里伸长率最大。晶粒度对微细晶超塑合金的超塑性影响很大。晶粒越细,超塑性越大,晶粒直径要求在 5~0.5 μm 左右,晶粒直径大于 10 μm,就难于实现超塑性。1920 年,罗森汉等人发现超塑性现象时用的锌 - 铝 - 铜三元共晶合金就是属于微细晶超塑合金。

相变超塑合金的超塑现象是在金属发生相变时出现的。给这种材料以一定的应力,并在相变温度上下反复加热和冷却,经过多次相变,就获得超塑性。晶粒的大小对这种材料的超塑性影响不大。

2.5.5　超塑性合金的应用

第一个实用的超塑性合金是锌与22%铝的合金。这种合金最初是在英国实现商品化的,后来进入世界市场,特别是占有了发达国家的市场,其中包括美国、日本和加拿大等国。锌－铝合金形成超塑性的条件:温度范围为250~270℃,压力范围为0.39~1.37 MPa。

普通金属要进行加压力成形,压力范围高达2 000~4 000 MPa。而超塑性锌－铝合金成形所需的压力只有普通金属的几千分之一。而且一次整体成形所需的时间很短,对小部件只要1~2 min,对复杂部件也只要5~6 min,十分方便省时。

锌－铝合金的超塑性行为给我们带来的好处不仅仅是加工成形压力低和节省加工时间,此外还有加工成形温度低,模具费用低,因为在超塑性状态合金成了"麦芽糖",柔软得很,所以,模具材料可以用比较便宜的容易加工的铝合金或铜合金就可以了,不必使用昂贵的难加工的硬质合金,这样模具的费用自然就便宜多了。

铝与33%的铜形成的合金是又一团"麦芽糖",在500℃时,可有大于2 000%的超塑性伸长率,坚硬的合金此时成了麦芽糖,任你改变其形状,因此可加工成各种复杂的构形。

后来又发现一种新型的铝合金,铝－钙－锌合金具有超塑性,这种新型铝合金的优点是强度高、密度小、抗腐蚀。这种材料可用在要求强度高、形状复杂、质量轻的部件上。

以金属镍为基体再加入铬、铁、铝等金属形成的镍基合金是一种耐热合金,其在高温下仍有很高的强度,但是很难加工成形。若利用其超塑性进行精密锻造,锻造压力小,一次成形,节约材料,减少工时,成品均匀性好,已经应用于蒸汽轮机的制造,效果令人满意。

1. 一般应用

由于超塑性合金能在很小力的作用下产生极大的塑性变形、加工时不需要巨大的动力和复杂的设备,这就为取代或部分取代长期以来压力加工行业设备庞大、笨重,消耗动力多的状况展示出一幅美好的图画。20世纪70年代以来,工业上对它的出现给予了特殊的重视。虽然金属超塑性的机理还没有弄清,但它的应用研究已经相当广泛了。

美、英、日、德等国家都有专门生产超塑性材料的企业。我国也有生产超塑性合金的工厂。因为超塑性合金具有与高温聚合物及高温玻璃流动相似的特性,所以可以采用塑料工业或玻璃工业的成形办法加工。例如:可以像吹制玻璃制品那样吹制金属管子和形状复杂的金属容器,也可像塑料那样压制成精密件。超塑性合金还可加工成一般金属合金不可能加工的复杂零件。目前,超塑性合金多用来制作表面积很大的薄壁壳体、形状复杂的装饰品、高级壁面板、汽车零件、熔模铸造法制蜡样用的金属模以及塑料加工行业用的模具等,其应用范围日趋广泛。

但是,超塑性合金变形速度低,需要在$0.5T_m$以上温度加工,这就造成生产效率低、合金容易氧化等缺陷,使用的模具也要求耐热。这些都是应用研究要解决的课题。

2. 太空材料上的应用

钛合金是目前最重要的航空、航天和导弹材料。例如美国的F－14战斗机,大部分部件都使用钛合金材料。作为飞机材料,首先要求强度要高,经得住负荷,耐使用,同时要求材料的密度要小,做成的部件质量轻,还要求有良好的抗腐蚀特性,以便抵抗风吹、日晒、雨淋。而钛合金正好满足上述要求,所以成为航空、航天和导弹的首选材料。但是钛合金很难加工,用一般塑性变形方法制造飞机上复杂形状的部件十分困难。利用钛合金的超塑性特性,如一种称为钛-铝-钒的合金,最大伸长率可达 2 000%。而过去一般塑性加工最大伸长率只有 30%。这一简单的比较,就可以看到超塑性钛合金在飞机上的应用具有极大的好处。

再来看超塑性钛合金加工成形的条件,然后与一般塑性加工作比较。超塑性钛合金在 680～790℃温度范围内加热,成形压力为 1.40～2.10 MPa,加工时间仅 8 min。可以看出,加工压力低,成形时间短是其特点。这项技术与普通加工技术相比,有许多好处:使飞机部件的重量减轻了约 30%,对航空和航天器来说这是十分重要的,可大幅度减小启动的动力;其次是航空航天器的制造成本可以降低一半;其三,简化工序,一次成形,甚至像吹玻璃器皿一样,吹塑成形,如人造卫星上的球形燃料箱,就是钛合金制造的。用普通方法无法成形,采用超塑性钛合金材料,可通过吹塑一次成形,既快速又保证质量;其四,产品质量优越,例如,航空航天器上某些部件要压接在一起,一般方法需要高温高压,制造很困难,采用超塑性压接,只要很小压力,而且可以压接得很好,甚至用 X 射线也发现不了压接的焊缝,真是十分高超的技术。

3.在产品加工工艺上的应用

超塑性合金材料的应用带来的一个最重要优点,就是使加工工序大为简化,并可采用吹塑成型、真空模压成型、气压成型等加工方法。锌-铝合金,在超塑性成型时,可像吹玻璃灯泡那样进行吹塑成型,从而在轧制、挤压加工中,使设备吨位大大减少。超塑性成型使许多形状复杂、难以成型的材料以及低塑性甚至脆性材料的变形成为可能。如飞机的蒙皮带筋壁板上的筋条,需经多次反复变形加工并将许多部件铆焊联结才能做成,使用超塑性合金加工技术就能一次整体锻压成型。又如人造卫星上使用的球形燃料箱,用钛合金制造,壁厚仅 0.71～1.5 mm,只有采用超塑性成型的吹塑成型法才有可能实现。又如,各种汽车的外壳、箱板等复杂形状构件以及工艺美术品、家具、家用电器等,如用超塑性合金变形,均可一次成形,使制作成本大幅度降低。此外,在超塑性状态下变形时,金属的流动性能极好,可获得精密制品,其产品的强度、抗疲劳性能等都比非超塑性加工产品好得多。

目前,最新的航空、航天、导弹材料都用钛合金制造,因为其强度高,密度小,抗腐蚀性能好。但是,用一般变形方法生产复杂形状的钛合金零件十分困难。但使用超塑性钛合金在 680～790℃之间加热,成型压力为 1.4～2.1 MPa,加工时间缩短在 8 min 以内。目前,美军使用的 F-14 舰载战斗机大部分机件就是用这种质轻而强度高的超塑性钛合金制造的,性能十分优异。

4.在零件的热处理方面应用

对纯铁、亚共析钢、共析钢及铸铁等,在组织转变点(相变点)附近经过多次热循环产生超塑性后,可获得极细晶粒组织。如球墨铸铁经超塑性处理后,晶粒直径达几微米,伸长率为 127%～139%。在钢的相变温度附近循环加热,使材料表面处于活化状态,并具有极大的扩散能力。因此,便可显著地提高渗碳、渗氮、碳氮共渗等表面工程技术效果,明显缩短浸渗时间。

5. 在零件的焊接方面应用

将两块金属接触,利用相变超塑性即施加很小的载荷和循环加热冷却,便可使接触面完全粘合,获得牢固的接头,此即为相变超塑性焊接 TSW(Transformation Superplastisity Welding)。它可用于焊接碳钢、铸铁、铝合金、钛合金等。但在焊接工艺上要注意加热温度、加热速度、外加压力和表面质量等。

6. 在应力松弛方面的应用

超塑性状态可使应力大大缓和,利用它,可使铸造、焊接以后的残余应力得到松弛。例如,对于铸铁等材料,在焊接后的冷却过程中给以循环加热与冷却,使其发生相变超塑性,可防止残余应力所引发的裂纹。这种应力松弛过程,可产生高的衰减能,可研究利用超塑性合金作为高温的减振材料。

思考题

1. 为什么说金属材料仍将是 21 世纪最主要的结构材料?
2. 概述金属材料的主要强韧化途径。
3. 简述新型工程构件用钢的类别,强韧化与合金化特点,性能特征与应用举例。
4. 试分析非调质钢的类别,合金化特点,性能与应用。
5. 简述金属间化合物高温结构材料的类别,典型钢号,性能与应用特点。
6. 简述超塑性合金的性能特点与应用。

第3章　新型聚合物合成材料

聚合物合成材料是一类新型化合物材料。目前,全世界聚合物合成材料的年产量已达亿吨级。其中,塑料产量仅次于钢铁,相当于木材、水泥;合成纤维产量已相当于棉、毛、丝、麻的总产量;合成橡胶已相当于天然橡胶产量的两倍。随着我国改革开放和经济建设的发展,聚合物材料得到了迅速发展,已遍及衣、食、住、行,包括信息、能源、交通、航空航天以及国防等各个领域。因此,熟悉和了解新型聚合物合成材料的基本知识,是非常必要的。

3.1　概　　述

3.1.1　聚合物材料的发展与分类

天然聚合物材料早就为人们普遍使用,合成聚合物材料也于19世纪30年代问世,并得到应用,但聚合物材料作为一门学科却是开始于20世纪初,1920年H. Slaudinger的"论聚合"一文,论证了大量的小分子可以自己结合起来,聚合成高分子。从此,聚合物学科开始建立。现代大型聚合物合成材料工业,大多开始于这一时期,使聚合物材料从过去只是金属及其他贵重材料(如象牙、珍珠等)的代用品,一跃而成为千家万户和国民经济各领域不可缺少的现代材料。

聚合物材料的广泛应用促进了生产力的发展,也使传统的生产方式和生产工艺发生了巨大的变革。如在农村中大力推广的农用薄膜,使农作物生长对大自然的依赖性大大减小,作物的生长期延长了,产量也大幅度增加。过去在严寒的北方,冬季只能吃到大白菜,现在有了塑料大棚,一年四季都能享用大棚中种植的黄瓜、西红柿和豆角。过去,印刷业是一个技术落后、劳动强度大的行业,但感光聚合物树脂的出现,使激光照排技术在印刷业普遍采用,落后的生产方式也基本上从印刷业消失。聚合物材料科学的发展也促进了医学的进步,提高了人们的生活质量。用聚合物材料做成的人工脏器的出现使一些器官性疾病不再是不治之症,人工肾挽救了世界上千百万濒临绝境的肾衰竭病人,人工角膜的研制成功使一些失明的人重见光明。

近二三十年来,一大批具有特异物理和化学功能的新型聚合物材料被研制和开发出来,并先后在国民经济及科学技术各领域中得到广泛应用。新型聚合物材料在新型材料的发展中占据了重要的位置。回顾近年来,信息工业和微电子工业的飞速发展无一不是以电子聚合物材料的发展为依托的,没有高分辨光刻胶和塑封树脂的发展就不可能有信息高速公路的发展。

聚合物材料种类繁多,而且发展很快。可以根据材料来源,将其分为天然聚合物和合成聚合物材料。也可根据材料的用途,将其分成通用聚合物材料、工程聚合物材料和功能聚合物材料等。

通用聚合物材料一般系指三大合成材料,即塑料、合成纤维和合成橡胶材料。塑料的主要品种是高低压聚乙烯(PE)、聚丙烯(PP)、聚苯乙烯(PS)与聚氯乙烯(PVC)共五个烯类,占整个塑料的80%,其他的20%包括酚醛树脂(PF)、脲醛树脂(UF)、聚氨酯(PUR)与不饱和聚酯(UP)四个缩聚型聚合物材料品种。合成橡胶主要包括丁苯橡胶(SBR),占合成橡胶总量的50%以上;其他为顺丁橡胶(BR)、氯丁橡胶(CR)与丁腈橡胶(NBR)等。此外,乙丙橡胶(EPM)与异戊橡胶(IR)都是有发展潜力的品种,而前者更为重要。合成纤维主要有涤纶(PET,占40%),尼龙-6(PA-6)与尼龙66(PA-66),以及聚丙烯腈(PAN)与聚丙烯(PP)等。

工程聚合物材料是一类本身或与其他材料配合使用时,具有优异的力学性能的新型聚合物材料。这类材料主要包括工程塑料、胶粘剂、聚合物涂料以及密封材料等。

功能聚合物材料是近二三十年发展起来的一大类新型聚合物材料,这类材料除具有优良的力学性能外,还具有特殊的物理和化学功能。它可使一向当做绝缘材料使用的塑料、橡胶,通过改性而制成导电材料。集成电路因体积小,其引线无法使用焊锡连接,但用导电橡胶就可取代焊锡将引线连接起来。为防止大规模集成电路硅片的破碎,将它固定在氧化铝陶瓷上,再用环氧-氨基甲酯聚合物材料包封起来,其抗挠曲强度高达133.6 MPa,由于功能聚合物材料的诸多特殊功能,使之在工程技术和高科技领域中有着广泛而重要的应用。

3.1.2 聚合物材料的性能

1. 力学性能特点

(1)低强度、低韧性。其平均抗拉强度为100 MPa左右,仅为其理论值的1/200。但由于其密度小,比强度很高,是当前比强度较高的一类材料。虽然聚合物的塑性相对较好,但由于其强度低,故其冲击韧度较金属材料低得多,仅为其百分之一的数量级。

(2)高弹性和低弹性模量。这是聚合物所特有的性能。轻度交联的聚合物在T_g(玻璃化温度)以上具有典型的高弹态,即弹性变形大、弹性模量小,而且弹性随温度升高而增大。橡胶是典型的高弹性材料,其弹性形变率为100%~1000%(一般金属材料仅0.1%~1.0%),但弹性模量$E=1$ MPa。而一般聚合物的$E\approx2\sim20$ MPa。

(3)黏弹性。聚合物在外力作用下同时发生高弹性变形和黏性流动,其变形与时间有关,称为黏弹性。其表现为蠕变、应力松弛与内耗三种现象。

①蠕变。蠕变是指在应力保持恒定情况下,应变随时间的增长而增加的现象。金属在高温才发生明显蠕变,而聚合物在室温下就有明显蠕变。蠕变温度低是聚合物的一大缺点,当载荷大时甚至发生蠕变断裂。

②应力松弛。应力松弛是指在应变保持恒定条件下,应力随时间延长而逐渐衰减的现象。如连接管道的法兰盘中间的硬橡胶密封垫片,经一定时间后由于应力松弛而失去密封性。

③内耗。内耗指在交变应力下出现的黏弹性现象。在交变应力(拉伸-回缩)作用下,处于高弹态的聚合物,当其变形速度跟不上应力变化速度时,就会出现滞后现象,这种应力和应变间的滞后就是黏弹性。由于重复加载,就会出现上一次变形尚未来得及恢复,

又施加上了另一载荷,因此造成分子间的摩擦,变成热能,产生所谓内耗。滞后及内耗的存在将导致聚合物升温并加速其老化;但内耗却能吸收振动波,这又是聚合物作减震元件所必备性能。

(4)高耐磨性。其减摩、耐磨性优于金属。大多数塑料的摩擦系数在0.2~0.4范围内,在所有固体中几乎是最低的。塑料的自润滑性能较好,因此磨损率低。并且能在不允许油润滑的干摩擦条件下使用,这是金属材料所无法比拟的。橡胶材料由于其摩擦系数大,适合于制造要求较大摩擦系数的耐磨零件,如汽车轮胎等。

2. 聚合物的物理与化学性能特点

(1)电绝缘性能。其导电能力低,是电机、电器、电力和电子工业中必不可少的绝缘材料。

(2)耐热性低。大多数塑料长期使用温度一般在100℃以下,只有少数可在高于100℃温度下使用;大多数橡胶的最高使用温度一般亦小于200℃,少数橡胶如硅橡胶可达275℃,氟橡胶为300℃等。同金属相比,聚合物的耐热性是较低的。

(3)膨胀系数大、导热系数小。其线膨胀系数大,为金属的3~10倍,因而聚合物与金属的结合较困难。聚合物的导热系数为金属的1/100~1/1 000,因而散热不好,不利于作摩擦零件。

(4)化学稳定性好。其在酸、碱等溶液中表现出优异的耐腐蚀性,如聚四氟乙烯在高温下与浓酸、浓碱、有机溶液、强氧化剂都不起反应,甚至在沸腾的王水中也不受腐蚀,故有"塑料王"之称。

(5)老化现象。所谓"老化"系指聚合物在长期储存和使用过程中,由于受氧、光、热、机械力、水汽及微生物等外部因素的作用,性能逐渐恶化,直至丧失使用价值的现象。这些性能的衰退现象是不可逆的,因此老化是聚合物的主要缺点。目前采用的防老化的措施为:①改变聚合物的结构;②添加防老剂;③表面防护等。

3.1.3 聚合物材料的强韧化(即改性)

1. 填充改性

主要是利用加入填料(又称填充剂)来改变聚合物工程材料的物理-力学性能,同时亦能使聚合物工程材料制品的成本大幅度下降。聚合物材料本身较为广泛存在的缺点是较低的耐温性,低强度,低模量,热膨胀系数高,易吸水,易蠕变,易气候老化等,不同填料的加入均可得到不同程度的克服或改善。例如,以石墨和MoS_2等作填料,可提高聚合物的耐磨损、摩擦特性,以各种纤维填充聚合物制得的聚合物工程材料,可得到质轻、高强、高模量、耐高温、耐腐蚀等优异性能;加入导电性填料石墨、铜粉、银粉等可增加导热、导电性等。

填料的品种繁多,按其化学性能可分为无机填料和有机填料两类。

由于填料与聚合物的分子结构及物理形态不同,因此两种材料一般不能紧密结合,这就直接影响到改性材料的性能。为了使填料和聚合物最大限度地紧密结合,偶联剂和表面处理剂的应用是不可少的。在聚合物工程材料中,能提高聚合物和增强材料界面结合力的化学物质称为偶联剂,这是一类两性结构的物质,分子中的一部分基因可与填料表面的化学基因反应,形成牢固的化学键,另一部分则具有亲聚合物的性质,可与聚合物分子链反应或缠结,从而将两种结构、性质不同的材料牢固地结合起来。而为了提高粘接性能,用做处理聚合物、填料或粘接载体等表面的物质称为表面处理剂,其作用原理与偶联剂有类似之处,其改性效果十分显著。

为了提高填料与聚合物的亲和能力,需对填料进行预处理。一般填料的预处理方法有:用无机物或有机物进行表面涂层。用偶联剂进行偶联处理;用聚合物单体溶液浸泡,然后再进行聚合;用表面处理剂处理。

2．增强改性

增强聚合物工程材料是指含有增强材料而某些力学性能比原材料有明显提高的一种聚合物工程材料。应用增强材料对聚合物材料进行改性的方法称为聚合物材料的增强改性。

增强材料按其物理形态主要有纤维增强材料和粒子增强材料两大类。纤维增强材料决定了增强聚合物材料的各种强度、弹性模量等主要力学性能。纤维增强材料按化学组分可分为有机纤维和无机纤维。有机纤维如聚芳酰胺纤维、尼龙纤维等,无机纤维如玻璃纤维、碳纤维、硼纤维及碳化硅纤维等。粒子增强材料包括有炭黑、碳酸钙、玻璃微珠等。这些粒子对增强聚合物材料来说,一般有两种作用,一是增加强度、弹性模量,另一作用是起功能复合作用,如用银粉可制成导电聚合物工程材料等。

增强聚合物材料的增强效果主要取决于:①增强材料的几何因素;②聚合物本身的性质;③增强材料与聚合物界面的黏结力。

3．共混改性

两种或两种以上聚合物形成的均匀混合料称为"聚合物共混物",简称共混物(亦称"聚合物合金")。它所呈现的优良性能是单一均聚物所难具备的。利用共混的方法对塑料进行的改性称为共混改性。

共混物与共聚物是不同的。共混物中各聚合物组分之间主要依靠次价力结合,亦即物理结合;而共聚物中各基本组成部分间是以化学键相结合的。然而在共混物中,不同聚合物大分子间也可能存在少量的化学键。如在强热、强力作用下的熔融混炼过程中,大分子链可能发生少量断裂,产生大分子自由基,从而形成少量嵌段或接枝共聚物。目前广泛应用的共混改性的方法有机械(物理)共混法及新型聚合物共混体系(IPN)两种。

机械共混法是将不同种类聚合物在混合(或混炼)设备中实现共混的方法。混合的目的是将共混体系各组分相互分散,以获得组分均匀的物料。此法是改善材料性能最早被采用的方法,其优点是简单、方便。机械共混所得共混物的性能取决于以下 4 个因素。

(1)共混组分的基本性能。

(2)相容性。相容性系指一种高聚物与另一高聚物混合时不产生相斥分离现象的能力。共混组分之间的热力学相容性好坏是共混产物性能优劣的首要条件。相容性好,则共混产物能稳定存在下去;相容性不好,则随着时间的推移,会渐渐产生相分离,使共混产物的性能明显下降。聚合物对于体系中不能认为是理想的溶液状态,它们各自的链段不能像小分子那么自由,可以去占据每一分配的空间,结果势必造成空格。这种聚合物对子体系又是超分子尺寸的稳定体系,从热力学观点,它们又不完全处于自由能最低状态,但又是稳定的状态。这就是相容性的基本概念。

(3)界面粘接。共混组分不能成分子状互溶,实际上是微粒状分布在另一连续相中。如果在两相界面上缺乏较强的亲和力,甚至容易脱粘,则共混产物不会有良好的性能。为考察共混组分相互间的粘接强弱,可将两种高分子材料各自压制成片状,然后将它们热熔搭接,通过所测量的搭接强度来了解界面粘接的强弱。

(4)分散的均匀性。共混产物的性能还决定于组分相互分散的均匀性。两种组分材料共混,必有一种在宏观上是连续相,另一种是分散相。分散相的微粒大小和形状的均匀性,微粒在基体中位置的均匀性都会强烈影响共混产物的性能。例如橡胶增韧聚氯乙烯(PVC)塑料即为一突出应用实例。PVC: $\alpha_K = 8.6$ kJ/m², $\sigma_b = 55.0$ MPa, $\delta = 8.2\%$;PVC + 10%天然橡胶: $\alpha_K = 9.7$ kJ/m², $\sigma_b = 35$ MPa, $\delta = 44\%$;PVC + 10% 丁腈橡胶: $\alpha_K = 34.6$ kJ/m², $\sigma_b = 55.1$ MPa, $\delta = 100\%$ 。由此可看出,由于天然橡胶与 PVC 的相容性不好,其界面是分离的,所以几乎无增韧效果;而丁腈橡胶增韧效果最好。

新型聚合物共混体系(IPN) IPN 是相互贯穿聚合物网络英文的缩写,它是两种交联的聚合物相互贯穿而形成的宏观交织网络,即聚合物(Ⅰ)和聚合物(Ⅱ)构成两种网络相互贯穿在整个样品之中,并且都是连续相。因此 IPN 是一种均匀的共混物,和其他共混物一样,假设组分(Ⅰ)和(Ⅱ)是由化学结构不同的聚合物组成,通常是不相容的,并且有某种程度的相分离。即使在这样条件下,两组分仍保持均匀混合,相畴尺寸大约在数十纳米(nm)。假定在使用温度下,一种聚合物是弹性的,另一种是塑性的,该共混体系就具有协同作用。至于得到的是补强橡胶还是耐冲击塑料,则依赖于哪一相占优势。

IPN 是一种新型的共混体系。这是聚合物共混改性技术发展的新领域,它为制备特殊性能的聚合物材料开拓崭新的途径。例如聚苯乙烯(PS)的 $\alpha_K = 1.85$ kJ/m²,而 IPN(其中 PS 含量为 85.6%)的 $\alpha_K = 27.5$ kJ/m²,大约提高 15 倍。

4. 化学改性

聚合物工程材料的化学改性就是用各种化学反应改变已有聚合物材料的化学组成与结构,或用两种以上的单体共聚合所组成的聚合物,从而达到改性的目的。化学改性在聚合物材料改性中占有重要的地位。许多天然的或合成的聚合物是经过化学改性才实现使用价值和工业化生产的。有些聚合物不能由单体直接合成,只有通过聚合物的化学反应才能制备。许多新型的聚合物也常用聚合物化学反应的方法制备。另外,还运用化学改性的方法来提高聚合物的稳定性,以延长其使用寿命。概括起来,化学反应主要有共聚和交联两种。

(1)共聚与改性。由两种或多种单体单元组成的共聚物大分子链,不同于由一种单体形成的均聚物,它能把两种或多种均聚物的固有特性综合到共聚物中来。因此可通过缩聚或加聚反应来改变聚合物的组成和结构,从而改进聚合物的某些性能。如力学性能、热性能、电性能、耐油性及染色性等等。也可由此而合成各种新型高聚物。

由于在共聚物的大分子链中,单体单元排列方式的不同,可构成 4 种不同类型的共聚物,即无规共聚物、交替共聚物、嵌段共聚物及接枝共聚物。例如,最常见的 ABS 工程塑料,就是由丙烯腈、丁二烯和苯乙烯共聚得到的三元接枝共聚物,它综合了丙烯腈良好的耐化学性和表面硬度、丁二烯较高的韧性及苯乙烯的刚性及良好的流动性与染色性等特性,从而使 ABS 塑料具有很好的耐冲击、耐热、耐油、耐气候等综合性能,而且容易电镀和加工成型。

总之,共聚反应可以把两种或多种自聚的特性综合到一种聚合物中,从而达到材料改性的要求。所以,人们把共聚物称为非金属材料中的"合金"是很有道理的。

(2) 交联与改性。线型聚合物在光、热、辐射或交联剂的作用下,分子链间产生共价键,由线型结构变成体型结构的反应称为交联反应。按实施方法可分为化学交联和物理交联。化学交联是通过化合物使大分子链间彼此交联,一般有缩聚交联、共聚交联等。物理交联则有机械(如辊压、捏合)交联与辐射交联等。

线型高聚物经过适度交联后,其力学性能、尺寸稳定性、耐溶剂或化学稳定性等方面均有改善。因此交联反应常用于聚合物的改性。

①缩聚交联。由官能团间的相互作用,使分子链间形成共价键而交联,同时伴有低分子物产生的反应称为缩聚交联。

②共聚交联。在单体共聚形成直链分子的同时,分子链间也发生交联反应称为共聚交联。

③硫化交联。橡胶的硫化是指通过化学反应,使线型(包括轻度支链型)聚合物分子变成空间网状结构的分子,从而使可塑性的生胶转变为具有高弹性高强度的硫化胶。由于引起这一反应过程的物质不仅限于硫,还有其他物质如有机过氧化物、金属氧化物、胺类化合物等。所以从广义的角度来说,硫化又可称为交联。而凡是能使线型橡胶分子形成空间网状结构的物质都称为硫化剂或交联剂。

④辐射交联。聚合物在高能射线作用下发生的交联,称为辐射交联。例如低压聚乙烯虽比高压聚乙烯密度大一些,耐热性也好一些,但如果在一定条件下把聚乙烯用 γ - 射线辐照处理时,可使聚乙烯主链上产生自由基而发生交联或支化。交联后的聚乙烯使用温度可由普通聚乙烯的 363 ~ 393 K 提高到 408 K,可用于制造塑料管、桶和电缆涂覆材料。但是若交联反应发生在聚合物工程材料制品中,则可导致材料损坏。

5. 表面改性

材料的表面特性是材料最重要的特性之一。随着聚合物材料工业的发展,对聚合物材料不仅要求其内在性能要好,而且对表面性能的要求也越来越高。诸如印刷、粘合、涂装、染色、电镀、防雾,都要求聚合物材料有适当的表面性能。由此,表面改性的方法就逐步发展和完善起来。时至今日,表面改性已成为包括化学、电学、光学、热学和力学等诸多性能,涵盖诸多学科的研究领域,成为聚合物改性中不可或缺的一个组成部分。

聚合物表面改性的方法有化学改性和物理改性,按照改性过程体系的存在形态又可分为干式改性和湿式改性。湿式改性处理方法主要有化学药品处理法,引发处理法,聚合物涂覆法,电极沉积和催化接枝法等;干式处理方法主要有放电处理法(电晕处理、辉光放电处理、等离子体聚合、低温等离子处理),蒸镀法,火焰法,臭氧处理法,电离活化预处理法,离子注入法,表面粗化法及聚合物混炼法等。

3.1.4 聚合物材料的发展前景展望

聚合物材料的发展前景广阔,主要体现在以下三个方面:

(1) 从传统的结构材料向具有光、电、声、磁、生物和分离等效应的功能材料的延伸。

(2) 聚合物结构材料向高强度、高韧性、耐高温、耐极端条件等高性能材料发展。

(3) 聚合物材料组成、结构和性能关系的研究从定性进入半定量或定量;并进行分子设计。

聚合物材料必将为人类社会发展更美好的明天,做出更大的贡献。

3.2 新型工程塑料

工程塑料是指那些具优良的力学性能,可用做工程结构件和机器零件的热塑性塑料。其基体多是大分子主链,除含碳原子外,还含氧、氮、硫原子的杂链线形结构的合成树脂。其能在较广的温度范围内承受机械应力和较为苛刻的化学物理环境中使用,具有很好的耐蚀性、耐磨性、自润滑性以及尺寸稳定性等特点。

工程塑料可分为两大类:一类是以聚酰胺(PA)、聚碳酸酯(PC)、聚甲醛(POM)、聚苯醚(PPO)和热塑性聚酯为基材的五大通用工程塑料;另一类是耐热 150℃ 以上,以聚砜(PSF)、聚醚砜、聚苯硫醚、聚芳酯、聚酰胺、聚酰胺 – 酰亚胺等为基材的特种工程塑料,也有把丙烯腈 – 丁二烯 – 苯乙烯共聚物(ABS 树脂)和用做结构材料的改性聚丙烯归入工程塑料。

工程塑料具有良好的综合性能,特别是刚度大、蠕变小、机械强度高(拉伸强度 50 MPa、冲击韧度大于 6 kJ/m²)、耐热性好(可在 100℃ 以上长期工作)、电绝缘性好,并可在较苛刻的化学、物理环境中长期使用。因而被广泛地用于机械设备、仪器仪表、电子电器、石油化工、交通运输、建筑行业以及家用电器、医药卫生、食品加工、生活日用等方面,在航空航天、国防军工及尖端科技领域,也有着广泛的应用。

3.2.1 通用工程塑料

1. 聚酰胺(简称 PA)

聚酰胺 PA 又称尼龙,是指主链上含有许多重复酰胺基团($-\overset{\text{O}}{\overset{\|}{\text{C}}}-\text{NH}-$)的一大类聚合物。它是由二元胺与二元羧酸缩合而成,或由氨基酸脱水成内酰胺后聚合而得,再根据胺与酸中的碳原子数或氨基酸中的碳原子数而命名。

其结构通式为: $+-\text{NH}(\text{CH}_2)_m-\text{NHCO}-(\text{CH}_2)_{n-2}\text{CO}-]_x$ (称尼龙 mn);
$+-\text{NH}(\text{CH}_2)_{n-1}\text{CO}-]_x$ (称尼龙 n)。

例如 PA – 6 是由含有 6 个碳原子的己内酰胺成 ω – 氨基己酸制得;而 PA – 66 则是由含有 6 个碳原子的己二胺和含有 6 个碳原子的己二酸制得。

PA 问世以后,首先用于合成纤维工业,然后用于塑料制品。PA 塑料具有优异的力学性能和物理化学性能,应用效果又好,故一度被称为划时代的工程塑料,也是目前机械工业中应用较广泛的热塑性塑料。这类塑料品种很多,其中尼龙 – 1010 是我国独创的一种新型塑料。它呈半透明状态,吸水性较小,对光的作用也较稳定,可在 80℃ 下长期工作,– 60℃ 下也不致发脆,主要用于各种机械,特别是纺织机械零件;填充石墨或二硫化钼后,可做齿轮和滑轮;用玻璃纤维增强后的塑料,可用做水泵轮和叶片等。

当 PA 主链中引入芳香族和脂环族成分会使 PA 的 T_g 温度升高,同时结晶熔点也提高。芳香尼龙具耐磨、耐热、耐辐射和突出的电绝缘性能,在95%相对湿度下不受影响,能在200℃以下长期使用,是尼龙中耐热性最好的一种,可制作在高温下耐磨的机械零件、绝缘材料和宇航服等。

PA与适当的添加剂混合后,其性能大为改善,如耐光、耐氧化、抗水解等,加上它固有的耐磨、强韧、质轻、耐热、耐寒及易成型等优点,使这类工程塑料的应用范围更加扩大。

2. 聚碳酸酯(简称 PC)

聚碳酸酯 PC,是大分子主链中含有碳酸酯环节($-O-R-O-\overset{\displaystyle O}{\overset{\displaystyle \|}{C}}-$)的一大类聚合物的总称。20世纪50年代,首先由德国拜耳公司生产,是五大通用工程塑料之一。它有两种基本制备方法:光气法,即由双酚A钠盐与光气反应而制得;酯交换法,由双酚A与碳酸二苯酯进行酯交换而制得。

PC分子属线形结构,为热塑性无定形树脂。按所含R基团的不同,PC有脂肪族PC、脂肪-芳香族PC和芳香族PC之分。

PC是一种新型热塑性工程塑料,其冲击韧度高,热变形温度高,尺寸稳定,电性能优良。无毒、透明、不易着火,且容易成型加工。

PC作为耐热性结构材料,已广泛应用于机械零件、汽车制造、电子工业、办公设备、文体卫生和家庭日用品等方面;大量用做安全玻璃、信号、照明及包装材料;还用于眼科透镜、医疗器材等方面以及激光唱片、光盘基片等高科技领域。PC与聚烯烃共混后,适于制作电气零件、着色管材和板材以及安全帽、餐具等;若与ABS塑料共混,则可制作汽车部件、泵叶轮、电器仪表等。玻璃纤维增强的PC具有类似金属的特性,可在某些场合下代替铜、锌、铝等金属材料使用。

3. 聚甲醛(简称 POM)

聚甲醛 POM,是指分子链中以 $\ce{-CH2O-}$ 链节为主的线形聚合物,系甲醛的高相对分子质量均聚物或共聚物,是20世纪60年代问世的高结晶、无支链、高密度的热塑性工程塑料。根据其分子链中化学结构的不同,可分为均POM和共POM两种。这类塑料呈白色不透明。

与金属相比,POM具有质量轻、易成型、不导电、不导热,外形美观、成本低廉等特点;综合物理和力学性能优良,其比强度与比刚度与金属接近,硬度、耐磨性和耐疲劳性、回弹性和韧性、耐溶剂性以及成型的尺寸稳定性、电绝缘性也都比较好。均POM较共POM结晶度高,力学性能约高10%~20%;共POM有较好的热稳定性,成型温度范围较均POM宽,对酸、碱的稳定性均优于均POM。

POM可以通过控制相对分子质量、加入各种助剂及填料来改性。如以玻璃纤维或碳纤维增强;加入硅油、机械润滑油,填充石墨或二硫化钼等,可降低摩擦系数,减少磨损;也可用热塑弹性增韧,提高冲击韧度,从而制得多种性能的POM。POM可以代替各种有色金属和合金,用于制作各种结构零部件,应用量较大的是汽车工业、机械制造业、电气仪表、农业机械、建筑器材及日用制品(如自来水管和煤气管、手表)等。

4. 聚苯醚(简称 PPO)

聚苯醚(PPO)出现于1965年,是2,6-二甲基苯酚的聚合物,全称为聚二甲基苯醚。

由相应的醚类单体在有机溶剂中,在催化剂(铜铵络合物)存在的条件下通入氧气,经氧化偶联反应聚合而成。反应式如下

$$\text{（结构式：2,6-二甲基苯酚）} + \frac{n}{4}O_2 \xrightarrow[\sim 40\text{℃}]{催化剂} \text{（PPO聚合结构式）}_n + nH_2O$$

PPO 很少单独使用,是用做聚合物合金的良好基材。改性后的 PPO 性能更好,是通用工程塑料的重要品种。PPO 具有很宽的使用温度范围($-170 \sim 190$℃),可在 120℃以下长期使用。在高温下的尺寸稳定性好,且耐水解。PPO 硬而韧,其刚度比 PA、POM、PC 高,而蠕变性则比这三种材料小,具有很高的机械强度,因而被广泛地用做结构材料。PPO 还具有优良的耐酸、耐碱、耐沸水蒸馏的性能,可代替不锈钢制作各种化工设备(但不耐酮类、芳香烃及氯化烃等溶剂)。PPO 优良的电性能、自熄性和无毒性等,使它在电机电器及医疗器械中有着重要的应用。但由于加工较困难,价格较贵等,制约了其发展速度。

5. 热塑性聚酯

聚酯树脂是大分子主链中,具有重复羧酸酯 $\left[\!\!-C(\!\!=\!\!O)\!-\!O\!-\!C\!-\!\right]$ 结构的树脂状聚合物。可分成饱和(热塑性)和不饱和(热固性)两大类。饱和的聚酯多是芳香族二元酸的线形聚酯,其中二元醇的聚酯包括对苯二甲酸乙二酯、丁二酯和 1,4 - 环己二甲酯等,它们统称为热塑性聚酯。热塑性聚酯可由二元醇(多元醇)与二元酸(多元酸)缩合而成,也可由同一分子内兼含羟基和羧基的化合物制得。

(1)聚对苯二甲酸乙二酯(简称 PET)。聚对苯二甲酸乙二酯(PET)是对苯二甲酸与乙二醇的缩聚物,其结构可表示为

$$\left[\!\!-CH_2CH_2\!-\!O\!-\!\overset{O}{\underset{}{C}}\!-\!\!\!\!\!\bigcirc\!\!\!\!\!-\!\overset{O}{\underset{}{C}}\!-\!\right]_n$$

属线形高分子化合物。其合成方法有 3 种:一是以对苯二甲酸二甲酯和乙二醇进行酯交换的方法;二是用对苯二甲酸和乙二醇直接酯化的方法;三是用对苯二甲酸和环氧乙烷为单体的加成反应法。

PET 被大量用于纤维和薄膜材料。这类塑料具有热稳定性和耐磨性好的特点,它是热塑性塑料中硬度最高者之一,其刚度和耐蠕变性能优于多种工程塑料;其吸水性很低,线膨胀系数小,尺寸稳定性好,在机械工业上有多种应用。经玻璃纤维、碳纤维增强以及合金化的 PET 塑料,被广泛用于机械、电子电器等方面。

(2)聚对苯二甲酸丁二酯。聚对苯二甲酸丁二酯(简称 PBT)是对苯二甲酸与丁二酸的缩聚物,线形半结晶性聚酯。其分子主链为

$$\left[\!\!-\!\!\!\!\!\bigcirc\!\!\!\!\!-\!\overset{O}{\underset{}{C}}\!-\!O\!-\!(CH_2)_4\!-\!O\!-\!\overset{O}{\underset{}{C}}\!-\!\right]_n$$

它是 20 世纪 70 年代发展起来的一种具有优良综合性能的新型热塑性工程塑料,也

是发展比较快的一种工程塑料。PBT 可由 1,4 – 丁二醇在 160 ~ 230℃、催化剂作用下,与对苯二甲酸二甲酯进行酯交换或与对苯二甲酸直接酯化,生成对苯二甲酸二 – β – 羟丁酯,然后在 230 ~ 270℃下进一步缩聚而制得。聚对苯二甲酸丁二酯具有低吸水性(吸水率为 0.03% ~ 0.09%)和优良的耐化学药品性,室温下不受水、弱酸、弱碱、常用有机溶剂、油脂、清洗剂等影响。其特点是热变形温度高,甚至在热水中也能保持优良的电性能;其成形性优良、摩擦系数低、磨损很小、韧性大、耐疲劳性也好,因此可以在 140℃下作为结构材料长期使用。PBT 广泛应用于电子电器、汽车工业、仪器仪表以及农业机械等方面,在日用器具等方面也有很多应用。

6. 丙烯腈 – 丁二烯 – 苯乙烯共聚物(ABS)塑料

丙烯腈 – 丁二烯 – 苯乙烯共聚物 ABS,是由丙烯腈(A)、丁二烯橡胶(B)及苯乙烯(C)三种单体接枝共聚所得到的一种热塑性聚合物。其主链结构式可表示为

$$\left[-(-CH_2-CH-)_x-(-C_2H_3-C_2H_3-)_y-(-CH_2-CH-)_z-\right]_n$$

它是在聚苯乙烯树脂改性的基础上发展起来的三元共聚物,属于生产量大、发展较快的工程塑料之一。它兼备了三种组成的性能优点,既具有"C"的刚度、优良的电性能、染色性和成型加工性能,同时"B"又改善了其冲击韧度及弹性,而"A"则提高了其表面硬度、强度、耐热和耐腐蚀性能。

ABS 塑料的特点是:冲击韧度高,尺寸稳定,耐热性、耐化学腐蚀性及电性能优良,易于成型加工,表面还可电镀(如镀铬)。如适当改变 ABS 塑料中三种组分之间的比例,可以使它具有稍微不同的性能,以适应各种特殊的用途。ABS 塑料已广泛应用于机械工业、汽车工业、石油化工等领域,作为金属材料的代用品使用;ABS 塑料也可用做新型建筑材料;同时,ABS 塑料也广泛用做电视机、洗衣机、收录机、电冰箱等的外壳材料以及水表、纺织器材、电器零件、邮箱、食品包装容器、家具等的优质材料。

3.2.2 特种工程塑料

1. 聚砜(PSF)

聚砜 PSF,是大分子主链中含有砜基(—S—)的非结晶型聚合物,其主链的分子结构式为

$$\left[-O-\phenyl-\underset{CH_3}{\overset{CH_3}{C}}-\phenyl-O-\phenyl-\underset{O}{\overset{O}{S}}-\phenyl-O-\right]_n$$

代表性的有双酚 A 聚砜、聚芳砜和聚醚砜三类,通常把双酚 A 聚砜简称为聚砜。聚砜是一种性能优异的无定形热塑性工程塑料。它具有优良的耐热性、耐寒性、耐候性、耐蠕变和尺寸稳定性;能耐酸、耐碱及耐有机溶剂(但不耐极性溶剂);有自熄性和电绝缘性;机械强度高,尤其是冲击韧度高,可在 – 65 ~ 150℃下长期使用。

PSF可用做高强度、耐热、抗蠕变的结构件和电气绝缘材料;因其透明性好,也可用于照明灯具。它广泛应用于机械工业、电子电器、交通运输和医疗器械等各个领域。如汽车上的护板、分速器盖、仪表盘、风扇罩和汽车上的一些铸件、垫圈,汽车的挡泥板、外罩等,防毒面具、喷雾器、内视镜零件、人工心脏瓣膜、人工假牙、人工呼吸器、血压检查管、齿科用反射镜支架、外科容器、注射器等。

PSF经改性即可制得改性聚砜,它是聚砜、聚甲基丙烯酸甲酯、ABS塑料的共混物,具有加工简便、耐溶剂性好等优点,但耐热性不如聚砜,改性聚砜可用于高温轴承材料、自润滑材料、高温绝缘材料、超低温结构材料及汽车上的某些结构材料等方面。

2. 聚芳砜(PAS)

聚芳砜 PAS,是指在大分子主链上不含脂肪族 C—C 键的全芳香族二苯醚砜,其主链的分子结构式为

$$\{[C_6H_4]-O-[C_6H_4]-SO_2\}_m \quad \{[C_6H_4]-[C_6H_4]-SO_2\}_n$$

PAS 是 1970 年由美国首先生产的新型耐热的热塑性工程塑料,由双芳环磺酰氯和芳烃缩聚而成。PAS 的耐热性比 PSF 还好,可在 260℃下长期使用,并可在 310℃下短期使用,在 -240℃情况下仍能保持各种优良的力学性能,还兼备硬度高、耐老化、抗辐射等特性。因而在尖端技术,如宇宙飞船、人造卫星、导弹和飞机等方面有着重要的应用,也可用于电子工业、仪表工业等方面。

3. 聚醚砜(PES)

聚醚砜 PES,又称聚苯醚砜和聚芳醚砜。主链含醚键和聚芳砜,其主链的分子结构式为

$$\{[C_6H_4]-O-[C_6H_4]-SO_2\}_n$$

PES 是一种透明的高性能热塑性工程塑料。有较高的耐热性,在高温下能保持良好的电性能,可在 180~200℃下长期使用。室温下强度高,刚而韧,有良好的尺寸稳定性、电性能和力学性能。室温及高温下,可耐大部分无机化学药品、油酯、芳烃及汽油等的侵蚀。可化学镀镍或镀铜。PES 可用于人造卫星和飞机上的电池瓶、食品包装设备、机器壳体、安全帽、汽车零件和镀金属零件的制造。

4. 聚芳酯(PAR)

聚芳酯 PAR,其商品名为 U - 聚合物,是 20 世纪 70 年代由日本的 Unitika 公司首先生产的全芳香热塑性工程塑料。其主链的分子结构式为

$$\{C-[C_6H_4]-C-O-[C_6H_4]-\underset{CH_3}{\overset{CH_3}{C}}-[C_6H_4]-O\}_n$$

PAR 具有优良的耐热性、阻燃性和良好的透明性、耐溶剂性及介电性等。它可用玻璃纤维增强,可做成各种合金、电器零件、机械零件及用做医疗机械、照明和包装材料等。低分子 PAR 可作为塑料、金属、木材的耐磨、耐焰、耐候性的防护材料。

5. 聚酰亚胺(PI)

聚酰亚胺 PI,可根据所用材料不同,分为均苯型和可溶性两大类。均苯型 PI 的结构式可表示如下

PI 是一种能耐高温的工程塑料。能在 260℃下长期使用,间歇使用时温度可达 480℃,在 400℃时仍能保持室温时的大部分力学性能;其电性能、耐辐性及耐化学侵蚀性也很好。如用碳纤维增强后,可在航天器中代替更多的贵重金属材料使用。此外,在机械、汽车及许多高温环境下,如太空、高真空设备及复印机、印刷机中,也有重要的应用。

6. 聚苯硫醚(PPS)

聚苯硫醚 PPS,又名聚苯基硫醚,是由硫化钠与二氯苯在强极溶剂六甲基磷酸胺中,在 220~225℃下缩聚而成的。产物是以亚苯基硫醚为主链的半晶态聚合物,其主链的分子结构式为

由于其分子结构中有一个由重复出现的对位取代苯环和硫原子组成的对称刚性键,因而具有突出的耐热性能,其热分解温度在 400℃以上,可在 250℃下长期使用。它的弯曲强度高,耐腐蚀性能好,还具有良好的电绝缘性、黏结性和阻燃性。它适于制作化学器件(如化学泵及运输燃油的组件)及防腐蚀涂层,可代替金属材料制作机械、汽车、照相机部件,以及制作小型精密电气、电子制品等。

3.3 聚合物液晶材料

液晶态是介于液态和固态之间的一种热力学稳定相态,处于这种状态的物质称为液晶。液晶既有晶体的各向异性,又有液体的流动性,因此液晶态又称为介晶态。

3.3.1 何谓液晶材料

什么是"液晶"呢? 简而言之,"液晶"就是液态的晶体,或者说可以流动的晶体。

我们知道,在一般条件下,物质有气态、液态和固态三种聚集态(在特殊情况下物质还具有等离子体态)。如室温下易于流动的液态水,受热变成更易流动的气态水蒸气,冷却则变成不能流动的固态冰了。固态物质又有晶态和非晶态之分,如冰是晶态的,而玻璃是非晶态的。晶态物质中的原子或分子是有规则地堆砌或排列起来的,称远程有序。而液体或非晶态固体中的原子或分子排列整体看是杂乱无章的,为三维远程无序,而近程却是有序的。

从本质上讲,非晶态固体与液体结构是相同的,可把非晶态固体看成是冻结的液体。由于晶体中分子的排列及取向都是非常严格的,因而其许多性质如光学、电学、磁学、力学等都呈现明显的各向异性。相反,普通液体及非晶态固体的性质都是各向同性的。

那么,在这两种极端状态之间是否会有一种中间态呢? 回答是肯定的,这就是液晶。液晶既具有普通液体易流动的特性,又具有晶体的某些特征,如光学、磁学或电学各向异性,为近程有序。不过,这种有序是有限的,通常只有一维或二维远程有序,即介于理想液体和晶体之间。有某些物质受热时晶体熔融,或者在溶剂中溶解,失去了固态的大部分性质,外观呈现液体的流动性质,但是其分子排列仍然保留一定的有序性,又具有晶体的部分特性。因此,人们将这种过渡态称为液晶态,聚合物液晶就是这样一种物质。

根据分子量的大小,可将液晶分成小分子液晶和聚合物液晶。聚合物液晶是通过柔性聚合物链将小分子液晶连接起来而构成的,克服了小分子液晶稳定性差、机械强度低的缺点。

3.3.2 聚合物液晶材料的形成

液晶是在 1888 年首先由奥地利植物学家 F·莱内泽(Reinitzer)在加热胆甾醇苯甲酸酯时发现的。当加热这种结晶化合物时,发现它在 146.6℃熔化后,变成一种乳白色混浊的液体,直到温度达到 180.6℃,这种乳白色液体才变得透明。但他对这种奇异现象没有进行深入的研究,没有能揭示其特殊的性质。

而后德国物理学家 O·雷曼(Lehmann)在 F·莱内泽发现的基础上,利用偏光显微镜对乳白色浑浊液体进行研究,发现这种乳白色混浊液具有晶体才有的双折射现象,即不同方向其折射率不同。O·雷曼称物质的这种状态为流动的晶体(态),于是“液晶”的名字就成为流动晶体的简称。

科学上的发现,需要技术推动,才能迅速发展起来。在发现液晶的最初半个多世纪,虽然对这类胆甾型液晶进行了大量化学、物理研究,发现了某些液晶的电子和光学效应,有些液晶在温度变化时会出现颜色变化,为现代的液晶电子学奠定了基础。但由于当时没有明确的技术应用背景,故这些研究和发现未能引起科技界和工业部门的广泛重视,影响很小。

突破性的进展是在 20 世纪 60 年代开始的。1961 年,美国无线电公司(RCA)的海尔梅尔(Heilmeier)放弃了自己造诣很深的专业——微波固体元件的博士论文工作,在导师鼓励、支持下,改弦更张,进行有机电子学的研究。他和研究小组做了大量的研究工作,在对向列型液晶与电场相互作用的研究中,发现多种液晶具有电光效应。他们不停留在物理效应上,而是很快就转向技术应用,研制液晶钟表、数字和字符显示器等产品。这项技术被 RCA 公司定为重大机密,一直到 1968 年才向世人公布,登记为专利。

日本得知液晶技术应用信息后,立即在科技界和工业界引起强烈反响。他们敏锐地看到其发展的巨大潜力,很快将液晶与大规模集成电路相结合,研制产品,打开市场,在70 年代形成了液晶显示技术的强大产业。与此相反,RCA 公司由于未能看到液晶的广阔的应用前景,决策失误,失去了一次极好的发展机遇。

至 20 世纪 70 年代以后,低分子液晶的广泛应用激发了对聚合物液晶的研究与开发。

1972年美国杜邦公司实现了高强、高模的芳香族聚酰胺纤维"Kevlar"—— 第一个液晶高分子的工业化生产,大大地推动了液晶聚合物的发展。1985年以来,美国、日本等国又相继实现了液晶高分子"Xydar"、"Vectra"和"Ekonol"的工业化生产,进一步促进了聚合物液晶材料的发展,从而使聚合物液晶材料被誉为"21世纪新型材料"。

通常的有机晶体加热到熔点便开始熔解,变成透明液体,其光学的各向异性性质会消失。但是某些有机化合物在熔解时却会出现异常现象,即加热到某一温度(T_1)时,熔解成粘稠状而稍微有些混浊的液体,只有继续加热到更高的温度(T_2)时,才变成透明的液体。表面上看,好像这种有机化合物具有两个熔点。偏光显微镜下观察发现,在T_1和T_2之间所形成的混浊液体具有明显的纹理,呈光学的各向异性,该有机化合物所处的这种状态称为液晶态。处于液晶态的物质,其分子排列存在位置上的排列无序性,但在取向上仍有一维或二维的长程有序性。

3.3.3 聚合物液晶材料的类型

聚合物液晶的类型很多,常用的有以下几种。

1. 按液晶的形成条件分类

可分为热致液晶、溶致液晶和压致液晶。

(1)热致液晶(又称热变形液晶)。它是指材料通过升温至熔点或玻璃化温度(T_g)以上才进入液晶状态的液晶。它只有在一定温度范围内才呈现液晶态,即这种物质的晶体在加热熔化形成各向同性液体之前,首先形成液晶相。它一般是单一组分。目前在技术中直接应用的液晶都属于热致液晶。

晶体⇌液晶⇌各向同性液体

图3.1既表示同一温度下三种不同聚集态物质,也表示某一液晶在不同温度下呈现的聚集态。

晶体　　　　　　　　液晶　　　　　　　　液体

图3.1　晶体、液晶和液体的结构示意图

(2)溶致液晶(也称溶变型液晶)。它是由符合一定结构要求的化合物与溶剂组成液晶体系,由两种以上的化合物组成。即溶致液晶是一种只有在溶于某种溶剂时才呈现液晶态的物质。这种液晶广泛存在于自然界,特别是生物体内。

典型的溶致液晶是各种双亲分子(如肥皂)的水溶液。浓度不同时,这些液晶分子会呈现层状堆积、球状堆积等,如图3.2所示。

另一个溶致液晶的例子是聚对苯二甲酰对苯二胺的浓硫酸溶液。这种向列型液晶溶液经纺丝后,可得到一种分子高度取向的有机纤维——芳纶(国外品名Kevlar,凯夫拉),其强度比钢高几倍,而密度还不到钢的1/5。

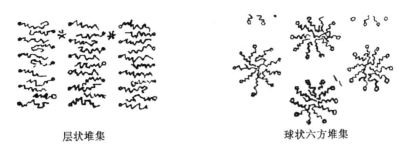

层状堆集　　　　　　　　　球状六方堆集

图 3.2　双亲分子水溶液的聚集态

(3)压致液晶。它是由压力而引起的,很少见。如聚乙烯在 3 000 大气压以上可形成液晶。

2. 按结构类型分类

根据其分子排列形式和有序性不同,可分为向列型、近晶型、胆甾型和碟型等四种,如图 3.3 所示。

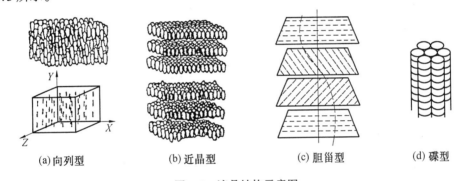

(a)向列型　　　　(b)近晶型　　　　(c)胆甾型　　　　(d)碟型

图 3.3　液晶结构示意图

(1)向列型液晶(也称丝状液晶)。其分子是刚性的棒状,这种棒状分子排列只有取向有序,即分子沿长轴方向平行排列,分子之间保持着近晶型的平行关系。它能上下、左右、前后滑动,呈一维有序,分子重心没有长程有序性,如图 3.3(a)所示。这种液晶有很大的流动性,在外力作用下容易沿流动方向取向。

(2)近晶型液晶(也称层状液晶)。其分子也为刚性棒状,其分子排列成层,层内分子长轴互相平行,垂直于层片平面。分子可以在本层内活动,但不能在上下层之间移动,呈二维有序,其规整性近似于晶体,如图 3.3(b)所示。近晶型中间相的突出特点是非常粘滞。

(3)胆甾型液晶。胆甾型液晶是向列型液晶的一种特殊形式,其大部分都是胆甾类化合物。这种液晶中,分子首先在一个平面内取向排列形成一个分子层,层内分子排列成向列型,其分子长轴平行于层的平面,但层与层之间分子长轴逐渐偏转,形成螺旋状。分子长轴方向在旋轴 360°后复原,如图 3.3(c)所示。由于这些扭转的分子层的作用,可以使反射的白光发生色散,透射光发生偏振旋转,使胆甾型液晶产生各种颜色,因而具有独特的光学性质。所以,当用白光照射时呈现如孔雀羽毛般的美丽色彩。

(4)碟型液晶。碟型或盘状液晶,又叫圆柱型液晶。其分子的中心通常具有盘子一样的形状,一般具有苯环或其他芳香环结构,周围有一些长的柔性链,如烷烃链。这些盘子重叠在一起,形成圆柱状分子聚集体,组成了一种新的液晶相,如图3.3(d)所示。

3. 按物质来源分类

聚合物液晶可分为天然聚合物液晶和合成聚合物液晶。天然聚合物液晶主要有纤维素衍生物、多肽及蛋白质等。

4. 根据液晶基元在大分子链中所处的位置不同

液晶聚合物可分为主链液晶聚合物和侧链液晶聚合物。

将液晶的分子结构单元(基元)直接作为主链或主链的一部分,可得主链型聚合物液晶,如图3.4(a)所示,其特点是大分子主链与基元有相同的取向。

大分子的侧链中所含的有液晶基元的聚合物称为侧链液晶聚合物,如图3.4(b)所示。即液晶基元以侧基形式悬挂在大分子主链上,形似梳状,故亦称梳形聚合物液晶。图3.4(b)中悬挂着的侧链为液晶基元通过柔性铰链与聚合物主链相连接。

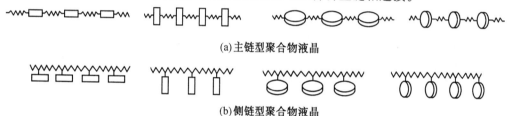

(a)主链型聚合物液晶

(b)侧链型聚合物液晶

图3.4　聚合物液晶

3.3.4　聚合物液晶必须具备的条件

什么样的分子才能形成液晶呢？一般来说,形成液晶的分子都具有刚性棒状结构,就好像漂浮在河面上的一根根木材,它们很容易平行地靠拢在一起,这样就形成了一种向列型液晶。此外,还有近晶型、胆甾型的液晶。因此聚合物要具有液晶,必须具备以下特性。

(1) 分子形状的不对称性。

(2) 分子间的各向异性相互作用力。

要形成聚合物液晶的首要条件是聚合物中有生成液晶态的分子结构单元或液晶基元,也就是说要有棒状或条状分子存在。即形成聚合物液晶的单体结构,绝大多数是一些几何形状不对称的刚性或半刚性棒状或碟状单体分子。这一要求对聚合物来说是容易满足的。棒状结构要求分子有适当的长度与直径比,这就是分子链的伸长度和刚性。一般而言,长径比越大,出现稳定液晶所需的浓度就越低。适当的长径比对于形成热致和溶致聚合物液晶是十分重要的。在不存在分子间引力的情况下,分子形成线型液晶所需最小的长径比为6.4。此时要求溶致液晶的浓度必须为100%,即相当于热致液晶。

同时还应具有在液态下维持分子某种有序排列所必需的结构因素。例如,分子中含有对位苯撑、强极性基团和高度可极化基团或氢键等。

3.3.5 聚合物液晶特殊的结构

1.侧链液晶聚合物的结构

侧链液晶聚合物一般是由柔性主链、刚性侧链和间隔基团等三部分组成。侧链液晶聚合物的主链可以是碳链,也可以是杂链,如 Si—O 链。这些主链本质上都是柔性链。侧链是由苯环、杂环、双键和体积较大的萘环或苯环等结构单元构成。这些结构单元都是刚性的,是构成液晶基元的主要部分。

在侧链液晶聚合物中,侧链中的液晶基元和聚合物主链之间存在着重要的相互作用。刚性侧链力图采取液晶态的有序排列,而柔性主链则倾向于统计分布的无规构象。假若刚性棒状的液晶基元直接与主链相接,主链的统计热运动将妨碍液晶基元的有序取向排列,即影响液晶态的形成,这种现象称为

图 3.5 侧链型液晶结构模型

主链和侧链运动的耦合。为了使侧链聚合物具有液晶性,就必须在主链和侧链液晶基元之间引入柔性间隔基团来减小或消除这种耦合作用,如图 3.5 所示。由此可见,侧链液晶聚合物的液晶态不仅取决于液晶基元本身的结构,包括长径比、刚性、取代基的存在等,就连主链和柔性间隔的性质也对其有非常重要的影响。

2.主链液晶聚合物的结构

主链液晶聚合物可用下面结构模型表示:

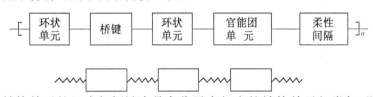

其中各结构单元的组成与侧链液晶高分子中相应的结构单元相类似,即可以说主链液晶聚合物主要由液晶基元和柔性间隔两部分组成。有的主链液晶聚合物也可以没有柔性间隔。

主链液晶聚合物的特点是大分子主链与液晶基元具有相同的取向方向,处于液晶态的这类聚合物有很好的分子轴取向有序性,因而能发挥最大的各向异性性质。主链型液晶聚合物又可分为溶致性和热致性两类。

3.3.6 奇妙的效应

液晶最显著的特征是其结构及性质的各向异性,并且其结构会随外场(电、磁、热、力等)的变化而变化,即使微弱的外界能量或压力,也能使液晶的结构发生变化,从而导致其各向异性性质的变化。因此,液晶表现出许多奇妙的效应。

1. 电光效应

电光效应是液晶最有用的性质之一,所谓电光效应是指在电场作用下,液晶分子的排列方式发生改变,从而使液晶光学性质发生变化的效应。由于液晶分子对电场的作用非常敏感,外电场的微小变化,就会引起液晶分子排列方式的改变,从而引起液晶光学性质

的改变,因此,在外电场作用下,从液晶反射出的光线,在强度、颜色和色调上都有所不同,这就是液晶的电光效应。此效应最重要的应用是在各种各样的显示装置上,如手表、计算器、微型电视、仪表等。

2.温度效应

当胆甾型液晶的螺距与入射光的波长一致时,就产生强烈的选择性反射。入射白光照射时,因其螺距对温度十分敏感,使它的颜色在几摄氏温度范围内发生剧烈改变,这就是液晶的温度效应。这个效应在金属材料的无损探伤、红外像转换、微电子学中热点的探测及在医学上诊断疾病、探查肿瘤等方面有重要的应用。

今日,温度效应已被大量应用,甚至在我们日常生活中也得到应用。如变色水杯的图案就是用一种含有热致变色液晶的涂料印制的。在室温下杯子具有一种图案,当杯里加入 80~90℃的热水时,由于液晶的热致变色效应,原来的图案消失了,新的图案会显现出来。而当温度降低时,它又会恢复到原来的图案。

3.光生伏特效应

在镀有透明电极的两块玻璃板之间,夹有一层向列型或近晶型液晶。用强光照射,在电极间出现电动势的现象叫光生伏特效应,即光电效应。该效应广泛应用于生物液晶中。

4.超声效应

在超声波作用下,液晶分子的排列将改变,使液晶物质显示出不同的颜色和不同的透光性质。目前,科学家正在利用这一特性,加紧研制液晶声光调制器。

5.理化效应

把液晶化合物暴露在有机溶剂的蒸汽中,这些蒸汽就溶解在液晶物质之中,从而使物质的物理化学性质发生变化,这就是液晶的理化效应。利用该性质可以监测有毒气体。

另外,液晶还有应力效应、压电效应、辐照效应等。

3.3.7 聚合物液晶材料的应用

聚合物液晶材料作为一种新型的特种聚合物材料,已在众多工业和技术领域得到了广泛的应用。这主要是由于液晶分子排布的有序性和在液晶加工过程中分子的高度取向,以及聚合物液晶材料具有一系列十分优异而独特的物理与化学性能。聚合物液晶材料的应用可分为结构材料和功能材料两方面。

1.用做结构材料

聚合物液晶材料具有优良的力学性能(高强、高模等),突出的耐热性,极小的膨胀系数,低的成形收缩率和高的尺寸稳定性,优良的耐燃性、绝缘性和耐化学腐蚀性,耐气候老化及优异的成形加工性能等,因而被广泛应用于结构材料中。

聚合物液晶具有溶液性质,特别是其独特的流动特性。以聚对苯二甲酰对苯二胺的浓硫酸溶液为例,其黏度随浓度的变化规律不同于一般聚合物溶液黏度随浓度的增加而单调增大。该液晶溶液随浓度增加会出现一个黏度极大值,然后急剧降低,出现一极小值,最后又随浓度增大而上升(图3.6),这种黏度随浓度变化的形式是液晶态溶液体系的一般规律,它反映了液晶态溶液体系内部结构的变化。当浓度很小时,是均匀的各向同性溶液,与一般溶液相同。浓度迅速下降,直至体系形成均匀的各向异性溶液时,黏度达到极小值,随后又增加。另外,这种液晶黏度与温度的关系也与一般聚合物溶液不同。随着温度升高,黏度达到一极小值后又开始上升,出现一极大值之后,黏度又随温度升高而降低。

聚合物液晶还有一个突出的特点,即在力场中容易发生分子链的取向作用。因此,可以利用液晶溶液高浓度、低黏度和低切变速率下的高取向进行纺丝,既解决了高浓度必然高黏度的矛盾,又能制得高强度、高模量的纤维以及薄膜和模塑制品。

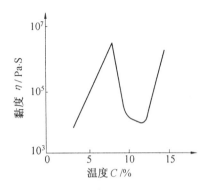

图 3.6　溶液黏度随浓度的变化规律
(20℃, M = 29 700)

(1)作为高性能纤维材料。采用液晶纺丝获得的聚对苯二甲酰对苯二胺纤维的抗张强度、模量及断裂伸长率等,均比用常规方法提高两倍以上。这种纤维的密度只有钢丝的 1/5,比强度却为钢丝的 6~7倍,比模量为钢丝的2~3倍,其高低温性能都比较好,而且对橡胶有良好的亲和性,是一种综合性能优异的轮胎帘子线材料。此外,这种纤维的防弹能力是钢的 5 倍左右。因此,它被广泛用于航空、航天、油田设备、潜水装置、海底电缆以及防弹衣和防护装置等方面。

由溶致性液晶聚合物制成的 Kevlar 纤维和由热致性液晶芳香族共聚酯生产的高强度、高模量纤维,都具有优异的力学性能(表 3.1)。

表 3.1　各种纤维的力学性能比较

纤维种类	密度 /(g·cm⁻³)	抗拉强度 /MPa	弹性模量 /GPa	断裂伸长率 /%
Vectra 纤维	1.41	3 340	76	3.9
Ekonol 纤维	1.40	3 880	136	2.9
Kevlar - 29	1.44	2 930	64.8	4.0
Kevlar - 49	1.44	2 815	116.6	2.5
尼龙纤维	1.14	1 010	5.6	18.3
聚酯纤维	1.38	1 142	14.1	14.5
石墨纤维	1.75	2 815	225	1.25
玻璃纤维	2.55	2 458	70	3.5
不锈钢丝	7.83	1 475	204	2.0

因此,Kevlar 纤维由于具有高强度、高弹性,其比强度是钢的 5 倍、铝的 10 倍、玻璃纤维的 3 倍,美国主要用做避弹衣和航空航天结构件的增强材料。我国也开发出芳纶 14(聚对苯酰胺)和芳纶 1414(聚对苯二酰,对苯二胺)两种 Kevlar 纤维,用于防弹衣的生产。

据资料报道,国外已研究出对苯撑 - 苯并双唑(PBT)材料,其工作温度高于 300℃,是一种比 Kevlar 纤维还理想的高弹性高强度材料。

(2)液晶自增强塑料。液晶自增强塑料近年来发展也很快。这类新型高性能塑料是靠自身分子内刚性链的高度取向达到增强的。自 1976 年美国 Eastman Kodak 公司的 W.J.

Jackson等人首先揭示了由对羟基甲酸(PHBA)和聚苯二甲酸乙二醇酯(PET)合成的共聚酯的液晶性,并指出它有自增强——高强度、高模量的特征。此后,各国学者纷纷对液晶共聚酯进行了开发性的研究。1984年秋,美国Dartco公司首先实现了全芳香族液晶共聚酯的工业化生产,商品名为Xydar。目前,液晶共聚酯在电子、电器、航空和航天等领域中,已得到越来越广泛应用。

2.用做功能材料

由于液晶聚合物有其独特的物理性能和化学性能,液晶聚合物(主要是各种侧链液晶聚合物)被广泛地用做信息显示材料、光记录材料、光存贮材料、滤光和反光材料、光致变色材料、非线性光学材料和分离功能材料等。

(1)电子显示器件。液晶显示技术是液晶的最重要用途。与其他显示技术相比,液晶显示技术优点很多,具有极强的综合优势。如极低的工作电压(3～5 V)和功率损耗($\mu A/cm^2$);平板型结构使液晶显示与大规模集成电路相匹配,不但使便携式计算机和仪器仪表成为现实,而且适于大型薄片状显示装置。此外,液晶显示还具有适合人的视觉习惯、显示信息量大、易于彩色化、工作时无电磁辐射、长寿命等优点。这些优点使液晶显示技术改变了钟表、计时、仪器仪表行业的面貌。使用液晶显示的便携式计算机正在改变着人们的生活,现在用液晶显示技术制造的高清晰度彩色电视已走进千家万户。

常用的向列型液晶是一种甲亚胺族化合物,因具有电磁场效应而被用做新的电子显示器件。如将透明的向列型流体薄膜夹在两块导体玻璃板之间,在施加电压点上,物体很快变为不透明并能反射入射光。当电压以某种图形加到液晶薄膜上,就会产生图像,如数码显示、无运动零件的钟表、装在墙上的薄电视屏幕等。液晶本身并不发光,只是反射环境光。因此,制成的显示器可以在白天使用。白天光线越强,它反射出的图像越清晰,不像荧光屏必须在暗处才能看清。根据这种原理,可制成大型自动显示装置,用于电子显示的液晶一般都是几种向列型液晶的混合体,这样可以使材料的使用温度降至室温或更低的温度。

用于图形显示方面的聚合物液晶主要为侧链聚合物液晶。聚合物液晶在开发大面积、平面、超薄以及直接沉积在控制电极表面的显示器方面的应用更具有优势。

(2)液晶的无损探伤。由于液晶能够将温度、电场、磁场,机械应力或化学环境等信号变成看得见的彩色图像,因此可以用来检测材料内部的缺陷和材料的均匀性。利用液晶的无损探伤技术,已被广泛应用于宇航、电子、医学和化学等领域。

(3)作为信息贮存介质。以热致型侧链高分子液晶为基材制作信息贮存介质的原理如下。首先将存贮介质制成透光的向列型晶体,这时,所测试的入射光将完全透过,证实没有信息记录。用另一束激光照射存贮介质时,局部温度升高,聚合物熔融成各向同性的液体,聚合物失去有序度;激光消失后,聚合物凝结为不透光的固体,信号被记录。此时,测试光照射时,将只有部分光透过,记录的信息在室温下将永久被保存。再加热至熔融态后,分子重新排列,消除记录信息,等待新的信息录入。热致型侧链高分子液晶为基材制作信息贮存介质同光盘相比,由于其记录的信息是材料内部特征的变化,因此可靠性高,且不怕灰尘和表面划伤,适合于重要数据的长期保存。图3.7是聚合物液晶信息贮存示意图。

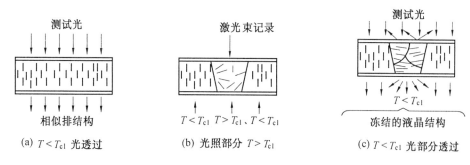

图 3.7　聚合物液晶贮存信息示意图

(4)作为分离材料。聚二甲基硅烷和聚甲基苯基硅烷作为气液色谱的固定相应用已经有很长的历史,在这些固定相中加入液晶材料后,材料变成了有序排列的固定相。这对于分离沸点和极性相近而结构不同的混合物有良好的效果。因为液晶材料参与了分离过程,硅氧烷为骨架的侧链聚合物液晶可以单独作为固定相使用。高分子化的液晶材料避免了小分子液晶的流失现象,聚合物液晶固定相正日益广泛的出现在毛细管气相色谱和高效液相色谱中。

(5)在诊断疾病方面的作用。例如在得癌症的人身上,由于癌细胞的繁殖比较快,因此患病的部位的温度就比其他部位高些。而得血管疾病的人,得病部位的温度,因为供血不足却比其他部位低些。像这些温度上的很小变化,都可以用液晶材料反映出来,帮助医生来诊断病情。这种液晶诊断方法,速度快,灵敏度高,病人痛苦小,花费也少。

(6)光学材料。聚合物液晶具有特殊的光学性质、电光效应、温度效应等,因而可以用做信息显示材料、光学记录材料、贮存材料、非线形光学材料等。许多胆甾型聚合物液晶保持了小分子胆甾型液晶的光学性质,同时又具有聚合物易于加工等优良性能,是许多光学器件的新型材料,如滤色片,一分钟成像的照相底片,反射板,温度指示器等。现在,利用某些胆甾型聚合物液晶的外观颜色随温度而变化的特征,可将其用于温度测量技术等。

3.3.8　聚合物液晶材料的发展

聚合物液晶在其相区间温度时的黏度较低而且高度取向,利用这一点,可以制备高强度、高模量的纤维。将具有刚性棒状结构的聚合物液晶材料分散在无规线团结构的柔性聚合物材料中,即可获得增强的聚合物复合材料。研究表明,液晶在共混物中形成微纤,对基体起到显著的增强作用。侧链型聚合物液晶在本质上属于分子级的复合。这种在分子级水平上的复合材料又称为"自增强材料"。

侧链型液晶聚合物液晶具有较高的玻璃化转变温度,利用这一特性,可使它在室温下保存信息,因此用液晶来制备信息记录材料前景十分广阔。

胆甾型液晶层片具有扭转的结构,对入射光具有偏振作用,可用来作精密温度指示材料和痕量化学药品指示剂,聚合物液晶在这方面的应用也有待开发。

虽然人类认识液晶的时间并不长,但是它跟人的生命以及人类的发展却有着十分密切的关系。比如说,人体的肌、肉、腱、肾脏、神经等部位,都有液晶态物质存在。人的大脑中就有大约三分之一的物质呈液晶态。此外,好多种疾病,像贫血病和病毒病等也都跟液晶态有关系。因此不只是化学家、物理学家和工程师要关心和促进液晶科学技术的发展,生物化学家和医生也需要掌握这方面的知识,为人类服务。

人类能不能模拟液晶态在人脑里的功能来发展新的信息记忆系统呢?许多种疾病的发生与液晶态的形成和破坏到底有什么关系呢?这许许多多的问题,都等待着科学家,特别是年轻一代,去探索,去研究,去回答。

3.4 导电聚合物材料

功能聚合物材料,一种指其结构本身就具有特殊功能的聚合物材料;一种指在通用聚合物材料中加入功能性原料并经适当复合加工而成的复合功能聚合物材料,例如添加导电粒子的聚合物导电材料、控温材料等。这里,仅介绍导电聚合物材料。

3.4.1 概述

通常,聚合物材料是电绝缘的。然而在另一些场合,却需要材料既有普通聚合物的力学性能,又具有金属材料的导电性。这种愿望因 1977 年的一个重大发现而变为现实。1977 年,日本筑波大学和美国宾夕法尼亚大学的研究人员合作,用碘或五氟化砷掺杂聚乙炔,使电导率提高 12 个数量级,达到 10^2 s/cm 以上的惊人高度。在其后的短时间内,相继开发了一系列新型导电聚合物材料。

因此说,导电聚合物材料是在 20 世纪 70 年代中后期快速发展起来的新型功能材料。与金属相比,导电聚合物材料具有质量轻、易成形、电阻率可调节、可通过分子设计合成出具有不同特性的导电性等特点。从导电原理来说,聚合物导电材料分为结构型和复合型两大类。结构型导电高分子材料是通过电子或离子导电使高分子本身结构显示导电性,它包括聚合物经掺杂后具有导电功能的聚合物,如聚乙炔。结构型导电聚合物含具有吊挂结构或整体结构的聚合物离子导电体;线型共轭聚乙炔及面状共轭焦化络合物等共轭聚合物、聚酞菁类金属螯合型聚合物和高分子电荷转移络合物等电子导电体。

结构型导电高分子材料多为半导体材料,它们由于结构特殊,制备与提纯也困难而极少获得实际应用。复合型导电高分子材料是通过一般高分子与各种导电填料分散复合、层积复合,使其表面形成导电膜等方法制成,它是靠填充在其中的导电粒子或纤维的相互紧密接触形成导电通路而导电的。根据应用的观点复合型导电高分子材料又可分为导电塑料、导电纤维、导电橡胶、导电黏合剂和导电涂料等,它们在防静电、消除静电、电磁屏蔽、微波吸收、电器元件中的电极、按键开关、电子照相、记录材料、面状发热体、净化室墙壁材料、管道等工业和民用的各个方面已经得到了广泛的应用。

3.4.2 结构型导电聚合物材料

聚合物材料结构本身具有导电性,通过掺入杂质而使离子或电子在聚合物中的迁移来导电。已发现具有下述结构的聚合物有导电性:共轭聚合物(如线型共轭的聚乙炔等)、多环配位体金属螯合型聚合物(聚肽菁类)、具有吊挂结构或整体结构的聚合物(离子导电体)和高分子电荷转移络合物(电子导电体)等。

结构型导电高分子材料中,聚硫氮 $\{S{-}N\}_n$ 可算是纯粹的结构型导电高分子材料,其他许多种导电高分子几乎都采用氧化还原、离子化或电化学方法进行掺杂后才具有较高的导电性。目前研究较多的结构型导电高分子有聚乙炔、聚苯硫醚、聚吡咯、聚噻吩等，它们由于在水和空气中不稳定，不溶于一般溶剂，可加工性差，导电性也不稳定，至今未大规模生产。具有最好导电性的聚合物是掺杂型聚乙炔，其电阻率可达 $2 \times 10^{-5}\ \Omega \cdot m$ 以下；而比较稳定的掺杂型聚苯硫醚的电阻率则在 $10^{-3} \sim 10^{-2}\ \Omega \cdot m$ 范围。美国国立桑迪亚试验所合成的聚乙炔衍生物、聚三甲基甲硅烷乙炔（PTMSA），在空气中比较稳定，可溶于多种有机溶剂，可作为导电聚合物的母体。它与乙酰氯反应可得 PTMSA 的乙酰基衍生物；也可转变成具有导电性的聚氟乙炔。另外，以聚噻吩的甲硅烷衍生物为母体制成的聚噻吩衍生物，在空气中的稳定性和在有机溶剂中的溶解性均良好，很有希望成为可熔融成型的导电聚合物。虽然掺杂提高了导电聚合物的导电性，但它往往会使材料的稳定性变差，成膜性降低，故通过分子设计，从大分子链的结构着手，研究和开发具有高而稳定的导电性，易于成形加工，可代替金属作为导线与电缆及结构材料是该领域的主要研究方向，主要包括在蓄电池和微波吸收材料方面的研究工作。

（1）蓄电池。最有发展前途的蓄电池聚合物材料有掺杂聚乙炔和掺杂聚苯硫醚。掺杂聚乙炔蓄电池具有质量轻、体积小、容量大、能量密度高、不需维修、加工简便等优点，它比传统的铅酸电池轻，放电速度快，其最大功率密度为铅酸电池的 10～30 倍。有研究结果表明：聚合物蓄电池经过 1 500 次充放电循环后，容量损耗只有总容量的百分之几，而铅酸蓄电池一般只能充放电 1 000 次，聚合物蓄电池可用做汽车或其他装置的备用电池。这类蓄电池的问题主要是电极材料和电解液的不稳定性，所用高氯酸盐有爆炸性，AsF5 等的剧毒性，Li 掺杂聚乙炔在空气中的自燃性等。因此，开发新的耐氧化、还原性好的有机溶剂（如水溶液系聚乙炔电池）对聚合物蓄电池具有推动作用。

（2）吸波材料。作为微波吸收材料，它可以对导电聚合物的厚度、密度和导电性进行调整，从而可调整材料的微波反射系数和吸收系数，吸收系数可达 $10^5\ cm^{-1}$。导电聚合物薄膜质量轻，柔性好，可作为包括飞机在内之任何设备的蒙皮。

3.4.3　复合型导电聚合物材料

以一般聚合物材料与各种导电性的填充剂等通过分散聚合、层积复合或表面形成导电膜等方法制成。

（1）因复合方式不同有两种型式

①表面镀膜型。将金属等导电材料以各种工艺方法涂覆于聚合物材料的表面，形成表面具有导电性的聚合物材料。如金属热喷涂法，金属镀层法（真空蒸镀、化学镀、电镀等），导电涂料法等。

②复合填充型。它是在通用树脂中加入导电性填料、添加剂，采用一定的成形方法（如挤出、模压等）而制得的。所获得的材料毋需进行二次加工即具有导电性。根据耐温、耐腐蚀等不同的物理、化学性能方面的要求，可选用通用的或特殊的塑料、橡胶作基体材料。

通用树脂有聚乙烯与聚丙烯等聚烯烃、聚氯乙烯、ABS、聚酰胺、PBT 聚对苯二甲酸二醇酯、聚碳酸酯、酚醛树脂、环氧树脂、有机硅、聚酰亚胺、聚丙烯酸酯等。添加剂则包括抗氧剂、固化剂、溶剂、润滑剂等。导电填料包括金、银、铜、铝、镍等金属粉，铝纤维、黄铜纤维、铁纤维和不锈钢纤维等金属纤维以及炭黑、石墨、碳纤维、镀金属玻璃纤维、镀金属碳纤维、镀银中空玻璃微球、炭黑接枝聚合物、金属氧化物、金属盐等;它们有球状、薄片状、针状等各种形状,其中薄片状比球状更有利于增大导电粒子之间的相互接触;通常导电粒子越小越好,但必须有适当的分布幅度以获得紧密堆积、接触面积大、导电能力高的材料。

(2)影响因素。影响复合型导电聚合物材料导电性能的主要因素除了填料种类、金属形状、树脂种类、填料分散状态等外,还有导电填料的用量。导电填料用量随填料种类、形状、基体树脂种类等变化,当填料与基体树脂的比例达到一个临界值时整个系统形成导电通路。一般为了使电阻率稳定,减少电阻值的分散性,需要选用硬度大、热变形温度高的树脂,以使导电粒子不易迁移;对热固性树脂而言,在一定温度范围内,随着固化温度的提高,固化时间的延长,导电聚合物的电阻值越小,稳定性越好。

(3)研究方向。提高性能,降低成本。

(4)常见复合型聚合物类型。

①导电胶粘剂。导电胶粘剂是兼有导电性和粘接性双重性能的胶粘剂,它具一定的导电性和良好的粘接性能。常用添加型导电胶主要有环氧树脂、酚醛树脂、聚氨酯导电胶和某些粘接性能较好的热塑性树脂导电胶等;其中的导电填料有金属粉、石墨粉、乙炔炭黑和碳素纤维等。一般常用的金属粉包括 $\rho = 1.6 \times 10^{-6}$ $\Omega \cdot cm$ 的银粉、$\rho = 1.7 \times 10^{-6}$ $\Omega \cdot cm$ 的金粉和铜粉、$\rho = 2.7 \times 10^{-6}$ $\Omega \cdot cm$ 的铝粉等几种,金粉虽然性能好但价格昂贵,铜粉和铝粉在空气中又易氧化而影响导电性能,故常用的是银粉。通常,银粉粒度越小,形状越不规则,其导电性能越好,为保证在胶层中紧密接触,最好使用超细银粉与鳞片银粉的混合填料。银粉用量可为树脂的 $2 \sim 3$ 倍,其电阻率约 $10^{-2} \sim 10^{-4}$ $\Omega \cdot cm$,但从综合导电与粘接性能看,则树脂和银粉的比例以 30:70 较合适。

②导电塑料。导电塑料包括以聚烯烃或其共聚物为基础,加入导电填料与抗氧剂及润滑剂等经混炼加工而成,用于电线、泡沫塑料、塑料成型制品、瓦楞板、高低压电缆的半导体层、干电池电极、集成电路和印制电路板及电子元件的包装材料等的聚烯烃导电塑料以及用于防静电和消除静电、以炭黑与碳纤维为填料的导电尼龙,还有以聚对苯二甲酸丁二醇酯为基材加入碳纤维或金属纤维与碳等制成的、用于导电塑料和电磁屏蔽材料及防静电材料等的 PBT 导电塑料等。这些导电塑料的电阻率约为 $10^4 \sim 10^{-4}$ $\Omega \cdot m$ 之间。

③导电薄膜。导电薄膜一般是在尼龙、聚乙烯、聚碳酸酯等普通塑料薄膜上形成导电层的复合材料;既有单一导电薄膜也有如金属与氧化物结合的复合型导电多层膜。导电薄膜由于具有透明性和可挠性、质量轻、易加工等优点,可作为电气零件、电子照相、电路材料、显示材料、防静电材料、热线反射、电磁屏蔽、光记录与磁记录材料、面状发热体、窗玻璃等。

④导电涂料。导电涂料一般是将 ABS、聚苯乙烯、环氧树脂等合成树脂溶解在溶剂中,再加入金和银等金属与合金、金属氧化物、炭黑、乙炔黑这些导电填料、助剂等配制而成。溶剂要合适,以避免被涂物溶于溶剂中或渗出增塑剂。在涂料的配方中要尽力减少导电填料用量以保证涂膜的稳定性、力学性能和附着力;配料时要注意加料次序以便形成导电通路,切忌导电粒子被包得太紧而造成导电性能下降;若以银粉作填料,则要加入 Mo、In、Zn、V_2O_5 等防止银的迁移。导电涂料主要用于电磁屏蔽、真空管涂层、微波电视室内壁涂层、磁头涂层、雷达发射机、自动点火器等的导电涂层,它分为高温烧结型和低温固

化型两种,如固化聚合物厚膜导电涂料的电导率为 0.001 S/m,可进行锡焊,也可与铝线结合;而以银粉、超细微粒石墨为填料的高温烧结型导电涂料可代替金属作加热管、加热片和电炉。以炭黑接枝聚合物为填料的导电涂料,如炭黑同丙烯酸、丙烯丁酯进行接枝反应生成的炭黑接枝聚合物与环氧树脂混合、固化后,涂层导电性均匀,稳定性好,电阻率可达 10^{-3} $\Omega \cdot m$;当加入炭黑含量为 $w_C = 5\%$ 的炭黑接枝物时,电阻率为 $10^{-1} \sim 10^{-3}$ $\Omega \cdot m$。用于特殊场合、性能稳定的银系电磁屏蔽涂料的电阻率甚至达 $10^{-6} \sim 10^{-7}$ $\Omega \cdot m$,遗憾的是价格较高。另一方面,导电涂料可用做"发热漆";如以聚酰胺 – 酰亚胺调和漆和炭黑或石墨为基础的民航飞机用导电磁漆,其电阻值可达 5×10^2 Ω 左右,在 – 180 ~ + 250℃温度范围内和湿度为 98% 左右(室温约 60℃)的条件下都是稳定的,在 200℃下热处理 300h 后的电阻值只下降 5% ~ 10%。

3.5 聚合物材料与可持续发展

3.5.1 废弃聚合物的回收与再利用

今天,聚合物材料的生产已经达到相当大的规模。20 世纪 90 年代初,世界塑料的年产量已达 1×10^8 t 左右,天然和合成橡胶的年产量也在 3.1×10^7 t 以上。诚然,聚合物材料的发展给人类带来了巨大的物质文明,但是在大规模的生产和使用过程中,大量产生的废弃物也给社会造成了严峻的问题。据统计,每年产生的废塑料量约为塑料年产量的70%,废橡胶量约为其产量的 40%。而且,随着聚合物材料的用量不断增加,废弃物的产量也与年递增,其数量已经十分可观。这些废弃物如果不加任何处理地抛弃到自然界中,就会形成所谓的"白色污染"和"黑色污染",成为对人类生态环境有巨大破坏作用的污染物。然而若加以合理回收和再生,就能重新变成对社会有用的物资,有利于经济的可持续发展。

1. 白色污染的主要成因和防止

白色污染的来源是多方面的,其中有一部分是来自树脂的生产厂,如在生产过程中的不合格产品或副产物。有的来自树脂的成型加工厂,如加工过程中产生的废品、试验料或边角料,更大量的是来自使用和消费过程。主要有农用聚合物材料、聚合物包装材料和日用聚合物材料等。

(1)一次性聚合物用品。随着聚合物工业的飞速发展,聚合物制品的价格越来越低。与此同时,人们的生活质量在不断地提高。健康、卫生、舒适、便利成为人们日常工作和生活中最起码的要求。一次性的用具也应运而生。一次性的餐具如快餐盒,一次性茶杯等,一次性的卫生保健用品如卫生巾、尿不湿等,一次性的医疗器材如一次性针筒、口罩、手术衣等和一次性的包装用品如塑料袋、饮料瓶和泡沫塑料等已经十分普及。这些一次性的用品构成了高分子废弃物的重要部分。

一次性聚合物用品大多用聚乙烯、聚丙烯、聚苯乙烯和聚氯乙烯等塑料制成,其化学性质十分稳定。丢弃在自然界中几十年都不会腐烂和分解,有些还会变成细菌和病菌的滋生地,对环境造成极大的污染作用。

应该说一次性用具所以会变成环境污染物,问题是出在使用人身上。随地乱扔垃圾的陋习是造成白色污染最直接的原因。据新闻报道,每天从长江上游汇聚在葛洲坝的一次性饭盒达数吨之多,常常会堵住水力发电机组的入水通道。已经发生过数次机组因进水量不足造成的停机事故,影响水电站的正常发电。电厂不得不调动大量的人力物力来清除这些白色垃圾。

同样,我们经常会在铁路的路轨边看到一堆堆的白色饭盒,在两旁的小树枝上挂着一只只的塑料袋。它们给已经备受踩躏的环境罩上一件肮脏的外套。光是要把这些分散的垃圾收集在一起,所需的劳动力就十分惊人了。

显而易见,相当一部分的白色污染是人为造成的。如果我们每个人都能自觉地把这些一次性的用品使用后,扔在垃圾箱里,进行集中的处理和回收,那么这种对自然界人为的污染就能够避免。

(2)聚合物材料的损坏。材料在使用过程中,由于选料不当,或使用不当造成材料损坏是形成废弃物的重要原因。造成材料损坏的原因很多,机械力的破坏是重要的一种。平时我们不当心把塑料制品掉在地上会把东西打坏。许多用品在搬运过程中由于强烈的振动或碰撞也会损坏。农用薄膜被大风撕裂,轮胎、皮鞋或运动鞋在使用过程中被磨损,水管在高压下爆裂等都是聚合物材料被机械破坏的例子。

造成机械损坏的原因,有的是材料选择不当造成的。我们在选用时,都必须根据产品使用的要求来选择适当的原料。而且,即使是同一种树脂,如牌号不同,性能就会有很大的差别,选用时都要注意。需要指出的是,强度的概念是非常笼统的。不同用品在使用时所受的力是不同的,有的是拉伸力,有的是压缩力、有的是冲击力,还有的是摩擦力、折叠力或剪切力等等。因此必须根据具体情况具体分析。

聚合物是一种热敏感材料,高温也是聚合物损坏的原因。聚合物的耐温性一般较差,聚氯乙烯塑料在 60℃ 以上就会变形,聚乙烯的使用温度也不超过 80℃,聚酯的耐温性很好,但双向拉伸的聚酯饮料瓶在 60℃ 左右也会变形。因此,一般的塑料制品在使用时都应远离热源。

另外,在低温下,聚合物的力学性能变差,也变得容易损坏。特别是聚丙烯类低温性能很差的塑料,在低温下十分容易脆裂,使用要十分注意。

2.废旧聚合物的回收和再利用

聚合物有很高的稳定性,虽然在日光、氧气、热或气候变化的作用下,会发生聚合物的降解反应,使材料性能变差,但要使聚合物材料在大自然中完全分解或吸收却是一个非常缓慢而漫长的过程,少则几十年,多则上百年。采用深埋等方法不仅不能根本解决聚合物废弃物对环境的污染,而且需要耗费大量的投资、劳动力和土地资源,是不足取的。

也不能采用简单焚烧的方法,因为聚合物在焚烧过程中会产生很多烟尘和二氧化碳,有些聚合物焚烧时甚至产生如氯化氢、苯、氨等毒性很大的气体,严重污染大气,给环境带来更大的危害。

其实废弃聚合物也是自然界的一种资源,通过适当的加工处理,可以变废为宝。废旧聚合物再生的主要方法有三种:一种是通过熔融再生重新做成各种有用的材料;另一种是采用热裂解或化学处理的方法,使其分解,用于制备各种化工原料;第三种是将废旧的聚合物制成燃料,使之转化为有用的能源。

(1)熔融再生。熔融再生是将废旧塑料重新加热塑化,制成产品加以利用的方法。但是这种方法只适用于热塑性聚合物材料。热固性的材料是不能熔融再生的。热固性塑料一般只能粉碎成很细的粉末,作为填料填充在塑料中,以降低再生塑料的成本。熔融再生包括分选、洗涤、干燥、粉碎和造粒等5个步骤。

①分选。废旧塑料的分选是塑料再生利用的关键,分选有两个目的。第一,废旧塑料来源复杂,经常会混有金属、沙土、织物等各类杂物。这些杂物若不被分离出去,不仅影响再生制品的外观和力学性能,而且会严重地损伤设备。因此,再生前必须彻底清除这些杂质。第二,废旧塑料是各种不同种类聚合物的大杂烩。不同种类的塑料大都是不相混溶的,无法将它们混在一起做成产品,必须进行分选归类。所以,在用废旧塑料生产制品时,不仅要把废旧塑料中的杂质清除掉,同时也要把不同品种的塑料分开,这样才能得到优质的再生塑料制品。应当看到塑料在进入垃圾处理场后再进行分选是多么困难和复杂的事,如平时扔垃圾时就能够进行分类,后处理就简单得多。国内外已开始推广垃圾分类投扔的措施,将更有利于垃圾的综合利用。

②洗涤、干燥、粉碎、造粒。废旧塑料通常会不同程度地玷污上油污、垃圾和泥沙等,严重影响再生塑料制品的质量。因此,经分选后的塑料还必须进行清洗。对于一般的塑料可先用温碱水清洗,以除去油污,然后在用清水漂洗干净,晒干或烘干。包装有毒药品的薄膜或容器需先用石灰水清洗,以中和去毒,然后再用清水漂洗干净,晒干或烘干。

废旧塑料的形状和大小不尽相同,不能直接用塑料机械加工。因此必须用粉碎机把它们粉碎成小的颗粒。薄膜制品无法粉碎,常用特殊的机械切碎,熔融再生的最后一步就是造粒。在塑料挤出机中,将同一品种粉碎的塑料颗粒加入适量的加工助剂,然后挤出、切粒制成大小均匀的粒子,就能进一步用于生产各种再生的塑料制品。添加的助剂主要是增塑剂和稳定剂,因为这些助剂都是在废旧塑料中缺少的。另外,废旧塑料原来都有不同的颜色,因此在再生造粒时常需添加较深的颜色。

经过这样多步处理后所得的再生的塑料粒子即可用于生产各种塑料制品。

(2)橡胶的回收。橡胶在全世界的用量是很大的,其中有60%的橡胶是被用来制作轮胎。在北美,平均每人每年要消耗一只轮胎。因此,生成的废弃物的量也很可观。橡胶是热固性聚合物材料,不能用直接熔融的方法加工回收。通常只能通过热分解的方法来回收化工原料;用燃烧的方法回收热能;或者将废制品改制,如将废轮胎翻新,或作成轮船的护舷,或改制成马具、鞋底等。近年来,随着再生技术的发展,人们把废橡胶做成了再生胶和胶粉来加以回收利用,取得了十分可观的成绩。

在国外,废胶的回收主要以生产胶粉为主。把废橡胶在低温下粉碎,制成微细或超细的粉末,这些粉末经过改性或活化,可以将它们重新同生胶混在一起,制备新的轮胎。据报道,在轮胎的胎面胶中掺入总质量40%~60%的50~100 μm的精细胶粉后,其各项指标都达到了胎面胶的技术标准,而且产品的加工性能更好,半成品的坚挺性和尺寸稳定性都有提高。在北美,用这种再生胶生产的轮胎已达 3×108 t。

胶粉还可以同树脂混用,是聚乙烯、聚丙烯、聚氯乙烯、聚苯乙烯树脂等优良的增韧改性剂,有效地提高树脂的抗冲击性能。胶粉还能加工成防水涂料,防水卷材以及运动场和路面的铺设材料等。

在我国,由于低温粉碎技术的推广和应用还有一定困难,常温粉碎得到的胶粉粒子较粗,填充回收所得到的产品性能较差。因此目前主要是以制备再生胶为主。

所谓再生胶就是把废橡胶在专门的装置中进行脱硫处理,破坏橡胶的交联结构。得到的低交联度的再生胶的可塑性好,可以重新同生胶混炼在一起做成产品。根据制品要求的不同,再生胶的掺用量分别为:轮胎 5%,力车胎 10%,胶管 40%,胶鞋 40% ~ 50%。显然,再生胶在轮胎中的掺用量要比胶粉低得多。

在生胶中掺用再生胶,对制品也带来很多好处。

①再生胶的可塑性好,加工性能好,使制品的预加工的动力消耗降低。

②掺用再生胶的胶料硫化速度稳定,较少发生喷霜的现象,硫化过程也不容易烧焦。

③掺用再生胶的硫化胶耐油性、耐老化性都有提高。

但再生胶也存在强度降低、耐磨性下降等缺点,可以通过改善硫化条件来改进。再生胶的用途也很多,也能用于生产防水涂料、防水卷材,也可以用做树脂的改性剂。随着橡胶再生技术的日臻完善,橡胶制品的再利用会有更加广阔的前景。

(3)化工原料的回收

①热裂解法。用加热或化学处理的方法可以使废旧聚合物分解、制备小分子化工原料。聚合物在高温下会裂解。大多数聚合物在热裂解过程中会发生分子链的不规则断裂,生成分子量不等的小分子化合物的混合物,可以得到轻油或重油,用做燃料使用。有些聚合物如无规聚丙烯,聚苯乙烯和有机玻璃,在高温下裂解时,分子链会依次断裂,重新分解成单体。这些单体可以重新用于聚合物的合成。热裂解需要在专门的裂解炉中进行。一般需通入水蒸气并隔绝氧气、以防止聚合物在高温下碳化。为了加速裂解反应的进行,有时还使用催化剂。这样就可能使聚合物在低温下油化。

②化学分解法。缩聚产品常含有易于水解的基团。如聚酯、聚氨酯、聚碳酸酯和聚酰胺等塑料都含有可水解的酯基和酰胺基。它们在碱性条件下会生成相应的醇、酸、胺等化工原料,反应一般在较高的温度下进行,也可以用醇类化合物来分解聚氨酯或聚醚等塑料。例如一种用乙二醇分解聚氨酯泡沫塑料的工艺过程如下。条件为醇解温度 185 ~ 210℃,并用有机金属化合物作催化剂,产物主要是聚醚或聚酯多元醇。涤纶醇解可回收涤纶的起始单体苯二甲酸乙二酯和乙二醇,可以重新用来合成涤纶。

3. 废旧聚合物的能量回收

废旧塑料是城市所有固体废料中含能量最高的一种。每千克塑料所含的能量在 18 ~ 109 MJ 之间。如 1 kg 高密度聚乙烯或聚苯乙烯的燃烧热为 46 MJ,比燃料油高 2 MJ,比木粉高 11 MJ。因此,即使是无法用熔融再生的方法回收的塑料,可以通过焚烧,将释放出来的热能有效地加以利用,以达到能量回收的目的。经过焚烧处理后,废物的体积减少了 90%,质量减少了 80%,因此是废旧聚合物处理和利用的重要手段。

热能回收的方式有多种,可以通过热交换器,把冷水加热成温水,用于供热。也可以利用锅炉产生蒸汽用于发电。据报道,德国用废塑料焚烧产生的热能用于发电,已占总电力的 6% 左右。

废旧聚合物的能量回收也有很多技术问题需要解决。一是塑料燃烧的热值较高,对焚烧炉设计有特殊的要求。其次是燃烧后产生废气的处理。因为塑料燃烧时,常常会有一些有害气体释放出来,必须经过处理后才能排放到大气。要保证塑料在焚烧炉内充分燃烧,关键是要有适当的搅拌和良好的通风。由于塑料投入高温的焚烧炉时,部分塑料会很快熔融,表面的塑料迅速分解气化,在气相燃烧,放出大量的热。生成的碳质残渣会被高分子熔体覆盖,造成缺氧,使燃烧变得很不充分。为此设计了专用的焚烧炉,如流动床焚烧炉、浮游焚烧炉和转炉式焚烧炉等,专门用于废旧聚合物的能量回收,获得了较好的效果。

此外也可将聚合物作为辅助燃料使用,把它同煤、炭、油料混在一起作燃料,可以解决塑料在单独作燃料时燃烧不完全的弊端。

3.5.2 绿色聚合物——环保与可降解聚合物

塑料废弃物虽然可以采取回收再生的办法,但是在很多情况下,废旧聚合物的回收十分困难。有些聚合物的回收再生成本甚至大大高于聚合物的制造成本。因此人们开始重视开发一种新型的绿色高分子,即可环境降解的聚合物材料。

1.降解塑料的定义、分类与用途

(1)定义。降解塑料是指一类其制品的各项性能可满足使用要求,在保存和使用期内性能不变,但在使用期后,却能在自然环境条件下降解成对环境无害物质的塑料。

聚合物的降解是指因化学和物理因素引起聚合物大分子链断裂的过程。聚合物的环境降解是指聚合物暴露于大气环境中,因接触氧气、水、热、光、射线、化学品、污染物质(尤指工业废气)、机械力(风、沙、雨、波、车辆交通等)、昆虫,以及微生物等环境条件而发生大分子链断裂的降解过程。降解使聚合物的相对分子质量下降,材料的物性降低,最后丧失可使用性,这种现象也被称为聚合物材料的老化降解。

(2)环境降解塑料的分类和历史。聚合物的降解过程主要涉及生物降解、光降解和化学降解,环境降解塑料也因此分为相应的二类。

这些老化降解作用使聚合物材料的使用寿命大大降低,为此,自聚合物问世以来,科学家就致力于对这类材料的防老化,即稳定化的研究,以制得高稳定性的聚合物材料。但是对于一次性使用的聚合物材料或一些不需要长期使用的材料,人们则希望它们在使用后,通过上述的环境降解过程尽快地降解。这种环境降解的树脂正是目前各国科学家竞相研究和开发的热门课题。

无论是天然聚合物,还是合成聚合物暴露于自然界环境条件下都会降解。天然高分子的降解主要通过生物降解的过程,而合成高分子主要通过热或光氧化过程产生降解的。在相同的环境条件下,各种聚合物,尤其是合成聚合物的降解敏感性是非常不同的,它们的可降解性也各不相同。例如,聚丙烯在光氧化环境中易于降解,而聚苯乙烯在同样的环境条件下却难于降解。聚乙烯醇在某些微生物存在的条件下较易于降解,而聚乙烯、聚丙烯、聚苯乙烯在同样环境条件下难于降解。因此对不同的聚合物应当采用不同的降解方法。

国外开发可环境降解的塑料始于20世纪70年代,当时的重点是开发光降解塑料,以解决塑料废弃物,尤其是一次性塑料包装制品带来的环境污染问题。至80年代,开发研究转向以生物降解塑料为主,出现了不用石油,而用可再生资源,如植物淀粉、纤维素和动物甲壳质等为原料生产的生物降解塑料,另外,也开发了用微生物发酵生产的生物降解塑料。

我国对降解塑料的开发研究基本与世界同步,但最早的研究对象是可降解农用地膜。中国是一个农业大国,地膜的消费量占世界第一位。为解决累积在农田的残留地膜对植物根系发育造成的危害,以及残膜对农机机耕操作所造成的妨碍,在 20 世纪 70 年代开始了光降解塑料地膜的研制。1990 年前后,出现了将淀粉填充于通用塑料中制成的生物降解塑料。有人将淀粉填充在光降解塑料中,制备开发了兼有光降解和生物降解功能的地膜。由于性能、价格方面的原因,这些研究成果尚处于应用示范推广阶段。

另外,近年来随着经济的发展,塑料包装制品带来的环境污染问题日趋严重,为此,也正在积极开发用于包装材料,特别是一次性包装材料的环境降解制品,如垃圾袋、购物袋、餐盒等。

(3)环境塑料的用途。降解塑料的用途主要有两个领域:一是使用次数少,时间短的一次性塑料包装材料以及使用或消费后难于收集回收、并会对环境造成危害的塑料制品,如农用地膜等。二是用于需要利用其降解特性制备的产品,如农药和农肥的缓释材料,医用材料,如手术缝合线、人工骨材料等。具体的应用领域如下:

①农林渔业。地膜、保水材料、育苗钵、苗床、绳网、渔网、钓鱼丝、鱼饵容器、农药和农肥缓释材料。

②包装业。购物袋、垃圾袋、堆肥袋、肥料袋、一次性餐盒、方便面碗、化妆品容器、瓶类、标签、包装薄膜、发泡片材、缓冲包装材料。

③日用杂货。一次性餐具(刀、叉、筷、盘、碗)、玩具、一次性圆珠笔、各种卡片、盖、罩、一次性手套、一次性桌布。

④卫生用品。妇女卫生用品、婴儿尿布、医用褥垫、一次性刮胡刀、一次性牙刷。

⑤体育用品。高尔夫球场球钉和球座。

⑥医药用材。绷带、夹子、棉签用小棒、外科用脱脂棉、手套、药物缓释材料以及手术缝合线和骨折固定材料(后两种用途主要为生体降解材料)。

2.生物降解塑料

(1)生物降解塑料的基本原理

①定义。生物降解塑料是指一类在自然环境条件下可为微生物作用而引起降解的塑料。生物降解塑料是最重要的一类可环境降解的塑料。

②生物降解的原理。微生物是一类形体微小、构造简单又极为多样的微小生物,包括细菌霉菌、酵母菌、放线菌、螺旋体、病毒、藻类等。塑料的微生物降解,实质上是微生物分泌的酶在其中所起的作用。酶是一种蛋白质,大多溶于水、稀的盐溶液和稀的酒精溶液中。由于大多数合成聚合物不溶于水,因此,对水有亲和性的酶难以作用于合成聚合物,即使增加聚合物的水解性也并不能增加聚合物的生物降解性,这是由于酶催化作用的专一性决定的。

聚合物的生物降解过程是这样的,首先,微生物分泌的酶粘附于聚合物表面。然后,通过酶的反应,顺序切断组成聚合物长链中的某些化学键,使分子链变短发生降解,变为低分子化合物、材料被破坏。以后,通过酶的继续作用使低分子化合物进一步分解成有机酸,并经微生物体内的各种代谢过程,最终分解成二氧化碳和水。

生物体中的酯键、苷键和肽键是一些可以被酶切断的化学键。这种酶称为水解酶,但是至今尚未发现能切断 C—C 键的酶。

许多天然聚合物如甲壳素、纤维素和淀粉的分子中都存在类似的化学键。因此在受到微生物侵袭时就会发生生物降解反应,是理想的生物降解材料。大多数合成聚合物由于缺乏这些键所以都难以生物降解,只有少数聚合物,如脂肪族聚酯可以被微生物降解,因为它们的分子中含有能被微生物降解的酯键,被认为是合成聚合物中最有前途的可生物降解材料。

利用生物高分子优良的生物降解性,可以把它们同某些通用塑料共混或共聚来制备添加型的生物降解塑料。聚乙烯、聚丙烯、聚苯乙烯、聚乙烯醇、乙烯/乙烯醇共聚物、乙烯/丙烯酸共聚物都能同天然聚合物共混,制备添加型生物降解塑料。

但是,这种添加型生物降解塑料并不理想,因为,共混物中的这些合成聚合物组分并不因此而变成生物可降解材料,一旦其中的天然高聚物降解后,它们会以聚合物碎片的形式留在自然界中,仍会对土壤和环境带来不利的影响。

(2)影响生物降解的因素

影响生物降解的主要因素是聚合物的分子结构和生物酶的种类。

聚合物的分子结构极大地影响聚合物的生物降解性。已经发现,聚合物的生物降解性与分子结构有如下关系,即脂肪族酯键或肽键 > 氨基甲酸酯键 > 脂肪族醚键 > 亚甲基键。聚酯是最容易生物降解的聚合物,聚烯烃是最难生物降解的聚合物。

微生物的影响也非常大。已经发现,微生物所分泌的酶对聚合物生物降解的催化作用具有专一性,即特定的酶作用于特定的物质。这种专一性好比一把钥匙开一把锁。由于合成聚合物诞生至今历史很短,还不足以在自然界驯育出能降解它们的微生物。微生物不同,分泌的酶也不同。这是合成聚合物难以被微生物降解的主要原因。

酶共有六大类。聚合物降解酶主要是水解酶和氧化还原酶。水解酶的水解反应是单纯的分解反应,氧化还原酶则与各种酶反应系统匹配,发生诱导分解反应。水解酶存在于微生物细胞外,称细胞外酶,易作用于聚合物。氧化还原酶较多存在于细胞内,称细胞内酶,这种酶不易作用于聚合物。上述两种酶能分别作用于含酯键、醚键、酰胺键和氨基甲酸酯键等。对某些相对分子质量小于几千的碳链聚合物,如聚乙烯醇、聚苯乙烯、聚丁二烯、聚丙烯腈及聚乙烯等都有降解作用。

酶的活性受温度、pH值和氧气的影响,例如霉菌和酵母菌喜欢在有氧、pH > 4、温度介于 20 ~ 45℃ 的条件下生长。放线菌喜欢在有氧、pH = 7 的中性环境以及较高的温度下(50 ~ 55℃)生长。很显然,酶的数量越多,聚合物的降解速度越快。

(3)可降解生物聚合物材料

①合成可降解聚合物。大多数合成高聚物都很难生物降解。少数可生物降解的合成高分子主要是脂肪族聚酯类聚合物。如聚己内酯、聚琥珀酸丁二酯、聚丙交酯(聚乳酸)和聚乙交酯(聚羟基乙酸)及其共聚物等。

以聚乳酸为例,聚乳酸是以微生物发酵产物乳酸为单体经过化学合成得到的产品。聚乳酸可以制成力学性能优异的纤维和薄膜。用聚 L - 乳酸制成的纤维其强度几乎与尼龙及聚酯纤维相同,但柔软性更好,可以用于制作妇女的内衣和长统袜等。

聚乳酸可以被水解成小分子乳酸单体,然后在蛋白酶的作用下进一步生物降解,最终分解成水和二氧化碳。聚乳酸优良的机械性能和生物可降解性被广泛用于制备医用的生物可降解材料,如人工骨、医用缝合线等。日本、美国、德国等公司已经有小规模的工业生产,如日本岛津制作所在 1994 年已建成年产 100 t 的聚乳酸生产厂,用于制备薄膜和纤维,由于高分子量乳酸的合成比较困难,目前聚乳酸的价格还比较高,影响了它的推广使用。

除了聚乳酸以外,在目前大量使用的高分子材料中,聚酯、聚乙烯醇、聚氨酯和聚酰胺等都具有生物可降解性。但由于这些聚合物都能结晶,高分子量的结晶材料的生物降解就比较困难。

聚氨酯泡沫塑料是用聚醚同异氰酸酯反应制备而成。虽然在聚氨酯的分子结构中,含有胺基甲酸酯这样的容易水解的基团,但是它的水解或生物降解过程仍是十分缓慢的。近年来,科学家用天然高分子材料做原料,制成含有多羟基的化合物来代替聚醚制备聚氨酯。这些天然高分子材料直接取之于树皮粉、淀粉或甘蔗渣。这些多羟基的天然原料经某种生物酶处理后,有很好的反应活性,同异氰酸酯反应能制成各种性能优良的聚氨酯泡沫塑料产品。由于采用了树皮、甘蔗渣等天然废弃物,不仅产品的成本低,而且具有生物可降解性。用这种泡沫塑料可以制备人工土壤,用于培植花卉。也可以作为农药或农肥的缓释剂将农药包裹在其中,使农药或农肥随着泡沫塑料的降解过程逐步释放出来,提高了农药的利用率。这种泡沫塑料降解后,会分解生成含氮的化合物,也是植物生长需要的氮肥。

②天然可降解聚合物。大多数天然高聚物都能在自然界被微生物所降解,是很好的生物降解材料。天然聚合物来自植物的纤维素、淀粉及其衍生物以及动物的甲壳及其衍生物等。

纤维素衍生物是由纤维素经化学处理制成的。人造棉和醋酸纤维素一直被大量地用于制备纤维、薄膜和照相胶卷。近年来又用于制备分离膜等高附加值的产品。

甲壳素存在于蟹、虾、贝壳等海产品和甲壳类昆虫的皮壳中,是一类碱性多糖类物质,在地球上的产量仅次于纤维素。工业上以甲壳为原料,用稀酸除去灰分,然后用浓碱处理,即可得到甲壳素及其衍生物。已经发现,甲壳素是一种很好的保健药品。另外也可用于制备分离膜、医用缝合线、医用敷料等用品。

这类天然聚合物降解材料虽然也能单独使用,但是由于它们的许多性能都大大不及合成高聚物,在应用上受到很大限制。近年来更多地用于制备添加型可生物降解树脂。例如 1973 年英国 Coloroll 公司用淀粉添加到聚乙烯中制得的具有纸质感的塑料,并申请了专利。以后加拿大、美国等公司购买了该专利,在聚乙烯、聚丙烯、聚苯乙烯或聚乙烯醇等塑料中添加 5% ~ 15% 的淀粉,制备出相应的生物降解塑料。

为了加速聚合物的降解性,他们还在制品中加入少量光敏剂和自氧化剂。这样在淀粉等天然高分子添加物生物降解后,残存的合成高分子碎片能通过光化学反应进一步降解。

添加型降解树脂在制备上的难题是淀粉同聚合物的相容性太差,因此不能直接把它们混在一起,须事先对淀粉表面进行必要的处理。用偶联剂处理淀粉表面或在淀粉的表面进行化学接枝改性是常用的方法。经处理后的淀粉表面的疏水性会提高,有利于同塑料均匀混合。添加型降解树脂的性能与通用聚烯烃树脂相似,可制备各种用品,是目前应用较多的方法。

3．光降解高分子材料

(1)定义。光解塑料是指一类因暴露于自然阳光或其他光源下会引起降解的塑料。光降解塑料在光的作用下会变成粉末状,有些还可进一步被微生物分解,进入自然生态循环。

(2)光降解原理和应用。波长小于 400 nm 的紫外光,尤其是波长 290～320 nm 的紫外光有很高的能量,因而能使分子链断裂,发生光降解反应。在此过程中,氧、热、水(如雨、雪)、力(如风沙)等自然环境因素的参与会加速光降解的过程。此外,已经发现,当合成聚合物光降解产物的相对分子质量小于某一特定值(如聚乙烯为 1 000 以下,聚苯乙烯为 4 000 以下时),或光降解产物的分子结构中含有易被酶作用的基团时(如酯基等含氧基团),则光降解产物可进一步被生物降解,最终进入大自然的生态循环。

虽然大多数合成聚合物也都能在日光照射下发生光氧化降解反应,但是这种光氧化降解反应速度很慢,持续的时间太长,因此还须采取必要的措施。主要的措施有两个。一种是通过共聚合反应,在聚合物的分子链中引入容易被光降解的基团。这些容易光降解的基团主要有以下几种：—N=N—，—CH=N—，—CH=CH—，—NH—NH—，—NH—，—O— 及 C=O 等。这些基团越多,光降解的速率越大。

这种合成型的光降解塑料主要有乙烯/一氧化碳的共聚物、乙烯/甲基乙烯基酮共聚物和苯基/苯基乙烯基酮共聚物。

另一种方法是在聚合物中加入光增敏性添加剂,如 N,N—二丁基二硫代氨基甲酸铁、二苯甲酮、乙酰苯酚等,用量为 1%～3%。这些光增敏性添加剂会将吸收的光能转移给聚合物分子,使聚合物很容易发生光降解反应。有时为了进一步赋予聚合物具备生物降解的性能,还可以在聚合物中混入少量淀粉等天然高分子。

由于这种添加型光降解塑料的制备较容易,生产成本也较低,已经被用于聚乙烯和聚丙烯塑料农用薄膜的生产中。

思考题

1.试概述聚合物的力学性能特点与强化途径?

2.试列举几种你所熟悉的工程塑料(名称、代号、主要特点及应用举例等)。

3.聚合物液晶材料的基本类型有哪些? 请说明。

4.何谓导电聚合物材料,其类别与特点又是什么?

5.聚合物废弃物是如何进行回收与再生的?

6.试举例说明降解聚合物的分类与应用。

第4章　新型无机非金属材料

4.1　概述

4.1.1　无机非金属材料的范围

除了金属材料以外的无机材料都属于无机非金属材料。它包括氧化物、硅酸盐、碳酸盐、硫酸盐和碳材料等。按照工业产品它分别属于陶瓷、建筑、玻璃、水泥、矿产、机械、电器、耐火材料等行业。由于涉及范围广泛，种类繁多，情况各异，很难用简单划一的规律来描述。在众多的无机非金属材料中，以陶瓷材料的应用最广，种类最多，是本章的主要内容。

4.1.2　无机非金属材料的分类

无机非金属材料的类别很多，具体类别大致如下。

其中的陶瓷材料种类最为繁多，具体种类的分法也有多种。分别有按材料微观结构的分类，有的按化学成分的分类，有按用途的分类等。分类情况具体如下。

1．按微观结构分类

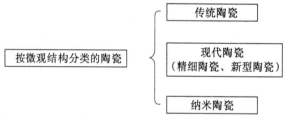

2．按化学成分分类

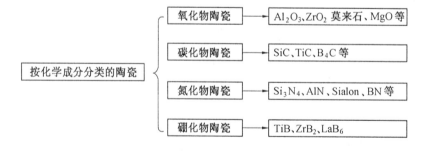

3．按用途分类

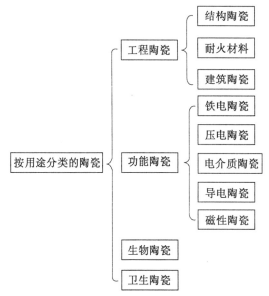

4.1.3 无机非金属材料的制备方法

由于无机非金属材料的种类非常多,制作方法各不相同,很难全部介绍。其中的陶瓷材料应用最多,制备方法比较有代表性,现以陶瓷材料的制备为例来作以介绍。

大部分陶瓷材料的制备主要是由制粉、成型和烧结三个过程来完成,具体流程示意如下：

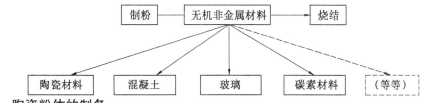

1．陶瓷粉体的制备

粉体的制备方法有气相法、固相法和液相法三种基本类型。

①气相法制粉。气相法是指通过化学反应或蒸发后再进行凝聚,由气相中析出颗粒状固体的方法。该种方法制备的颗粒大小均匀,化学纯度高。可以获得极细小的颗粒,是纳米颗粒材料的重要制备方法之一。

②液相法制粉。液相法是指不同的反应物之间,通过液体发生化学反应,生成细微颗粒的方法。该方法可以使反应物达到原子或分子级的混合水平,能够制得高纯度的颗粒。易于获得小于 1 μm 的微型颗粒。与气相法相比较,液相法生成的微粉颗粒之间易于出现团聚现象。

常见的液相法有直接沉淀法、水解法、溶胶－凝胶法、水热法等。其中水解法是利用各种可溶解的金属盐类,水解后生成氧化物或水合物,然后经过热分解获得氧化物颗粒的方法。溶胶－凝胶法是将金属氧化物或氢氧化物的浓溶胶转变为凝胶,再把凝胶干燥或煅烧制得氧化物颗粒的方法。水热法是在密闭的体系中以水为反应介质,通过加热而产生化学反应获得颗粒的方法。该方法的特点是可以避免煅烧,产物的结晶度高,颗粒之间的团聚轻微。

③固相法制粉。固相法制粉有固相反应法、机械粉碎法和自蔓延合成法。其中的固相反应法包括高温固相煅烧法、高温热分解法和室温固相反应法。机械粉碎法的效率低,粉碎颗粒尺度不均匀,一般不用来粉碎小于 1 μm 的颗粒。自蔓延合成法是以不同成分的粉末作为反应物,在一定条件下借助于化学反应热生成新的颗粒状化合物。

上述方法中,以机械法最为简单。但由于效率低和不易于制得纳米颗粒,一般仅适于制作微米级颗粒的粉末。水解法、溶胶－凝胶法和气相法可以制备纯度高和颗粒细微的粉末。因而是当前制作超微分,即纳米粉的重要方法。

2．陶瓷粉末的成型

陶瓷粉末的成型过程属于预成型,目的是成型后能够进行烧结。多数情况下预成型需要添加黏结剂,或称为暂时成型剂。暂时成型剂的添加量因工艺和材料而不同,原则上是在保证成型坯体有一定强度下,尽量减少成型剂的数量,以免因成型剂挥发时造成坯体开裂或和降低烧结体的致密度。常见的成型剂有高聚物、淀粉、水等。

常见的成型方法有塑性成型法、冷压成型法、注射成型法、等静压成型法、流涎成型

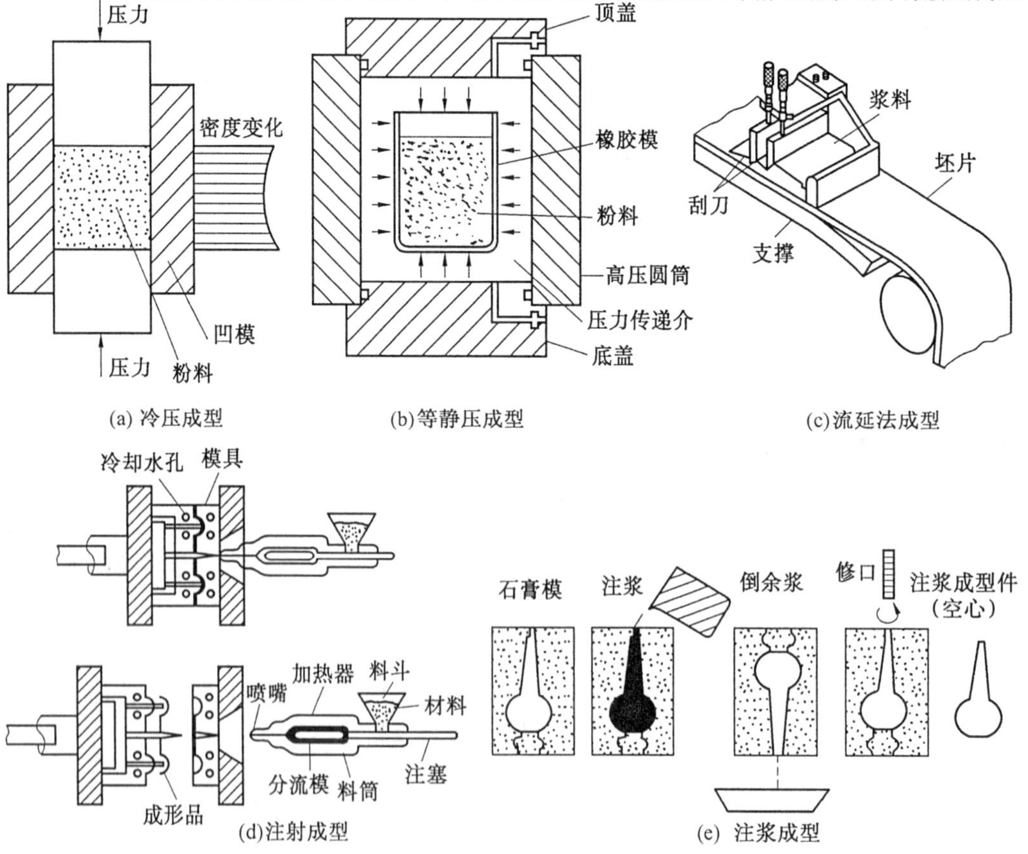

(a) 冷压成型　　(b)等静压成型　　(c)流延法成型

(d)注射成型　　(e)注浆成型

图 4.1　坯体的一些成型方法

法、热压成型法、胶态成型法。大多数成型方法需要成型模具。但流涎法不需要模具来成型,塑性法根据制品不同,有时可不需要模具。流涎法比较适于用于制作薄片状坯体。等静压制作的坯体各方向的性能较为一致。注射法和热压法适于制作形状复杂的坯体。塑性成型法和冷压成型法的方法简单,但不允许制作过于复杂的坯体。其中塑性成型法的坯体致密度和强度较低。不同成型方法如图 4.1 所示。

3. 陶瓷的烧结

下面介绍陶瓷的烧结原理。陶瓷的烧结是借助加热,使颗粒的质点迁移能力提高,通过质点的迁移实现颗粒间的结合,颗粒间的孔隙通过扩散而减少或消失的过程。烧结的过程如图 4.2 所示。由于高温时颗粒表面"突出"部位的能量高,易于使原子迁移到颗

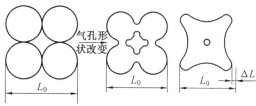

图 4.2 烧结的过程

粒间结合处,在颗粒之间形成"烧结颈"。随时间的延长,原子迁移量增加,烧结颈逐步增大并且变得平滑,孔隙逐步缩小,整个坯体在不断收缩过程中完成烧结。由于使孔隙完全消失需要漫长的时间,故许多烧结工艺的烧结体中总是存在孔隙。烧结工艺不同,被烧结的材料不同,烧结后的孔隙率也不同。一般将烧结体的致密度达到 95% 以上时,称为致密化烧结。烧结前后的线收缩量为 10% ~ 18% 左右,收缩量越大,烧结体的致密度越高。

增加烧结温度和烧结时间,可以减少孔隙率,但是会引起晶粒长大,造成对力学性能不利。但过多地减少烧结温度和时间,则达不到要求的烧结致密度和性能。因而必须有合理的烧结温度和时间,才能获得理想的烧结体。

陶瓷材料的烧结方法有多种,如无压烧结、热压烧结、热等静压烧结、反应烧结、自蔓延烧结、微波烧结等。烧结方法不同,烧结体的致密度、性能不同。另外,烧结方法不同,允许烧结体的形状复杂程度也不相同。

无压烧结是将预先成型的坯体在常压下加热完成烧结的方法。加热可以采用真空炉、保护气氛炉或一般空气介质的加热炉进行。烧结过程中坯体自然收缩,烧结体的孔隙率一般偏高。

热压烧结是在加热的同时对坯体施加一定的压力来完成烧结的。为了能够对坯体进行加压,将坯体放入石墨模具中与模具一同加热,模具两端的机构通到炉外传递压力。热压烧结的致密度高于无压烧结。热压烧结的方法如图 4.3 所示。

热压烧结时坯体仅受到两个方向的压力,使烧结体易于各向异性。如果把坯体放入专门的柔性包套内,烧结时设法使包套处于液体中,对液体加压时的压强迫使包套收缩,坯体间接受到各个方向等同的压力,即为热等静压烧结。热等静压产生的烧结体各向性能较为一致。

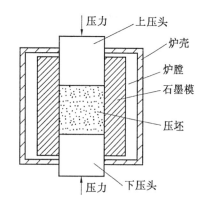

图 4.3 热压烧结

反应烧结主要适用于难烧结的陶瓷材料。烧结前在粉末中添加两种以上高温能够产

生化学反应的组分,烧结中组分之间的反应产物将原来颗粒结合在一起,从而起到烧结作用。根据反应的具体情况,可以有液相反应烧结和固相反应烧结。反应烧结时的烧结温度低于非反应烧结时的烧结温度,烧结体的收缩较小,但致密度较高。这是由于反应产物出现在颗粒之间的孔隙之中,对孔隙进

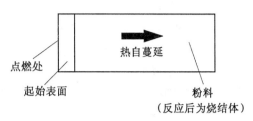

图 4.4　自蔓延烧结示意图

行填充,使烧结致密度得到了提高。由于多种原因,反应物质往往反应不彻底,总是有一定的量残留在烧结体内。

常见的反应烧结陶瓷是反应烧结 SiC。由于 SiC 是难烧结材料,在其粉体中添加一量的 C 和 Si,高温时 Si 与 C 生成 SiC。新生的 SiC 将原来的 SiC 颗粒相互结合在一起,达到了烧结的目的。一般情况下,反应烧结的 SiC 烧结体中要残留 15% 左右的游离 Si。

自蔓延反应烧结如图 4.4 所示,它是利用在一定条件下物质之间反应产生的高温,将陶瓷材料烧结起来的方法。自蔓延反应烧结的速度很快,有利于防止陶瓷晶粒的长大,但生成技术难度大,不易于掌握。

4.1.4　无机非金属材料的基本特点

虽然无机非金属材料的种类各自不同,性能特点各异,但依然有许多共同的特点。

(1)断裂韧度低。与金属材料和高聚物相比,无机非金属材料的断裂韧度明显较差。K_{1c} 值仅为数个 MPa·m$^{1/2}$。因而表现为脆性大,不能允许产生明显的弹性或塑性变形。但是有些碳素材料,如碳纤维、碳纳米管等,却有良好的塑性表现。

(2)抗拉强度低。由于大部分无机非金属材料的致密度较低,材料中经常存在 5% ~ 20% 的孔隙率。因而抗拉强度不高,一般在数百 MPa,但抗压强度极高。

(3)不利于熔融加工制作。不少无机非金属材料的熔点较高,有的甚至没有熔点,只是产生升华,因而难以利用熔化方法来获得要求的形状。往往需要预先制成细的粉末,利用粉末的"活性"达到一定形状。由此,粉体工程成为无机非金属材料加工中的一个重要环节。

(4)化学稳定性良好。除了玻璃的一部分品种之外,无机非金属材料大部分是晶体材料,有些属于共价键连接,具有良好的化学稳定性。许多陶瓷、玻璃十分耐酸碱腐蚀。高的化学稳定性带来了良好的高温力学性能,例如碳素材料和一些陶瓷材料,在 1 000 ~ 2 500℃依然具有高的力学性能,所以无机非金属材料是重要的高温结构材料。有些陶瓷材料,在氧化气氛下可以在 1 500 ~ 2 000℃工作,表现出良好的耐高温抗氧化特性。

(5)可用的导电性能。无机非金属材料中的大部分为电介质,可以用来制作电绝缘体。但有一部分材料的导电性能良好,可以制作导电器件。

(6)通过细化微观颗粒提高性能。陶瓷、晶体玻璃、水泥、碳素材料等,均可以通过细化材料的微观颗粒或晶粒,提高它们的力学性能或其他物理性能。因而各自的生产工艺中,几乎都有细化晶粒技术和粉末超微粉加工技术。

4.1.5　无机非金属材料的应用发展前景

传统的陶瓷、玻璃、水泥、碳素等无机非金属材料有漫长的历史,在日常生活中和工业

技术中起着重要作用。由于科技的快速发展,这些传统材料已经发展成为新型无机非金属材料,它们已经进入信息、航天与航空、能源、生物医学等领域中。

电子信息行业中的集成电路基板和各种功能器件,要求有性能稳定的陶瓷制作。通讯行业中的光导纤维和晶体器件,均需要无机非金属材料的支持。

碳纤维材料有质量轻和强度高的特点,早已是航天和航空工业中的重要材料。由于军事用途所致,各国都在积极发展碳纤维材料。但是由于军备的竞争,其中的先进技术则相互保密。高性能碳纤维制造技术是当今的研究热点之一。

为了能够制作航天飞行器,必须有耐高温抗氧化的材料。飞行器外表的温度高达3 000℃以上,而内部却是常温。内外的温差如此之大,显然对外层材料要求非常苛刻,只有陶瓷材料才能承担这一重要任务。

由于能源的日益紧张,要求汽车发动机具有更低的能耗和更高的效率,需要发动机工作在更高的温度下。目前陶瓷材料制作的发动机早已问世,为大幅度提高热机效能做出了努力。但由于技术细节和制造成本问题,陶瓷发动机还有待于进一步的研究。

为了改善无机非金属材料的性能,已经研究出了纳米材料、薄膜材料、纳米碳管、纳米球和纳米葱等。新材料突破了传统材料的特性,有许多未知的性能特点。这些令人神往的新型无机非金属材料有待于我们的开发利用。明天的无机非金属材料会更加引人瞩目和绚丽多彩。

4.2 氧化物陶瓷材料

常见的氧化物陶瓷有 Al_2O_3、ZrO_2、MgO、BeO、CaO、SiO_2 和 Sialon 等。氧化物陶瓷是典型的离子晶体,阳离子和阴离子由强度较高的离子键结合。多晶体氧化物陶瓷的性能受到晶粒大小、孔隙率和晶界有无其他相的影响。

多数氧化物陶瓷的烧结温度在 1 600 ~ 1 800℃。有力学性能和化学稳定性很高,尤其是抗氧化能力很强。其中一些的电绝缘性能很高。大多数氧化物陶瓷在 1 000℃以下可以稳定工作。氧化物陶瓷即可以采用单一的氧化物组分,也可采用已多种组分混合。有时为了降低烧结温度或提高陶瓷的致密度,可以向氧化物组分中加入添加剂。

4.2.1 氧化铝(aluminum oxide, alumina)

氧化铝的颜色呈白色,莫氏硬度9级。氧化铝的原材料资源丰富,制造工艺成熟,成本低廉,性能优良,是应用最为广泛的一种陶瓷材料。

1. 氧化铝的晶体结构

氧化铝的分子式为 Al_2O_3,依晶体结构形式不同,有 α、β、γ、θ、η、ξ、ρ、χ 等晶型。常见的晶型有 $\alpha - Al_2O_3$ 和 $\gamma - Al_2O_3$ 两种。不同晶型之间的转变如图 4.5 所示。

$\alpha - Al_2O_3$ 又称刚玉,属于六方晶系,晶体结构如图 4.6 所示。$\alpha - Al_2O_3$ 为面心的菱形体晶胞,晶格常数 $a = 0.513$ nm,$\alpha = 55°16'$,每个晶胞中包含两个 Al_2O_3 分子。$\alpha - Al_2O_3$ 系高温下形成的晶体结构,其他晶型的氧化铝到达一定温度后均要转变成为 $\alpha - Al_2O_3$,$\alpha - Al_2O_3$ 形成后晶型不再逆转。因而 $\alpha - Al_2O_3$ 是氧化铝中最稳定的晶体结构,也是最常见的晶型。

$\beta - Al_2O_3$ 不属于纯的氧化铝,当 $\alpha - Al_2O_3$ 中含有少量的碱金属氧化物,如含有 Na_2O、BaO、CaO 等时,其分子式为 $Na_2O \cdot 11 \sim 12 Al_2O_3$,$CaO \cdot 6 Al_2O_3$ 或 $BaO \cdot Al_2O_3$ 时即是 $\beta - Al_2O_3$。有人将 $\beta - Al_2O_3$ 称为含 Al_2O_3 很高的多铝酸盐化合物,其最大特点为具有良好的离子导电性。

$\gamma - Al_2O_3$ 是另一种氧化铝晶型,具有面心立方晶胞。由于阳离子缺位和化合价的差异,有些四面体间隙没有被充填,因而密度较小。$\gamma - Al_2O_3$ 加热到高温后转变为 $\alpha - Al_2O_3$,体积收缩 13%,密度由 $3.65\ g/cm^3$ 增大到 $3.99\ g/cm^3$。

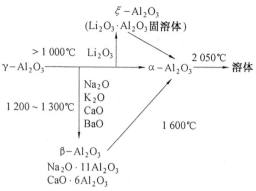

图 4.5　氧化铝的主要晶型转变

2. 氧化铝陶瓷的性质和分类

(1)氧化铝陶瓷性质的影响因素。氧化铝陶瓷的性质主要受到两方面的影响,其一为材料的组分,其二为微观结构的影响。材料组分方面,氧化铝的含量越高,烧结后的强度、化学稳定性、耐高温特性等越好。微观结构方面,若烧结后氧化铝陶瓷中的微观颗粒越细小,气孔率越低,气孔越小等,越利于氧化铝陶瓷的机械性质。

(2)氧化铝陶瓷的组分和微观结构一定时,氧化铝陶瓷所处的温度不同,其性质也不相同。图 4.7 为氧化铝陶瓷在不同温度下的热容、热胀系数等性能随温度变化的规律。

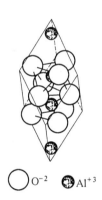

○ O^{-2}　　● Al^{+3}

图 4.6　$\alpha - Al_2O_3$ 的晶体结构

下面介绍氧化铝陶瓷的分类和性质。氧化铝陶瓷的氧化铝含量为 99% 以上时称为刚玉,99% 时为 99 瓷,依次有 95 瓷、90 瓷、85 瓷、80 瓷和 75 瓷。氧化铝的含量在 99% ~ 85% 时为高铝瓷。另外,生产实际中按照氧化铝含量的高低,分别分类为高纯氧化铝陶瓷和普通氧化铝陶瓷,它们的性能如表 4.1 所示。

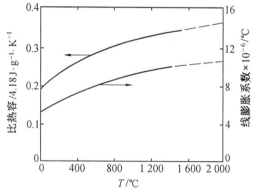

图 4.7　氧化铝的热容、热胀系数与温度的关系

表 4.1　高纯氧化铝陶瓷和普通氧化铝陶瓷的性能

Al_2O_3 质量分数/ %	>99.9	99~99.7	99~96.5	88~94.5	80~86
密度/(g·cm^{-3})	3.97~3.99	3.98~3.96	3.75~3.8	3.4~3.7	3.3~3.4
K_{IC}/(MPa·cm$^{1/2}$)	2.8~4.5	5.6~6.0	–	–	–
杨氏模量/GPa	366~410	330~440	300~380	250~300	200~240
抗弯强度/MPa	550~600	550	230~250	250~330	200~300
热胀系数/×10^{-6}·K^{-1} (200~1 200℃)	6.5~8.9	6.4~8.2	8~8.1	7~7.6	–
导热率/(W·m^{-1}·K^{-1})	38.9	30.4	24~26	15~20	–

(3)高纯氧化铝陶瓷。当陶瓷中的氧化铝含量超过99.9%时,一般称为高纯氧化铝陶瓷。高纯氧化铝陶瓷的熔点在2 200℃左右,密度为3.98 g/cm^3,烧结温度在1 650~1 950℃之间,高纯氧化铝的透光性、化学稳定性和力学性能均优于普通氧化铝陶瓷。经常作为灯具材料和集成电路基板材料。

(4)普通氧化铝陶瓷。常见的普通氧化铝陶瓷中的氧化铝含量约为95%、90%、85%、80%、75%,它们的烧结温度依氧化铝含量的降低而降低,在1 900~1 400℃范围。生产中为了降低烧结温度往往加入少量的氧化镁或氧化硅等助烧剂。由于氧化铝的含量相对低和添加物的增多,表现为不透光和力学性能较差。

3．氧化铝陶瓷的用途和发展趋势

与金属和高分子材料相比,尽管氧化铝陶瓷的断裂韧性较差,不能进行塑性变形,硬度很高不易于进行机械加工。但是氧化铝陶瓷有很多优良的性质,能够适合于多种构件的制作,主要有以下几方面的用途。

(1)电器绝缘构件。由于氧化铝陶瓷的电绝缘性质优良,耐高温性能良好,有足够的力学性能,因此被许多电器构件,如绝缘瓷瓶、闸刀底座等大量应用。

(2)机械构件。氧化铝陶瓷除了抗弯强度较差外,其余的力学性能较好。对于一些要求抗弯强度不高的机械构件,可以由氧化铝陶瓷制作,如密封垫、阀门构件等。

(3)耐磨构件和磨具。利用氧化铝陶瓷的高硬度和高耐磨性能,可以制作拔丝模等耐磨构件。另外,可以用以制作磨削加工用的砂轮等磨具。

(4)化工构件。氧化铝陶瓷的化学稳定高,与各种酸不产生化学反应,可以用来作各种耐酸管件、器皿等。例如用于化工方面的新型材料,聚乙烯－氧化铝复合材料的管道,是在聚乙烯管的内壁上复合一层氧化铝陶瓷,使管道的酸蚀性能大为提高。

(5)耐火材料。氧化铝陶瓷的抗氧化性能非常好,高纯氧化铝陶瓷在1 600℃可以稳定使用。因而,许多中等耐火要求的耐火材料均采用氧化铝陶瓷制作。

4.2.2　二氧化锆

1．二氧化锆的晶体结构

高纯度的二氧化锆为白色粉末,含有杂质时略带黄色或灰色。二氧化锆有三种晶型,低温为单斜晶系(monoclinic phase),密度5.65 g/cm^3;高温时为四方晶系(tetragonal phase),密度6.10 g/cm^3;更高的温度下转变为立方晶系(cubic phase),密度6.27 g/cm^3。不同晶型之间的相互转化关系如下面框图所示,三种不同的晶体结构如图 4.8 所示。单斜晶体转变为四方晶体时伴随有 7% ~ 9% 的体积收缩。所以纯的氧化锆陶瓷在加热时体积收缩,而冷却时产生体积膨胀。

$$m-ZrO_2 \xrightarrow[1\,205\,℃]{850\sim1\,000\,℃} t-ZrO_2 \xleftarrow{2\,370\,℃} c-ZrO_2$$

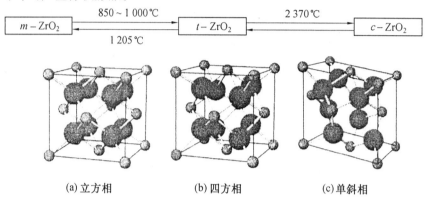

(a) 立方相　　　　　(b) 四方相　　　　　(c) 单斜相

图 4.8　氧化锆的不同晶体结构

由于 $t-ZrO_2$ 转变为 $m-ZrO_2$ 时产生严重的体积膨胀,造成烧结体的严重开裂,故使用纯二氧化锆难以烧结出成功的制品,必须进行晶型的稳定化处理,又称为 ZrO_2 的增韧处理。通过向氧化锆中添加稳定剂,抑制晶型转变能够使氧化锆稳定。常用的稳定剂有 CaO、MgO、Y_2O_3、CeO_2 等。稳定剂的阳离子半径与 Zr^{+4} 相近,相差在 12% 以内,在二氧化锆中的溶解度很大,可以和二氧化锆形成置换型固溶体。冷却后 $t-ZrO_2$ 的固溶体以亚稳态保持到室温,不发生相变和体积变化。因而避免了 $t\to m$ 相的体积变化。

稳定剂的种类不同,其有效加入量也不同。根据经验 MgO 的加入量为 16% ~ 26% mol,CaO 为 5% ~ 29% mol。Y_2O_3 为 7% ~ 40% mol,$CeO_2 > 13\%$ mol。稳定剂既可以单独使用,又可以混合使用。

2. 二氧化锆陶瓷的增韧机制

二氧化锆增韧是通过 $t\to m$ 相的转变来实现的,又称为相变增韧。相变特点与马氏体的相变特点相同,又称为马氏体相变。二氧化锆陶瓷的增韧机制目前主要有三种理论解释,它们是应力诱发相变增韧、相变诱发微裂纹增韧和裂纹弯曲增韧。

(1)应力诱发相变增韧机制。稳定化后的晶体结构为 $t-ZrO_2$,处于亚稳定状态。在外力作用下基体产生裂纹时,裂纹的尖端存在张应力区,张应力区内的亚稳定 $t-ZrO_2$ 吸收裂纹尖端的应力,发生马氏体相变,即 $t\to m$ 相变,使裂纹尖端的应力得到了缓解,由此阻止了裂纹的扩展,起到增韧作用。

(2)微裂纹增韧机制。该观点认为烧结二氧化锆陶瓷在冷却时中,$t\to m$ 转变为自发过程,相变过程中伴随着体积膨胀,造成材料基体产生微小的裂纹或裂纹核心,微小裂纹和裂纹核心降低了附近区域的弹性模量,当有另外较大裂纹发展到该区域时,较大裂纹的尖端能量得到了微裂纹的释放,抑制了裂纹的进一步发展。再者,预先存在的微小裂纹和裂纹核心,可以使较大裂纹分叉和转变方向,延长了裂纹的扩展路径,能够吸收更多的能量,提高了材料的韧性。

(3)裂纹弯曲增韧机制。该理论认为当二氧化锆陶瓷中添加第二相粒子时,即材料中除了 ZrO_2 外还含有其他组分,第二相粒子对裂纹有偏转、分叉和能量的吸收,能够减缓裂纹的扩展,起到增韧作用。

3. 常见增韧氧化锆陶瓷的制作

(1)氧化锆原料的制备。氧化锆的来源
有天然氧化锆和人工氧化锆两种。天然氧化
锆又称为斜锆石,ZrO_2 的含量一般为 95% ~
98%,最高可达 100%。由于斜锆石矿物原料
稀少,生成中主要由人工方法制得。制取氧
化锆可以从锆英石中提取,锆英石的分子式
为 $ZrSiO_4$ 或 $ZrO_2 \cdot SiO_2$,含 ZrO_2 的量为 67%。
用化学方法将氧化硅提出,即可获得氧化锆
原料。对于高纯度要求的 ZrO_2,可以利用 Zr-
Cl 等锆的化合物产生反应后制得,具体化学
反应如下

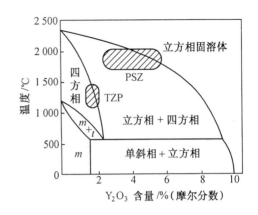

图 4.9　$ZrO_2 - Y_2O_3$ 相图

阴影区表示商用部分稳定氧化锆(PSZ)和四方相
氧化锆多晶体(TZP)的组分区域和烧结温度

$$ZrCl + O_2 \longrightarrow ZrO_2 + Cl \uparrow$$

$$ZrO_2 \cdot OH_2 + O_2 \longrightarrow ZrO_2 + H_2O$$

(2)四方氧化锆多晶体陶瓷。四方氧化锆多晶体(tetragonal zirconia polycrystals, TZP)陶
瓷,是通过向 ZrO_2 中添加 Y_2O_3 或 CeO_2 等稳定剂,在室温下获得 t-ZrO_2 固溶体的一种增
韧陶瓷。由于全部为 t 相结构,故又称为完全增韧氧化锆。Y_2O_3 含量对相结构的影响如
图 4.9 所示。添加剂为 Y_2O_3 时称为 Y-TZP 陶瓷。Y_2O_3 的含量过少,会出现大量的单斜
相二氧化锆(m-ZrO_2),严重降低材料力学性能,并易于造成开裂;Y_2O_3 的含量过多,会降
低其应力诱导下转变为 t-ZrO_2 的体积分数,而使材料的力学性能降低。在 Y_2O_3 含量适
当和分布均匀的前提下,二氧化锆晶粒的大小对材料的力学性能有十分显著的影响。其
变化趋势如图 4.10 和图 4.11 所示。由图可见,Y-TZP 陶瓷的力学性能存在一个最佳晶
粒尺寸范围。当众晶粒尺寸处在最佳尺寸范围时,所有的晶粒都保持为四方相。当晶粒
尺寸大或小于最佳尺寸范围时,一部分四方氧化锆相变为单斜氧化锆,此时材料的力学性
能就显著降低甚至严重开裂。

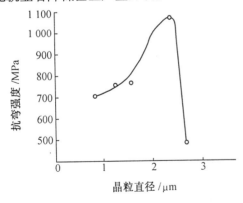

图 4.10　ZrO_2 的晶粒尺寸与抗弯强度的关系

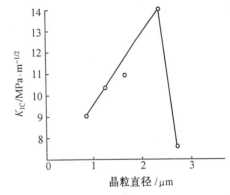

图 4.11　ZrO_2 的晶粒尺寸与断裂韧度的关系

Y – TZP 陶瓷的弱点是随使用温度的升高,其抗弯强度和断裂韧性都显著降低,尤其是在 250℃左右长时间时效处理会使其力学性能明显降低。通过在 Y – TZP 中添加加入 Al_2O_3、SiC 晶须或颗粒、莫来石等第二相以改善其高温力学性能。

CeO_2 稳定的 Ce – TZP 是另一种 TZP 陶瓷材料。一般情况下,Ce – TZP 陶瓷的力学性能要略低于 Y – TZP 陶瓷,但 CeO_2 的含量要求范围和二氧化锆晶粒尺寸要求没有 Y – TZP 陶瓷严格。

(3)部分稳定氧化锆陶瓷。部分稳定氧化锆(partially stabilized zirconia,PSZ)陶瓷是由 c + t + m 相组成,有时可以没有 m 相。t 相 c 相中析出并分散在基体上,起着增韧作用。由于只有部分 t 相,故称为部分稳定氧化锆陶瓷。

当向 ZrO_2 中添加的稳定剂不足时形成的 t 相,通过一定温度的时效处理,能够析出第二相粒子,即形成部分稳定氧化锆的晶体结构。根据稳定剂的不同分别有 Y – PSZ、Mg – PSZ、Ce – PSZ 陶瓷。不同稳定剂对时效析

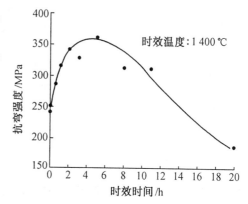

图 4.12　Mg – PSZ 陶瓷时效时间与力学性能的关系

出第二相的影响和力学性能也不相同。图 4.12 所示为 Mg – PSZ 陶瓷在 1 400℃时的时效时间与力学性能的关系。

部分稳定氧化锆的制作通常在立方单相区烧结,烧成后较快冷却,在室温下获得单一的立方氧化锆,然后在立方和四方双相区进行适当的热处理,一部分 t – ZrO_2 晶粒从 c – ZrO_2 基体中析出,形成含有 t – ZrO_2 相的陶瓷,即部分稳定氧化锆陶瓷。

Mg – PSZ 陶瓷的制备是将含有摩尔分数为 3% 的 MgO 稳定剂加入二氧化锆中,在 1 700℃以上烧结,烧后以较快的速度冷却至室温,获得单一的立方氧化锆。然后在 1 400℃进行等温时效处理,使立方相的基体上析出透镜状的细小四方相。随时效时间的延长,四方相逐渐长大,并有部分转变为单斜相。

(4)TZP 为基体的增韧陶瓷。如果在 Y – TZP 中加入呈弥散分布的 α – Al_2O_3 或者 SiC 的细小晶粒颗粒,在 Y – TZP 陶瓷中形成第二相的粒子。通过第二相粒子造成裂纹产生弯曲,可以提高 Y – TZP 陶瓷的韧性,此为以四方相多晶氧化锆为基体的陶瓷材料,也可以称为四方氧化锆为基体的复相陶瓷。添加 SiC 弥散颗粒,也可以提高 Y – TZP 陶瓷的高温力学性能。

4. 氧化锆陶瓷的性质

纯氧化锆的点为 2 687℃,添加增韧剂后熔点有所降低。氧化锆的热膨胀系数的变化受温度的影响明显。在 20 ~ 200℃一下,热膨胀系数为 8×10^{-6}/℃,在 1 000℃附近,由于晶体结构由 c→t 转变,产生体积收缩。但加入增韧剂后抑制了相变,热膨胀系数不再受 c →t 转变的影响。氧化锆的化学稳定性很高,各种酸中仅溶于氰氟酸。氧化锆容易与碱和碳酸盐熔烧,形成锆酸盐。与其他主要陶瓷种类的力学性能相比较,氧化锆的抗热震性较差。氧化锆的一些力学性能如表 4.2 所示。

表 4.2 　ZrO$_2$ 及其增韧陶瓷的性质

性 能	c – ZrO$_2$	Y – TZP	Ce – TZP	ZTA	Mg – PSZ
密度/(g·cm^{-3})	5.68	6.05	6.15	4.15	5.75
硬度/HV$_{30}$		1 350	900	1 600	1 020
抗弯强度/MPa	180	800 ~ 1 000	400 ~ 700	500 ~ 600	400 ~ 800
杨氏模量/GPa		205	215	380	205
断裂韧性/(MPa·m$^{-1/2}$)	2.4	9.5	15 ~ 20	4 ~ 5	8 ~ 15
热膨胀系数/×10^{-6}K^{-1}	8	10	8	8	10
室温导热率/(W·m^{-1}·K^{-1})	2.5	2 ~ 2.3	2	23	1 ~ 2

5．氧化锆陶瓷的应用

氧化锆陶瓷的硬度和耐磨性较好。由于氧化锆陶瓷的硬度较高,一般在莫氏硬度6.5,因此可制成冷压模、拉丝模、切削刀具、高温挤压模具等。

(1)强度高和韧性好。常温抗压强度可达 2 100 MPa,1 000℃时为 1 190 MPa。经过增韧的陶瓷常温抗弯强度最高可达 2 000 MPa。因此可用来制造发动机构件,如轴承、气缸等。

(2)半导体特性。二氧化锆陶瓷在高温具有半导体性。室温下纯二氧化锆是良好的绝缘体,但超过 1 000℃后导电很好,比电阻为 4 Ω·cm。

(3)抗腐蚀性高。二氧化锆在氧化气氛中和还原性气氛中均相当稳定。氧化锆是一种弱酸性氧化物,能抵抗酸性或中性熔渣的侵蚀,但会被碱性炉渣侵蚀。因此可以用做特种耐火材料,熔炼难熔稀有金属的坩埚。氧化锆与熔融铁或钢的润湿性很差,因此可以做盛钢水包的内衬,在连续铸钢中做浇口砖。

(4)敏感特性好。二氧化锆稳定化后有氧空位的存在,可作以制作气敏元件,作为测量一些气氛的探头。

4.2.3 ZTA 陶瓷

所谓 ZTA 陶瓷是指氧化锆增韧的氧化铝陶瓷(zircona toughened alumina ceramics),它是将氧化锆颗粒弥散分布在氧化铝的基体上,以氧化锆为补强剂的陶瓷。一般情况下,氧化锆的添加量在 10% ~ 30%体积分数。

单一氧化铝陶瓷的抗弯强度和硬度较高,单其韧性较差。为了改善这一缺点,在氧化铝中添加氧化锆颗粒,能够起到增韧作用。

ZTA 陶瓷的增韧机制主要有两种。其一是应力诱导相变增韧和微裂纹增韧。图 4.13所示为以应力诱导相变增韧机制为主的 ZTA 陶瓷的断裂韧性与 Y – ZrO$_2$ 含量的关系。由图可见,当 Y – ZrO$_2$ 中的 Y$_2$O$_3$ 含量在 1% ~ 2%摩尔分数时,断裂韧性存在有最佳值。Y$_2$O$_3$ 的含量过多,不利于断裂时的 t – ZrO$_2$ 相向 m – ZrO$_2$ 的转变。Y$_2$O$_3$ 的含量过少,在室温条件下,不能保留较多的四方氧化锆相,增韧作用也不够明显。另外由图也可以看出,实验温度降低时,断裂韧性增高。这是由于随温度的降低,氧化锆晶型的相变驱动力增加所致。

其二是氧化锆颗粒对裂纹发展的阻碍作用。当增韧剂中不添加 Y_2O_3 而只添加 ZrO_2 时,通过调整烧结温度和烧结时间,合理控制 ZrO_2 颗粒的大小,也能够改善 ZTA 陶瓷的断裂韧性。ZTA 陶瓷的断裂韧性的改善如图 4.14 所示。

相对于氧化铝陶瓷,ZTA 陶瓷的抗弯强度和耐磨性较高,广泛适用于各种机械零件和耐磨构件。但由于工艺比单一的氧化铝陶瓷复杂,制作成本略高。

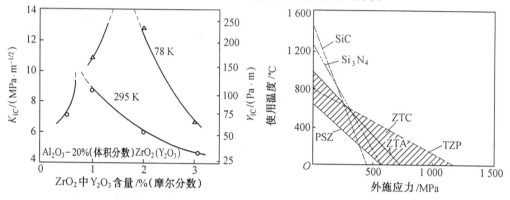

图 4.13 ZTA 的 Y - ZrO_2 中 Y_2O_3 量对 K_{IC} 的影响   图 4.14 ZTA 陶瓷与其他陶瓷的性能比较

4.3 碳化物陶瓷材料

碳化物大多是以共价键为主的化合物,主要有类金属碳化物和金属碳化物。类金属碳化物有 SiC、BC 等,金属碳化物有 TiC、WC 等。多数碳化物有高的熔点或分解气化温度、高的硬度和高的力学性能,这与它们的晶体结构和化学键有关。

大部分碳化物陶瓷的烧结不仅温度高,而且需要使用助烧剂。最常用的烧结方法是在保护气氛或真空中的热压烧结。此外还可以用反应烧结、无压烧结、高温等静压或微波烧结等方法。由于碳化物陶瓷是超硬材料,因此烧结后加工非常困难。特别是对复杂形状零件的加工,已经成为发展和应用的关键。一些碳化物的物理性能和应用见表 4.3。

表 4.3 主要碳化物的基本性能和用途

材 料	碳化硅	碳化硼	碳化钛	碳化钨
晶体结构	六方多型立方	斜方六面立方	立方	六方
密度/($g \cdot cm^{-3}$)	3.21	2.52	4.92	15.17
熔点或分解/℃	2 700	2 450	3 300	—
硬度/($kg \cdot mm^2$)	2 700	3 000	2 600	1 730
抗弯强度/MPa	400 ~ 530	300 ~ 500	550	800
主要用途	耐磨件 耐蚀件 高温构件	装甲 磨料	刀具 硬质合金	刀具 硬质合金 拉丝模

4.3.1 碳化硅(silicon carbide)陶瓷

碳化硅只是有时出现在陨石中,不存在天然的碳化硅矿物。现在应用的碳化硅为人工材料。纯碳化硅是无色的,多数情况下得到绿色或黑色的碳化硅,其中绿色碳化硅中的杂质较少,纯度相对高于黑色碳化硅。黑色碳化硅中的杂质和残留碳较多。由于碳化硅具有优良的高温性能和极高的耐磨性,多年来一直受到重视。

1.碳化硅的晶体结构

碳化硅是共价键性很强的化合物,离子键约占 12%。晶体结构是以 SiC_4 和 Si_4C 为基本单元相互穿插的四面体,如图 4.15 所示。四面体共边形成平面层,并以顶点与下一叠层的四面体相联结形成三维结构。由于四面体堆积次序的不同,可以形成不同的结构组合。根据介绍,目前已经发现有数百种变体。常见的碳化硅晶体结构有六方晶系的 α – SiC 和立方晶系的 β – SiC。α – SiC 和 β – SiC 的基本晶体结构如图 4.16 所示。

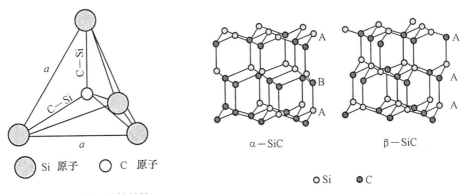

图 4.15　CSi_4 的四面体结构　　　　　图 4.16　α – SiC 和 β – SiC 的基本晶体结构

α – SiC 本身有上百种晶体结构的排列形式,其中最主要的有 4H、6H、15R 等。H 代表六方晶系,R 代表菱方晶系。β – SiC 只有一种晶型,属于立方晶系。β – SiC 在 2 100℃ 以下是稳定的,高于 2 100℃ 后,转变为 α – SiC。但在 2 100℃ 时转变很慢,达 2 400℃ 后转变迅速。β – SiC 转变为 α – SiC 后,在常压下不再发生逆转变。因此 α – SiC 的晶体结构比 β – SiC 稳定。

$$\beta - SiC \xrightarrow{\ 2\,100 \sim 2\,400℃\ } \alpha - SiC$$

在一般情况下,2 000℃ 以下获得碳化硅的为 β – SiC。2 200℃ 以上获得的碳化硅为 α – SiC,晶型主要以 6H 为主,有时有少量的 4H 和 15R 并存。

2.碳化硅陶瓷的性能

碳化硅的基本物理性能见表 4.4。在常规条件下,碳化硅无熔点,在 2 700℃ 左右升华。

碳化硅具有高的导热性能和负的导热温度系数。碳化硅的热胀系数很小,尺寸稳定性很高。热胀系数为 $4.7 \times 10^{-6}/℃$,介于氧化铝和氮化硅陶瓷之间。随着温度的升高,热胀系数增加。高的导热率和小的热胀系数,使其有较好的抗冲击性能。

碳化硅的硬度很高,莫氏硬度为 9.2 ～ 9.5 级,显微硬度为 3 340 kg/cm²,仅次于金刚石、立方氮化硼和碳化硼。

碳化硅陶瓷的断裂韧度较低,在 $3\sim4$ MPa·m$^{1/2}$;抗弯强度也不很高,但高温抗弯强度比其他陶瓷好,直到 1 400 ℃,抗弯强度无明显降低。抗弯强度随制造方法不同而异。不同方法获得碳化硅陶瓷的力学性能列于表 4.5。

表 4.4　碳化硅陶瓷的物理性质

分子量	40.07
颜色	纯度 <99.0%,黑色;纯度 <99.5%,深绿色;纯度 >99.7%,浅绿色
密度/(g·cm^{-3})	3.21
分解温度/℃	2 300
熔点/℃	2 700(气化)
比热容/(J·kg^{-1}·K^{-1})	640
热导率/(W·m^{-1}·K^{-1})	350(单晶)
热膨胀系数/$\times10^{-6}$℃$^{-1}$	2.2(室温) 4.0(1 000℃)
介电常数	9.6~10.0(静态) 6.5~6.7(高频)
杨氏模量/GPa	470
抗氧化性能	800℃以上,有轻微缓慢的氧化

表 4.5　不同烧结方法碳化硅陶瓷的力学性能

性 能		制备工艺			
		CVD	反应烧结	常压烧结	热压烧结
理论密度/(g·cm^{-3})		3.20		3.2	3.15~3.20
烧结密度/%		>99.99	2.9~3.1	>95	>98.0
室温弯曲强度/MPa		375	150~450	400~600(固相烧结) 750~900(液相烧结)	600~1 000
断裂韧度/(MPa·m$^{1/2}$)		3.1~3.5	2.5~4.5	3.5~4.5(固相烧结) 8.0~10.0(液相烧结)	4.1~5.2
弹性模量/GPa		440	300,·393	410~430	420~450
泊松比		0.7(0.14~0.21)			
硬度	HV/(kg·mm^2)	2 550~2 850		2 600	2 500~2 700
	HRA	93~95	90~93	92~95	
摩擦系数		1 150~1 200		1 150~1 250	1 100~1 200
热胀系数(室温~1 000℃)/$\times10^{-6}$℃$^{-1}$		2.2(室温) 4.0(1 000℃)	4.5~5.0	4.2~4.5	4.5
热导率/(W·m^{-1}·K^{-1})		200~300	70~125	90~125	110~180
热震因子		157		180	164
电阻率/(Ω·cm)		10		106	105

纯的碳化硅是电的绝缘体,电阻高达$10^{14}\ \Omega\cdot cm$数量级。但含有杂质时电阻急剧降低,并具有负的电阻温度系数,电阻与温度的关系曲线如图 4.17 所示。

碳化硅与大多数无机酸不发生反应,但硝酸和氢氟酸的混合液能将碳化硅氧化,并使生成的氧化硅溶解。碳化硅与 H_2、CO_2 不发生反应,1 400℃以上碳化硅与 N_2 反应生成 Si_3N_4 和 CN。当温度高于 600℃后,氯可以与碳化硅反应

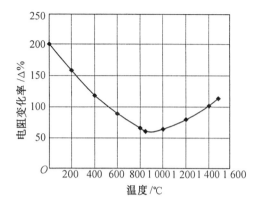

图 4.17 碳化硅的电阻 – 温度关系曲线

$$SiC + 2Cl_2 \xrightarrow{900\sim1\,000℃} SiCl_4 + C$$

$$SiC + 4Cl_2 \xrightarrow{1\,100\sim1\,200℃} SiCl_4 + CCl$$

碳化硅与水蒸气在 1 300 ~ 1 400℃开始反应,到 1 775 ~ 1 800℃时反应强烈。

$$SiC + 2H_2O \longrightarrow SiO_2 + CH_4$$

碳化硅氧化后在表面生成氧化硅薄膜,增加了材料的抗氧化能量,直到 1 450℃附近,一直保持高的抗氧化特性。一般条件下的制品,高于 1 450℃后将产生迅速氧化并较快产生破坏。特殊制品可以使用到 1 600℃而不发生破坏。

3．碳化硅陶瓷的应用

碳化硅陶瓷具有高的硬度和耐磨性,高的高温抗氧化性和高的稳定性。其中的重结晶碳化硅主要作为各种窑具制品,如支撑板、匣钵和耐火制品等。近几年来反应烧结碳化硅逐步成为技术热点之一,并取得了明显进展。特别是碳化硅新的注浆成型法,能够对坯件进行精密成型,使成型后的坯料能够方便进行机械加工,改进了原来成型坯尺寸不精确并且烧结后难以加工的问题。采用此种方已经制造出大型的耐腐蚀阀门、活塞环等结构制品。

由于碳化硅陶瓷的抗高温氧化性能优良,被大量作为炉的发热体、高温炉内构件等。近期又被研究应用在集成电路的基板等方面。

4.3.2 碳化硼（boron carbide）陶瓷

碳化硼为黑色,莫氏硬度在 9.3,显微硬度 55 ~ 67 GPa。它是硬度接近于金刚石和立方氮化硼的高硬材料,具有低的密度、高的模量和优良的高温性能。可以用来制作特别耐磨的机械构件,也可以作为磨料使用。碳化硼有 $B_{51}C8$、B_4C 多种,目前使用的碳化硼多为 B_4C。

1．碳化硼的晶体结构

在了解碳化硼的晶体结构以前,应该先熟悉 B 的二十面体结构。B 的二十面体结构如图 4.18 所示。碳化硼的结构为菱方六面体,顶角沿空间对角线方向由规则的 B 二十面体组成,如图 4.19 所示。在每一个晶胞中含 15 个原子,包含 12 个二十面体位置。在 c 轴(最长对角线)方向有 3 个原子位置,在这些位置,C 原子容易取代 B 原子而形成 $B_{12}C_3$,亦

即严格按化学计量比的 B_4C。在实际的碳化硼中并非是完全严格符合化学计量比,而是 $B_{4.0}C \sim B_{10.5}C$ 的非化学计量比碳硼化合物。因此在 B 与 C 的相图中,碳化硼处于一成分变化范围。B 与 C 的相图如图 4.20 所示。

图 4.18 B 的二十面体

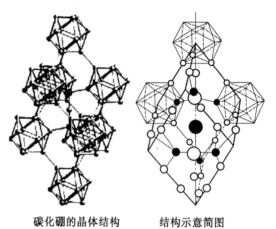

碳化硼的晶体结构　　　　结构示意简图

图 4.19 碳化硼的晶体结构

2. 碳化硼陶瓷的性能

具有低密度、高硬度、高弹性模量、高热导率、高熔点、高耐磨是碳化硼的重要特点。它还有较高的弯曲强度和断裂韧性。碳化硼的耐酸碱性能很好,在许多腐蚀介质中表现出良好的稳定性。同时,B_4C 还有半导体特性,随着含碳量的降低,能够由 p 型半导体转化为 n 型半导体。

碳化硼可以与其他外来原子形成固溶体。碳化硼的晶体结构由复杂的二十面体组成的三维网络结构组成,二十面体结构中间

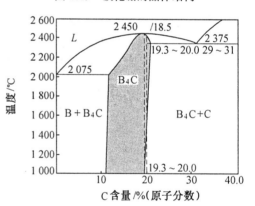

图 4.20 B–C 的相图

有非常大的原子间隙,可以容纳其他外来原子而形成固溶体。固溶体与纯的碳化硼性能不同,能够使力学性能变化。另外,当外来原子占据间隙以后,电性能会产生明显变化。碳化硼陶瓷的基本性质见表 4.6。

表 4.6 碳化硼陶瓷的基本性质

密度 /(g·cm^{-3})	2.38(99%^{10}B)	弹性模量/GPa	450(天然)
	2.52(天然)	热膨胀系数/×10^{-6}℃$^{-1}$	5.0(天然)
	2.55(99%^{11}B)	比热容/(J·kg^{-1}·K^{-1})	17 191
晶体结构	三角晶系(天然)	热导率/(W·m^{-1}·K^{-1})	30 ~ 90
		电阻率/(Ω·cm)	0.1 ~ 10
熔点/℃	2 450(天然)	泊松比	0.17
沸点/℃	3 500(天然)	热震系数	130
努氏硬度/(kg·mm^{-2})	3 200(天然)	连续使用温度/℃	600 ~ 800

烧结方法不同，B_4C 的力学性能不同。表 4.7 为不含助烧剂的热压烧结碳化硼和以碳为助烧剂的无压烧结碳化硼性能比较。显然热压烧结碳化硼陶瓷的力学性能要高于无压烧结碳化硼陶瓷。

表 4.7　不同烧结方法的碳化硼性能比较

性　能	烧结工艺和烧结助剂		
	热压烧结 无烧结助剂	无压烧结 1.0%(质量分数)C	无压烧结 3.0%(质量分数)C
气孔率/%	<0.5	<2.0	<2.0
密度/$(g \cdot cm^{-3})$	2.51	2.44	2.46
平均晶粒尺寸/μm	5.0	8.0	7.0
弯曲强度/MPa	480±40	351±40	353±40
断裂韧度/$(Pa \cdot m^{1/2})$	3.6±0.3	3.3±0.2	3.2±0.2
弹性模量/GPa	441	390	372
剪切模量/GPa	188	166	158
泊松比	0.17	0.17	0.17

3．碳化硼陶瓷的应用

碳化硼材料具有低的密度、高的硬度和耐磨性，并且有高的弹性模量和剪切模量。可以用做耐磨构件和避弹材料等。

(1)机械构件。碳化硼陶瓷用做构件的典型例子是耐磨喷嘴和密封部件。由于碳化硼高的耐磨性，用来制作喷嘴时的寿命极长，相对成本较低。因而，碳化硼是重要的耐磨喷嘴制作材料。表 4.8 列出了不同材料制作喷嘴的寿命比较。由表可见，B_4C 喷嘴的寿命是 Al_2O_3 喷嘴的几十倍甚至数百倍，比 WC 和 SiC 喷嘴的寿命也要高。碳化硼的超硬特性和优异耐磨性能，可以用来制作机械密封构件。但由于成本相对较高，主要应于有特殊要求的机械密封构件。

表 4.8　各种喷嘴材料寿命比较

喷嘴材质	喷嘴寿命/h		
	钢砂	砂	氧化铝
Al_2O_3	20~40	10~30	1~4
WC	500~800	300~400	20~40
SiC	600~1 000	400~600	50~100
B_4C	1 500~2 500	750~1 500	200~1 000

(2)避弹材料。由于碳化硼陶瓷的质量轻、超硬和高模量的特性，可用做轻型防弹衣材料和避弹构件。采用碳化硼制作的防弹衣，质量比同型钢质防弹衣轻 50% 以上。碳化硼还是装甲车辆、武装直升机以及一般战斗机的重要避弹材料。据资料介绍，军用武装直升飞机 AH - 64 阿帕奇(AH - 64Apazhe)和黑鹰(Black Hawk)，都已经使用了碳化硼陶瓷作为避弹材料。一些作战坦克和装甲车辆也已经开始使用碳化硼材料作为避弹材料。

(3)半导体元件和高温器件。利用碳化硼陶瓷的半导体特性和较好的导热性能,可以制作高温半导体元器件。B_4C 与 C 一起可用来制作高温热电偶元件,使用温度最高达 2 300℃。

4.3.3 碳化钛陶瓷

碳化钛属于过渡族的金属碳化物,同样属于过渡族的金属碳化物还有 ZrC、HfC、VC、NbC、TaC、Cr_3C_2、Mo_2C、WC 等。它们的熔点大多超过 3 000℃,硬度都非常高,主要用做各种刀具和耐磨部件,即使在高温下,它们还能保持非常高的硬度。它们的化学稳定性较高,室温下仅在有氧化剂的情况下与浓酸、浓碱发生反应;高温时依然具有良好的抗化学腐蚀性能;抗热震性能和热导性能非常好。表 4.9 给出了过渡族金属元素及其碳化物的基本物理性质。

表 4.9 过渡族金属碳化物的基本性质

碳化物	熔点/℃	晶格常数/nm	弹性模量/GPa	显微硬度/GPa	热胀系数 /×10^{-6}℃$^{-1}$	颜色
TiC	3 067	0.432 8	390～670	29	7.4	灰色
ZrC0.97	3 420	0.469 8	560	26	6.7	灰色
HfC0.99	3 928	0.464 0	460～610	27	6.6	灰色
VC0.97	2 648	0.416 6	630		–	灰色
NbC0.99	3 600	0.447 0	490～740	24	6.6	淡紫色
TaC0.99	3 983	0.445 6	530～780	25	6.3	金色
Cr_3C_2	1 810	D:1.147 b:0.554 5 c:0.283 0	560	13	10.3	灰色
MO_2C	2 600	a:0.724 4 b:0.600 4 c:0.519 9	330		4.9//a 8.2//c	灰色
WC	2 870	a:0.290 6 c:0.283 7	970	21 (基准面)	5.0//a 4.2//c	灰色

1. 碳化钛的晶体结构

碳化钛的化学键包括共价键、离子键和金属键,混合键使碳化钛具有特别的性质。严格化学计量比下 TiC 的晶体结构如图 4.21 所示,是由较小的 C 原子插入 Ti 的面心立方结构中,Ti 原子或 C 原子相互处于由 6 个 C 原子或 Ti 组成的八面体的中心。

由于实际碳化钛是非化学计量比的,其 C 与 Ti 之比在 0.5～0.97 之间,因此,碳化钛的实际组成可以用 TiC$_x$ 表示,其中的 $x = 0.5$～0.97。在 0.5～0.97 比值范围内,晶体结构并不随化学成分的变化而改变。

Ti – C 的相图如图 4.22 所示。室温下 TiC$_x$ 的 C 含量范围比较窄,随温度的升高 C 含量范围变宽,主要向富 Ti 一侧发展,1 870℃时 Ti 含量为最大值,约为原子相对量的32.0%～48.8%,即 Ti/C 值为 $x = 0.47$～0.95。由相图可知,约在 1 900℃时存在 Ti_2C,Ti_2C 中含有 33%C。Ti_2C 具有有序空位,1 648℃与 1.8%C 时与 β – Ti 形成共晶组织。单一 Ti$_x$C 的熔点为 3 067℃,此时 Ti$_x$C 中含 44%C,亦即 $x = 0.786$。在相图的富 C 一侧,在2 776℃时

$TiC_{0.97}$与 C 形成共晶组织,此时共晶组织的含 C 量约为 63%。

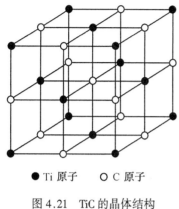

● Ti 原子　○ C 原子

图 4.21　TiC 的晶体结构

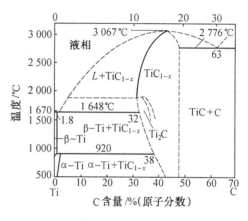

图 4.22　Ti – C 相图

2. 碳化钛陶瓷的性质

碳化钛陶瓷的莫氏硬度在 8 ~ 9 级,通过合理的工艺方法可以致密化烧结。碳化钛陶瓷不仅较为耐磨损,还有足够的抗弯强度和良好的抗热震性。表 4.12 是碳化钛的一些基本特性。

复相碳化钛陶瓷有非常高的强度和断裂韧性。例如 Ni – TiC 弯曲强度可以达到 1 200 MPa、断裂韧性不小于 15.0 $MPa \cdot m^{1/2}$,耐磨和抗热震性能和耐冲击性能都非常高。表 4.10 给出了复相碳化钛陶瓷的力学性能。

表 4.10　TiC 的一些物理性能

密度/($g \cdot cm^{-3}$)	4.91	弹性模量/GPa	440 ~ 460(陶瓷)
晶体结构	立方		497(单晶)
熔点/℃	3 140	热膨胀系数/$\times 10^{-6}℃^{-1}$	7.4 ~ 7.7
沸点/℃	4 820	比热容/($J \cdot kg^{-1} \cdot K^{-1}$)	564.4
努氏硬度/($kg \cdot mm^{-2}$)	2 470	热导率/($W \cdot m^{-1} \cdot K^{-1}$)	31 ~ 37(陶瓷)
维氏硬度/($kg \cdot mm^{-2}$)	3 200 ~ 3 400		330(单晶)
泊松比	0.187	电阻率/($\mu\Omega \cdot cm^{-1}$)	180 ~ 250

表 4.11　一些 TiC 复相陶瓷的力学性能

材料	密度/($g \cdot cm^{-3}$)	弯曲强度/MPa	洛氏硬度/HRA
TiC	5.5	850 ~ 900	93
TiC – TiB₂	5.9 ~ 6.0	900 ~ 1 000	92 ~ 93.8
TiC – TiB₂ – TiN	6.2 ~ 6.4	1 000 ~ 1 100	93 ~ 93.5

4. 碳化钛陶瓷的应用

较高的硬度和耐磨性,较好的抗弯强度,高的抗热震性和很好的热硬性,使碳化钛陶瓷适于制作高寿命的高速切削刀具。目前一些钻头和其他切削刀具已经使用了碳化钛陶瓷。需要说明的是,为了避免碳化钛陶瓷因脆性造成刀具的折断,在应用中大多是在原有的高速钢刀具的基体上气相沉积碳化钛陶瓷,在刀具的刃部形成碳化钛薄膜来提高刀具的寿命。

另外,可以将碳化钛作为涂层,涂在石墨材料表面,形成一层 TiC 耐磨层。表面 TiC 层具有高硬度、耐磨耐腐蚀等特性,而石墨则具有低密度、易于加工等特点,而且两者的热膨胀系数非常接近($\alpha = 8.8 \times 10^{-6}/℃$),热匹配非常好,并且这种 TiC－石墨材料可以制成各种复杂形状部件。但是由于石墨的强度和硬度不高,受力时基体容易塌陷,或造成涂层与基体结合不牢,引起碳化钛涂层的脱落。因此需要设法解决这些问题,否则将影响应用。

4.4 氮化物陶瓷材料

常见的氮化物陶瓷有 BN、Si_3N_4、AlN、TiN 等。它们中的大多数硬度和熔点很高,但抗氧化能力不算太高,不适于在过高温度下使用。其中的 BN、Si_3N_4、AlN 等无熔化点,直接升华。氮化物陶瓷的晶体结构主要是六方晶系和立方晶系。

4.4.1 氮化硅陶瓷(silicon nitride ceramics)

1. 氮化硅的晶体结构

氮化硅的粉末呈灰色,为共价键结合,晶粒呈长柱状。Si_3N_4 有 $\alpha-Si_3N_4$ 和 $\beta-Si_3N_4$ 两种晶型,都是六方晶系。$\alpha-Si_3N_4$ 被加热到 1 400℃以上转变为 $\beta-Si_3N_4$,是不可逆的转变。一般将 $\alpha-Si_3N_4$ 称为低温型氮化硅,$\beta-Si_3N_4$ 称为高温型氮化硅。两者都是[$Si-N_4$]四面体共用顶角构成的三维空间网络,Si 原子处于四面体中央,与 N 原子构成共价键。作为四面体顶角的 N 原子,实际上是位于距离最近的三个 Si 原子所构成的三角形平面的中央。$\beta-Si_3N_4$ 晶体的平面投影如图 4.23 所示,三维结构如图 4.24 所示。

由图可见,$\beta-Si_3N_4$ 在 c 轴方向是两层重复排列 ABAB…。$\beta-Si_3N_4$ 的晶胞参数 $a = 0.760\ 6$ nm,$c = 0.290\ 9$ nm。$\alpha-Si_3N_4$ 的

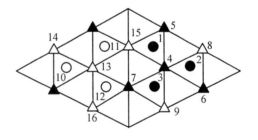

● 第一层上的 Si 原子; ▲ 第一层上的 N 原子;
○ 下一层的 Si 原子; △ 下一层的 N 原子

图 4.23 $\beta-Si_3N_4$ 晶胞平面投影

c 轴方向第一层、第二层原子排列与 $\beta-Si_3N_4$ 相同,但第三层、第四层的 Si 原子位置与第一层、第二层的位置有错动,所以是 ABCDABCD…排列。晶胞参数 c 有所增大。$\alpha-Si_3N_4$ 的晶格常数 $a = 0.775$ nm,$c = 0.561\ 8$ nm。由于排列错位使体系的稳定性变差,高温时原子位置发生调整,转变成为较稳定的 $\beta-Si_3N_4$。

2. 氮化硅陶瓷的性能

纯 Si_3N_4 的熔点在 1 900℃,密度较小为 3.2 g/cm³,莫氏硬度达到 9 级。具有很好的力

学性能、热学性能和化学稳定性。由于与烧结体不能达到理论密度,有时还要添加助烧剂,许多性能指标会有所变化。

（1）力学性能。由于 $\beta-Si_3N_4$ 平行于 c 轴和垂直 c 轴方向上生长速度不同,析出的晶粒呈长柱状并且互相交叉穿插,因此 Si_3N_4 陶瓷有较高的抗弯强度和断裂韧性。抗弯强度可达到 1 200～1 300 MPa,断裂韧性可达到 7～8 $MPa·m^{1/2}$。在常见的结构陶瓷中,$\beta-Si_3N_4$ 陶瓷的力学性能仅次于相变增韧的 $t-ZrO_2$ 多晶体(TZP)陶瓷。表 4.12 列出了 Si_3N_4 陶瓷的一些典型性能。由于 $\beta-Si_3N_4$ 是共价键材料,硬度非常高,显微硬

● Si原子;　○ N原子

图 4.24　$\beta-Si_3N_4$ 的 本结构

度为 17 GPa。Si_3N_4 陶瓷的滑动摩擦系数很小,约为0.05～0.1。有人认为,这是由于摩擦表面的氮化硅产生微量分解形成薄的气膜,使摩擦面之间的滑动阻力减小所致。

表 4.12　Si_3N_4 陶瓷的典型性能

性　能	烧　结　方　法					
	反应烧结	无压烧结	反应烧结重烧结	热压烧结	气氛压力烧结	热等静压烧结
密度/(g·cm⁻³)	2.6～2.8	3.2～3.4	3.2～3.4	3.2～3.3	3.2～3.3	3.2～3.3
烧结致密度/%	80～85	95～98	95～97	99.5～99.9	99～99.5	99.5～99.9
抗弯强度/MPa	200～300	850～950	700～850	1 000～1 300	900～1 000	950～1 100
硬度/HRA	83～85	90～91	90～91	92～93	91～92	92～93
断裂韧度/(MPa·m⁻¹ᐟ²)	3～4	5～6	5～6	6～7	6～7	6～7
弹性模量/GPa	160～200	280～300	280～300	300～320	290～320	300～320
热膨胀系数/×10⁻⁶℃⁻¹	2.5～3.0	2.8～3.2	2.8～3.2	3.0～3.5	2.8～3.2	2.8～3.4
热导率/(W·m⁻¹·K⁻¹)	17	20～25	20～25	25～30	23～28	25～30
抗热冲击温差/℃	300～400	700～900	700～900	800～1 000	700～900	800～1 000

（2）热学性能。Si_3N_4 没有熔点,在 1 900℃ 左右升华。Si_3N_4 陶瓷的热膨胀系数较小,约为 Al_2O_3 的 1/3。在室温至 1 000℃,反应烧结 Si_3N_4 的线膨胀系数在 $(2.5～3.0)\times10^{-6}$/℃,而致密度较高的热压 Si_3N_4 的线膨胀系数在 $(2.95～3.62)\times10^{-6}$/℃。Si_3N_4 的导热性也较好,热导率随着密度和温度而变化。不同工艺制备的 Si_3N_4,其热导率约在 15～30 W/m·K⁻¹。另外,氮化硅陶瓷还有较好的抗热震性能。

（3）电学性能。Si_3N_4 陶瓷属于高温绝缘材料,室温电阻率为 4.1×10^{18} Ω·cm,击穿电压为 4×10^8 V/m。但是随着某些杂质含量的增加,其绝缘性能迅速降低。

（4）化学稳定性。Si_3N_4 陶瓷有一定的抗高温氧化性。但 800℃ 以上开始产生明显氧

化,在表面生成具有保护能力的 SiO_2 层,最高可在 1 400℃的空气中能保持稳定。Si_3N_4 耐氢氟酸以外的所有无机酸和某些碱液的腐蚀。但 Si_3N_4 对大多数熔融碱和盐是不稳定的,一定条件下产生化学反应。

3. 氮化硅陶瓷的应用

由于氮化硅陶瓷具有高强度、高硬度、耐磨损、耐高温、耐腐蚀、热膨胀系数小、抗热冲击性好等优良性能,所以在冶金、机械、能源、汽车等许多领域有着广泛的应用前景。

(1)用做机械零件。氮化硅陶瓷是高档的轴承材料,与传统的钢轴承球相比,其寿命长、耐腐蚀性介质、耐高温、自润滑性好,甚至可在无润滑剂情况下工作,目前主要用于高速机床主轴、计算机硬盘驱动器、高速汽轮机轴承等,其疲劳寿命可达 $10^6 \sim 10^7$ 循环次数。由于 Si_3N_4 陶瓷的强度和断裂韧性较高,可以用来制作发动机的零件,如气门、转子等;也可制作高温燃气轮机的动叶片、定叶片等,以便允许提高燃气轮机的涡轮入口温度。根据介绍,有的国家研制的 300 kW 陶瓷高温燃气轮机,燃气入口温度为 1 350℃,热效率达到42.1%,其中许多部件为 Si_3N_4 陶瓷材料。

(2)用做切削刀具。热压 Si_3N_4 陶瓷作为金属切削刀具,具有非常高的耐磨性、热硬性和抗冲击性。与硬质合金刀具相比,耐用度提高 5 ~ 15 倍,切削速度提高 3 ~ 10 倍,特别适合于灰铸铁、冷硬铸铁、高温合金的加工。

4.4.2 Sialon 陶瓷

Sialon 陶瓷的在向 Si_3N_4 中添加 Al_2O_3 时发现的。当 β – Si_3N_4 中添加 Al_2O_3 烧结时,β – Si_3N_4 晶格中的部分 Si 原子被 Al 原子取代,部分 N 原子被 O 原子取代,并且形成置换固溶体。尽管所得固溶体晶胞尺寸有所增大,但仍保留着六方晶系的 β – Si_3N_4 结构,形成了由 Si – Al – O – N 元素的一系列相同晶体结构的物质。Sialon 即为 Si、Al、O、N 的组合。

目前有 α – Sialon、β – Sialon、o – Sialon。其中 α – Sialon 和 β – Sialon 的晶体结构分别与对应 α – Si_3N_4 和 β – Si_3N_4,并分别使用 α' 相和 β' 相简化表示。由于 Sialon 陶瓷是多元组分,其相图也较复杂,Sialon 相图也处于不断研究之中。图 4.25 为 1 780℃时的 Si – Al – O – N 系统相图,由德国的 L. J. Gauckler 等人在 1975 年发表。

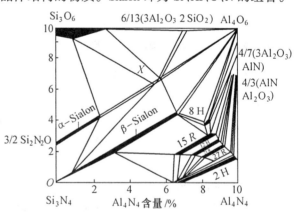

图 4.25 1 780 ℃时 Si – Al – O – N 相图

1. β – Sialon 陶瓷

由相图可见,β – Sialon 单相固溶体出现在 Si_3N_4 – Al_2O_3·AlN 的连线上。经计算该固溶体的通式为 $Si_{6-x}Al_xO_{8-x}$。由相图的组分可看出,Sialon 既可由 Si_3N_4、Al_2O_3、AlN 三者获得,又可由 Si_3N_4、SiO_2、AlN 三者获得。

β – Sialon 陶瓷的烧结特点非常明显。它是单相固溶体,Al_2O_3、AlN 作为助烧剂溶入β – Si_3N_4 晶格中,而不是停留在晶界上,所以有很好的高温强度和抗蠕变性能。另外 Sialon

比 Si_3N_4 易于烧结，在无压烧结情况下，可获得接近理论密度烧结体。通式中的 x 数值越大，越利于烧结，但 x 值越大力学性能降低越明显，一般取 $x = 0.4 \sim 1.0$。随着 x 值的增大，Sialon 的晶格常数也产生增大。为了提高致密化速度和致密度，可以添加 MgO、Y_2O_3 等助烧剂。但助烧剂留存于晶界，影响到力学性能。目前力学性能较好的 β – Sialon 陶瓷抗弯强度可达 1 000 MPa，1 300℃时依然达到 700 MPa，有较高的抗氧化能力。图 4.26 给出了在 1 400℃下的 β – Sialon 陶瓷的抗氧化曲线。

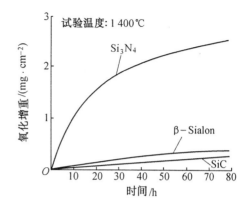

图 4.26 β – Sialon 的抗氧化性能

2. α – Sialon 陶瓷

α – Si_3N_4 晶胞中有两个比较大的空隙，某些金属离子能够进入空隙而成为固溶体，由此形成了 α – Sialon 陶瓷。α – Sialon 的通式为

$$M_{m/z}Si_{12-m-n}Al_{m+n}O_nN_{16-n}(0 < m \leqslant 2)$$

上式中 M 金属大离子（如 Li,Ca,Y 和原子序数大于 60 的 Ln 系元素）；m/z 为大离子的数量；z 为金属离子的电价。公式意味着两种置换机理：一是原子间的互易取代，在晶胞中原有 12 个 Si，16 个 N（$Si_{12}N_{16}$），其中有 n 个 Si 和 n 个 N 被 n 个 Al 和 n 个 O 取代，此时电价是平衡的；二是原子填充间隙，由于还有 m 个 Si 被 m 个 Al 取代，因此缺 $+m$ 价，为了达到电价平衡，应有

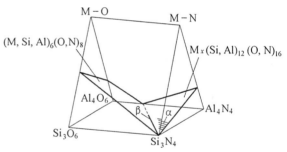

图 4.27 在 M – Si – Al – O – N 系统中 α – Sialon 和 β – Sialon 的位置

n/z 个电价为 z 的大离子 M 填充到 α – Sialon 的空隙中。图 4.27 表示出 M – Si – Al – O – N 系统中 α – Sialon 和 β – Sialon 的位置。

通式中 $x < 0.3$ 时，获得 α – Sialon + β – Si_3N_4 的混合物，亦称为复相 Sialont 陶瓷；$x = 0$ 时，全部为 β – Si_3N_4；$x = 0.3$ 时，全部为 α – Sialon。因此可通过调节在 $0 \sim 0.3$ 区间的 x 值，能够改变 α – Sialon 和 β – Si_3N_4 的相对量。这意味着每调节一个 x 值，便有相应性能的固溶体出现，固溶体的变化带来了性能的丰富变化，给选择应用带来方便。不同 α – Sialon、β – Si_3N_4 相对量的 Sialon 陶瓷的性能变化如图 4.28 所示。

α – Sialon 陶瓷的特点是硬度高于 β – Si_3N_4 和 β – Sialon，这是因为金属大离子溶入晶胞的空隙中，提高了晶胞的体积密度。但由于 α – Sialon 是等轴晶，相对于长柱晶的 β – Sialon，则断裂韧性相对较低。另外，α – Sialon 陶瓷的抗热震性和抗氧化性良好。

3. o – Sialon

o – Sialon 是 Si_2N_2O 与 Al_2O_3 的固溶体，可以简化为 o'，分子式为 SiAlON，目前研究报

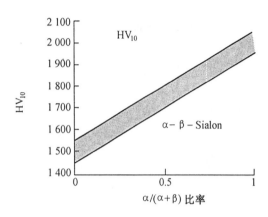
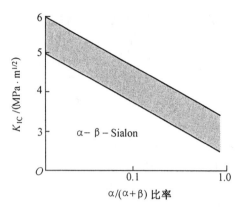

图 4.28　复相 Sialon 陶瓷的硬度和断裂韧度变化

道还相对较少。有研究表明,Al_2O_3 在 Si_2N_2O 中的固溶量为 10 ~ 15 mol,并引起晶体结构的变化。用 Y_2O_3 作助烧剂时,能在较低的温度下由无压烧结获得致密的 o - Sialon。该种陶瓷的热膨胀系数小,抗氧化性能优于其他 Sialon 陶瓷。

4. Sialon 陶瓷的应用

由于 Sialon 陶瓷中含有 Al_2O_3 组分,抗氧化性能高于单一的 Si_3N_4 陶瓷。烧结时的液相进入 Si_3N_4 的晶格中形成固溶体,可以减少 Si_3N_4 的高温挥发和分解,提高了力学性能。因此,Sialon 陶瓷可以用来制作高温构件。

另外,Sialon 陶瓷的抗热震性良好,并且非常耐金属液体的腐蚀,可以作为高温耐腐蚀构件,如制作熔炼坩埚、热挤压模具等。Sialon 陶瓷具有很高的抗热震性,作为高速切削刀具,耐高温性能优于普通硬质合金刀具,刀尖达到 1 000℃时依然可以进行切削。

4.4.3　氮化铝陶瓷(aluminium nitride ceramics)

氮化铝为白色粉末,当含有杂质时往往呈现淡蓝色或灰白色。有高的热导率,低的介电常数,与硅相近的热膨胀系数和良好的绝缘电阻。是理想的集成电路基板和封装材料,应用前景十分广阔。但氮化铝陶瓷还存在着制作成本较高,生产重复性不好,以及工艺制作等问题。

1. 氮化铝的晶体结构

AlN 是共价键结构。晶体为密排六方,晶格常数 $a = 0.311$ nm,$c = 0.497\ 8$ nm,Al 原子成六方密堆,N 原子占据一半的四面体间隙。AlN 的晶胞结构如图 4.29 所示。

2. 氮化铝陶瓷的性质

AlN 的理论密度为 3.26 g/cm^3,莫氏硬度为 7 ~ 9,纯 AlN 的理论热导率极高,可达 319 W/m·K^{-1},热膨胀系数在 20 ~ 500℃时为 4.8 × 10^{-6}/℃,与硅的热膨胀系数相近。常规的压力条件下,在 2 450℃产生升华。表 4.13 列出了 AlN 陶瓷的性能。

图 4.29　AlN 的晶体结构

表 4.13 AlN 陶瓷的性能

性 能	指标参数
室温热导率/($W \cdot m^{-1} \cdot K^{-1}$)	270(320)
热膨胀系数/$\times 10^6 ℃^{-1}$	4.4
体积电阻率/($\Omega \cdot m$)	10 14
介电常数(1 MHz)	8.9
介质损耗(1 MHz)/$\times 10^{-4}$	8
介电强度/($kV \cdot mm^{-1}$)	15
密度/($kg \cdot m^{-3}$)	3250
莫氏硬度	7~9
弯曲强度/MPa	340~490
熔点/℃	2 450(升华)
抗弯强度/MPa	270(室温时)

氮化铝有一定的化学稳定性,在空气介质中 700℃开始明显氧化。但是由于表面形成了致密的 Al_2O_3 膜,使氧化速度很低。根据报道,温度高达 1 400℃时氧化膜上会出现孔洞,降低了氧化膜的保护作用。AlN 陶瓷的抗氧化性要比 Si 基非氧化物陶瓷,如 Si_3N_4、SiC 等好。氮化铝的抗腐蚀性能比较好,但在沸腾的盐酸溶液中,AlN 却会缓慢地溶解。

3. 氮化铝陶瓷的应用

由于氮化铝有优良的导热率,与硅相近的热膨胀系数,因而在集成电路的基板制品方面应用最为典型,特别是大功率的集成电路基片的应用。由于高纯而致密的 AlN 有很好的透光性,作为窗体材料,在电子光学里也有很好的应用前景。AlN 也可用于结构材料领域,比如做坩埚或耐火材料等。表 4.14 示出了氮化铝陶瓷的一些用途举例。

表 4.14 AlN 陶瓷的一些用途举例

性 能	用 途
高热导率、低介电常数	电子封装材料
化学稳定性好	涂层材料
高强度、低膨胀系数	结构材料

4.4.4 氮化硼陶瓷

氮化硼为白色粉末,属于人工合成材料。氮化硼的晶体结构不同,其硬度差距极大。常见氮化硼的硬度极低,仅为莫氏 2 级,许多特性与石墨相近。但具有特殊晶体结构的氮化硼,硬度却与金刚石相近。

1. 氮化硼的晶体结构

氮化硼的分子式为 BN,有六方和立方晶体结构。六方氮化硼的晶体结构与石墨的晶体结构相似。图 4.30 示出了六方氮化硼的晶体结构,对照石墨的晶体结构,只要把石墨晶体结构的 C 原子换成 B 和 N 原子,即为六方氮化硼的晶体结构。

从图 4.30 的六方氮化硼晶体结构可见，C 原子的外层有 4 个电子，在石墨的晶格层面中，每一个 C 原子都以 3 个电子与同层周围 3 个原子构成共价键。而另外一个电子为层中所共有，自由流动，使石墨有导电能力。而 B 有 3 个外层电子，N 有 5 个外层电子。在 BN 晶格层面中，每个 N 周围有 3 个 B 原子，每个 B 原子拿出 1 个电子来共价，正好 8 个电子，形成满壳层。同样对于 B 原子来说，周围 3 个 N 原子的外层电子都分别参与了共

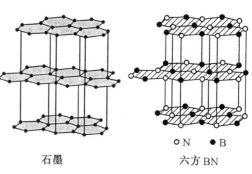

○N　●B

石墨　　　　　　　　六方 BN

图 4.30　六方 BN 的晶体结构

价。所以在整个晶格层面中，是没有自由电子的，因此 BN 是良好的绝缘体。

由于石墨和六方氮化硼的晶格常数相近，并且 B、C、N 在元素周期表中的位置相邻，导致了许多性质相近。表 4.15 示出了石墨和六方氮化硼的晶格常数和密度。

表 4.15　石墨与 BN 的晶格常数和密度

材料	晶胞参数		密度/$(g \cdot cm^{-3})$
	a/nm	c/nm	
石墨	0.246 1	0.670 8	2.265
BN	0.250 4	0.666 1	2.270

由于石墨和六方氮化硼的晶体层面之间是结合力很弱的分子键，所以层间距离较大，容易被破坏，硬度很低，有润滑性，因此把 BN 称为"白石墨"。但是在层内由于是共价键，结合力很强，不易破坏，要到 3 000 ℃以上才分解。所以石墨和 BN 都是良好的高温材料。

如果将石墨置于高温高压下，由于内部原子的振动加剧，上下层原子靠拢，原来为层中共有的自由电子建立起垂直层方向的共价键，平面晶格发生有规律的扭曲，由很软的层状石墨晶体转变成为硬度最高的金刚石。同样六方氮化硼也能够转变成立方氮化硼结构。利用碱金属或碱土金属等催化剂，在 6 000～9 000 MPa 和 1 500～2 000 ℃高温作用下，六方氮化硼可以转变为立方氮化硼(CBN)。

2. 氮化硼陶瓷的性能

一般氮化硼陶瓷的主晶相为六方氮化硼，是软质材料，莫氏硬度为 2，理论密度 2.27 g/cm³。因此可对其进行切削加工，容易制成精密的陶瓷部件。BN 陶瓷的抗弯强度和弹性模量都比较低。表 4.16 列出了热压六方氮化硼陶瓷的机械强度和弹性模量。

氮化硼的耐热性非常好，能够在接近 900 ℃的空气中或 2 800 ℃的惰性气氛中应用。它无明显熔点，在 3 000 ℃以上升华。但在真空中 1 800 ℃就分解为 B 和 N。

热压氮化硼陶瓷的热导率非常高，可以与不锈钢相当，在陶瓷材料中仅次于 BeO。随着温度的升高，热导率变化不大。表 4.17 给出了热压氮化硼的一些热性能与温度的关系。由于氮化硼的热导率较高，热膨胀系数和弹性模量较低，所以抗热震性非常好，可在 1 500 ℃到室温的急冷急热条件下反复使用。

表 4.16　热压六方氮化硼陶瓷的机械强度和弹性模量

性能指标	热压 BN		石墨	Al_2O_3 陶瓷	热压 Si_3N_4
	平行热压方向	垂直热压方向			
压缩强度/MPa	315	238	35 ~ 80	1 000 ~ 2 800	
抗弯强度/MPa	60 ~ 80	40 ~ 50	5 ~ 25	280 ~ 420	900 ~ 1 200
抗拉强度/MPa	110	50	7 ~ 11	150 ~ 210	200 ~ 400
弹性模量/GPa	84	35	60 ~ 100	370	320

表 4.17　热压氮化硼的一些热性能与温度的关系

性　能		300℃	500℃	700℃	900℃	1 000℃
热膨胀系数	平行热压方向	10.15		8.06		7.51
$/(\times 10^{-6} \cdot ℃^{-1})$	垂直热压方向	0.59		0.89		0.77
热导率	平行热压方向	0.036	0.034	0.032	0.030	0.029
$/(Cal \cdot cm^{-1} \cdot s^{-1} \cdot ℃^{-1})$	垂直热压方向	0.069	0.067	0.065	0.063	0.064

氮化硼是电的绝缘体。高纯度氮化硼电阻率可达 10^{16} ~ 10^{18} $\Omega \cdot cm$,高温下电阻率依然很高,1 000℃时电阻率为 10^4 ~ 10^6 $\Omega \cdot cm$。它的介电常数和介质损耗都较小,可以广泛地用于高频和低频的电绝缘,击穿电压为 950 kV/cm,为 Al_2O_3 的 4 ~ 5 倍。

氮化硼中含有 B_2O_3 时有吸湿的缺点,快速的加热会造成其中水分迅速蒸发,容易产生引起烧结体的开裂。

一般提及的氮化硼性能为六方氮化硼的性能,立方氮化硼的性能与六方氮化硼的性能大为不同。立方氮化硼具有金刚石的特性,硬度相近,但比金刚石耐高温和抗氧化性能好。其晶格常数 $a = 0.361\ 65$ nm,密度为 3.48 g/cm^3,是优良的超硬材料。

3. 氮化硼陶瓷的用途

由于氮化硼陶瓷有良好的耐热性、抗热震性和耐腐蚀性,可用做熔炼金属的坩埚等耐热构件。使用六方氮化硼陶瓷制作的热电偶保护管,解决了钢液不能连续测温的困。采用 Al_2O_3 等陶瓷的热偶保护直接插入钢液中极易开裂,被迫采用一次性热电偶间断测温的。采用六方氮化硼基陶瓷的热电偶保护管可以直接插入钢液,并可以连续测温 8 ~ 10 h 不损坏。

由于六方氮化硼的击穿电压高并且电阻大,可用来作超高压的电绝缘材料。

六方氮化硼粉末和烧结体都有良好的润滑性,可以制成自润滑轴承。

4.5　碳素材料

4.5.1　概述

碳素材料(carbon materials)是指纯碳或以碳为主要组分的材料,又称为碳材料。它既包括无定型炭、石墨、碳纤维和金刚石,还包括现今研究热点的碳纳米管等材料。

纯碳材料既可以是硬度最高的金刚石,也可以是柔软滑腻的石墨,有着广泛的用途。

特别是近些年来新发现的碳纳米管、笼形碳,有可能制成纳米级的晶体管和最坚韧的太空缆绳等,是非常有发展前景的新型材料。

1. 碳的晶体结构

碳晶的体结构有多种形式,如金刚石、石墨,以及后来发现的卡宾碳、球状分子碳和管状分子碳。另外,无定型碳是微小晶体的碳。

金刚石的晶体结构有立方和六方两种,如图 4.31 所示。多数金刚石晶体为面心立方结构,其晶胞边长 0.356 77 nm,C—C 键长为晶胞对角线的四分之一,即为 0.154 45 nm。六方晶结构的金刚石 C—C 键长为 0.152 nm。两种结构的金刚石理论密度均为 3.52 g/cm³。目前有人认为,金刚石存在七种晶体结构结构。

石墨的晶体结构有六方和棱方结构,如图 4.32 所示,其中以六方结构排列为多见。在最为密排的原子层面上,碳原子为共价键结合,键合力很强,不易于被破坏。而在层面之间,由于是分子力结合,键合力很弱,导致密排面之间的距离较大,并且容易被破坏。因此,虽然石墨的力学性能较差,但是化学稳定性很高,在非氧化气氛的 3 000 ℃的高温下依然可以保持稳定。

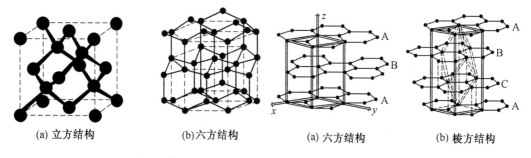

| (a) 立方结构 | (b)六方结构 | (a) 六方结构 | (b) 棱方结构 |

图 4.31　金刚石晶体结构　　　　　图 4.32　石墨晶体结构

六角状的碳原子密排层面之间有的不同叠合方式。当碳原子密排层面的位向按 ABAB…分布,组成了六方晶系的石墨,其晶胞 $a_0 = 0.246\ 12$ nm,$c_0 = 0.670\ 8$ nm;当按层面位向为 ABCABC…分布时,形成了菱方晶系的石墨,其晶胞 $a_0 = 0.364\ 2$ nm,晶棱夹角为 38.49°。它也可按六方晶系画出晶胞,$a_0 = 0.246\ 12$ nm,$c_0 = 1.006\ 2$ nm。两种晶体结构的石墨,理论密度均为 2.26 g/cm³,层间距为 0.335 4 nm。

在一定条件下碳原子之间形成线状聚合链（—C≡C—C≡C—）$_n$ 的连接,由于其单元结构与炔烃相似,故也称为炔碳结构。天然的炔碳结构极少,主要依靠人工合成炔碳结构。将人工合成炔碳结构的纯碳称为卡宾碳(Carbyne carbon)。卡宾碳的分子呈线状链分子或环状链分子,如图 4.33 所示。卡宾碳可以有不同的晶体结构,如表 4.18 所示。

卡宾碳的获得方法有石墨转化法、炔烃催化缩聚法和聚氯乙烯还原法,卡宾碳为白色或灰色针状晶体,一般稳定性不好。

用高能激光蒸发石墨冷凝物可得到由 60 个碳原子组成的稳定的球壳状纯碳分子 C_{60},这种球壳状的碳分子称为富勒烯(Fullerene)或巴基球(Bucky ball)。与 C_{60} 同时存在的还有 C_{70} 等同样球壳状结构的碳分子。对富勒烯笼形碳的结构的数学分析得出结论:笼形碳分子的碳原子数必须是偶数;笼形结构以五元环和六元环为主,五元环只有 12 个,六元环数不受限制;笼形结构中五元环被完全分隔最为稳定;笼形碳的壳层电子的封闭结构有利于稳定性。

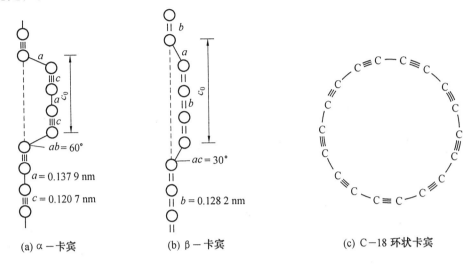

(a) α－卡宾   (b) β－卡宾   (c) C－18 环状卡宾

图 4.33   卡宾碳的分子结构

表 4.18   一些卡宾碳的晶体结构

项目	Chaoite	α－卡宾	β－卡宾	Carbon Ⅵ	Carbolite Ⅰ
结构	六方晶系	六方晶系	六方晶系	菱方晶系	六方晶系
a_0/nm	0.895	0.894	0.824	0.923	1.192
c_0/nm	1.408	1.536	0.768	1.224	1.062
密度/$(g \cdot cm^{-3})$	3.43	2.68	3.13	2.90	1.46

至今已经发现了从 C_{32} 到 C_{960} 的多种笼形碳结构,其中 C_{60} 最为稳定,为完美的壳球形结构。C_{70} 次之,结构近似橄榄球。目前采用氦气中石墨电极的电弧蒸发等方法也可以获得富勒烯。后来又发现由多层同心巴基球组成的新的分子结构,最多可达 40 层,层间距也是 0.335 nm,称为巴基葱。有人认为,单层的巴基球是巴基葱结构的一个特别情况。富勒烯的分子结构如图 4.34 所示。

C_{60} 的每个碳原子与 C_{60} 球心的距离都是 0.35 nm,形成一个圆球。由于 C_{60} 球形分子是无边界并且是不带电的游离态,所以它能自由地旋转,室温下每秒旋转 1 亿转以上。橄榄球形的 C_{70} 分子则绕其长轴旋转。只有在液态空气的低温下富勒烯才会停止旋转。

真空提纯的 C_{60} 分子可以堆积成面心立方结构的晶体,其晶格常数为 1.417 nm。有机溶剂提纯的 C_{60} 结晶时,因溶剂的不同,可

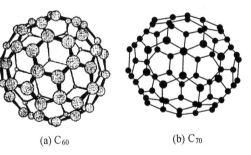

(a) C_{60} (b) C_{70}

图 4.34   富勒烯分子的结构

以形成面心立方、密排六方或菱方结构的晶体。这些结构在温度降至约 260 K 时转变成

简单立方结构。C_{70}的晶体结构见表 4.19。

表 4.19　C_{70}的晶体结构

相的名称	晶体结构	晶格常数
Fcc – C_{70}	面心立方晶胞	$a = 1.416(430\ \text{K})$
Hcp – C_{70}	密排六方晶胞	$a = 1.054, c = 1.707(383\ \text{K})$
Rh – C_{70}	菱面体晶胞	$a = 1.012\ 9, c = 2.785\ 2(300\ \text{K})$
Mc(ABC) – C_{70}	单斜晶胞	$a = 1.011, c = 1.858(295\ \text{K})$
Mc(ABC) – C_{70}	单斜晶胞	$\alpha = 90.45°, \beta = 90°, \gamma = 110.64°(15\ \text{K})$ $a = c = 1.996, b = 1.581$ $\alpha = \gamma = 90°, \beta = 120°(100\ \text{K})$

在研究壳球状碳分子时,发现了碳还有极细的管状的纤维形态,并且原子按六角网状排列,将该种微观结构的碳称为碳纳米管(carbon nanotubes)。研究发现,存在单层纳米管和多层纳米管,多层纳米管层间距为 0.335 nm,与石墨的层间距相同。碳纳米管结构如图4.35 所示。

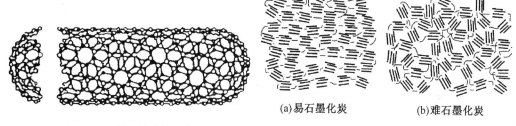

(a)易石墨化炭　　　　(b)难石墨化炭

图 4.35　碳的纳米管结构　　图 4.36　无定形炭微观结构示意图

通过有机化合物热分解后得到的木炭、焦炭、炭黑等没有明显结晶的碳素材料称为无定型炭(amorphous carbon)。无定形炭的结构实际上是由无数的微晶体组成的。微晶体为小于 60 nm 的二维乱层石墨结构。可以认为无定形炭是具有严重晶体结构缺陷的石墨型结构。其微晶尺寸很小,并且碳原子密排层面有大量空穴、位错、杂质原子等缺陷。它的密排层面的堆垛不像石墨晶体那样有序排列,其层间距在 0.344 ~ 0.370 nm 之间。

加热到 2 000 ℃以上,无定形炭的结构缺陷逐渐消失,逐步形成石墨结构。由于无定形炭高温处理后的石墨化程度不同,可以分为易石墨化炭和难石墨化炭。易石墨化的炭又称为软炭,难石墨化的炭称硬炭。石油焦、煤沥青焦以及聚氯乙烯、蒽等碳化后属于软炭,而纤维素、呋喃树脂、酚醛树脂等碳化后属于硬炭。图4.36 所示为无定形炭微观结构示意。

纯碳在室温下存在的同素异晶体有金刚石、石墨、卡宾碳和富勒烯。它们各自又有不同的晶体结构。图 4.37 为近期的碳相图。由于科技的不断发展变化,相图中暂时还不能标出富勒烯的位置。由于相图是在实验与理论计算相结合的基础上获得的,卡宾碳中 6种之中,所示的 1 已确定为 Chaote 卡宾,其余有待于进一步研究确定。

2. 天然碳素材料和人工碳素材料

(1)天然碳素材料。自然界存在的碳素材料有金刚石、石墨和无定形炭。金刚石属贵重稀有矿物,其中优质的金刚石作为宝石材料,亦称为钻石材料。卡宾碳和富勒烯在自然界极少,一般需要人工制备。

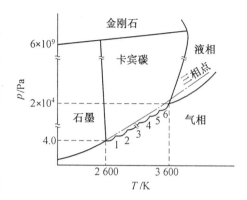

图 4.37　碳的相图

天然石墨是当今应用最为广泛的碳素材料。石墨的结晶颗粒大于 $1~\mu m$ 并且颗粒呈鳞片状时,称为鳞片石墨(crystalline flake graphite)。石墨晶粒小于 $1~\mu m$ 时,称为微晶石墨(microcrystallin graphite)或为隐晶石墨。石墨的颗粒大于 $1~\mu m$ 并且为非鳞片状时,称为细晶石墨。其中鳞片状石墨较为多见。

天然石墨为粉体材料,工程应用中除了少量使用粉状石墨材料外,绝大部分的应用为块状石墨材料。因而需要对粉体的石墨材料中添加黏结剂,预压成型后在进行高温烧结,然后才能获得块状石墨材料。

(2)人工碳素材料。目前人工的方法能够制备金刚石、石墨、卡宾碳和富勒烯等碳素材料。人工碳材料是以煤、石油及其加工产物为原料经过成型、碳化、石墨化等加工处理得到。

碳化和石墨化后的碳素材料一般气孔率高,密度较低,往往需要通过浸渍、再焙烧进行致密化,提高材料的强度、导电、导热性能。通常浸渍剂有煤沥青、树脂等。先对碳制品预热、抽真空,而后注入浸渍剂加压浸渍,浸渍后再焙烧碳化。要求高的制品需要多次浸渍 – 焙烧处理。用于轴封、耐磨材料,需要采用润滑剂或金属浸渍,例如浸渍轴承金属 Pb – Sn 或者巴氏合金。

3. 碳素材料的性质

由于碳素材料有大量孔隙,因而比较疏松。活性炭的致密度小于 $1.0~g/cm^3$,多数石墨的致密度小于 $2.0~g/cm^3$,碳素材料的最高致密度可达 $2.1~g/cm^3$ 左右。而碳素材料单位体积的质量变化悬殊,从小于 $0.05~cm^3/g$ 直到大于 $0.5~cm^3/g$,故碳素材料的性能差距显著。

(1)碳材料的力学性质。不同碳素材料的力学性能各不相同。例如无定型炭材料的各项力学性能均很低,而石墨和金刚石的力学性能均高于无定型炭。金刚石的硬度极很高,耐磨性极好。相对于金刚石,石墨的硬度很低。相对于金属材料,石墨的抗拉强度也非常低,但石墨的抗压强度较高。由于石墨晶体的各向异性,而导致力学性质各向异性。不同碳素材料的弹性模量相差很多,石墨晶须的弹性模量达到 $10^2 \sim 10^3$ GPa,碳纤维则为约50 GPa,而一般碳材料仅为 $5 \sim 20$ GPa。

(2)碳材料的热学性质。碳素材料没有熔点,超过 3 600℃后会升华成为碳的气体。其中的石墨材料有良好的导热性,热导率与金属相当。由于石墨的致密度比其他碳素材料的致密度高,导热性能要高于无定型碳。碳素材料的热膨胀系数很小,从室温到100℃的范围内,石墨的线膨胀系数为 $(1 \sim 2) \times 10^{-6}/K$,而铝的线膨胀系数为 $23.6 \times 10^{-6}/K$,铜

为 $17 \times 10^{-6}/K$。碳素材料的热膨胀系数具有各向异性。由于碳材料有高的导热性,较低的热膨胀系数和较高的强度,所以具有优异的抗热震特性。

(3)碳素材料的电磁性质。由于在石墨的原子最密排面上电阻率仅为约 $10^{-6} \Omega \cdot m$,而在垂直密排面方向可达 $10^{-3} \sim 10^{-2}\Omega \cdot m$,所以石墨的导电性具有明显的方向性。材料的石墨化程度和材料的致密度越高,导电性也越高。碳石墨材料为抗磁性材料,石墨化程度越高,其抗磁性越高。

(4)碳素材料的化学性质。碳元素本身的化学稳定性很好。除了王水、浓硝酸、浓硫酸、高氯酸等强氧化性酸以外,能抵抗其他任何浓度酸的侵蚀,包括氢氟酸和磷酸。石墨对碱性溶液的化学性质稳定,除了重铬酸钾、高锰酸钾等强氧化性盐以外,不易于被其他盐类侵蚀。

在较高温度下石墨材料会产生明显氧化。在氧化性气氛下,不同结构的碳素材料的氧化温度不同,石墨化程度越高,材料的纯度越高,产生明显氧化的温度越高。一般碳素材料在320℃开始氧化,石墨材料在420~460℃开始氧化,高纯石墨则在520~560℃开始氧化。石墨材料作为发热体的应用,为了避免高温氧化,往往将其置于真空或惰性气氛件下工作。

4.5.2 石墨材料的分类和应用

按照应用行业的不同,石墨的应用可以分类为冶金用石墨、电工用石墨、化工用石墨、电池用石墨、机械用石墨、航天航空用石墨、环保用石墨、医学工程用石墨等。其中以冶金、电工和机械行业应用的数量最多。

1. 冶金用石墨材料

冶金用碳石墨材料主要是用做电极和耐火材料。作为石墨电极,要求电阻尽量小,并且高温化学稳定性好,有一定的机械强度。为了获得较小的电阻,石墨材料的晶体尺寸要大,并且致密度要高。表4.20给出了石墨电极的一些技术数据。

表4.20 常见石墨电极的技术数据

技术指标		普通电极(RP)	高功率电极(HP)	超高功率电极(UHP)	
		$\phi 75 \sim 250$ mm	$\phi 300 \sim 500$ mm	$\phi 350 \sim 500$ mm	$\phi 550 \sim 600$ mm
电阻率/($\mu\Omega \cdot m$)	电极	8.5	7.0	6.5	6.5
	接头	8.5	6.5	5.5	5.0
弯曲强度/MPa	电极	9.8	9.8	10.0	10.0
	接头	12.7	14	15.0	20.0
弹性模量/GPa	电极	9.3	12.0	14.0	11.0
	接头	13.7	14.0	11.0	22.0
体积密度/($g \cdot m^{-3}$)	电极	1.58	1.62	1.65	1.66
	接头	1.63	1.70	1.70	1.72
热膨胀系数(100~600℃)/$\times 10^{-6} \cdot ℃^{-1}$	电极	2.9	2.2	1.4	1.4
	接头	2.9	2.2	2.14	2.12

2. 电工用石墨材料

电工用石墨材料简称电碳材料,工程中多见于各种电刷和石墨导电零件等。制作碳刷用的石墨按照生产工艺的不同,分为石墨刷、电化石墨刷和金属石墨刷。石墨刷是以天然石墨为基体加入树脂为黏结剂,混合均匀后成型固化制成。电化石墨刷的工艺即传统石墨材料生产工艺,采用炭黑、焦炭、天然石墨为基体。金属石墨刷以 Cu 或 Ag 为基,与天然石墨混匀后采用粉末冶金方法制备。耐磨性是影响电刷使用寿命的主要性能,不同用途电刷的磨损量不同。一般电器运行 1 000 h,允许电刷磨损 1~5 mm;车辆用电刷万公里允许磨损 1.5~3 mm。由于电工触点用石墨材料的触电尺寸小,开关频繁,一般选用强度和硬度高的石墨材料。

石墨材料也是高温电阻炉的发热体材料。使用石墨材料作为发热体,最高使用温度可达 2 500℃,并且质量轻和化学性质稳定、价格较为低廉。但是需要解决高温下产生氧化的问题。

3. 化工用石墨材料

化工设备使用的石墨主要是致密度高的石墨,又称为不透性石墨。普通石墨的气孔率为 20%~30%,密封性差,易于渗透气体、液体,不利于化工设备使用。不透性石墨是采用树脂、沥青等堵塞石墨中空隙,达到不渗透的目的。

不透性石墨按制造方法分为浸渍型的不透性石墨和直接压制成型的不透性石墨两类。

浸渍型不透性石墨是以成型的人工石墨为原料,按性能要求浸渍不同的树脂、无机盐、沥青等再经后处理得到。浸渍不降低原料石墨的结构及导电导和热性能。浸渍剂堵塞孔隙而达到不渗透,同时明显提高石墨的力学性能。使压缩强度提高 1~2.5 倍,抗弯强度提高 2~3 倍,冲击韧性可以提高 2~2.5 倍。浸渍剂有酚醛、环氧树脂等热固性树脂,聚氟乙烯、氟类聚合物、二乙烯基苯等热塑性树脂,水玻璃等无机物及沥青等。热固性树脂浸渍不透性石墨的力学性能较高。一般各种浸渍剂的不透性石墨在 120℃ 以下均可使用,热固性树脂浸渍可以满足 150℃ 左右的使用,热塑性树脂或沥青浸渍可以在 200℃ 附近应用。表 4.21 列出了不同浸渍剂不透性石墨的性能。

表 4.21 不透性石墨的性能

性能	浸渍剂		
	α、γ – 二氯代丙醇改性酚醛树脂	聚氟乙烯分散液	改性沥青
密度/(g·cm^{-3})	1.8	1.75~1.8	1.92
增重率/%	20~25	<20	
压缩强度/MPa	10~55	49	
拉伸强度/MPa	8~10	23.4	
弯曲强度/MPa	22~25	16.1	44.29
使用温度/℃	<180	≤200	>400
热导率/(W·m^{-1}·K^{-1})	116.3~127.9	82.6~90.7	130
线膨胀系数/(×10^{-6}℃$^{-1}$)	5.5	4.05	2.45

压制成型的不透性石墨是以石墨粉与一定量的树脂均匀混合后模压成型。采用热塑性树脂时的添加量为20%~30%,用热固性树脂时的添加量为50%左右。模压成型的不透性石墨主要各种化工管件和热交换器等。

4.机械用石墨材料

由于石墨是良好的减磨剂,因而在轴承等有耐磨要求的零部件中广泛应用。同时由于石墨比较耐腐,石墨零件可在-200~2 000℃温度及腐蚀介质中,即使没有润滑剂也能在100 m/s高速滑动下运行。碳石墨材料还是电火花加工时的重要电极材料。一些特殊的铸型也采用石墨材料。另外,在各种腐蚀介质下,石墨密封垫圈也经常使用石墨材料。一般机械用石墨要求具有不透性及耐蚀性、高热导率及低线膨胀系数、低摩擦系数及磨耗、高的力学性能。但是石墨材料的硬度和抗弯强度很低,不能制作高耐磨性和强度较高的机械构件。表4.22列出了一些机械用石墨的力学性能。

表4.22　常见机械用石墨的力学性能

性能	性能指标
体积密度/$(g \cdot cm^{-3})$	1.8~1.9
肖氏硬度	48~50
电阻率/$(\Omega \cdot m)$	8~12
抗弯强度/MPa	37~42
抗压强度/MPa	78~86
平均气孔半径/μm	3.2~2.4
热膨胀系数/$\times 10^{-6} K$	4.4~4.8

4.5.3　C_{60}和碳纳米管材料

一些新近发现的碳素结构材料有着独特优点,发展极为迅速。在这些碳素结构材料中以C_{60}和碳纳米管最为引人瞩目。

1.C_{60}材料

C_{60}材料是美国的R.Curl和R.Smalley与英国的H.Kroto最早发现的。为此他们获得了1996年的诺贝尔化学奖。

(1)C_{60}的制备。使用纯石墨作电极,在氦气氛中放电,电弧中产生的烟炱沉积在水冷反应器的内壁上,收集烟炱后就获得了C_{60}、C_{70}等碳的混合物。用萃取法从烟炱中分离提纯富勒烯,将烟炱放入专门的提取器中,使用甲苯或苯提取,提取出的主要成分是C_{60}和C_{70},以及少量C_{84}和C_{78}。再用液相色谱分离法对提取液进行分离,就能得到纯净的C_{60}溶液。C_{60}溶液是紫红色的,蒸发掉溶剂就能得到深红色的C_{60}微晶。

(2)C_{60}的应用前景。从C_{60}被发现短短的10多年以来,富勒烯已经广泛地影响到物理学、化学、材料学、电子学、生物学、医药学各个领域,极大地丰富和提高了材料科学理论,同时也显示出巨大的潜在应用前景。对C_{60}分子进行掺杂,使C_{60}分子在其笼内或笼外俘获其他原子或集团,形成类C_{60}的衍生物。例如$C_{60}F_{60}$,就是对C_{60}分子充分氟化,给C_{60}球面加上氟原子,把 C_{60} 球壳中的所有电子"锁住",使它们不与其他分子结合。因此 $C_{60}F_{60}$ 表现出不容易与其他物质上粘附,其润滑性高于 C_{60},可以制作超级耐高温的润滑剂,被称为"分子滚珠"。

2.纳米碳管材料

碳的纳米管结构最早是在 1991 年,由日本的 NEC 公司的 S.Iijima 利用高分辨电子显微镜发现的。理想纳米碳管是由碳原子形成的无缝、中空管体。管壁可以从一层到上百层,含有一层管壁的称为单壁纳米碳管(single-walled carbon nanotube,SWNT),多于一层时称为多壁纳米碳管(multi-walled carbon nanotube,MWNT)。SWNT 的直径一般为 1~6 nm,最小直径大约为 0.5 nm,与 C_{36} 分子的直径相当,但 SWNT 的直径大于 6 nm 以后特别不稳定,会发生 SWNT 的塌陷。SWNT 长度可达几百纳米到几个微米。因为 SWNT 的最小直径与富勒烯分子类似,故也有人称其为巴基管或富勒管。MWNT 的层间距约为0.335 nm,直径在几个纳米到几十纳米,长度一般在微米量级,最长者可达数毫米。

纳米碳管的制备方法有电弧法、热解法和激光蒸发法三种。其中电弧法是在惰性气体气氛中,在两根石墨电极之间进行直流放电,阴极上便会产生纳米碳管。热解法就是采用过渡族的金属作催化剂,在 700~1 600 K 的条件下,通过碳氢化合物的分解得到纳米碳管。激光刻蚀法是采用激光刻蚀高温炉中的石墨靶,纳米碳管就会存在于惰性气体夹带的蒸发物中。纳米碳管的形成过程是游离态的碳原子或者碳原子团,发生重新排布的过程。制备 SWNT 时,必须添加一定数量的催化剂,如 Ni、Co、Fe、Ld、Nd、La、Y 等。催化剂在 SWNT 的生长过程中,能够降低弯曲应力,促进碳原子排列整齐。所得纳米碳管的直径大小和直径尺寸的均匀程度,与制备方法、催化剂种类、生长温度等有关。

在性能和应用方面,纳米碳管有许多奇特的性质。纳米碳管的导电性质与其结构密切相关,纳米碳管的结构参数不同,其性质可以是金属性的或半导体性的。它具有一定的半导体特性,可以用做纳米级热敏电阻和光激发或电压激发的电子开关,可能用于微电子器件。纳米碳管具有特别的场发射性能,可以作为电子枪,具有尺寸小、发射电压低、发射密度大、稳定性高、不需要加热和高真空等优点。纳米碳管的结构比较完整,由于缺陷很少,SWNT 的强度接近 C—C 键的理论强度。理论计算表明 SWNT 的弹性模量和剪切模量与金刚石相当,强度约为钢的 100 倍,而密度却只有钢的 1/6。实验观察表明 SWNT 具有一定柔韧性,这表明它们能够在大的应力下不发生脆性断裂。此外,SWNT 具有直径小、长径比大的特点,因此可以作为超级纤维,用于高级复合材料的增强体或者形成轻质、高强的绳索,可能用于宇宙飞船及其他高技术领域。通过对 SWNT 的吸氢过程研究发现,氢可能以固体形式填充到 SWNT 的管体内部以及 SWNT 束之间的孔隙,因此 SWNT 具有极佳的储氢能力。

思考题

1.无机非金属材料主要有哪些类别?

2.为什么多数无机材料非金属材料需要先制成粉末?

3.陶瓷材料的力学性能受哪些方面的影响?

4. 在空气介质中所有碳化物陶瓷的抗氧化性能均不如氧化物陶瓷吗?

5. 何谓 Sialon 陶瓷? 它有几种常见类型?

6. 试述碳纳米管的应用前景。

第5章 新型复合材料

5.1 概　　述

5.1.1 复合材料的概念

复合材料是应现代科学技术发展而涌现出的一大类具有极大生命力的新材料,它们均由两种或两种以上物理和化学性质不同物质组合起来而得到的一种多相固体材料。复合材料区别于单一材料的显著特征是材料性能的可设计性,即经过选择性设计和加工,通过各组分性能间的相互补充,可获得新的优良性能。如图5.1所示,由A、B两种材料进行复合以后,可能出现图中所示的四种情况。由于组分A、B各有优缺点,如果通过材料优化设计和合理的工艺,使最终的材料尽可能达到Ⅰ各优点的组合状态,这也就是开发复合材料的目的。

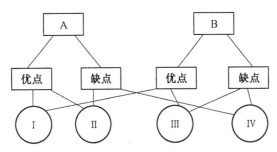

图5.1　A、B两种材料优缺点组合图

所谓复合材料,它不是一般材料的简单混合,而是利用适当的工艺方法,将两种或几种在物理性能和化学性能不同的物质组合而制成的多相固体材料,它们既能保留原组成材料的主要特色,又能通过复合效应获得原组分所不具备的优良性能,即此材料的性能比组成材料的性能好,具有复合效果,具有组成材料相互取长补短的良好综合性能。例如,由一黄铜片和铁片组成的双金属片复合材料,就具有可控制温度开关的功能(图5.2)。由两层塑料和中间夹一层铜片组成的复合材料,能在同一时间里在不同方向上具有导电和隔热的双重功能(图5.3),而这些功能是单一材料所无法实现的。

复合材料的另一特征是材料与结构一次成型,即在形成复合材料的同时也就得到了结构件。这一特点使构件零件数目减少,整体化程度提高;同时由于减少甚至取消了接头,避免或减少了铆、焊等工艺,从而减轻了构件质量,改善并提高了构件的耐疲劳性和稳定性等。

采用高性能增强体(如碳纤维、芳纶等)和耐温性良好的高聚物基体所构成的复合材料,以及金属基、碳基、陶瓷基复合材料等,可总称为新型复合材料,或称现代复合材料,先进复合材料等。新型复合材料由于充分发挥了复合材料的特点,采用了高性能的原材料,因而体现出高比强度、高比模量、耐温性好、抗疲劳性能好、热膨胀系数小等特点,故更适合高要求的结构使用,或者也可使之具备高耐烧蚀性、耐冲刷、抗辐射、吸波、换能等功能而成为优秀的功能复合材料。复合材料的强度高、刚度大、质量轻等单一材料无法比拟的优点,使它们在国民经济和现代科学技术的各个领域有着重要而广泛的应用,而且正在向着多元混杂复合、功能复合、微观复合以及智能复合材料方向发展。

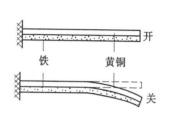
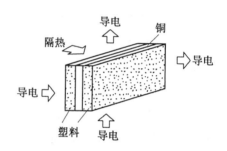

图 5.2 双金属片控制温度开关示意图　　图 5.3 复合材料多功能示意图

复合材料直到 20 世纪 40 年代初才成为一门独立的学科,特别是 50 年代以来伴随着科学技术和现代工业的快速发展而获得迅猛发展。科学家们将复合材料划分为三个时代。第一代复合材料的代表是玻璃钢,即玻璃纤维增强塑料;第二代复合材料的代表是碳纤维强化树脂(CFRP)以及硼纤维强化树脂(BFRP);现在又进入第三代,即深入研制金属基、陶瓷基、碳/碳基复合材料。这些新型复合材料具有广阔的应用前景。科学家们预言,21 世纪是复合材料的时代,它是材料革命的方向之一。我国的"九五"计划和"2010"远景规划都把发展复合材料列为重要内容,研究和开发新型复合材料以及改善通用复合材料性能,仍是材料科学工作者的重要任务。

5.1.2 复合材料的分类

复合材料的种类繁多,目前尚无统一分类方法,以下主要依据构成复合材料的三要素(即基体、增强材料状态与复合方式)来进行分类。

1. 按基体材料分类

有金属基(主要有铝、镁、钛、铜等及其合金)复合材料、聚合物基(主要有合成树脂、橡胶等)复合材料及无机非金属材料(主要有陶瓷、水泥、碳、石墨等)基复合材料等。

2. 按增强体的种类和形态分类

复合材料按照增强相的性质和形态,可分为细颗粒增强复合材料、长纤维或连续纤维增强复合材料、短纤维或晶须增强复合材料、层状或层叠增强复合材料以及填充骨架增强型复合材料等。主要的复合结构如图 5.4 所示。

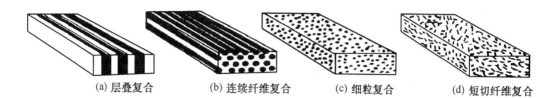

| (a) 层叠复合 | (b) 连续纤维复合 | (c) 细粒复合 | (d) 短切纤维复合 |

图 5.4　复合材料的形态示意图

3. 按复合材料的性能特征分类

按性能特征,复合材料可分为普通复合材料(通用或常用复合材料)和新型复合材料(现代或先进复合材料)。

普通复合材料是指利用普通玻璃纤维、合成或天然纤维等增强的树脂基(普通树脂)复合材料,大多用于要求不高而用量较大的场合。

新型复合材料是指比普通复合材料有更高性能要求的复合材料,其特点是比强度高、比模量高、密度低等。它包括用碳、芳纶、陶瓷等纤维和晶须等高性能增强体与耐热性好的热固性或热塑性树脂基所构成的高性能聚合物基复合材料、金属基复合材料、陶瓷基复合材料、玻璃基复合材料、碳(石墨)基复合材料,包括使用其他力学性能的结构复合材料和其他性能的功能复合材料等。此类新型复合材料往往用于各种高技术领域中用量少而性能要求高的场合。

4. 按主要用途分类

按主要用途,复合材料可分为结构复合材料、功能复合材料与智能复合材料。

所谓功能复合材料系指具有某种特殊物理或化学特性的复合材料,它一般有功能体组元和基体组元组成。基体不仅起到构成整体的作用,而且能产生协同或加强功能的作用。根据其功能的不同,又可分为导电、磁性、阻尼等复合材料等。

所谓结构复合材料系指作为承力结构使用的复合材料,基本上由能承受载荷的增强体组元与能联结增强体成为整体材料、同时又起传递力作用的基体组元构成,增强体包括玻璃、陶瓷、碳素、高聚物、金属以及天然纤维、织物、晶须等,基体则有高聚物(树脂)、金属、陶瓷、玻璃、碳和水泥等。其特点是可根据材料在使用中的受力要求进行组元选材设计,更重要的是可以进行复合设计,即增强体排布设计,能合理地满足需要并节约用材。

而智能复合材料指的是将具有模仿生命功能的材料融合于基体材料或复合材料中,使之具有所期望的智能功能的材料。

复合材料常见的分类方法归纳于图 5.5 中。

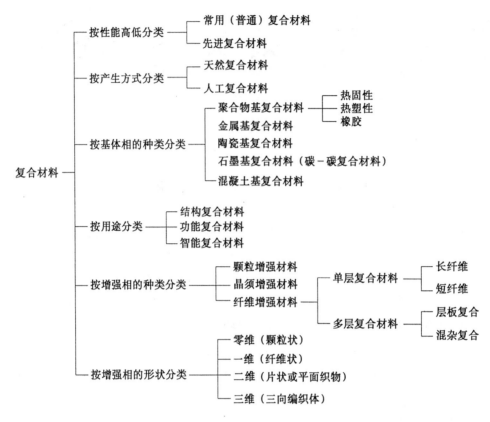

图 5.5　复合材料的分类

5.1.3　复合材料的性能特点

1. 比强度、比模量高

　　复合材料的比强度(强度极限/密度)与比模量(弹性模量/密度)比其他材料高得多。这表明复合材料具有较高的承载能力。它不仅强度高,而且质量轻。例如碳纤维增强环氧树脂复合材料的比强度为钢的 8 倍,比模量为钢的 3.5 倍,详见表 5.1 及图 5.6 所示。因此,将此类材料用于动力设备,可大大提高动力设备的效率。

表5.1　几种典型新型复合材料和常用金属材料性能对比

材　料	密度 $(g \cdot cm^{-3})$	抗拉强度 MPa	弹性模量 GPa	比强度 $\times 10^6 cm$	比模量 $10^8 cm$	膨胀系数 $10^{-6} {}^{\circ}C^{-1}$
碳纤维/环氧	1.6	1 800	128	11.3	8.0	0.2
芳纶/环氧	1.4	1 500	80	10.7	5.7	1.8
硼纤维/环氧	2.1	1 600	220	7.6	10.5	4.0
碳化硅/环氧	2.0	1 500	130	7.5	6.5	2.6
石墨纤维/铝	2.2	800	231	3.6	10.5	2.0
钢	7.8	1 400	210	1.4	2.7	12
铝合金	2.8	500	77	1.7	2.8	23
钛合金	4.5	1 000	110	2.2	2.4	9.0

注:复合材料一般可以"增强体/基体"的形式表示。

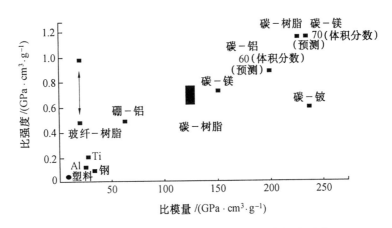

图 5.6　复合材料与其他材料的比强度、比模量对比图

2. 抗疲劳性能好

复合材料有高疲劳强度。例如,碳纤维增强聚酯树脂的疲劳强度为其抗拉强度的70% ~ 80%,而大多数金属材料只有其抗拉强度的40% ~ 50%。图5.7所示为几种材料的疲劳曲线,可见复合材料抗疲劳性能较好。首先,缺陷少的纤维的疲劳抗力很高;其次,基体的塑性好,能消除或减少应力集中区的大小和数量,使疲劳源(纤维和基体中的缺陷处,界面上的薄弱点)难以萌生出微裂纹;即使微裂纹形成,如图5.8(a)所示,塑性变形也能使裂纹尖端钝化,减缓其扩展。在裂纹缓慢扩展过程中,基体的纵向拉压会引起其横向的缩涨,而在裂纹尖端的前缘造成基体与纤维的分离(图5.8(b)),所以经过一定的应力循环之后,裂纹由横向改沿纤维 – 基体界面纵向扩展(图5.8(c))。由于基体中密布着大量纤维,疲劳断裂时,裂纹的扩展常要经历非常曲折和复杂的路径,因此复合材料的疲劳强度都很高。

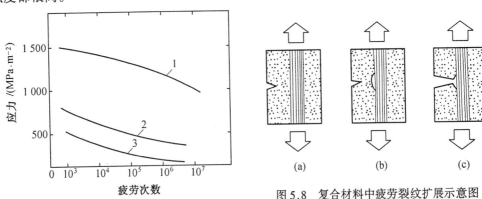

图5.7　几种材料的疲劳曲线
1—碳纤维复合材料;2—玻璃钢;3—铝合金

图5.8　复合材料中疲劳裂纹扩展示意图

3. 破损安全性好

纤维增强复合材料是由大量单根纤维合成,受载后即使有少量纤维断裂,载荷会迅速重新分布,由未断裂的纤维承担,这样可使构件丧失承载能力的过程延长,表明断裂安全

性能较好。

4. 减振性能好

工程结构、机械及设备的自振频率除本身的质量和形状有关外,还与材料的比模量的平方根呈正比。复合材料具有高比模量,因此也具有高自振频率,这样可以有效地防止在工作状态下产生共振及由此引起的早期破坏。同时,复合材料中纤维和基体间的界面有较强的吸振能力,表明它有较高的振动阻尼,故振动衰减比其他材料快,如图 5.9 所示。

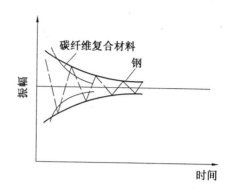

图 5.9 两种材料振动衰减特性比较

5. 耐热性能好

树脂基复合材料耐热性要比相应的塑料
有明显的提高。金属基复合材料的耐热性更显出其优异性。例如,铝合金在 400℃时,其强度大幅度下降,仅为室温时的 0.06～0.1 倍,而弹性模量几乎降为零。而用碳纤维或硼纤维增强铝,400℃时强度和弹性模量几乎与室温下保持同一水平。表 5.2 所示为各种纤维的融点(软化点),一般都在 2 000℃以上,用这些纤维与金属基体组成的复合材料,高温下强度和弹性模量均有提高,因此复合材料具有更高的高温强度、高温弹性模量以及良好的抗蠕变性能。

表 5.2 各种纤维材料的融点

纤维种类	玻璃纤维				Al_2O_3 纤维	碳纤维	氮化硼 纤维	SiC 纤维	硼纤维	B_4C 纤维
	E	S	4H－1	石英						
融点 (软化点) ℃	700	840	900	1 660	2 040	3 650	2 980	2 690	2 300	2 450

6. 减摩耐磨和自润滑性好

塑料和钢的复合材料可用做轴承。石棉和塑料复合,摩擦系数大,是制动效果好的摩阻材料。

7. 化学稳定性优良

复合材料具有优良的耐化学药品侵蚀的能力。例如,纤维增强塑料制品可以在含 Cl^- 离子的酸性介质中长期使用。

8. 其他特殊性能

不少复合材料具有高韧性、导电、导热,以及耐烧蚀、抗辐射等性能中的某些优异性能,使它们得到了广泛的应用。

5.1.4 复合材料的现状与发展前景

目前世界上复合材料的总产量约为 300 万吨,年增长率为 3%左右。其中绝大部分为常用复合材料,如玻璃纤维增强树脂等,新型复合材料只占 2%～3%。中国目前复合材料年产量约为 8 万吨,其中新型复合材料很少,还处起步阶段。

常用复合材料主要用于建筑、交通运输、船舶、化工、电力与电信、机械、医疗和体育用品等方面。新型复合材料主要用于高技术方面,如航空航天技术与所需要的飞机的主承力结构以及卫星、导弹、航天飞机的结构和防热部件,目前也向民用工业发展,如制造汽车零件、精密机械零件、机器人运动件、高级假肢等。

复合材料科学是一门综合性很强的交叉学科,它以许多其他学科,如固体物理、合成化学、高分子科学、金属学、陶瓷学、结晶学、力学、热力学与动力学等为基础。复合材料的一些新的基础学科和课题正在研究发展之中,如复合材料混杂效应、复合材料破坏过程和复合材料复合效应等,理论研究也在不断深入。

复合材料有其独特的制造工艺,而且对于不同的基体也有不同的工艺方法。高聚物复合材料成型工艺有手糊法、喷射法及模压、层压、缠绕、拉挤等多种方法。金属基复合材料成型有粉末冶金法、挤压铸造法、真空压力浸渗法等。陶瓷基复合材料成型工艺目前还不成熟,目前已应用的有化学气相渗透法、热压烧结法、反应复合法和原位生长法等。工艺方面也存在许多问题,如复合材料的打孔损伤比均质材料严重,因此常用的铆接、螺栓连接等方法都不合适。对树脂基复合材料只能采用可靠性差的粘接剂连接工艺;金属基复合材料的焊接强度也还未解决,因此要尽量避免连接,而利用复合材料能整体成型的特点来解决部分问题,但这又增加了设计和施工的难度。另外,对复合材料可靠性的无损质量评价尚有待于进一步提高。

目前虽有"人类将进入复合材料的时代"的提法,但复合材料实际上并不可能取代其他材料。在基础理论和工艺方面也有许多问题有待解决。最根本的问题是目前尚未建立一整套适合复合材料的基础理论,对复合材料的一些特殊行为认识还不深透,现在使用的许多理论是从均质材料中套用过来的。尽管如此,从复合材料的可设计性特点和容易实现对材料的综合性要求等来看,复合材料具有宽广的自由度,有巨大潜力,因此发展前景远大。未来的复合材料,特别是新型复合材料的研制和开发将具有如下的新发展:

(1)由宏观复合状态进入微观复合状态。即增强体和功能体组元的尺寸可小到纳米级或 分子尺寸,可出现纳米复合材料、高分子自增强复合材料、高分子原位复合材料和分子复合材料等。

(2)由二元混杂发展到多元混杂或超混杂形式。目前已出现铝片－芳纶纤维－环氧树脂(商品名 ARALL)的迭层超混杂材料。其他还可有多元基体混杂、纤维与颗粒多元混杂、增强体与功能体多元混杂等形式。

(3)智能复合材料的发展。智能复合材料是指具有感知、识别及处理能力的复合材料。在技术上是通过传感器、驱动器、控制器来实现复合构料的上述能力,传感器感受复合材料结构的变化信息,例如材料受损伤的信息,并将这些信息传递给控制器,控制器根据所获得的信息产生决策,然后发出控制驱动器动作的信号。它们具自诊断、自适应、自愈合、自决策功能,不仅有正常工作的部分,而且有在非常情况下显示潜在功能的组分,甚至包括电子器件、电路和电源形成系统。

(4)进一步发展具有综合功能和梯度功能的复合材料,以适应各种复杂环境和苛刻要求。功能复合材料是指具有导电、超导、微波、摩擦、吸声、阻尼、烧蚀等功能的复合材料,其具有非常广的应用领域,这些应用领域对功能复合材料不断有新的性能要求,而且许多功能复合材料的性能是其他材料难以达到的,如透波材料、烧蚀材料等。在体积、重量受严格限制的条件下,实现一种材料具有综合功能是十分重要的。

(5)借助生物结构的启示,研制仿生复合材料。仿生复合材料是参考生命系统的结构规律而设计制造的复合材料。由于复合材料结构的多样性和复杂性,复合材料的结构设计在实践上十分困难。然而自然界的生物材料经过亿万年的自然选择与进化,形成了大量天然合理的复合结构,这些复合结构都可作为仿生设计的参考。

复合材料仿生可分为三个步骤:仿生分析、仿生设计和仿生制备。已有的复合材料仿生设计实例包括仿竹复合材料的优化设计、仿动物骨骼的哑铃型增强材料、复合材料内部损伤的愈合等。

复合材料仿生的发展方向是要向更深的层次发展,即从宏观观测到微观分析,然后再回到宏观的设计、制造,而且复合材料的仿生除了结构仿生外,还应进行功能仿生、智能仿生和环境适应仿生的研究和开发。

(6)积极开发、使用环保型复合材料。从环境保护的角度考虑,要求废弃的复合材料可以回收利用,以节约资源和减少污染,但是目前的复合材料大多注重材料性能和加工工艺性能,而在回收利用上存在与环境不相协调的问题。因此,开发、使用与环境相协调的复合材料,是复合材料今后的发展方向之一。

5.2 复合材料用增强材料

增强材料是黏结在复合材料基体内,用以承受载荷、改进其力学性能的高强度材料,也称为增强体、增强相、增强剂等。复合材料所用的增强材料有纤维、晶须、颗粒、片状、织物和毡状等。其中,碳纤维、凯夫拉(Kevlar)纤维和玻璃纤维应用最广。

5.2.1 纤维增强体

它一般可分为金属纤维、合成纤维(高聚物纤维、无机非金属纤维)、晶须等。复合材料中增强纤维的排布主要有如图 5.10 所示的三种方式,即连续长纤维(图 5.10(a)),如金属纤维、玻璃纤维等;不连续短纤维(图 5.10(b)),包括那些高强度的晶须等;织编纤维(图 5.10(c)),可用来制造具有层状构造的复合材料。

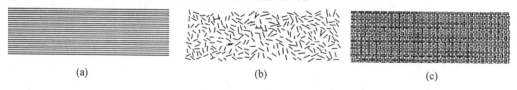

| (a) | (b) | (c) |

图 5.10 复合材料中增强纤维排布的横截面形态

1. 金属纤维

广义的金属纤维包括外涂塑的金属纤维、外涂金属的塑料纤维以及外包金属的芯线纤维等,可用物理方法或化学方法制得。常用的金属纤维有钢、钨、钼、铍、铬、镍纤维等,如以不锈钢为原料,采用熔融拉丝法制成纤维,其长度和直径可以随意控制,平均直径一般为 10 ~ 100 μm,可作金属基复合材料增强体或制作导电、电磁波屏蔽等功能复合材料。金属丝最大特点是韧性好,强度值比陶瓷纤维稳定。

金属陶瓷丝是将含有磨碎的氧化物、碳化物或硅化物等,分散在高温合金中制成预复合物,然后拉成长丝,如 Cu – Al_2O_3 金属陶瓷可拉成直径为 762 μm 的细丝,其在 800 ℃ 以上高温下强度高于不锈钢丝,可用于屏蔽和导电功能复合材料。

镀金属纤维增强体是以金属为皮、非金属纤维为芯的一种复合纤维,按镀层金属种类可分镀锌、镀银、镀铝、镀镍等纤维。镀金属纤维可保持芯纤维原有的柔曲性和力学性能,视镀层金属不同还可具有各种导电,反射电磁波、红外线等功能,并可改善纤维的复合界面性能和延长使用寿命,常用于功能复合材料。

2. 无机非金属纤维

按原料来源可分为天然无机纤维(如石棉)和人造无机纤维。人造无机纤维直径通常为 0.1 ~ 100 μm 之间,可分连续长纤维和短纤维两类,连续长纤维主要有玻璃纤维、硼纤维、碳(石墨)纤维、SiC 纤维、SiO_2 纤维、Al_2O_3 纤维、Si_3N_4 纤维等;短纤维主要指各种晶须及棉绒状纤维(如玻璃棉、氧化铝棉等),或由长纤维切断成短纤维。无机纤维制造方法很多,如有熔体纺丝法、溶液纺丝法、气流喷吹法、蒸气沉积法、单晶拉丝法等。作为结构复合材料增强体,要求纤维具有高强度、高模量、低密度、耐高温等特性。

(1)玻璃纤维。它是复合材料中使用最多的一种人造增强纤维,例如用玻璃纤维制成的增强树脂材料约占纤维复合材料总产量的 75% 以上,玻璃钢即为典型例子。玻璃纤维以石英砂、石灰石、白云石、石蜡等,并配以纯碱、硼酸等为原料,熔融后以极快的速度通过细的喷丝孔拉制成连续纤维。玻璃纤维具有不燃、不腐、耐热、抗拉强度高、断裂延伸率较小、热膨胀系数小、绝热性和化学稳定性好、电绝缘性好等特点,随品种不同,其软化点在 680 ~ 1 000 ℃ 范围内波动。玻璃纤维的缺点是不耐磨、易折断、易受机械损伤,长期放置后强度下降。玻璃纤维还可以加工成纱、布、带、毡等形状。玻璃纤维直径小,一般小于 10 μm。

由于其价格便宜、品种较多,可作为增强材料用于航空航天、建筑工业及日常用品等行业。

另外还有一类特种玻璃纤维,如石英纤维、高硅氧纤维、高强度纤维、高模量纤维、耐辐射绝缘纤维等,它们具有各自独特的物理化学性能,因而也可用于制作功能复合材料的增强材料。

(2)碳纤维(carbon fibers)。系指纤维中碳含量在 95% 左右的碳纤维和碳含量在 99% 左右的石墨纤维。碳纤维由粘胶、腈纶、芳纶、聚酰亚胺等纤维在高温下烧制而成。工业生产一般采用沥青、粘胶和腈纶纤维原丝为原料,通过高温烧制来制造碳纤维。碳纤维属于聚合的碳,它是由有机物经固相反应转化为三维碳化合物,碳化历程不同,形成的产物结构也不同。

①碳纤维的制备。制备碳纤维需要多道手续且要求非常严格。首先需要在 200 ~ 400 ℃ 的氧化介质中进行预氧化,然后在 1 200 ~ 1 400 ℃ 下进行碳化处理,再在 2 000 ~ 3 000 ℃ 下的氩气保护中进行石墨化处理。基本流程如图 5.11 所示。用不同的人造纤维

制作碳纤维,有不同的工艺方法,现以聚丙烯腈(PAN)基碳纤维的制造方法为例作介绍。

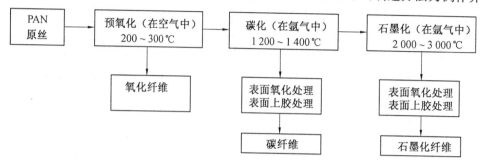

图 5.11　碳纤维的一种生成流程

PAN 纤维的稳定化过程通常称做预氧化。它是在 200～300℃空气介质中,对人造纤维施加张力下进行的。施加张力可以防止纤维收缩,以保证碳化后晶体的原子密排面沿着纤维轴线取向。预氧化处理可以提高碳纤维的收缩率及力学性能,是制备碳纤维过程中重要的一步。预氧化纤维的氧含量一般控制在 8%～12%,原丝的重量几乎不变。若预氧化不足,碳化时易使纤维产生空洞、缺陷;预氧化过度则会影响纤维结构的重排,因此,预氧化不当会降低碳纤维的性能。预氧化的过程十分缓慢,往往影响碳纤维生效率的主要所在。预氧化后的纤维呈黑色,遇火也不易于燃烧,故也称为耐燃纤维。因而,预氧化后的纤维可以制作防火织物等耐火制品。

碳化过程是在高纯氮(99.99%以上)保护下进行的。其目的有二,一是可将非碳成分挥发去除,如将 HCN、NH_3、CO_2、CO、H_2O、N_2 等挥发掉;二是使预氧化纤维向碳纤维结构转变。在 400～600℃时纤维的裂解剧烈,失重约为 40%。部分挥发性裂解物冷凝后形成焦油,对碳纤维的质量有影响,需要设法去除。碳化温度升高到 1 400℃左右,碳纤维的抗拉强度最高。

石墨化处理:由于在碳化过程中获得的碳纤维属于乱层石墨结构,石墨层片沿纤维轴的取向也较低,表现为弹性模量不高,为获得高模量纤维就必须在碳化基础上进行 2 000℃～3 000℃的高温处理,此即石墨化。石墨化处理是在氩气中进行的,它使残留的氮、氢等非碳元素进一步排除,碳－碳重新排列,层面内的芳环数增加,层片尺寸增大,结晶态碳的比例增加。在石墨化高温下施加大张力,碳纤维已足以产生塑性,使石墨层片向纤维轴取向。随石墨化温度提高,碳纤维的弹性模量线性递增,断裂伸长率变小,抗拉强度降低。

②碳纤维的结构。碳纤维的结构属于乱层石墨结构。一根直径 6～8 μm 的碳纤维,它系由原纤组成。原纤又系宽度约 20 nm、长度几百 nm 的细长条带结构。在碳纤维中,原纤不是笔直沿纤维方向,而是呈弯曲、皱褶、彼此交叉地分布在单丝中,在这些条带之间存在宽为 1.0～2.0 nm、长几十 nm 的针形空隙,空隙与原纤的长轴方向,大体上沿纤维纵轴平行排列,并呈一定角度(约 8°),它决定了碳纤维的模量。热处理温度提高,取向角减少。在原纤中,石墨微晶之间可能被一些无定形结构所隔开。

碳纤维除了具有普通碳素材料的耐高温、耐摩擦、导电、导热及耐腐蚀等特点外,还具有显著的各向异性,柔软、可加工成各种织物,沿纤维轴向有很高的抗拉强度和高的杨氏模量等特点。碳纤维的比重小,有很高的比强度和比模量。碳纤维主要是与环氧树脂、金属陶瓷及碳素等基体复合后作为结构材料使用。对于在强度、刚度、重量和抗疲劳分方面有严格要求的部件,在耐高温、高的化学稳定性和高的震动阻尼有要求的条件下,碳纤维复合材料具有明显的优势。

③碳纤维的性能。碳纤维的强度随处理温度升高,在 1 300 ~ 1 700℃范围内,强度出现最大值,超过 1700℃后处理,强度反而下降,这是由于其内部缺陷增多、增大而至。在 1 300 ~ 1 700℃范围内处理的碳纤维称为高强度碳纤维。碳纤维的模量随碳化过程处理温度的提高而提高。经 2 500℃高温处理后,称高模量碳纤维。碳纤维的脆性很大,冲击韧性差。

碳纤维密度小,耐酸,热膨胀系数小,甚至为负值;具有良好的耐高温蠕变性能,一般碳纤维在 1 900℃以上才呈现永久塑性变形。碳纤维还具有摩擦系数小,润滑性、导电性好等特点。碳纤维主要作为树脂、金属、橡胶或玻璃的增强材料而用于航空航天结构材料上。

根据力学性能的不同,碳纤维可分为低性能和高性能两大类,高性能碳纤维又可分为高强型、高模量型和普通型,作为复合材料增强体主要指标的力学性能列于表 5.4 中。此外碳纤维还具有耐疲劳、耐高温、耐化学腐蚀、密度小、抗振动和导电性好等优良性能,同时还具有可调整膨胀系数、良好的抗烧蚀性和自润滑性等特殊性能,而且成型工艺简便,零件可以整体一次成型,因此受到工业界尤其是宇航领域的重视,碳纤维增强的复合材料,已广泛用做火箭喷管、导弹头部鼻锥、飞机和人造卫星结构件等。

表 5.3 高性能碳纤维的力学性能

性能	普通型	高强度型	高模量型
抗拉强度/ × 10^2 MPa	> 19.6	> 24.5	> 19.6
弹性模量/ × 10^4 MPa	> 19.6	> 21.6	> 34.3
伸长率/%	1.0 ~ 1.5	1.0 ~ 1.5	0.5 ~ 0.9

碳纤维属脆性材料,断裂伸长率小,纺织时往往容易折断,因此碳丝织物通常用人造丝为原料先织成布,然后再作碳化热处理。近年来碳纤维直接织成高模量碳布技术已获成功,并已有工业化产品出售。在提高聚丙烯腈的拉伸强度和断裂伸长方面亦有较大进展,超高强 (5 393.85 MPa)和高断裂伸长率(2%)的碳纤维也已问世。

(3) 硼纤维。它是用具高强度、高模量的以硼为表皮、钨丝为芯的无机复合纤维。制造方法是以氢气为还原剂,使三氯化硼还原成硼沉积在炽热的、直径为 12.7 μm 的钨丝上形成硼纤维。硼纤维的直径分别有 100 μm、140 μm 和 200 μm 数种,大直径纤维综合性能较好,但直径过大,缺陷增多。目前使用较多的是直径为 140 μm 的硼纤维。密度为 2.30 ~ 2.65 g/cm³,一般拉伸强度 3.2 ~ 5.2 GPa,模量 350 ~ 400 GPa。由于硼在常温下为惰性物质,在高温下却易与金属反应。因此需要在其表面涂上 SiC 层(又称 Bosic 纤维)。硼、碳化硼、硼化钛等无机化合物用气相沉积法沉积在能导电的细丝芯材上构成的复合多晶纤维,具有高比强度、比模量和高耐温性能,主要用做高聚物基和金属基复合材料的增强纤维和耐烧蚀和防热功能复合材料。

硼纤维由于比强度、比模量高,在航空航天技术领域中,硼纤维增强铝复合材料已得到广泛应用。硼纤维增强环氧树脂主要用于制造军用飞机(如 F‑14、F‑15 战斗机和 B‑1 轰炸机等)上的某些要求严格的部件,以减轻重量、增加刚度。此外,这类复合材料也用于制造高尔夫球杆、网球拍和钓鱼竿等。

(4)晶须(whisker)。晶须是在受控条件下培植生长的高纯度短无机纤维单晶体,具近乎完整的晶体结构,通常不含晶粒界、亚晶界、位错、空洞等晶体结构缺陷,它的强度可达相邻原子间键力的理论值,抗拉强度接近于纯晶体的理论强度。400 年前,人们在天然矿物中发现了银晶须,现在人们能制成晶须的材料有 100 多种,既有金属如 Ni、Fe、Cu、Si、Ag等,也有无机非金属材料如氧化物 Al_2O_3、MgO、MgO‑Al_2O_3、Fe_2O_3、B_2O_3、SiO_2、BeO、MnO_3、NiO、Cr_2O_3、ZnO 等,氮化物如 Si_3N_4、A1N 等,碳化物 SiC、TiC、B_4C 等,卤化物 $NiBr_2$,以及莫来石等,目前石墨和一些有机化合物也能制成晶须。表 5.4 列出了几种常用晶须的物理性能。晶须由于晶体结构完整,不仅具有极好的力学性能,而且在电学、光学、磁学、铁磁性、介电性、传导性,甚至超导性方面具有特殊的功能。

表 5.4 几种晶须的物理性能

晶须名称	密度/(g·cm^{-3})	熔点 / ℃	抗拉强度/GPa	弹性模量 / GPa
Al_2O_3	3.9	2 082	14 ~ 28	550
AlN	3.3	2 198	14 ~ 21	335
BeO	1.8	2 549	14 ~ 21	700
B_2O_3	2.5	2449	7	450
C(石墨)	2.25	3 593	21	980
MgO	3.6	2 799	7 ~ 14	310
SiC(σ)	3.15	2 316	7 ~ 35	485
SiC(β)	3.15	2 316	7 ~ 35	620
Si_3N_4	3.2	1 899	3 ~ 11	380

理论上任何结晶材料都可以生成晶须,在一定条件下的成核和生长对晶须的形态起着重要作用。晶须可从过饱和气相中生成,由熔体、溶液通过化学分解,氢还原氧化物,受控氧化;或由固体的升华凝结等方法产生。晶须的生长方式既可以从底部生长,也可由顶部生长。许多晶须采用 VLS 技术生产,以 SiC 为例,即是在预选高温下将触媒固体颗粒(粒径约 30 μm)熔化形成液态触媒球,通入气相源(H_2、CH_4、SiO_2),气相中的碳、硅原子被液球吸收溶解形成过饱和的碳硅溶液,而后以 SiC 的形式沉积在支撑衬底上,不断沉积,晶须逐渐生长,触媒球被生长出来的晶须抬起,继续吸收,溶解和沉积,最终生长成所需之晶须。目前晶须的品种主要有晶须绒(直径 1 ~ 30 μm,锥度比 10 ~ 200:1)、晶须毛毡纸(锥度比 200 ~ 2 500:1)和蛛网晶须(直径放大 20 万倍后为 10 nm)等。

作为增强体的晶须直径大多为 0.1 μm 至几 μm,粗晶须可达 25 μm 左右,长度几十至

几千 μm,长径比很大。种类上应用较广的是陶瓷晶须,因为这类晶须具高强度、高模量、耐高温等突出优点,如 SiC、Si_3N_4 晶须等,熔点高达 1 900℃以上,耐高温性能好,主要用于增强陶瓷基和金属基复合材料;一些氧化物晶须,如 $2MgO \cdot B_2O_3$、$CaSO_4 \cdot K_2O \cdot 6TiO_2$ 和 $nAl_2O_3 \cdot mB_2O_3$($n = 2 \sim 9, m = 1 \sim 2$)等,熔点也可达 1 000 ~ 1 600℃,耐热性较好,可用于树脂基和铝基复合材料。晶须作为增强体时,其在复合材料中的用量(即体积分数)一般不超过 35%,所得复合材料的力学性能大大加强,如 20% ~ 30% 氧化铝晶须增强金属,得到的复合材料强度在室温下比金属强 30 倍。此外,晶须作为特殊功能材料将用于电学、磁学、光学、超塑、超导技术领域中。

3. 高聚物纤维

聚合物作为材料具有一定的力学性质。一般说来,分子量越大,力学性能越好,但当聚合物分子量达到一定极限后,其力学性能变化不大。聚合物的特点是种类多、密度小(仅为钢铁的 1/7 ~ 1/8),比强度大,电绝缘性、耐腐蚀性好,而且加工容易。按性能和用途分为合成树脂、合成橡胶和合成纤维三类。用做复合材料中增强体的高聚物纤维主要有树脂类(如聚乙烯、聚丙烯等)和有机合成纤维类(如尼龙、芳纶等)。下面举两种高聚物纤维例子。

(1)超高分子量聚乙烯纤维 采用纤维结晶法、粗单晶拉伸法以及凝胶纺丝技术制成的超高分子量聚乙烯纤维。商品名称有 dyneema 和 spectza 系列等,平均分子量在 100 万 ~ 500 万,工业上多采用 300 万左右的分子量,密度仅为 0.97 ~ 0.98 g/cm^3,是化学纤维中较轻的一种。聚乙烯纤维可具有高强度,其拉伸强度 1.4 ~ 4.0 GPa,弹性模量可达 51 GPn,延伸率 3% ~ 5%,熔点 150℃,又称超高强度聚乙烯纤维。其强度相当于同直径钢丝的 10 倍或普通高强碳纤维的 2 倍,其密度是合成纤维中最小的,而比强度则是最高的。

用分子量为 100 万以上的聚乙烯,在十氢化萘或石蜡烃等溶剂中配成 3% ~ 5% 的准稀薄溶液,以减少长分子的缠结,经干喷湿纺后冷却、结晶化,形成凝胶纤维(又称凝胶纺丝法),接着进行高倍拉伸,使分子进一步伸展,即得到分子取向高、分子末端缺陷少的高强高模纤维。现已在几个国家中商品化,中国以煤油为溶剂的凝胶纺丝和高倍拉伸技术已取得中国专利。

这类纤维可用做树脂基的增强体,所制得的复合材料耐冲击性能好,能量吸收性能优良,大大提高了复合材料的安全性能。此外这类纤维还具有良好的刚性和耐磨性,耐化学药品性能以及不吸水性等特点,除用于耐冲击的轻质复合材料外,还用于制造绳索、光导纤维、防弹背心、降落伞、船帆等。其缺点是熔点低,会产生蠕变且与高聚物的黏合性能较差。

(2)聚芳酰胺纤维。分子主链至少含有 85% 的直接与两个芳环相连接的酰胺基团的聚酰胺经溶液纺丝所得到的合成纤维,是芳香族聚酰胺纤维的总称。其中有一种纤维称为芳纶(聚对苯二甲酰对苯二胺纤维),商品名称为凯夫拉(Kevlar),是由对苯二甲酸或二酰氯与对苯二胺缩聚并纺丝所得的芳酰胺纤维,属高强度高模量特种合成纤维,被认为是目前世界上强度最大的纤维。芳纶纤维密度为 1.43 ~ 1.45 g/cm^3,最高强度可达 2.6 N/tex(纺织业用单位),模量 38 N/tex,伸长率 4.4%。比强度约为钢丝的 5 倍,最高使用温度 250℃,具有冲击强度和冲击吸收能高、耐疲劳、耐化学腐蚀等优良性能。芳纶纤维自 1965 年在实验室发现以来,其应用范围不断扩大,目前已知用途已超过 125 种。作为高强度轻质复合材料的增强体,对脆性基体还有明显的增韧作用,其价格比碳纤维和碳化硅纤维都低。现代大型飞机如波音 757、波音 767、洛克希德 L－1011 型、DC10 型等大型客机的许多零部件都用凯夫拉纤维复合材料制造,使飞机自重减轻,节省燃料。其他用途还有轮胎、胶管等橡胶制品的骨架材料、火箭发动机壳体、高压容器、防弹头盔、坦克复合装甲、导弹发射筒等军用材料以及防弹衣、防火隔热工作服、农业机械、耐磨材料和体育用品的材料等。

5.2.2　颗粒增强体

指用来改善基体材料性能的颗粒状材料,可有天然颗粒和人工颗粒。在基体中引入第二相颗粒,使复合材料的力学性能改善,提高基体材料的断裂功。根据其自身性能,可以分为延性颗粒增强体和刚性颗粒增强体两类。当材料受到破坏应力时,裂纹尖端与增强颗粒作用可以引发相变增韧、微裂纹增韧的补强机制,而且第二相颗粒还可使裂纹扩展路径发生改变而获得增韧效果。颗粒增强体的形貌、尺寸、结晶完整程度以及加入的数量等因素都会影响复合材料的性能。

1．延性颗粒增强体

主要是加入到陶瓷、玻璃、微晶玻璃等脆性基体中的一些金属颗粒,目的是增加基体材料的韧性。延性颗粒增强体一般有 Al、Ni、Ti、Nb、Mo、Zr 等,可使陶瓷基体韧性增加 1～9 倍,如 20％Al 作为增强体强化 Al_2O_3 陶瓷,制成的复合材料的断裂韧性为 20 MPa·$m^{1/2}$,比 Al_2O_3 基体的断裂韧性提高 8 倍左右,但高温力学性能会有所下降。

2．刚性颗粒增强体

主要是陶瓷颗粒,其特点是高弹性模量、高抗拉强度、高硬度、高的热稳定性和化学稳定性。刚性颗粒增强的复合材料具有良好的高温力学性能,是制造切削刀具(如 WC/Co 复合材料)、高速轴承零件、热结构零部件等的优良候选材料。

5.2.3　片状增强体

复合材料中增强体组元或功能组元的一种几何形态类别,通常为长与宽尺度相近的薄片。片状增强体可在天然、人造和在复合材料工艺过程中自身生长三种途径获得。天然的片状增强体的典型代表是云母;人造的片状增强体有玻璃、铝、铍、银以及二硼化铝(AlB_2)等;复合材料工艺过程中生长的片状体如 $CuAl_2$－Al 二元共晶合金中的 $CuAl_2$ 晶片等。晶片的生长方法有水热法、品种法、气固法等。复合材料中天然和人造片状增强体的含量可以在很大范围内变化。甚至几乎可以构成整个复合材料。

晶片增强体具高强度、高弹性模量、化学稳定性及热稳定性好等优点,还具有易分散、价格便宜、对人体健康无害等特点。片状增强体在片的方向上表现各向均衡的性能,由于片状增强体的性质以及与基体的组合不同,所获得的复合材料可具有不同的性能特点。如云母和玻璃片复合材料,由于片状增强体紧密堆迭,可具有防渗漏、隔热、防腐蚀和电绝缘性等特点,金属片紧密堆叠也可提供防渗漏和防腐蚀性能,而且在晶片平面方向上具导电、导热性能,垂直于晶片的方向还具有电磁波屏蔽性能。金属片还可以产生表面装饰效果和调节复合材料的透光度。制造这类材料面临的问题主要有片状体生产过程中尺寸和形状的控制、筛分;复合过程中片的取向控制等。

某些结晶完整、晶粒宽度与厚度之比大于 5 的片状单晶体又称晶板,可在陶瓷基、金属基和高聚物基复合材料中起增强增韧作用,改善复合材料的力学性能和耐磨性能。晶板增强复合材料是 20 世纪 80 年代末开始发展起来的一类新型复合材料,目前已研制成功的有 SiC 晶板、B_4C 晶板、ZrB_2 晶板和 Al_2O_3 晶板。晶板增强体具高强度、高弹性模量、优良的化学稳定性和热稳定性,同时还具有易分散、对人体健康无害等优点。陶瓷基和金属基复合材料通常采用厚 2 μm、宽 25 ~ 50 μm 的晶板,高聚物基复合材料采用厚 10 μm、宽 230 μm 的晶板。晶板增强体因其独特的优异性能,将具有广泛的应用前景。

5.2.4 织物增强体

复合材料增强体的一种重要结构形式,由纤维束(纱)纺织制成,可有布、带、管等多种类型,分为机织、纺织、针织和纺织布等。按照材料设计适应不同方向的性能要求,经向和纬向纤维的密度和强度可以相同也可以不同,平行铺层表现为二维增强。织物增强体也可制成无纺布(纬布),它仅由相互平行的经向纱组成,纤维之间用黏结剂相互连接成片,能够在纤维方向上提供最高强度。织物增强体常用于做压层复合材料。按照设计要求,还可以制成多维织物增强体,即由纤维束纺织而成,纤维束方向可为三向、四向、五向或七向等。纤维束保持准直,各方向互不交织,因此每个方向(维)均能发挥纤维的最佳性能。三向织物增强体由经、纬、纵三个方向的增强纤维相互成 90° 排列;四向织物增强体由四组纤维束沿立方体的四个对角线方向排列;七向织物增强体可由上述两种纤维束方向复合而成。多向增强体的维数和各方向上纤维密度、强度,可根据不同用途的复合材料性能要求进行设计调节。

5.2.5 毡状增强体

复合材料增强体的一种结构形式,它是由短纤维或连续纤维制成的毡状无纺制品,可由短纤维作无序平面分布,并用黏结剂粘合成毡片,也可用连续纤维机缝而成。为了提高复合材料某方向的性能,还可在毡片叠压后在该方向上用针刺工艺穿织连续纤维束来增强。即将多层纤维网叠合在一起,通过成百上千枚有倒钩的刺针一方面压纤维网,另一方面上下运动,将纤维网上部的纤维通过钩刺刺进纤维下层网内,经几十、上百次针刺作用,使纤维与纤维互相紧密缠连在一起而形成一块结实的毡。纤维网不断叠加就成为所需厚度的块状毡。通过特制的针刺机,在模衬上不断叠加纤维网并针刺,针刺时纤维网不断地旋转,即可得无接缝、拼缝不分层的筒形或锥体的异型毡。

如果短纤维呈三维无序分布并用黏结剂黏合,可制成整体毡增强体,常利用气流喷射将短纤维和黏结剂沉积于与复合材料制作形状相应的筛模上经干燥制成。毡状增强体是通过自身纤维网中的纤维上下连接而互相增强的。由于整体毡增强体与复合材料制件的形状相应,纤维能够保持原有方向而不随基体组元流动,因此可以减少纤维在复合材料制备过程中的损伤。整体毡增强体能提供复合材料各方向均匀的性能,毡状增强体的研究始于 20 世纪 60 年代后期,制成的整体毡和异型毡,成为重要的航天耐烧蚀材料。适于制作火箭头锥、发动机喷管喉部、刹车片等复合材料制件。

5.3 聚合物(树脂)基复合材料

5.3.1 概述

聚合物基(又称树脂基)复合材料以聚合物为黏结材料,纤维为增强材料。热固性聚合物中以不饱和聚酯用量最大,其他有环氧树脂、酚醛树脂、酚醚树脂、呋喃树脂、二甲苯甲醛树脂、聚二苯醚树脂、热固性聚酰亚胺和双马来酰亚胺等。热塑性聚合物几乎都可用纤维增强,主要有 ABS、聚丙烯、尼龙、聚碳酸酯、聚对苯二甲酸丁二醇酯(PBT)、聚对苯二甲酸乙二醇酯(PET)、聚苯硫醚(PPS)、聚醚醚酮(PEEK)、热塑性聚酰亚胺和聚酰胺酰亚胺等。增强聚丙烯以其价格低、密度小、性能好,用途不断扩大。

增强用纤维主要有玻璃纤维、碳纤维、芳纶纤维等。玻璃纤维规格繁多,如平纹玻璃布,厚度有 0.05~0.20 mm;玻璃带,厚度有 0.06~0.20 mm。玻璃纤维本身又有单向玻璃纤维,短切纤维和玻璃纤维毡等。

碳纤维指纤维中含碳体积分数在 95% 左右的碳纤维和含碳体积分数在 99% 左右的石墨纤维。它与玻璃纤维一样,有短切纤维、连续纤维、毡、布、带等。碳纤维主要分聚丙烯腈(PAN)系和沥青系,目前主要采用聚丙烯腈系。

聚合物基复合材料的性能特点主要如下:

(1) 比强度、比模量大

比强度越大,零件的自重越小;比模量越大,零件的刚性就越好。碳纤维与环氧树脂复合的材料,其比强度、比模量超过一般钢材和铝合金,也超过钛合金。纤维含量与排列形式不同则纤维的类别不同,强度和模量也有很大差别。

(2) 耐疲劳

金属材料的疲劳破坏往往是突发性的,而纤维增强聚合物材料则从纤维的薄弱环节开始,逐渐扩展到纤维与基体的结合面,破坏前有明显预兆。且疲劳强度极限金属材料一般为其抗拉强度的 30%,而碳纤维增强聚酯树脂可达 70%~80%,比金属的高。

(3) 耐腐蚀

钢、即使是一般不锈钢在海水、酸尤其是盐酸中均不耐蚀,而纤维增强聚合物材料在这些介质中却具有良好的化学稳定性,已广泛应用于船舶、化工设备、建筑等方面。

(4) 吸振

复合材料中的界面具有吸振性,对材料的振动阻尼性高。

(5) 耐烧蚀

具有较高的比热容、熔融热和气化热,可吸收高温烧蚀时的大量热能。

(6) 电绝缘

由于绝缘性能优良,不受电磁影响,不反射无线电波,高频下仍可保持良好的介电性能,大量用做雷达罩、电机和电器中的零部件。

聚合物基复合材料一般可分为热塑性和热固性聚合物基复合材料两类。热固性聚合物基复合材料占聚合物基复合材料的绝大多数,热固性聚合物固化前可流动、黏度低,固化成型后形成不熔不溶的网状、体型结构,再加热不变形,其加工成型温度较低而使用温度较高。这类复合材料一般具有高强度、高模量及优良的耐热、耐疲劳、抗蠕变、耐腐蚀、耐湿、绝缘等性能,对纤维具有良好的浸润性和粘附性。其工艺性能良好且适于各种成形方法,但加工周期长、性脆。

热塑性聚合物基体一般为长链聚合物材料,具有可反复加热熔融,重新塑成不同形状的特点,具有韧性高、成型工艺简单、吸湿性小、容易修补和多次成型、加工周期短、可回收再用等优点,但成型需高温高压,浸润纤维较困难且耐化学性稍差。

5.3.2 纤维增强聚合物基复合材料

1. 独树一帜的玻璃纤维增强聚合物基复合材料(玻璃钢)

玻璃纤维增强聚合物基复合材料俗称玻璃钢,它是以玻璃纤维及其制品为增强体的聚合物基复合材料,它在材料大家族中独树一帜,是聚合物基复合材料中产量最大的一种。材料使用的玻璃纤维是由熔融玻璃快速抽拉而成的细丝,直径一般为 5 ~ 20 μm,纤维越细,性能越好。常用的聚合物基体有不饱和聚酯、环氧树脂、酚醛树脂以及热塑性的聚丙烯、尼龙、聚苯醚等。其中不饱和聚酯综合性能及工艺性能好,价格较低,故最为常用。

玻璃钢的优点有性能可设计性好,轻质高强;耐腐蚀性能好,可耐除氢氟酸和浓碱以外的大多数化学试剂;绝缘性好,透波率高;绝热性好,超高温下可大量吸热;成本低。其缺点是模量低,长期耐温性差。

玻璃钢已广泛应用于建筑工业、机械制造、石油化工、交通运输以及航空航天等领域,例如制造车身或船体等大型结构件、飞行器结构件、雷达罩、印刷电路板及耐腐蚀贮罐、管道等。

2. 神奇的"凯夫拉"材料(芳纶增强聚合物基复合材料)

(1)概述。神奇的"凯夫拉"材料,是 20 世纪 60 年代由美国杜邦公司研制出的一种新型芳纶增强聚合物基复合材料。由于其密度低、强度高,韧性好,耐高温,易于加工和成型而受到人们的重视。"凯夫拉"材料具有坚韧耐磨,刚柔相济,刀枪不入的特殊本领,因此在军事上被誉为"装甲卫士"。它是以芳纶纤维及其制品作为增强体,热固性环氧树脂、酚醛树脂和热塑性聚酰亚胺、聚苯硫醚等作为基体经复合工艺制成的复合材料。热固性树脂作为基体的复合材料综合性能、工艺性能好;热塑性树脂做基体的复合材料耐热性、力学性能好,但工艺复杂、价格高。这类材料的比强度、比模量高,韧性和断裂伸长率超过玻璃纤维、碳纤维复合材料,且具优良的耐热、耐疲劳、抗蠕变、耐紫外线和阻燃性能。缺点是横向模量低,压缩和剪切性能差,价格昂贵。

(2)应用。"凯夫拉"材料适用于各种成型方法。主要应用于航空航天及军工生产,如制造飞行器整流罩、方向舵、火箭壳体及装甲、防弹服以及体育、医疗器械等。

例如,用"凯夫拉"材料代替玻璃纤维/尼龙复合材料制成的防弹衣虽然仅 2 ~ 3 kg 重,但在同样条件下其防护能力至少增加一倍,且具有很好柔韧性,穿着舒适、行动方便,所以已被许多国家的警察和士兵采用。

3. 别具特色的碳纤维增强聚合物基复合材料

(1)概述。碳纤维以有机原丝(如聚丙烯腈纤维、人造丝、沥青纤维等)为原料,在惰性气氛(N_2)中经高温氧化、碳化而成,常用基体有环氧、酚醛树脂及热塑性聚酰亚胺、聚苯硫醚等。由于碳纤维与树脂浸润性差,故使用前需进行表面处理。

(2)性能特点。这种复合材料比强度、比模量大,其中比模量是芳纶增强复合材料的2倍,是玻璃纤维增强复合材料的4~5倍。此外,还具有优良的抗蠕变性、耐疲劳性、耐磨性和自润滑性等特性。耐热性取决于不同的树脂基体,如酚醛树脂可耐200℃,聚酰亚胺可耐310℃。其缺点是层间剪切强度和冲击强度低、价格贵。

(3)应用。主要用于航天航空工业中,是较理想的航空航天结构材料,如机翼、尾翼、喷管、火箭壳体等。例如,早在20世纪70年代,美国就用碳纤维增强环氧树脂复合材料制造了固体火箭发动机壳体,取得令人满意的成果;近年来用它作航天飞机的舱门、机械臂和压力容器等。近年来,它用于汽车工业用来制造长途客车车身,比玻璃钢车身轻1/4,比钢车身轻3~4倍。它还用于医疗、体育器械和自润滑耐磨零件等,应用范围逐步扩大。

4.混杂纤维增强聚合物基复合材料

(1)概述。混杂纤维增强聚合物基复合材料,是由两种或两种以上的纤维增强的树脂基复合材料。常用的纤维有碳纤维、玻璃纤维、硼纤维和芳纶等,树脂基体主要是环氧、酚醛、聚酯树脂等。根据力学性能要求决定铺叠形式,通常混杂方式有交替纤维层间混杂(图5.12(a))、纤维层内混杂(图5.12(b))、不同纤维的夹芯混杂(高模量纤维为面层,低模量纤维为芯层,这样可使弯曲模量增大)等,见图5.12(c)。通过混杂,可突出结构设计与材料设计的统一性,满足综合性能要求,提高和改善单一复合材料的某些性能,也可降低成本。如玻璃纤维与碳纤维混杂可提高碳纤维复合材料的抗冲击性能,同时降低成本,而碳纤维又能提高玻璃纤维复合材料的模量、强度和耐疲劳性能。

(2)应用。这类混杂纤维增强复合材料广泛应用于交通运输、航空航天、机械制造及建筑工业领域,如火箭发动机壳体、直升机旋翼、卫星天线以及船体、建筑用工字梁等。

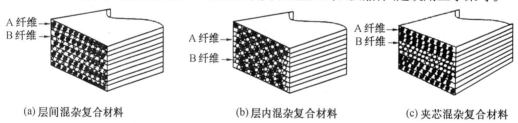

(a)层间混杂复合材料　　　　　(b)层内混杂复合材料　　　　　(c)夹芯混杂复合材料

图5.12　混杂纤维增强复合材料的几种类型

混杂复合形式是复合材料的重要发展方向之一,广义上包括用两种(或两种以上)的基体和增强体进行混杂构成的复合材料,也包括用两种(或两种以上)复合材料或复合材料与其他材料混杂的材料,但通常指两种或两种以上增强体组合的混杂复合材料。混杂复合材料可以根据构件结构的使用性能要求,通过不同类型纤维的排布和不同含量设计,甚至不同纤维与颗粒、颗粒与颗粒的混杂设计,使各种增强体不同性质相互补充而产生混杂效应,提高、改善原复合材料的某些性能,并且可以大大降低复合材料原料费用,如50%碳纤维与50%玻璃纤维混杂复合材料抗弯性能与全碳纤维复合材料相当,但价格低。未来混杂复合形式将向多元超混杂复合体系发展。

以环氧树脂为基体、芳纶与薄铝板为增强组分的层间超混杂复合材料,20世纪70年代已由荷兰发明,名称为 ARALL(aramid aluminium laminate),年产量 10 万平方米,该材料密度比铝合金低 20%,单向强度高 60%,且振动阻尼性能好。具有芳纶增强环氧树脂复合材料的高比强度及优异的耐疲劳性,又具有铝合金的耐久性和易加工成型性。芳纶/环氧 – 铝超混杂复合材料主要用于航空工业,可作机身、机翼的蒙皮材料,可部分取代航空用金属材料。20 世纪 80 年代,英国、日本、中国还分别进行了碳纤维/环氧 – 铝混杂复合材料的制备和应用研究。日本用于动力传动机构,可减轻重量 67%。

其他还有短切纤维增强树脂基复合材料等。

5.3.3 颗粒填充聚合物基复合材料

在树脂基体中填充颗粒状物料构成的复合材料。常用的颗粒(粉)填充剂有石英粉、滑石粉、石棉粉、云母粉以及某些金属氧化物和有机类的木粉、石墨粉、碎棉绒等。常用基体有酚醛、氨基、环氧树脂等,树脂含量一般为 35%~70%。采用颗粒填料可提高介电性能、耐热性、导热性、硬度,并可降低成本,但力学性能普遍低于短纤维增强树脂基复合材料。成型前将基体和填充剂混合均匀,制成压塑粉,模压、浇注或注塑成型。这类材料强度虽不如金属,但密度小、比强度、比模量较高,可替代用金属制造的各种耐磨零件、电气绝缘制品等,在电子、机械、化工、建筑及航空航天工业中有广泛的应用。

5.3.4 聚合物基层状复合材料

1. 聚合物基复合材料层压板

常用树脂基体有热固性的不饱和聚酯、酚醛、环氧和氨基树脂以及某些热塑性树脂。增强材料为纤维及其织物,有玻璃纤维、碳纤维等,也有用纸张、木材等片状材料。金属基和陶瓷基也有做成层压板的,但树脂基层压板成型工艺简单,比强度高,断裂韧性好,化学稳定性和介电隔热性能优良,同时具有良好的性能可设计性,应用更为广泛。可通过浸胶、裁剪、叠合、压制(在多层油压机上较高温度和压力下)等工序制成。广泛应用于机械、电器、建筑、化工、交通运输和航空航天工业中,还可作为透波、耐腐蚀和耐烧性材料以及某些功能材料。

2. 蜂窝夹层结构复合材料

由面板(蒙皮)与轻质蜂窝芯材用浸渍树脂液改性环氧胶粘剂或改性酚醛胶粘剂黏结而成的具层状复合结构的材料。夹层结构面板可用强度较高的铝、不锈钢、镁、钛板或碳纤维、玻璃纤维、芳纶纤维复合材料板,常用蜂窝芯材可为铝箔、玻璃布、芳纶纸板、牛皮纸板等(根据不同性能要求)片材粘接成六角形、菱形、矩形等格子的蜂窝状作为夹层结构,正六角形蜂窝芯稳定性高,制作简便,应用广泛。夹层结构的特点是弯曲刚度大,可充分利用材料的高强度、质量轻,化学稳定性好的优点。一根铝蒙皮蜂窝夹芯梁的重量仅为同等刚度的实心铝梁的 1/5。常用来制造飞机雷达罩、舵面、壁板、翼面和直升机旋翼桨叶等,使用温度范围为 – 60℃~150℃,还可用于火车、地铁、汽车上各种隔板、赛艇、游船、冲浪板等体育用品以及建筑墙板等。

3. 泡沫夹层结构复合材料

由面板(蒙皮)与轻质泡沫芯组成的层状复合材料,面板可为铝、不锈钢、镁、钛板,碳纤维、玻璃纤维、芳纶复合材料板。泡沫芯一般用泡沫塑料,即由气孔填充的多孔轻质高分子材料,常用的有聚氨酯、聚苯乙烯、酚醛泡沫塑料等。泡沫塑料具有容重小、强度高、导热系数低、耐油、耐低温、防震隔音等优良性能,且能与多种材料粘接。泡沫夹层结构的性能取决于面板材料和泡沫芯材料,一般硬质泡沫夹层材料的力学性能较好。新发展的一种"组合泡沫塑料"的泡沫芯,是利用直径为 $20 \sim 250~\mu m$ 的中空玻璃微珠、中空陶瓷微珠或中空塑料微珠,加入配料后搅拌均匀,借助固化剂固化而成,这种泡沫芯与复合材料面板有较好的匹配。这类材料由于比强度与比模量高,是航空航天结构的主要选材对象。表 5.5 列出了波音 747 飞机上采用的几种复合材料。此外,泡沫夹层材料还可用于民用,如隔音、隔热、减震构件和体育器具等。

表 5.5　波音 747 飞机上采用的几种复合材料

部　位	零　件	复　合　材　料
机翼	前缘 后缘 控制表面(扰流器等)	玻璃纤维增强树脂 玻璃纤维增强树脂 铝包覆的玻璃纤维塑料蜂窝芯夹层板
机体	地板	铝外壳连接聚氯乙烯泡沫芯板 铝黏结聚氯乙烯泡沫芯板
垂直尾翼	方向舵	玻璃纤维蜂窝芯层压板
水平稳定器	升降机	玻璃纤维蜂窝芯层压板
发动机	热冲击换向器	InConel(因科镍)625 钎焊蜂窝结构
支柱	覆盖层	2024 铝粘成的层压板
内面		玻璃纤维层压板
空气调节	分配器	塑料和玻璃纤维

5.4　金属基复合材料

以金属或合金为基体,与一种或几种金属或非金属增强体组成的复合材料,于 20 世纪 70 年代开始在世界上迅速发展。由于基体与增强体各展其长,发挥综合优势,其性能重量比远优于单质材料。从理论上讲,各种传统的金属与合金均可成为金属基复合材料的基体,但通常人们采用密度较低的 Al、Mg、Ti 等及其合金。具有特殊功能的 Cu、Ag、Pb、Zn 和耐高温的高温合金及金属间化合物也引起人们的强烈兴趣。增强体大多为高性能无机非金属材料,制成纤维、晶须、颗粒或晶片(表 5.6),高强度金属细丝和有机纤维(用于超混杂增强)虽用量不如无机纤维多,但也有较大的潜力。

表 5.6 金属基复合材料的主要增强体

增强体类型	直径/μm	典型长度/直径比	最常用材料
颗粒	0.5 ~ 100	1	Al_2O_3,SiC,WC
短纤维,晶须	0.1 ~ 20	50:1	Al_2O_3,SiC,C
连续纤维	3 ~ 140	> 1 000:1	Al_2O_3,SiC,C,B

典型增强体一般有硼纤维、碳和石墨纤维、碳化硅纤维、氧化铝纤维、碳化硅晶须和颗粒以及 Si_3N_4、C、TiB_2、AlN、$K_2Ti_6O_{13}$、$Al_{18}B_4O_{33}$、MgO、Al_2O_3、SiO_2 和 ZnO 晶须等。

由上述各种组元交叉复合发展出多种复合材料,充分发挥了基体金属特性和陶瓷增强体特点,综合性能优异,如高比强度和高比刚度,高韧性和抗冲击性能,优良的抗疲劳和耐磨损能力,良好的尺寸稳定性,优良的表面耐久性和低划痕敏感性,高电导和热导,在空间环境中不释放气体等。金属基复合材料除在航空航天领域扩大用途外,正在寻求有利于大规模生产的工艺,在提高性能同时大幅度降低成本,以向民用领域发展,具有诱人的前景。

5.4.1 连续纤维增强金属基复合材料

通常大多为结构复合材料。常用的基体有 Al、Ti、Mg、Cu 及其合金和高温合金,以及金属间化合物等。连续纤维主要有 B、C、SiC、Al_2O_3 纤维和不锈钢丝、高强度钢丝、钨丝等。复合材料具很高的比强度和比模量。例如硼纤维增强铝基复合材料含 B 纤维 45% ~ 50%,单向增强时纵向拉伸强度可达 1 250 ~ 1 550 MPa,模量 200 ~ 230 GPa,密度 2.60 g/cm^3,比强度可为钛合金、合金钢的 3 ~ 5 倍,疲劳性能优于铝合金,且在 200 ~ 400 ℃ 下仍保持较高的强度。可用来制造航空发动机的风扇,压气机叶片(如 J - 79、F - 100、F - 106、F - 111 等飞机上的构件),且已通过试验。在航天飞机上,也已正式使用硼/铝管材制造机身桁架,获得明显的减重效果。这类复合材料由于原料昂贵,工艺复杂,成本较高,目前在应用上还不普遍。

5.4.2 晶须增强金属基复合材料

基体主要有铝基、铜基、镁基、钛基、镍基、高温合金基、难熔金属基等,使用的晶须有 SiC、Si_3N_4、Al_2O_3、B_2O_3、$K_2O \cdot 6TiO_2$、TiB_2、TiC 和 ZnO 等。对于不同的基体,要选用不同的晶须,以保证获得良好的浸润性,而又不产生严重的界面反应损伤晶须,如对铝基复合材料,大多选用 SiC、Si_3N_4 晶须;对钛基则选用 TiB_2 和 TiC 晶须。这类复合材料具高的强度和模量,综合力学性能好,还具良好的耐高温性、导电、导热、耐磨损性,热膨胀系数小,尺寸稳定性好,阻尼特性好等特点。如 20% SiC 晶须增强铝基材料,其室温拉伸强度可达 800 MPa,弹性模量 120 GPa,比强度、比模量超过钛合金,使用温度 300 ℃,缺点是塑性和断裂韧性较低。目前晶须增强铝基复合材料制备工艺比较成熟,正向实用化发展。由于这类材料价格昂贵,主要应用对象是航空航天领域。

5.4.3 颗粒增强金属基复合材料

这是一类比较容易批量生产、成本较低的、研究发展比较成熟的复合材料。这类复合材料的组成范围较广,可根据工作条件需要选择基体金属和增强颗粒。基体金属主要有

A1、Mg、Ti、Cu、Fe、Co 等及其合金,常用的增强颗粒有 SiC、TiC、B_4C、WC、Al_2O_3、Si_3N_4、TiB_2、BN 和石墨等。颗粒尺寸一般 3.5 ~ 10 μm(也有选用小于 3.5 μm 和 ± 30 μm 的),含量范围 5% ~ 75%(一般为 15% ~ 20% 和 65% 左右),视需要而定。典型的颗粒增强金属基复合材料有 SiC/Al、Al_2O_3/Al、TiC/Al、SiC/Mg、B_4C/Mg、TiC/Ti、WC/Ni、C/Al 等。如 10% ~ 20% Al_2O_3 增强铝基复合材料可将基体 Al 的弹性模量由原来 69 GPa 增加到 100 GPa,屈服强度可增加 10% ~ 30%,耐磨性、耐高温性也相应提高。这类材料在航空、航天、汽车、电子等领域有很好的应用前景。

5.5 陶瓷基复合材料

陶瓷基复合材料是一类基体为陶瓷、玻璃或玻璃陶瓷,以某种结构形式引入颗粒、晶片、晶须或纤维等增强体,通过适当复合工艺,从而改善或调整原基体材料的性能而获得的复合材料。陶瓷基复合材料发展已有 20 多年历史,某些材料已在不同领域获得应用。玻璃、玻璃陶瓷基复合材料使用温度较低,一般小于 1 000℃;高温陶瓷基复合材料基体为多晶或耐高温非晶陶瓷材料,使用温度为 1 000℃ ~ 1 400℃。与金属及高聚物基复合材料相比,陶瓷基复合材料耐高温,而且性能覆盖范围广,因而应用日益广泛。用途主要可作为机械加工材料及耐磨件、高温发动机燃烧室及连接件、航天器,保护材料、高温热交换器材料、轻型装甲材料、分离或过滤器材料以及生物材料等。

5.5.1 纤维增强陶瓷基复合材料

由纤维为增强体,同陶瓷基体通过一定的复合工艺结合在一起组成的复合材料。该类材料具有高强度、高韧性和优异的热和化学稳定性,是一类新型结构材料。纤维增强体可分为金属纤维如钢丝等,陶瓷纤维如 Al_2O_3、ZrO_2、SiC、C 等和玻璃纤维三类;基体可分为水泥基、玻璃基、陶瓷基三大类。界面黏结对复合材料的强度和韧性起关键作用,脆性纤维和脆性基体要求弱的界面强度,才能使复合材料既增韧又增强。除了纤维增强水泥基复合材料已在工程中应用,碳 – 碳复合材料在航空工业中得到应用外,其他的纤维增强陶瓷大都处于实验室研究开发阶段,在增强体和基体的开发、复合技术、界面设计等方面存在许多问题,有待于改进与发展,可望用于高技术领域如军事、能源、空间、核技术等。

1. 钢纤维增强混凝土(简称 SFRC)

它是近年来国际上发展很快的一类新型复合材料,具有优良的抗拉、抗弯、抗冲切、阻裂、耐冲击和耐疲劳等性能。水泥混凝土的缺点是其抗压强度高而抗拉强度小(仅为抗压强度的 ± 20%),属脆性材料。若做成板、梁构件受力后,容易弯曲变形,显示出下部受拉、上部受压,在受拉区产生裂缝,影响结构强度和寿命。20 世纪初,前苏联有人提出用金属纤维增强混凝土抗裂性能,后来美国等其他国家也开始进行研制试验,20 世纪 70 年代开始在工程领域中应用。其原理是在混凝土中均匀掺入一定规格(具有各种外形、长径比 50 ~ 100),一定比例(体积掺入量为 0.5% ~ 2%,高性能者可掺 4% ~ 12%)的钢纤维,主要使用低碳钢、不锈钢等金属纤维,改善纤维与基体之间黏结状况,提高混凝土的力学性能。它与未增强的混凝土相比,抗弯强度可提高 1.5 ~ 2.5 倍,抗拉强度提高 1.5 ~ 2 倍,韧性可提高 10 ~ 15 倍,同时其抗冲击性、抗疲劳性、抗渗性、抗冻融收缩性等性能均有大幅度提高,可用于浇筑桥面、公路路面与机场跑道等,高性能钢纤维增强混凝土材料主要用于抗冲击、抗爆炸和抗地震等有较高要求的工程上。金属玻璃纤维(一定成分的熔融金属液经淬火急冷制成非晶态金属玻璃纤维)可制作储藏核废料容器和抗爆构筑物。

我国对钢纤维增强混凝土研究起步较晚,起始于 20 世纪 70 年代初,近年来进展较快,国内已用于公路、机场、桥面工程中,北京西北三环路新兴(公主坟)立交桥柱顶采用钢纤维增强混凝土取得良好效果。

2. 碳纤维增强碳基复合材料(C/C 复合材料)

(1)概述。碳/碳(C/C)复合材料系指以碳或石墨纤维为增强体、碳或石墨为基体组成的一种高技术新型复合材料。美国最早于 1958 年研制,20 世纪 60 年代中期在世界各国蓬勃发展。C/C 复合材料的比强度、比模量高,其强度在所有复合材料中为最高,特别可贵的是强度随温度升高而增大,2 500℃左右其强度和模量达到最大值,温度再升高则会发生蠕变;它还具有良好的抗烧蚀性能和抗热振性能,其烧蚀热达 500 kJ/kg ~ 600 kJ/kg,对雷达波和光波反射小,抗辐射和辐射系数高。主要性质为拉伸强度大于 276 MPa,弹性模量大于 69 GPa,密度小于 2.99 g/cm^3,熔点高达 4 100℃以上,热导率 11.5 W/m·K,线性膨胀系数约 1.1×10^{-6}/℃,在惰性气氛下具良好的热和化学稳定性,强度可保持到 2 000℃以上,它是迄今发现的适用于超高温条件的最有效材料,并可以制成一维到多维复杂形状制品。现在,C/C 复合材料也从单一的抗烧蚀发展到抗烧蚀、抗浸沏、外形稳定的多功能材料,并大力向民用开发。其性能见表 5.7。C/C 复合材料最大的缺点是在氧化气氛下于 600℃左右开始氧化而失去强度,通常采用在其表面镀保护膜的方法(外层为 SiC 等难熔碳化物,内层为硼硅或 SiO$_2$ 玻璃),可使其在氧化气氛下使用到 1 600℃。

表 5.7 C/C 复合材料的性能

性能 \ 增强体	方向	短纤维	二维纤维	三维纤维
密度/(g·cm^{-3})		1.6 ~ 1.8	1.6 ~ 1.8	1.8 ~ 1.9
抗拉强度/ MPa	平行/垂直	35 ~ 55	100 ~ 150 / < 10	≥35 / > 110
弹性模量/ GPa	平行	17 ~ 22	23 ~ 48	
压缩强度/ MPa	平行/垂直	80 ~ 100	120 ~ 400 / 120 ~ 250	100 / 100
弯曲强度/ MPa	平行	50 ~ 100	150 ~ 250	80
弯曲模量/ GPa	平行	10 ~ 20	25 ~ 40	
剪切强度/MPa	平行	25	20 ~ 30	
热导率/(W·m^{-1}·K^{-1})	平行/垂直	10 ~ 20	250 ~ 300 / 80 ~ 100	260 / 140
热膨胀系数/10^{-6}℃	平行/垂直		2.0 ~ 4.5 / 11 ~ 12	2.3 / 2

(2)制备工艺。其制备方法一般有两种,一种是先让碳纤维或石墨纤维形成某种坯件,再用一种可以碳化的树脂(如酚醛树脂)浸透这种坯件,随后树脂即被碳化或石墨化,

通过周而复始的多次浸渍的碳化处理,就可得到既坚固又轻巧的 C/C 复合材料产品;另一种方法是用高温分解的碳或石墨的化学气相沉积法直接渗入到纺织好的碳纤维预制品中,经多次沉积,便可使坯件密实起来,以此制得 C/C 复合材料制品,其工艺流程见图5.13。

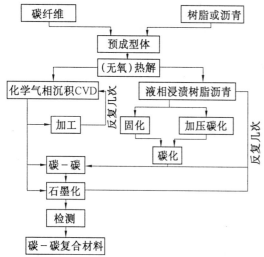

图 5.14　碳/碳复合材料航空刹车副成品

图 5.13　碳/碳复合材料制备流程示意图

(3) 应用

①在宇航方面的应用。主要用做烧蚀材料的热结构材料。其中最重要的用途是用做洲际导弹弹头的鼻锥帽、固体火箭喷管和航天飞机的鼻锥帽和机翼前缘。导弹鼻锥帽是采用烧蚀型 C/C 复合材料,利用其质量轻、高温强度高、抗烧蚀、抗侵蚀、抗热震性好的优点,使导弹弹头再入大气层时免遭损毁。固体火箭发动机喷管最早采用的是 C/C 复合材料喉衬,现已研制出编织型整体 C/C 复合材料喷管,是一种烧蚀型材料。除上述特性外,还要求耐气流和粒子的冲刷。烧蚀型 C/C 复合材料结构往往只使用一次,高温下的工作时间也很短。航天飞机的鼻锥帽和机翼前缘则要求重复使用,采用非烧蚀型的抗氧化 C/C 复合材料,又称热结构 C/C 复合材料,美国、俄罗斯已成功地在航天飞机上应用。世界各国正在研制的航天飞机也都将采用 C/C 复合材料作为鼻锥帽和机翼前缘。热结构 C/C 复合材料还可用于未来航天飞机的方向舵和减速板、副翼和机身挡遮板等。

②刹车片。C/C 复合材料质量轻、耐高温、吸收能量大、摩擦性能好,20 世纪 70 年代以来,已广泛用于高速军用飞机和大型高超音速民用客机作为飞机的刹车片。飞机使用了 C/C 复合材料刹车片后,其刹车系统比常规钢刹车装置的质量减轻 680 kg。C/C 复合材料刹车片不仅轻,而且特别耐磨,操作平稳,当起飞遇到紧急情况需要及时刹车时,该刹车片能够经受住摩擦产生的高温。而到 600 ℃时,钢刹车片的制动效果就急剧下降。

由黄伯云院士等完成的"高性能炭炭航空制动材料的制备技术"获 2004 年国家技术发明一等奖。C/C 材料是当今世界航空制动领域最先进的材料,主要用于飞机刹车和航天发动机上(图 5.14),目前除我国之外,只有美、英、法国掌握了这种材料的制造技术。

长期以来,C/C复合材料航空刹车副美、英、法三国垄断了国际市场,并实行严密的技术封锁,我国每年需进口数亿元C/C刹车副。与国外同类产品相比,我国科学家不仅依靠独特技术路径制备生产出了C/C复合材料航空刹车副,而且性能指标"一路攀高":使用强度提高30%,耐磨性提高20%,寿命提高9%,价格降低21%,生产效率提高100%,高能制动性能超过25%。即100 m能刹住的飞机,用C/C复合材料制作的75 m就能刹住。

　　飞机减重是以克来计算的,越重越耗油。全部采用我国C/C复合材料刹车副的中型飞机,要比使用金属刹车副时轻300 kg以上,使用寿命更是4倍,飞机降落时刹车距离可以大幅缩短。

　　③发热元件和机械紧固件。许多在氧化气氛下工作的1 000～3 000℃的高温炉,装配有石墨发热体,石墨发热体强度较低、性脆、加工运输困难。C/C复合材料发热元件由于有碳纤维的增强,机械强度高,不易破损,电阻高,能提供更高的功率,可制成大型薄壁发热元件,更有效地利用炉膛的容积。如高温热等静压机中采用长2 m的C/C复合材料发热元件,其壁厚只有几 mm,这种发热体可在2 500℃高温下工作。C/C复合材料制成的螺钉、螺母、螺栓、垫片在高温下作紧固件,效果良好,可充分发挥其高温拉伸强度。

　　④吹塑模和热压模。C/C复合材料新开发的一个应用领域,是代替钢和石墨来制造超塑成型的吹塑模和粉末冶金中的热压模。采用C/C复合材料制造复杂形状的钛合金超塑成型空气进气道模具,具有质量轻、成型周期短、成型出的产品质量好等优点。德国已研制出该C/C复合材料模具,最长达5 m,但质量很轻,两个人就可轻易地搬走。C/C复合材料热压模已被用于Co基粉末冶金中,比石墨模具使用次数多、寿命长。由于其能多次重复使用,虽然成本较高,但还是经济可行的。

　　⑤涡轮发动机叶片和内燃机活塞。C/C复合材料已用于涡轮发动机叶片,用C/C复合材料制成了燃气涡轮陶瓷叶片的外环,C/C复合材料外环充分利用了碳纤维高的拉伸强度来补偿叶片的离心力,由于C/C复合材料的高温氧化问题,C/C复合材料外环需要气体冷却到400℃以下。1983年以来,加强了C/C复合材料抗氧化涂层的研究,以满足燃气涡轮发动机1 750℃的工作温度。与金属活塞相比,C/C复合材料辐射率高,热导率低,又可去掉活塞外环和侧缘,而且,其活塞能在更高的温度和压力下工作。

　　⑥在生物医学方面的应用。碳纤维及C/C复合材料与人体组织的生物相容性良好,已成功地用于制造人工韧带、碳纤维血管、食管、人工腱、人工关节、人工骨、人工齿、人工心脏瓣膜等。

　　⑦汽车工业。汽车工业是今后大量使用C/C复合材料的部门之一。目前,石油资源日益短缺,要求汽车消耗燃料量逐年下降,促使汽车的车体向轻量化、发动机高效化、车型阻力小等方向发展。其中,车体轻量化将逐步改变目前以金属材料为中心的汽车结构,从目前的整车用料来看,金属材料约占80%,非金属材料约占20%,具有轻质和优良力学性能的C/C复合材料是理想的选材,如图5.15所示为C/C复合材料所制成的各种汽车部件、零件及其在汽车上的应用示意图。C/C复合材料可制成各种汽车的零件、部件,大体可归纳为以下4个方面:a.发动机系统:推杆、连杆、摇杆、油盘、水泵叶轮、内燃机活塞等;b.传动系统:传动轴、万轮箍、变速箱、加速装置及其罩等;c.底盘系统:底盘、悬置件、弹簧

片、框架、横梁、散热器等;d.车体:车顶内外衬、箱板、侧门等。

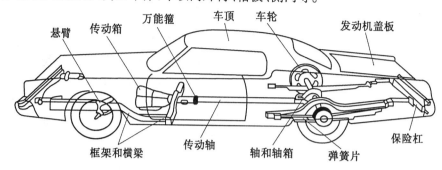

图 5.15　C/C复合材料可能用于小汽车的部位

⑧化学工业。C/C复合材料主要用于耐腐蚀设备、压力容器、化工管道、容器衬里和密封填料等。

⑨电子、电器工业。C/C复合材料是优良的导电材料,利用它的导电性能可制成电吸尘装置的电极板、电池的电极、电子管的栅极等。

5.5.2　晶须增强陶瓷基复合材料

以晶须为增强体、陶瓷为基体,通过复合工艺制得的新型陶瓷材料。它既保留了陶瓷基体的主要特性,又通过晶须的增强增韧作用,改善了陶瓷基体的性能。晶须种类常用 C、Al_2O_3、BeO、B_4C、SiC、Si_3N_4、SiO_2、TiN、莫来石等;基体主要有 Si_3N_4、SiC、Al_2O_3、ZrO_2 和 B_4C 等陶瓷材料。材料可以用外加晶须与基体原料混合、成型、烧结而成(称外加晶须补强陶瓷基复合材料);也可以在一定温度下热处理,使坯体内部生长出晶须,然后烧结而成(称原位生长晶须补强陶瓷基复合材料),前一种工艺容易控制晶须含量,但难以清除晶须团聚现象,后者可以实现晶须均匀分布,但含量难以精确控制。合理的界面状态有利于发挥晶须作用,获得优越性能。如 SiC 晶须补强 Al_2O_3 陶瓷是最有效地提高 Al_2O_3 的强度和韧性的方法之一,复合材料的抗弯强度可达 $600 \sim 900$ MPa,断裂韧性可达 $7 \sim 9$ MPa·m$^{1/2}$,强度和断裂韧性都比基体提高了一倍左右,而且可维持到 $1\,000$ ℃不衰减,已用来制造刀具和陶瓷发动机的零部件。晶须增强陶瓷基材料比单一陶瓷材料性能好,但价格相对较高,主要用于国防工业、航空航天以及精密机械零件等方面。

5.5.3　颗粒弥散强化陶瓷基复合材料

它指在陶瓷基体中引入第二相颗粒,使其均匀弥散分布并起到增强陶瓷基体作用的复合陶瓷。颗粒弥散强化陶瓷是借鉴了金属材料弥散强化原理而发展起来的一类新型材料。第二相颗粒可以是金属粉末颗粒(常为延性颗粒),也可以是刚性的陶瓷颗粒,一般选用具有高强高弹性模量的材料作为刚性弥散颗粒,如 TiC、TiB_2、BC、$MoSi_2$ 和 SiC 等。陶瓷基体可有 Al_2O_3、ZrO_2、莫来石、尖晶石等氧化物类,以及氮化物、碳化物、硼化物等。第二相颗粒的引入方法有直接混合法、原位生长法、包裹法、共沉淀法、溶胶—凝胶法和气相法等。工艺关键是选择适宜的第二相颗粒,如何实现均匀弥散弥散强化使陶瓷基体强度获得大幅度提高。基体与颗粒界面的物理、化学相容性(弹性模量、热膨胀系数是否匹配,是否发生化学键合反应或形成中间过渡产物等)、第二相颗粒的大小与强度、在陶瓷基体中均匀分散程度及分布方式(处于晶界或粒内)等均会对强化效果产生重大影响,一般颗粒体积分数为 20% 左右时效果最佳。长柱状、板状、盘状颗粒有更好的弥散增韧效果。

颗粒弥散强化陶瓷的种类主要有 Al_2O_3/ZrO_2、Si_3N_4/Al_2O_3、SiC/Al_2O_3、Si_3N_4/ZrO_2、Si_3N_4/ZrO_2、$SiC/$莫来石、SiC/TiC、SiC/TiB_2、Si_3N_4/SiC、Si_3N_4/TiC 等。颗粒弥散强化陶瓷与晶须或纤维补强陶瓷相比,具有制备工艺简单,第二相分散容易,价格低廉等特点,且在性能上基本呈各向同性,因此在切削刀具、耐腐蚀和耐磨损以及高温结构材料方面获得应用。颗粒弥散强化陶瓷目前正向多元复合方向发展。

5.5.4 纳米陶瓷(基)复合材料

陶瓷基体中含有纳米(nm)粒子第二相的复合材料。20 世纪 80 年代后期,日本研制出纳米级颗粒补强陶瓷基复合材料,使材料的力学性能大幅度提高。一般可有 3 种类型:(1)晶粒内弥散纳米粒子第二相;(2)晶粒间弥散纳米粒子第二相;(3)纳米晶基体和纳米粒子第二相复合而成。在前两种类型中由于纳米粒子第二相弥散分布,改善了材料的室温和高温力学性能以及耐用性,如 5%SiC 纳米颗粒弥散于 Al_2O_3 基体内,复合材料强度为纯 Al_2O_3 陶瓷 3 倍,达 1 500 MPa。第三种类型复合材料将可产生某些新功能如可加工性和超塑性等。制备方法是先制备纳米级粉体,再经特殊烧结方法获得,或控制热处理条件使基质晶淀析出纳米晶第二相。现已报道的纳米陶瓷复合材料有 $Al_2O_3/nmSiC$,$Al_2O_3/nmSi_3N_4$,$Al_2O_3/nmTiC$,莫来石$/nmSiC$,$B_4C/nmSiC$,$B_4C/nmTiB_2$,$Si_3N_4/nmSiC$ 等。

5.6 梯度功能材料研究进展

5.6.1 概述

梯度功能材料是指随着材料的组成、结构沿某一方向连续变化,其各项性能也发生连续变化的一类新型非均质复合材料。梯度功能材料涉及的功能广泛,包括力学、化学、光学、电磁以及生物特征。它可将互不相容的性能集于一身以适应不同环境。国际上通称这类材料为 functionally graded materials,简称 FGM。

梯度功能材料根据组成可分为金属 - 陶瓷系 FGM,聚合物 - 陶瓷系 FGM,金属 - 金属系 FGM 等;根据梯度分布范围可分为涂层 FGM 和块体 FGM;根据材料梯度的几何特征可分为一维 FGM、二维 FGM 和三维 FGM。

梯度功能材料是基于航空航天技术的发展而提出的新概念。未来的太空计划需要航天飞机在大气层中长时间以极超音速飞行,机头尖端和发动机燃烧室内壁的温度高达 2 100 K 以上,因此材料必须承受 2 100 K 的高温以及 1 600 K 的温度落差,服役条件极为恶劣。因此,迫切需要开发新型超耐热先进材料。1984 年,日本学者首先提出了 FGM 的概念,其设计思想一是采用耐热性及隔热性的陶瓷材料以适应几千度高温气体的环境,二是采用热传导和机械强度高的金属材料,通过控制材料的组成、组织和显微气孔率,使之沿厚度方向连续变化,即可得到陶瓷 - 金属 FGM,如图 5.16 所示。由于该材料内部不存在明显的界面,因此能成功缓和材料内部的热应力,成为可应用于高温环境下的新一代功能材料。

5.6.2　梯度功能材料的研究动态

自梯度功能材料的概念被提出以后,立即引起了世界各国的高度重视,日本更是将开发 FGM 视为十大尖端材料科学新的主要战役之一。日本科技厅于 1992 年完成了关于开发热应力缓和梯度功能材料的第一个国家级五年计划,已将工作重点转向模拟件的试制及其在超高温、高温度梯度落差及高温燃气高速冲刷等条件下的实际性能测试评价上,并于 1993 年开始研究具有梯度结构的能量转换材料。美国的 NASP 计划、德国的 Sanger 计划、英国的 HOTOL 计划及俄罗斯的图 – 2000 计划等都把耐热隔热 FGM 及其制备技术作为重点关键技术来研究开发。国际上有关 FGM 的研究开发活动异常活跃,每两年定期召开一次 FGM 国际研讨会。我国也于 1988 年开始了对 FGM 的研究工作,目前国内已开展 FGM 研究工作的高等院校、科研院所等有 10 余家。从国内外的研究动态来看,对梯度功能材料的研究开发主要集中在下述几个方面。

1. FGM 的设计

梯度功能材料设计方面的研究内容见表 5.8。其研究思路是,首先要根据实际使用要求,进行材料内部组成和结构的梯度分布设计。以缓和热应力型超耐热材料为例,采用逆设计法:首先设定使用的热环境和构件形状,以知识库为基础选择可供合成的材料组成和制造技术,然后选择表示梯度变化的分布函数,并以材料物性数据库为依据进行温度和热应力解析计算,几经反复直至得到热应力最小的组成和结构的梯度分布,最后将设计结果提交材料合成部门。通过这样的设计过程建立数学模型,经过实验和数学计算得到必要的数据,利用程序设计语言(如 PROLOG 和 FORTRAN)建立比较完善的专家系统和数据库。目前,设计部门已建立了较丰富的梯度功能材料体系的数据库。这方面的研究目标还是继续研究梯度功能材料体系更准确的计算模型。

表 5.8　材料设计部门的研究内容

研究课题	研究目标
关于 FGM 设计所需的物性数据推定技术的研究	确定不同合成方法中进行微观组织分析和梯度物性数据推定的技术
关于建立 FGM 的理论模型和热应力解析方法的研究	将 FGM 设计中热应力最小化的基础理论公式化以及开发解析程序
关于计算机辅助 FGM 设计系统的开发	将以上两项研究成果编入专家系统,运用逆设计法确定佳组成和组织分布

梯度材料的性能能否连续平稳地变化,主要取决于组成成分的连续变化。因此,组成的优化设计显得格外重要。对于热应力缓和型 FGM 的优化设计来说,金属与陶瓷复合材料在高温环境下使用时,在界面处产生的热应力是使材料失效的主要原因。因此,服役过程中所产生的热应力大小及其分布状况是制约材料性能的关键因素,也是这类 FGM 优化设计理论分析的出发点。FGM 的设计指导思想是通过连续改变材料配比的方法来实现物性参数沿梯度方向上的连续变化,而这又能明显影响整个材料的热应力分布。因此,存在着一个以热应力大小为目标的最优化设计问题,其优化设计的目标实际上就是选取一个梯度分布函数,最大限度地缓和热应力。

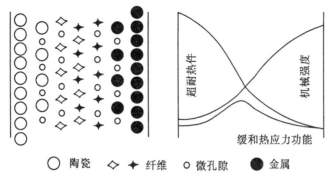

○ 陶瓷　◇ ✦ 纤维　○ 微孔隙　● 金属

图 5.16　陶瓷 – 金属 FGM 示意图

2.FGM 的制备

梯度功能材料的制备方法很多,按反应的状态分为气相、液相(熔融)和固相三种。按反应的性质分为化学反应和物理反应两种。

制造梯度功能材料的关键:一是如何采取工艺措施确保两种材料在组成、结构上呈梯度变化;二是如何提高材料整体的致密性。为了实现上述目的,不同的制备技术采用了不同的方法和手段。

①气相沉积法。主要通过控制弥散相的浓度在厚度方向上实现组分的梯度化,该法适用于制备薄膜与平板型 FGM。该法具有蒸发材料离化率高、动能高的优点,可提高沉积温度,有助于原子在梯度薄膜中的渗入,通过调节工艺参数(氮气压力),使涂层由一侧和基体结合良好变化到另一侧具有高硬度,从而提高了工具的耐磨性及使用寿命。

②等离子喷涂法。因为等离子可获得高温、超高速的热源,最适合于制备陶瓷 金属系 FGM。其方法是将原料粉末送至等离子射流中,以熔融状态直接喷射到基材上形成涂层,喷涂过程中改变陶瓷与金属的送粉比例,调节等离子射流的温度及流速,即可调整成分与组织,获得 FGM 涂层。其沉积速率高、无需烧结,不受基材截面积大小的限制,尤其适合于大面积表面热障 FGM 涂层。

③粉末冶金法。粉末冶金法是先将原料粉末按不同混合比均匀混合,然后以梯度分布方式积层排列,再压制烧结而成。按梯度积层的方式可分干式法和湿式法,干式法快捷但无法精确控制梯度成分分布,湿式法如粉浆浇注法可连续控制粉浆配比,得到成分连续分布的试件。粉末冶金法制备 FGM 最主要的问题在于生坯的烧结过程,特别是当需制备大尺寸和形状复杂的 FGM 时,由于 FGM 各处烧结速率的不同以及不均匀的收缩会导致试件变形和开裂。烧结方法至关重要。当采用无压烧结或热等静压烧结时,需使 FGM 各层的热行为相匹配,从而最大程度的减小制备过程的内应力;当采用热压烧结时,生坯的密度匹配显得不是那么重要,但由于单向压制而使 FGM 的形状受到限制。

④激光法。激光法制备 FGM 涂层可分为激光融覆法和激光合金化法。前者只在基体极浅表层形成熔池以增强涂层与基体的结合,后者则在基体一定深度形成熔池,通过粉末注入使基体合金化,合金化的程度取决于基体熔池的深度与粉末注入速率之比。

⑤电化学法。与其他方法相比,电化学法制备 FGM 有其自身优点,如用复合镀有以下优点:a.属于湿式法,不需要高温高压,温度一般小于 $100℃$,这对保持良好的固体微粒

性能、结构以及微粒金属间界面性质都有很好的作用,所得镀层材料的物理力学性能破坏小。

b.制备过程不存在液相金属,能准确控制材料的精度。

c.所用设备比较简单,易于操作。

⑥自蔓延高温燃烧合成法。哈尔滨工业大学的张幸红等采用自蔓延高温燃烧合成反应结合准热等静压技术(SHS/PHIP)制备了致密性良好的 TiC/Ni 系 FGM,产物的成分分析显示 Ni 元素沿厚度方向相对连续而平滑地过渡,明显不同于反应前的阶跃式分布,随着 Ni 含量的增加、燃烧温度的降低,梯度层中 TiC 颗粒尺寸逐渐减少,各梯度层的硬度、相对密度也随着 Ni 含量的添加而变化。

⑦离心铸造法。离心铸造法制备梯度功能材料是巧妙地利用强化相质点与基体金属之间的密度差异,在离心力的作用下发生质点的偏析,使其组织和成分沿径向呈现梯度变化,由此而导致性能梯度。其强化相可以是外加的陶瓷颗粒、陶瓷纤维和石墨颗粒等,也可以是金属间化合物,例如 $NiAl_3$、$TiAl_3$、$TiAl$、$FeAl_3$ 等。

⑧熔渗法。对于熔点相差悬殊的组分,用粉末冶金法及烧结过程制备致密的 FGM 十分困难,熔渗法是一种很有发展前景的新方法。该法是首先制备出具有梯度孔隙变化的多孔预成形坯件,然后用液态熔体对预成形坯件进行浸渗,冷却之后,熔体与坯件结合在一起而制得梯度功能材料。

3.FGM 的性能评价

性能评价技术是测定 FGM 的各种性能,判明它是否满足使用要求的技术。由于 FGM 热学性能和力学性能沿某一方向连续变化以及功能的多样性,现有材料性能评价的基本原理、测试手段已不能完全满足 FGM 性能评价的需要,因而 FGM 性能评价部门需开发和建立适合 FGM 性能评价的技术和标准。

①热性能评价。FGM 常用做航空航天领域的耐热材料,因而需要对其隔热性能、热疲劳性能、热冲击性能和热应力缓和性能进行评价。

②力学性能评价。FGM 通常尺寸不大,因而必须开发出适用于小型试样的材料性能评价方法。通常,小型试样材料为 10 mm × 10 mm × 10 mm 的平板,评价项目有:弹性模量、断裂应力、断裂应变和断裂韧性等,从试验数据推测室温到高温的弹性模量 E、弯曲强度 K_{IC} 和 J_{IC}等。

另外,作为 FGM 体系,对其各种特殊功能也应建立相应的评价技术和评价标准,满足非单纯耐热 FGM 的要求,以便调整设计方案和制备工艺。

4.梯度功能材料的应用

FGM 的概念是基于航天技术发展的需要提出的,由于 FGM 成功解决了金属/陶瓷涂层无法解决的热应力缓和问题,备受世界各国材料界的重视。经过近 20 年的发展,FGM 的概念已经突破耐高温材料的领域,辐射到机械、能源、化工、光学、电学和生物医学等众多的应用领域。

①热应力缓和型梯度功能材料。热应力缓和型梯度功能材料是迄今为止研究得最早最多的一类材料。它们多属于金属陶瓷组合类型。现已成功地制出整块材料、涂层镀膜材料。由于它们具有良好的障热和缓和热应力作用,所以主要应用在需要承受巨大的温

度落差的使用环境下。例如航天飞机发动机引擎部件、燃烧室器壁、高效燃气轮机涡轮叶片、大型钢铁厂轧辊、核反应容器障热层等。此外,亦适用于需兼有耐热性和强度的管线材料上。

②FGM 在机械工程中的应用。在机械工程材料中相当一部分材料对不同部位的性能要求是不同的。如耐磨耐蚀类工程材料仅要求表面具有良好的耐磨性或耐蚀性,而对芯部则要求有较高的强度;切削刀具类材料要求表面有高的硬度与耐磨性,而芯部则要求有较好的韧性;含油自润滑轴承类材料要求摩擦面有较高的空隙率,以储备足够的润滑油来减低摩擦,而非摩擦面则要求有较高的强度来承受外界载荷等。FGM 的组织与结构在内部呈连续变化,使之功能也呈连续变化的特点,与上述机械功能材料的实际使用要求相吻合。

a. 梯度自润滑滑动轴承。均质自润滑滑动轴承大多由粉末冶金法先生产出多孔金属基体,然后浸渍润滑油而制成,其孔隙在基体中呈均匀分布。这种均质轴承在使用过程中存在着基体强度与孔隙率的矛盾,在摩擦面上要求基体孔隙率高以便能储存足够的润滑油来减低摩擦系数,而在支承面则要求在基体孔隙率尽量低以便保证轴承有足够的强度来承载外界载荷,而均质含油轴承无法同时满足上述两方面的要求。因此,均质轴承存在着极限 PV 值低与使用寿命短两大缺点。为此,我们设计了梯度自润滑轴承,它通过往基体中添加 $PbCO_3$ 粉末,形成 $PbCO_3/Fe$ 合金粉配比的梯度分布,在烧结过程中 $PbCO_3$ 受热分解产生 CO_2 气体,从而留下孔隙,$PbCO_3$ 含量不同孔隙率也就不同,轴承的支承面为 100%金属,孔隙率最小,而强度最大,摩擦面上为 100% $PbCO_3$,孔隙率最大,可以储存更多的润滑剂来维持轴承的自润滑状态,同时 $PbCO_3$ 分解生成的 PbO 本身也是一种优良的固体润滑剂。因此,梯度自润滑轴承与一般的均质含油自润滑轴承相比,极限 PV 值由2.0 MPa·m/s 提高到 4.0 MPa·m/s,使用寿命也提高 2 倍多。

b. 梯度硬质合金刀具。硬质合金是一种具有高硬度、高强度、耐磨性、耐蚀性和膨胀系数小等一系列优良性能的材料,在机械工业中广泛应用,如切削刀具、矿山的凿岩工具等,但该材料固有的硬脆性与使用过程中要求有良好的韧性存在矛盾,已成为制约这种材料进一步扩大使用的关键因素。然而 FGM 概念使欧美等先进硬质合金生产厂家先后研究出梯度硬质合金,改变了传统硬质合金 WC/Co 比例不变的模式,其表现为表层 Co 含量低,硬度高,耐磨性好,而芯部 Co 含量高,强度大、冲击韧性更好,使合金的强度与韧性得到了很好的协调,当使用这种梯度硬质合金制成凿岩钻齿时,其工作寿命比传统均质硬质合金钻齿提高 3 倍。合成金刚石的高温高压容器中的顶锤,在使用梯度硬质合金后不仅可大大提高顶锤的使用寿命,而且提高了合成金刚石的工作效率。在机床工业上使用梯度硬质合金作切削工具,工作效率与使用寿命都显著提高。因此,梯度硬质合金刀具备受各国重视,我国有关厂家也着手研究。

c. 梯度涂层类耐磨耐蚀件。表面涂层工艺已广泛用于许多工程中,以满足单一组分中不同位置对性能的不同要求,如 TiCN 涂层可给表面提供优良的耐磨性;ZrO_2 涂层可给表面提供优良的耐蚀性与耐热性。然后,涂层与基体之间常存在明显的界面,界面结合区又常是脆弱的,因此工作常常在界面处首先失效。梯度涂层材料则可克服上述缺点。由于在梯度涂层中沿涂层厚度方向其组成与结构均随位置变化而变化,便可明显消除基体与涂层之间的界面,从而很好地解决了两者性能不匹配的问题,提高了涂层与基体之间的结合强度,延长了工件的使用寿命。目前开发成功的梯度涂层材料已运用于航空涡轮发动机叶片、汽车缸体、气轮机叶片及圆形钢管内壁具有成分梯度的陶瓷复合钢管等,这些梯度涂层材料都具有优良的耐磨、耐蚀及耐热性能,在石油、机械、海洋、军事等方面有着广泛的应用前景。

d. 梯度热电能量转换材料。热电元件发电原理与测温热电偶相同,其发电性能随温度变化,温度的选择应使热电变换效率达到最高。梯度热电变换材料的出现使这一目标成为可能。常用的热电材料有 Bi – Te 系、Pb – Te 系、Fe – Si 系、Si – Ge 系。美国 1977 年发射的太阳系行星旅行者 II 探测器上的电源就是采用热电发电机,其中热发电元件是由 Si – Ge 梯度热电功能材料制成。它用中温发电性能高的 63.5%(原子)Si – Ge 和高温区域发电性能高的 78%(原子)Si – Ge 制成分割接合体,使发电能力提高了 10%。不过由于材料价格昂贵,难以在民用产品中推广应用。日本在 1993 ~ 1998 年立项研制开发了热电子发电和热电发电的组合发电系统。该系统中使用大量梯度功能材料,如系统中的集热器是由梯度碳纤维强化碳基复合材料(C/C)组成,其中碳纤维采用梯度排列;发射极采用梯度 TiC/Mo/W/Re 制成,其中 TiC/Mo 梯度层是采用双枪等离子方法涂敷于发射极上,这种梯度层具有缓和加热应力作用,即使加热至 1 860℃ 也不发生龟裂;热电发射元件使用 SiGe 制成分割接合式对称梯度化电极;该系统的低温电极端的放热基板是用梯度 AlN/W 构成,它不仅具有高的热传导率而且有高的辐射放热率,这种材料还适合作辐射加热器和废热回收装置。

e. FGM 在生物医学领域的应用。生物体的组织、结构及性能是大自然经千百万年造就的最佳物质形态,它的功能、组织结构极其精巧,具有高效率、高精度自适应环境的能力,如人的骨、牙齿既耐磨又坚韧,这就是由于骨和牙齿从宏观生物组织到微观分子具有梯度结构形式。当人的骨、牙齿由于某些原因损坏或老化需要修复更换时,传统的方法是利用适应人体环境的材料,如常用的 Al_2O_3 单晶、羟(基)磷灰石(HA)烧结体及 Ti 合金等。当更换损坏的牙齿时,目前多采用植牙的方法,这需要把人工齿根埋入牙床。人工齿根通常为螺钉、圆柱或叶片型,以强度大的 Ti 为齿根基材,在其与牙床骨质接触的部分外侧面及底面覆一层羟磷灰石,虽然它与骨质有很好的亲和力,但因界面应力可能从钛基体剥落或被骨质吸收,当梯度材料出现后,就采用喷涂的方法在钛合金柱型齿根侧面及底面覆上一层从钛至羟磷灰石组成连续变化的梯度功能材料,这样侧面羟磷灰石就难以从钛齿根剥离,而且治愈时间可以缩短,而底部较厚的羟磷灰石层也可以短时间与牙床固实。治愈后即使羟磷灰石层被吸收,齿根也不会摇动,从而显示了梯度材料的优越性。另外梯度功能材料在人工骨关节上也得到应用。以往假肢体是用 PMMA 骨黏结剂连接到骨的软细胞组织体上,而这种组织是在骨粘接剂和骨之间。但新开发的梯度功能材料则是将粒径 100 ~ 300 μm 的羟(基)磷灰石微粒置于骨和骨黏结剂中间,形成骨/羟磷灰石/骨黏结剂/钛合金人工骨(关节)顺序的梯度结构,其假体与骨之间具有很强的结合力,因此这种假肢不但适合于生体环境而且使用耐久,是优异的人工骨材料,目前梯度功能材料已大量用于骨外科手术中。

FGM 在其他领域也有着广阔的应用前景,这正如表 5.9 所示。

表 5.9 梯度功能材料的应用

工业领域	应用范围	材料组合、预期效果
核工程	核反应第一层壁及周边材料,电器绝缘材料,等离子体测量、控制用窗材	耐放射性、耐热应力,电器绝缘性透光性
光学工程	高性能激光器组 大口径 CRIN 透镜、光盘	光学材料的梯度组成 高性能光学产品
生物医学工程	人造牙、人造骨、人工关节人造脏器	陶瓷气孔分布的控制,陶瓷和金属、陶瓷和塑料,提高材料的生物相容性和可靠性
传感器	超声波诊断装置、声纳支架一体化传感器	传感器材料和支架材料梯度组成,压电体的梯度组成,提高测量精度,苛刻环境使用
化学工程 民用范围	功能性高分子膜催化剂、燃料电池、纸、纤维、衣服、食品、建材	金属、陶瓷、塑料、玻璃、蛋白质、水泥
电子工程	电磁体、永久磁、超声波振子,陶瓷振荡器,硅、化合物半导体混合 IC,长寿命加热器	压电体的梯度组成,磁性体的梯度组成,金属的梯度组成,硅和化合物梯度组成,提高性能、重量减轻、体积变小

5.6.3 前景展望

FGM 的研究开发始于 20 世纪 80 年代,国内外学者为开拓其制备和应用领域作了大量艰苦而卓越的工作。FGM 作为材料研究领域的一项新课题正不断发展和完善,如制备技术由高温向低温方向发展,FGM 尺寸由小工件向大工件方向发展等。今后,FGM 的研究工作仍将以材料设计、制备和性能评价为中心,并努力朝以下的方向发展:

(1)FGM 的性能数据库和设计理论进一步完善,许多新方法、新技术应用于 FGM 的设计,如利用神经网络、有限元法、分形理论、计算机辅助设计专家系统对 FGM 进行模拟设计。

(2)不断探索 FGM 制备的新方法、新工艺,开发出大规模和形状复杂的 FGM 制备技术,其中,液相法(如熔渗法、电沉积法、离心铸造法等)以其低成本、操作简单的优势将会获得更大的发展,改进现有 FGM 制备工艺条件,使 FGM 应用领域不断扩大,并逐步向工业实用化方向发展。

(3)FGM 性能评价需建立合适的评价标准,评价原理、方法和设备需进一步开发和完善。

(4)更重要的是将 FGM 技术与纳米技术结合起来研究,将 FGM 技术与智能材料系统有机地结合,它们必将是 21 世纪材料科学发展的主导方向之一。

总之,随着 FGM 制备技术的不断完善、应用范围不断扩大,新的 FGM 体系必将适应不同需要而开发出来,FGM 在材料科学中广阔的应用前景必将受到应有的重视,FGM 将会极大地推动材料科学与技术乃至整个国民经济的发展。

思考题

1. 何谓复合材料,新型复合材料?
2. 常见复合材料的分类方法有哪些?
3. 何谓梯度功能材料,试举例说明?
4. 试分析新型聚合物基复合材料的类型、特点及其应用。
5. 简述金属基与 C/C 复合材料的特点及其应用。

第6章 非晶、准晶与纳米材料

6.1 材料的稳定态与亚稳态

材料的稳定状态系指其体系自由能最低时的平衡状态,通常相图中所显示的即是稳定的平衡状态,材料在平衡条件下只以一种稳定的平衡状态形式存在。

然而在实际情况下,由于受外界条件以及各种因素的影响,材料会以高于平衡态时体系自由能较高的状态存在,即处于一种非平衡的亚稳态。同一化学成分的材料,因形成条件的不同,可呈现多种亚稳态形式,它们所表现出的性能迥异。即其亚稳态时的性能不同于平衡态时的性能,在很多情况下亚稳态材料的某些性能会优于其处于平衡态时的性能。因此,对材料亚稳态的研究不仅在理论上,而且在实用上更具有重要的意义。

6.1.1 亚稳态常见的几种类型

材料在亚稳态可出现多种形式,大致有以下几种类型。

(1)发生非平衡转变,生成具有与原先不同结构的亚稳新相,例如钢及合金中的马氏体、贝氏体,以及合金中的准晶相等。

(2)由晶态转变为非晶态,由结构有序变为结构无序,自由能增高。

(3)细晶强化。当组织细小时,界面增多,自由能升高,故为亚稳态。例如超细晶粒的纳米晶组织,其晶界体积可占材料总体积的50%以上。

(4)高密度晶体缺陷。晶体缺陷的存在使原子偏离平衡位置,晶体结构排列的规则性下降,故体系自由能增高。另外,对于有序合金,当其有序度下降,甚至呈无序态(化学无序)时,也可使自由能升高。

(5)形成过饱和固溶体。即溶质原子在固溶体中的浓度超过平衡浓度,甚至在平衡态互不溶解的组元发生了相互溶解。

6.1.2 为什么非平衡的亚稳态能够存在

图6.1所示系材料自由能随状态的变化示意图。图中 A 点是自由能最低的位置,此时体系处于稳定状态即晶态;C、B、D 点分别为自由能相对较高的另一低谷即亚稳态——非晶态,其如果要进入自由能最低的 A 状态,就需要越过它们之间的势垒高度 ΔE,在没有进一步驱动力的情况下即 $\Delta E \gg kT$,体系就可能处于 C、B、D 这种亚稳态,故从热力学上说明了亚稳态是可以存在的。

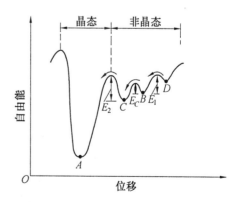

图6.1 材料自由能随状态的变化示意图

6.2 非晶态材料

通常状态下,金属及其合金是具有长程有序的晶态材料。但在 1934 年美国克雷默首次用蒸发沉积法制出了非晶态合金薄膜,1950 年布伦特等又用电沉积法制出了非晶态合金、并用来做耐磨和耐腐蚀涂料,直到 1960 年美国加利福尼亚工业大学的杜威兹(Duiwez)教授等发现当某些液态贵金属合金(如金硅合金)被人们以极快的速度急剧冷却时,可以获得非晶态合金,这是制备非晶态合金上的一大突破,从原来的薄膜扩展到了非晶态条带、丝、粉末,以至后来的大体积非晶态合金,从而引起科学界的轰动。一类新型工程材料从此而诞生。

6.2.1 非晶态的形成

液态金属冷却的过程中,在低于理论熔点(T_m)的温度将产生凝固结晶,这个过程可分为形核和长大两个基本阶段,随温度的降低,结晶开始和终了的时间与温度的关系可以用一个 C 形曲线来表示(图 6.2)。由图可知,如果液态金属以高于图中的临界冷速 v_c 的速度冷却时,可以完全阻止晶体的形成,从而把液态金属"冻结"到低温,形成非晶态的固体金属。从理论上说,任何液体都可通过

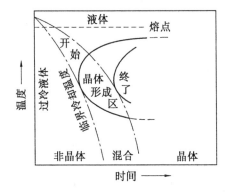

图 6.2 液态金属结晶开始时间与过冷度的关系

快速冷却获得非晶态固体材料,只不过不同的材料需要不同的冷却速度,对于硅酸盐(玻璃)和有机聚合物而言,其 C 形曲线的最短时间也有几小时或几天,因此在正常的冷却速度下均得到非晶固体,但是对于纯金属而言,其最短时间约为 10^{-6} s,这意味着纯金属必须以大约 10^{10} K/s 的速度冷却时才可能获得非晶态,因此在实际工程中,无法得到非晶态的纯金属。研究表明,对于合金而言,获得非晶态的临界冷速与合金的成分、合金中原子间的键合特性、电子结构、组元的原子尺寸差异以及相应的晶态相的结构等因素有关,为获得非晶态金属合金主要有下述两个途径。

① 研究具有低的临界冷却速度 v_c 的合金系统,以便得到形成非晶态的较为便利的条件。

② 发展快速冷却的技术,以满足获得非晶态金属的技术需要。

1. 非晶态合金成分的主要特点

多数可获得非晶态的二元合金系列是由过渡族金属或贵金属和玻璃化非金属或类金属组成,前者如 Fe、Ni、Co 等,后者如 B、Si、C、P 等,其中玻璃化元素的原子百分比为 15%~30%,多数在 1/5~1/6 范围内。这类合金的成分均接近于共晶的成分,这是因为共晶结晶时,固相的成分与液相有很大的差别,也就是说二元共晶的形核需要有更大的成分起伏和能量起伏,而且固体结晶相的结构也比较复杂,因此结晶时形核比较困难,形核所需时间比较长,有利于非晶态的获得。如果在二元合金中,再加入另一种或几种元素,有可能构成更易得到非晶态的多元系,例如 Fe – P – C、Ni – Si – B、Pd – Cu – Si、Pt – Ni – P

等非晶态合金系列,含有较多价格低廉的类金属元素,并且有很好的性能,是研究得最多的一类非晶合金,其中的 $Fe_{40}Ni_{40}P_{14}B_6$、$Fe_{80}B_{20}$、$Fe_{80}P_{16}C_3B_1$ 等合金均已投入实际的应用。

几种非晶合金的临界冷速列于表 6.1。由表可见,适当的合金系列,可使临界冷速大大下降,使得技术上实现的可能性显著增大。

表 6.1　几种非晶合金的临界冷速 v_c 值

金属或合金	$v_c/(K \cdot s^{-1})$	金属或合金	$v_c/(K \cdot s^{-1})$
Ag	约 10^{10}	$Pb_{82}Si_{18}$	1.8×10^3
$Fe_{83}B_7$	1×10^6	$Pd_{77.5}Cu_6Si_{16.5}$	3.2×10^2

其他非晶合金的系列还有以下几种。

①两种过渡族金属所组成的,如 Ni – Nb、Ni – Ta、Ni – Ti、Ni – Zr 等。

②ⅡA 族金属元素(Mg、Ca、Sr)加 B 族金属元素(Al、Zn、Ga)等,如 $Mg_{70}Zn_{30}$、Ca 或 Sr(锶)中加入 15% ~ 60% (原子)Mg、Al、Cu、Zn、Ga(镓)、Ag 等。

③ⅡA 族金属元素加过渡族金属 Ti、Zr、Nb、Hf 等,例如 $Be_{40}Zr_{10}Ti_{50}$ 合金已投入应用。

④锕系金属与过渡族金属组成的合金系,如 U – V、U – Cr 等。

⑤铝基非晶合金:Al 分别加上 Cr、Cu、Ge、Mn、Ni、Pd、Zr、Co 等二元系或三元系,如 Al – M(Cr、Mo、Mn、Fe、Co 或 Ni) – Si、Al – Co – B、Al – M(V、Cr、Mo、Mn、Fe、Co 或 Ni) – Ge、Al – A(Fe、Co、Ni 或 Cu) – M(Ti、Zr、V、Hf、Nb、Ta、Cr、Mo 或 W)。

2．形成非晶态的快速凝固技术

金属熔液从高温以很高的冷速(大于 v_c)迅速冷至低温,是获得非晶态的不可缺少的技术条件,一个相对于环境放热的系统,其冷速取决于该系统单位时间内产生的热量和通过环境可以传出的热量,因此实现快速冷却必须要求:①减少系统凝固时放出的潜热;②增大体系和环境的传热速度。

根据这两个要求,只能减小同时凝固的熔体的体积,增大熔体的散热表面积,并采用散热极快的环境体系。

通常,不同成分的非晶态金属的临界冷却速度可在 $10^2 \sim 10^7$ K/s 六个数量级之内变化,且多数非晶态合金可在 $10^5 \sim 10^6$ K/s 的冷却速度下制得。

6.2.2　非晶态的结构特性

1．结构的长程无序性和短程有序性

非晶结构不同于晶体结构,它既不能取一个晶胞为代表,且其周围环境也是变化的,故测定和描述非晶结构均属难题,只能统计地表示之。常用的非晶结构分析方法是利用 X 射线或中子散射方法得出的散射强度谱求出其径向分布函数,用它来描述材料中的原子分布。图 6.3 所示即为气体、固体、液体的原子分布函数,图中 $g(r)$ 相当于取某一原子为原点($r = 0$)时,在距原点为 r 处找到另一原子的几率。可以看出,非晶态的图形与液态很相似但略有不同,而和完全无序的气态及有序的晶态则有着明显的区别。

这说明非晶态在结构上与液体相似,原子排列呈短程有序;而从总体结构上看是长程无序的,宏观上可将其看做均匀、各向同性的。

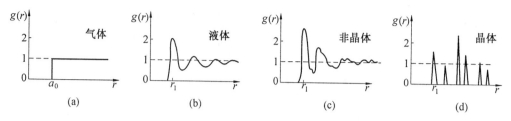

图 6.3　气体、固体、液体的原子分布函数

2. 热力学的亚稳定性

它是非晶态结构的另一基本特征。一方面,它有继续释放能量,向平衡状态转变的趋势;另一方面,从动力学来看要实现这一转变首先必须克服一定能垒,这在一般情况下实际上是无法实现的,因而非晶态材料又是相对稳定的。这种亚稳态区别于晶体的稳定态,只有在一定温度(400~500℃)下发生晶化而失去非晶态结构。所以非晶态结构具有相对稳定性。

因此在一定的条件下(在玻璃化温度附近)会发生稳定化的转变,即向晶态转变,称为晶化。非晶态金属的晶化过程也是一个形核和长大的过程,由于是在固态、较低的温度下进行的,要受原子在固相中的扩散的支配,晶化速度不可能像凝固结晶时那样快,但是由于非晶态金属在微区域中的结构更接近于晶态,且晶核形成的固相中的界面能也比液固界面能小,因而晶化时形核率很高,晶化后可以得到晶粒十分细小的多晶体。非晶态合金的晶化过程是很复杂的过程,不同成分的合金可有不同的方式,并且在许多情况下,晶化过程中还会形成过渡的结构。

非晶态合金中没有位错,没有相界和晶界,没有第二相,因此可以说是无晶体缺陷的固体,结构上具有高度的均匀性而且没有各向异性,但是原子的排列又是不规则的,与通常的晶体材料的巨大差异将对其性能有重大影响。

非晶态合金原则上可以得到任意成分的均质合金相,其中许多在平衡条件下是不可能存在的,这是一个非常重要的特点。从这个角度来说,非晶态合金大大开阔了合金材料的范围,并可获得晶态合金所不能得到的优越性能。

3. 随机密堆硬球模型

以随机密堆硬球模型及其后的一些发展和修正结构理论,能较好地用于非晶态金属结构的描述,并与实验结果相符。

随机密堆硬球学说是伯纳尔(Benal)为了模拟液态金属或分子液体几何结构而提出的。后来科亨和特思巴尔根据自由体积理论指出,伯纳尔模型也适用于非晶态金属和合金。该模型是把原子假设为不可压缩的硬球,均匀、连续、无规地堆集,结构中没有容纳另一硬球的空洞。伯纳尔观察硬球模型,并证实这种结构中存在周期性重复的晶体有序区。他提出随机密堆硬球模型由五种多面体组成,通常称为伯纳尔多面体(图 6.4)。多面体的顶点是球心位置,多面体的面多为三角形。

这 5 种多面体中,前两种在密排晶体中也同样存在,但所占百分比不同。晶体中四面体比非晶少,而八面体比非晶多,这是非晶态结构的重要特征。后 3 种多面体为非晶态所特有。这 3 种类型的堆积方式,可以防止形成结晶。Cargill 利用这种模型计算的一些非

· 160 ·

  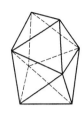

(a) 四面体　　(b) 八面体　　(c) 带三个半八面　　　(d) 带两个半八面　　　(e) 十二面体
　　　　　　　　　　　　　　体的三棱柱　　　　　体的三棱柱

图 6.4　由等径球组成的多面体

晶态金属(例如 Ni – P 合金)的径向分布函数与实验结果相符。

这种模型的特点是几何图像具体,研究方便,但工作量大。

应说明的是非晶态结构是甚为复杂多样的,目前对其了解还不深入,有待进一步研究。

6.2.3　非晶态合金的性能

由于非晶态合金在成分、结构上都与晶态合金有较大的差异,所以非晶态合金在许多方面表现了其独特的性能。

1. 优异的力学性能

非晶态合金的重要特征是具有高的强度和硬度。例如非晶态铝合金的抗拉强度是超硬铝的两倍,详见表 6.2 所示。由于非晶态合金中原子间的键合比一般晶态合金中强得多,而且非晶中不会由于位错的运动而产生滑移,因此某些非晶材料具有极高的强度,甚至比超高强度钢高出 1 ~ 2 倍,例如 4340 超高强度钢的抗拉强度为 1.6 GPa,而 $Fe_{80}B_{20}$ 非晶态合金为 3.63 GPa,$Fe_{60}Cr_6Mo_6B_{28}$ 达到 4.5 GPa。对于晶态合金来说,超高强度钢已达到相当高的水准,要想继续提高强度,困难是很大的,而非晶态材料使金属的强度成倍的增长,这是晶态材料中难以想像的事。

表 6.2　铝基非晶合金和其他合金的抗拉强度、比强度

材料类型	抗拉强度 / MPa	比强度 / $\times 10^6$ cm
非晶态合金	1 140	3.8
超硬铝	520	1.9
马氏体钢	1 890	2.4
钛合金	1 100	2.4

非晶态合金在具有高强度的同时,还常具有很好的塑、韧性,尽管其伸长率低但并不脆,这与非晶态的玻璃完全不同,也是晶态金属所不可及的。非晶态合金在压缩、剪切、弯曲状态下还具有延展性,非晶薄带折叠 180° 也不会出现断裂。图 6.5 示出了晶体与非晶体在变形机理上的区别。晶体在受到剪切应力作用时,以位错为媒介在特定晶面上移动;而非晶体中原子排列是无序的,有很高的自由体积,在剪切应力作用下,可重新排列成另一稳定的组态,因而是整体屈服而不是晶体中的局部屈服。

2．特殊的物理性能

非晶态合金因其结构呈长程无序,故在物理性能上与晶态合金不同,显示出异常情况。非晶合金一般具有高的电阻率和小的电阻温度系数,有些非晶合金如 Nb – Si,Mo – Si – B,Ti – Ni – Si 等,在低于其临界转变温度可具有超导电性。目前非晶合金最令人注目的是其优良的磁学性能,包括软磁性能和硬磁性能。一些非晶合金在外磁场作用下很容易磁化,当外磁场移去后又很快失去磁性,且涡流损失少,是极佳的软磁材料,这种性质称为高磁导,其中代表性的是 Fe – B – Si 合金。此外,使非晶合金部分晶化后可获得 10 ~ 20 nm尺度的极细晶粒,因而细化磁畴,产生更好的高频软磁性能。有些非晶合金具有很好的硬磁性能,其磁化强度、剩磁、矫顽力、磁能积都很高,例如 Nd – Fe – B 非晶合金经部分晶化处理后(14 ~ 50 nm 尺寸晶粒)达到目前永磁合金的最高磁能积值,是重要的永磁材料。

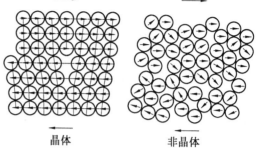

晶体　　　　非晶体

图 6.5　晶体与非晶体在变形机理上的区别

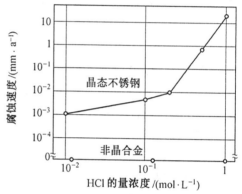

图 6.6　晶体与非晶合金在30℃HCl 液中腐蚀速度

3．优良的耐腐蚀性

许多非晶态合金具有极佳的抗腐蚀性,这是由于其结构的均匀性,不存在晶界、位错、沉淀相,以及在凝固结晶过程产生的成分偏析等能导致局部电化学腐蚀的因素。图 6.6 是 304 不锈钢(多晶)与非晶态 $Fe_{70}Cr_{10}P_{13}C_7$ 合金在 30℃的 HCl 溶液中腐蚀速度的比较。可见,304 不锈钢晶体与非晶合金在 30℃HCl 液中腐蚀速度:不锈钢的腐蚀速度明显高于非晶合金,且随 HCl 浓度的提高而进一步增大,而非晶合金即使在强酸中也是抗蚀的,其中 Cr 的主要作用是形成富 Cr 的钝化膜,而 P 能促进钝化膜的形成,像这样成分的均质合金相,在晶体材料中是无论如何得不到的。

非晶合金的成分不受限制,因此可以得到平衡条件下在晶态不可能存在的含有多种合金元素配比的均质材料,在腐蚀介质形成极为坚固的钝化膜,特别有利于发展新的耐蚀材料。例如,在 $FeCl_3$ 溶液中,钢完全不耐腐蚀,而 Fe – Cr 非晶态合金基本上不腐蚀,在 H_2SO_4 溶液中,Fe – Cr 非晶态合金的腐蚀率是不锈钢的千分之一左右。

6.2.4　非晶态合金的制备与应用

1．制备方法

要获得非晶态,最根本的条件是要有足够快的冷却速度。为达一定冷速,已发展了许多技术,不同的技术其非晶态的形成过程又有较大区别。

制备非晶态材料的方法可归纳如下。

(1)气相凝聚法。由气相直接凝聚成非晶态固体,如真空蒸发、溅射、化学气相沉积等。利用此法,非晶态材料的生长速率相当低,一般只用来制备薄膜等。

(2)液体急冷法。由液态快速淬火获得非晶态固体,是目前应用最为广泛的制备方法,如喷射法、液态拉丝法、双辊法、单辊法、离心法等。

(3)高能量注入法。由结晶材料通过辐照,离子注入,冲击波等方法制得非晶态材料。如用电子束或激光束辐照金属表面,可使表面局部熔化,再以 $4 \times 10^4 \sim 5 \times 10^6$ K/s 的速度冷却,可使材料表面产生 $400~\mu m$ 厚的非晶层。

在工业上实现批量生产的是用液体急冷法制非晶态带材。主要方法有离心法、单辊法、双辊法,如图 6.6 所示。这种方法的主要生产过程是:将材料(纯金属或合金)用电炉或高频炉熔化,用惰性气体加压使熔料从坩埚的喷嘴中喷到旋转的冷却体上,在接触表面凝固成非晶态薄带。图中所示的三种方法各有优缺点,离心法和单辊法中,液体和旋转体都是单面接触冷却,尺寸精度和表面粗糙度不理想;双辊法是两面接触,尺寸精度好,但调节比较困难,只能制作宽度在 10 mm 以下的薄带。目前较实用的是单辊法,产品宽度在 100 mm 以上,长度可达 100 m 以上。图 6.8 是非晶态合金生产线示意图。

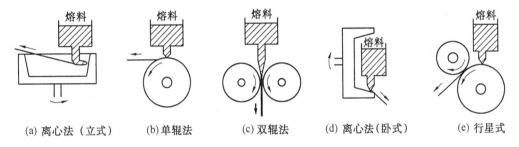

(a) 离心法（立式）　(b)单辊法　(c)双辊法　(d)离心法（卧式）　(e) 行星式

图 6.7　液体急冷法制备非晶态合金薄带

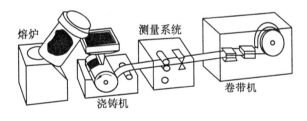

图 6.8　非晶态合金生产线示意图

2．应用举例

利用非晶态合金的高强度、高硬度和高韧度,可用以制作轮胎、传送带、水泥制品及高压管道的增强纤维,刀具材料如保安刀片已投放市场,压力传感器的敏感元件。非晶态合金在电磁性材料方面的应用主要是作为变压器材料,磁头材料,磁屏蔽材料,磁伸缩材料及高、中、低温钎焊焊料等。非晶态合金的耐蚀性(中性盐溶液、酸性溶液等)明显优于不锈钢,用其制造耐腐蚀管道,电池的电极,海底电缆屏蔽,磁分离介质及化工用的催化剂,污水处理系统中的零件等都已达实用阶段。表 6.3 列举了非晶态合金的一些特性及其应用。

表6.3 非晶态合金的主要特性及其应用

性质	特性举例	应用举例
强韧性	屈服点 E/30～E/50；硬度 500～1 400HV	刀具材料、复合材料、弹簧材料、变形检测材料等
耐腐蚀性	耐酸性、中性、碱性、点腐蚀、晶间腐蚀	过滤器材料、电极材料、混纺材料等
软磁性	矫顽力约 0.002 Oe,高磁导率,低铁损,饱和磁感应强度约1.98 万 Gs	磁屏蔽材料、磁头材料、热传感器、变压器材料、磁分离材料等
磁致伸缩	饱和磁致伸缩约 60×10^{-6},高电力机械结合系数约0.7	振子材料、延迟材料等

非晶态材料的种类很多,除了传统的硅酸盐玻璃外,还包括现今已广泛应用的非晶态聚合物、新近迅速发展的非晶态半导体和金属玻璃,以及非晶态离子导体、非晶态超导体等。非晶态材料涉及金属、无机材料和高聚物材料的整个材料领域。

非晶态材料已应用于日常生活以及尖端技术各领域。可以说,没有玻璃就没有电灯,没有橡胶轮胎就不可能发展汽车工业和航空工业,没有绝缘材料,各种电器及无线电装置都难以实现。非晶硅太阳能电池的光转换效率虽不及单晶硅器件,但它具有较高的光吸收系数和光电导率,便于大面积薄膜工艺生产,成本低廉,已成为单晶硅太阳能电池强有力的竞争对手。以下举例说明其具体应用。

(1)太阳能电池

虽然利用晶态硅制作太阳能电池早已得到应用,但因晶态硅制备工艺复杂、成本高,晶态硅的面积不可能太大,因此至今未能广泛用来转换太阳能。

利用非晶材料的光生伏特效应可制作太阳能电池,这是一种典型的光电池。

所谓光生伏特效应就是当以适当波长的光(如太阳光)照射半导体的 p－n 结时,通过光吸收在结的两边产生电子－空穴对,产生电动势(光生电压)。如果将 p－n 结短路,则会出现光电流。有些非晶态半导体的重要特性之一就是具有光生伏特效应,如非晶硅。因此,非晶硅可制作太阳能电池,将太阳能直接转变为电能。

对非晶硅太阳能电池的研究和应用始于 1975 年成功地利用辉光放电法制备掺杂的氢化非晶硅。1976 年首次制备出了 p－n 型的非晶硅太阳能电池,其能量转换效率达5.5%,到 1982 年非晶硅太阳能电池的转换效率已达 10%。目前好的非晶硅太阳能电池的能量转换效率已达 12.7%。尽管非晶硅电池的转换效率比晶态硅电池(最高已达20%)的低,但非晶硅光吸收系数高(厚度为 1 μm 的氢化非晶硅就可以吸收入射太阳光的90%以上,而厚度为 10 μm 的单晶硅只能吸收太阳光的80%左右)。在非晶硅太阳能电池中,所用非晶硅材料为微米级薄膜,易大面积制作,价格比晶态硅便宜得多。用非晶态硅制成太阳能电池瓦,每块瓦能产生 2 kW 电。使用 2 000 块太阳能电池瓦就可发电 4 kW。已经在日本大阪市首次建成了一座太阳能发电站,发电量达 4 kW。美国也已有数百万瓦的家用太阳能电站投入使用。地球表面一年从太阳接收的能量约为 6×10^{17}kW·h,是全世界总用能量的一万倍,而且没有任何污染。开发和利用好太阳能也是 21 世纪可持续发展的重要途径,因此非晶硅太阳能电池有着广阔的发展前途。

利用非晶硅的光生伏特效应,除了制作太阳能电池外,还可用来制作光传感器。目前已制备出的传感器有全可见光传感器、多层膜金属非晶硅 X 射线传感器和非晶硅紫外线传感器等,且发展十分迅速。

(2)复印机中的光感受器

让我们再从静电复印机来看看非晶材料的光导电性能及其应用。复印机中的核心部件,即用于静电成像的器件——硒鼓是由非晶态硒制成的。

光导电效应是指材料在光的照射下电导率增大的一种现象。复印机就是利用半导体的光电导效应工作的。

静电复印机的心脏是静电成像器件——光感受器。它的主要构成是:在金属基片上覆盖一层具有较低暗电导和很高光电导的高阻光电导薄膜,目前常用的就是非晶硒薄膜。

复印机光感受器利用干成像原理完成复印工作。首先利用晕光放电等方法,对非晶薄膜充电,使薄膜表面电荷分布均匀。在复印时,通过光学装置将要复印的图文像照射到非晶薄膜上。由于薄膜具有较低暗电导和很高光电导,没有图文的地方受光照射,电导率提高,表面电荷迅速减少,而有图文的部分无光线照射,电荷保留,从而在非晶薄膜表面产生潜像。最后通过电吸引墨粉成像并转移到纸面上经高温将图文像固定下来。

为满足办公自动化迅速发展的需要,最近人们又研制出了耐久性、可靠性和灵敏性更好的氢化非晶硅光感受器,并已进入实用阶段。

(3)非晶态材料在光盘中的应用

很多人接触过计算机软件光盘,激光唱盘和 VCD 视盘,这些都是光盘。光盘以存储容量大、操作简便,成本低廉、好的信息质量受到人们的青睐。

光盘按其功能可分为只读光盘、一次写入光盘和可擦除光盘三类。目前市场上出售的激光唱盘、VCD 视盘和计算机软件光盘多为只读光盘。这种光盘是在工厂将信息以凹凸形 式(以凹凸的有无对应于二进制的"1"和"0")记录在盘片上,用户只能读出已记录的信息。

光盘从记录介质的存储机理来讲,可分为两大类:一类是磁光型,就像我们在薄膜材料中介绍的;另一类是相变型。相变型光盘就是利用非晶态薄膜材料的非晶态—晶态相变特性来制作的。

非晶态材料的非晶结构只是在一定温度范围内是稳定的,当其加热到晶化温度时转变为晶态材料,即在一定条件下非晶态又可以向晶态转变,非晶态材料的反射率比晶态材料小,利用这一特性,人们制作出可擦除的光盘。也可以利用聚焦到直径小于 1 μm 的激光束,加热改变非晶态材料局部组织和形状,制作出不可擦除的光盘。

利用非晶态半导体和非晶合金均可制作只读光盘和一次写入光盘(统称不可擦除光盘)。其中非晶氢化硅是在低功率激光束作用下形成气泡区,高功率激光束作用下烧蚀成孔,而非晶锗是在激光束作用下形成海绵状多孔区实现"0"和"1"写入的。

非晶半导体材料用得较多和比较成功的是作为可擦除光盘的记录材料。其原理是利用半导体材料的非晶态与晶态之间的可逆相变来完成信息的写入和擦除。信息的写入是靠圆形高功率密度激光照射,骤冷,使晶态半导体材料局部转变为非晶态来完成的。信息的读出是通过聚焦的圆形低功率密度激光的照射,用光探测器测出其反射率的变化来实现的(非晶态半导体反射率低)。如果想擦除光盘上的信息,用长椭圆形低功率密度激光照射,使薄膜加热到超过非晶态晶化温度后缓慢冷却而转变为晶态即可。

然而光盘存储(记录)材料是能记录各种信号的介质,它通常是以薄膜的形式出现的,那么支撑这种光记录(存储)材料的盘基或盘片是衬底材料。衬底材料主要是聚甲基丙烯酸甲酯、聚碳酸酯以及新发展的聚烯类非晶材料。作为光盘基片材料,要求具有很高的透光率和光学纯度,有尺寸稳定性和有热变形温度,有较好的力学性能和加工性能,有较低的双折射率和成本等。目前已经上市的聚合物光盘基片主要是用聚碳酸酯制成的。

当然,光盘并不仅仅是一层光记录材料。为了保护光盘上的记录层,许多光盘都是多层薄膜结构,一般来说,在光盘的盘基上都先镀一层电解质膜,如氧化硅、硫化锌、氮化铝等,厚度为 10～60 nm;再镀上信息记录层(光记录材料),厚度为 20～30 nm;然后再镀增透层,使激光透过率增加,厚度为 10～60 nm;最后在表面再镀一层金属反射膜,如铝膜,厚度为 30 nm 左右,起保护膜作用。由于采取了多层膜,充分利用了光干涉效应,从而增加了存储记录层对入射激光的吸收,降低了表面的反射。

6.3　材料的准晶态

6.3.1　准晶的形成

通常,将固体物质按其原子聚集状态而分为晶态和非晶态两种类型。晶体中原子呈有序排列,且具有平移对称性,晶体点阵中各个阵点的周围环境必然完全相同,故晶体结构只能有 1,2,3,4,6 次旋转对称轴,而 5 次及高于 6 次的对称轴不能满足平移对称的条件,均不可能存在于晶体中。

然而近年来由于材料制备技术的发展,出现了不符合晶体的对称条件、但呈一定的周期性长程规则排列的类似于晶态的固体。首先,美国国家标准局的 D·谢克特曼(D. Sheehtrnan)等人于 1984 年报道了他们发现在骤冷 $Al_{86}Mn_{14}$ 合金时所形成的微米尺寸的铝锰合金的电子衍射图具有 5 次对称轴的结构,如图 6.9 所示。它标志着一类新的原子聚集状态的固体出现了,这种状态被称为准晶态(quasicrystallinestate),此固体称为准晶(qusicrystal)。准晶态的出现在国际上引起高度重视,很快就在其他一些合金系中也发现了准晶,除了 5 次对称,还有 8,10,12 次对称轴,在准晶的结构分析和有关理论研究中也都有了相应进展。

除了少数准晶(如 $Al_{65}Cu_{20}Fe_{10}Mn_5$,$Al_{75}Fe_{10}Pd_{15}$,$Al_{10}Co_4$ 等)为稳态相之外,大多数准晶相均属亚稳态产物,它们主要通过快冷方式形成,此外经离子注入混合或气相沉积等途径也能形成准晶。准晶的形成过程包括形核和生长两个过程,故采用快冷法时其冷速要适当控制,冷速过慢则不能抑制结晶过程而会形成结晶相;冷速过大则准晶的形核生长也被抑制而形成非晶态。此外,其形成条件还与合金成分、晶体结构类型等多种因素有关,并非所有的合金都能形成准晶,这方面的规律还有待进一步探索和掌握。

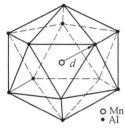 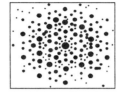 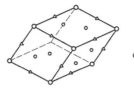 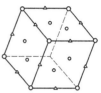

(a) Al–Mn 二十面体 (b) Al–Mn 五次对称电子衍射图

○ Mn
● Al

图 6.9　铝锰合金的电子衍射图　　　　　图 6.10　拼砌单元的三维模型

亚稳态的准晶在一定条件下会转变为结晶相,即平衡相。加热(退火)促使准晶的转变,故准晶转变是热激活过程,其晶化激活能与原子扩散激活能相近。但稳态准晶相在加热时不发生结晶化转变,例如 Al_6Cu_2Fe 为二十面体准晶,在 845℃长期保温并不转变。

准晶也可能从非晶态转化形成,例如 Al – Mn 合金经快速凝固形成非晶后,在一定的加热条件下会转变成准晶,表明准晶相对于非晶态是热力学较稳定的亚稳态。

6.3.2　准晶的结构特征

准晶的结构既不同于晶体、也不同于非晶态,其原子分布不具有晶体的平移对称性,但仍有一定的规则,且呈长程的取向性有序分布,故可认为是一种准周期性排列。

如何描绘准晶态结构呢? 由于它不能通过平移操作实现周期性,故不能同晶体那样取一个晶胞来代表其结构。它是由两种三维拼砌单元(图 6.10),按一定规则使之配合地拼砌成具有周期性和 5 次对称性,可认为它们是构成准晶(二十面体对称的准晶相)的准点阵。

因此,准晶的结构,既不同于非晶态材料,也不同于传统的晶态材料,它是一种不具有平移对称性,却具有旋转对称性的新型结构材料,这就是准晶。

6.3.3　准晶的性能

与晶体相比,准晶体具有较低的密度和熔点,这是由于其原子排列的规则性不及晶态严密,但其密度高于非晶态,说明其准周期性排列仍是较密集的;准晶体具有高的比热容和异常高的电阻率、低的导热率和电阻温度系数,例如准晶态 Al – Mn 合金的比热容较相同成分的晶态合金高约 13%,准晶合金的电阻率甚高而电阻温度系数则甚小,其电阻随温度的变化规律也各不相同如 $Al_{90}Mn_{10}$ 准晶合金在 4 K 时电阻率为 70 $\mu\Omega \cdot cm$、在 300 K 时为 150 $\mu\Omega \cdot cm$,故呈正的电阻温度系数,而 $Al_{85.7}Mn_{14.3}$ 在 4 K 和 300 K 时均为 180 $\mu\Omega \cdot cm$、未有变化,$Al_{86}Mn_{14}$ 在 300 K 时的电阻率虽高于 4 K 时、但在 40 K 时却出现最低值,其变化很特殊,$Al_{77.5}Mn_{22.5}$ 则呈负的电阻温度系数,在 4 K 时为 980 $\mu\Omega \cdot cm$、在 300 K 时降为 880 $\mu\Omega \cdot cm$,这些现象说明电阻与温度的关系没有一定的规律可循,因合金成分不同而不同;另外,准晶体还具有抗磁性、室温脆性大,在高温下有高的塑性,具有高的弹性模量和压缩强度,具有表面不黏性等特性。

6.3.4　准晶的应用

准晶的应用尚属开始,主要用于真空喷涂、激光处理、电子轰击、离子注入等工艺方法制备准晶膜,例如用于不粘锅、热障膜、选择吸收太阳光膜等,并深入开展贮氢材料准晶复合材料的研究。人们有理由坚信,伴随着准晶的制备、准晶性能检测技术的深入研究,新准晶材料和准晶形成机制等项研究的新成果必将推动准晶的应用。

6.4 纳米材料

6.4.1 概述

1. 何谓纳米材料

通常把相组分或晶粒结构控制在 100 nm 以下长度尺寸的材料称为纳米材料。广义地说,纳米材料是指在三维空间中至少有一维处于纳米尺度范围或由它们作为基本单元(building blocks)所构成的材料。如果按维数,纳米材料的基本单元可以分为 3 类。

(1)零维。指在空间三维尺度均在纳米尺度,如纳米尺度颗粒、原子团簇等。

(2)一维。指在空间有两维处于纳米尺度,如纳米丝、纳米棒、纳米管等。

(3)二维。指在三维空间中有一维在纳米尺度,如超薄膜、多层膜等。

纳米材料可由晶体、准晶、非晶所组成。纳米材料的基本单元可由原子团簇、纳米微粒、纳米线或纳米膜等所组成,它既可包括金属材料,亦可包括无机非金属材料和聚合物材料。

2. 纳米材料的发展历史

在长期的晶体材料研究中,人们视具有完整空间点阵结构的实体为晶体,是晶体材料的主体;而把空间点阵中的空位、置换原子、间隙原子、相界、位错和晶界等看做晶体材料中的缺陷。那么,如果从逆向思考问题,把"缺陷"作为主体,研制出一种晶界占有相当大体积比的材料,那么世界将会是怎样? 德国萨尔布吕克大学的格兰特(Gleiter)教授当时在沙漠中的这一构想很快变成了现实,经过 4 年的不懈努力,他领导的研究组终于在 1984 年首次用惰性气体凝聚法制备了具有清洁表面的黑色纳米金属(Fe、Cu、Au、Pa)粉末粒子,然后在真空室中原位加压成纳米固体材料(nanometer sized materials),并提出纳米材料界面结构模型。随后发现 CaF_2 纳米离子晶体和纳米陶瓷在室温下表现出良好的韧性,使人们看到陶瓷增韧新的战略途径。

继格兰特(Gleiter)之后,1987 年美国 Argonne 国家实验室的西格尔(Siegel)等采用同样方法又成功地用气相冷凝法制备了纳米陶瓷材料 TiO_2,并观察到纳米陶瓷在室温和低温下具有很好的韧性。这一实验结果引起了科技界的震动,尤其对正在苦苦探索解决陶瓷脆性问题的科学家们是一个极大的鼓舞,并激起了纳米材料的研究热潮。从而使纳米材料从研究到应用又迈出了一大步。

1990 年 7 月在美国巴尔的摩召开了国际第一届纳米科学技术学术会议,正式把纳米材料科学作为材料科学的一个新的分支公布于世,这标志着纳米材料学作为一个相对比较独立学科的诞生。正式提出纳米材料学、纳米生物学、纳米电子学和纳米机械学的概念,并决定出版纳米结构材料、纳米生物学和纳米技术的正式学术刊物,这些术语已广泛应用在国际学术会议、研讨会和协议书中。从此以后,纳米材料引起了世界各国材料界和物理界的极大兴趣和广泛重视,很快形成了世界性的"纳米热气"。同年,发现纳米颗粒硅和多孔硅在室温下的光致可见光发光现象。1994 年在美国波斯顿召开的 MRS 秋季会议上正式提出纳米材料工程。它是纳米材料研究的新领域,是在纳米材料研究的基础上通过纳米合成、纳米添加发展新型的纳米材料,并通过纳米添加对传统材料进行改性、扩大纳米材料的应用范围,开始形成了基础研究和应用研究并行发展的新局面。

随后,纳米材料的研究内涵不断扩大,这方面的理论和实验研究都十分活跃。现在,人们关注纳米尺度颗粒、原子团簇,纳米丝、纳米棒、纳米管、纳米电缆和纳米组装体系。纳米组装体系是以纳米颗粒或纳米丝、纳米管为基本单元在一维、二维和三维空间组装排列成具有纳米结构的体系,如人造超原子体系等。对于纳米组装体系,不仅包含了纳米单元的实体组元,而且还包括支撑它们的具有纳米尺度的空间的基体。纳米材料包括零维、二维和三维材料。在这个时期,国际上还把 0.1～100 nm 的技术加工的公差作为纳米技术的标准。于是在全世界范围内刮起了一阵强劲的"纳米科技"风暴,科技界、企业界、舆论界乃至政界都在大谈特谈纳米科技,特别值得注意的是,2001 年 1 月当时的美国总统克林顿签署并发表了一份历史上罕见的"美国国家纳米技术倡议",它把纳米技术称之为领导下一次工业革命的技术,克林顿说:"设想一下,强度是钢的 10 倍而重量很小的材料;国会图书馆的所有资料被储存在一块方糖大小的物质上;在癌症只有几个细胞时就能发现它们"。总统科学技术助理 Neal Lane 博士早些时候曾评论说:"如果有人问我哪个科学和工程领域最可能对未来产生突破性的影响,我会说是纳米科学和工程。"

自此以后,纳米材料受到世界各国的普遍重视,德、美、日、俄、英和法国都大力开展研究,甚至一些发展中国家如印度、巴西等也开始了研究。纳米材料的种类也从纳米颗粒、纳米晶体发展到纳米非晶态材料、纳米膜材料和纳米复合材料。而且已构成了一个学科分支即纳米材料科学。我国也高度重视纳米材料的研究工作,纳米材料科学已作为国家基础性研究重大关键项目列入国家"八五"攀登计划。国家自然科学基金、国家 863 计划、973 计划和国防科技研究规划也都列入了纳米材料研究项目,取得了相当进展。

3. 纳米材料的分类

随着实验技术手段的创新和研究的深入,纳米材料新的特性不断被发现,新的种类也层出不穷。由于种类繁多、性能各异,对其进行分类是十分必要的。根据三维空间中未被纳米尺度约束的自由度计,大致可将其划分为纳米微粒、纳米纤维、纳米固体和纳米组装体系等。

(1)纳米微粒(量子点)。系指晶粒度处在 1～100 nm 之间的粒子的聚集体。它是处于该几何尺寸的各种粒子聚集体的总称。纳米微粒的形态有球形、板状、棒状、角状、海绵状等。构成纳米微粒的成分可以是金属或氧化物,也可以是其他各种化合物。纳米微粒的应用范围很广。

(2)纳米纤维(量子线)。系指在材料的三维空间尺度上有两维处于纳米尺度的线(管)材料,通常是直径或管径或厚度为纳米尺度、而长度则较长。随着微电子学和显微加工技术的发展,使纳米纤维有可能在纳米导线、开关、线路、高性能光导纤维及新型激光或发光二极管材料等方面发挥极大的作用,是未来量子计算机及光子计算机中最有潜力的重要元件材料。它包括纳米丝、纳米线、纳米棒、纳米碳管、纳米碳(硅)纤维、纳米带、纳米电缆等。

(3)纳米薄膜(量子面)。是指由尺寸在纳米量级的晶粒(或颗粒)构成的薄膜以及每层厚度在纳米量级的单层或多层膜,有时也称为纳米晶粒薄膜和纳米多层膜。其性能强烈依赖于晶粒(颗粒)尺寸、膜的厚度、表面粗糙度及多层膜的结构,这也就是当今纳米薄膜研究的主要内容。纳米薄膜是受到纳米材料的启发才产生的,其中的确也体现了一定的纳米结构特征。与普通薄膜相比,纳米薄膜具有许多独特的性能,如具有巨电导、巨磁电阻效应、巨霍尔效应等。例如,美国霍普金斯大学的科学家在 $SiO_2 - Au$ 的颗粒膜上观察到极强的高电导现象,当金颗粒的体积百分比达到某临界值时,电导增加了 14 个数量级;纳米氧化镁铟薄膜经氢离子注入后,电导增加 8 个数量级。另外纳米薄膜还可作为气体催化(如汽车尾气处理)材料、过滤器材料、高密度磁记录材料、光敏材料、平面显示材料及超导材料等,因而越来越受到人们的重视。目前,纳米薄膜的结构、特性、应用研究还处于起步阶段,随着纳米薄膜研究工作的发展,更多结构新颖、性能独特的薄膜必将出现,应用范围也将日益广阔。

(4)纳米块体材料。纳米块体材料是将纳米粉末高压成型或烧结或控制金属液体结晶而得到的纳米材料,由大量纳米微粒在保持表(界)面清洁条件下组成的三维系统,其界面原子所占比例很高,微观结构存在长程有序的晶粒结构与界面无序态的结构。因此,与传统材料科学不同,表面和界面不再只被看成为一种缺陷,而成为一重要的组元,从而具有高热膨胀性、高比热、高扩散性、高电导性、高强度、高溶解度及界面合金化、低熔点、高韧性和低饱和磁化率等许多异常特性,可以在表面催化、磁记录、传感器以及工程技术上有广泛的应用,可作为超高强度材料、智能金属材料等。所以,纳米块体材料成为当今材料科学、凝聚态物理研究的前沿热点领域。

从纳米材料固体相组分数划分,纳米块状固体又可分为纳米相材料和纳米复合材料。由单相纳米微粒构成的纳米固体通常称为纳米相材料。不同材料的纳米微粒或两种及两种以上的纳米微粒至少在一个方向上以纳米尺寸复合而成的纳米固体成为纳米复合材料。纳米复合材料的概念最早是由 Roy 等人于 20 世纪 80 年代初提出的,大致又可分为三种类型:第一种是 0—0 复合,即不同成分、不同相或不同种类的纳米微粒与纳米微粒之间复合而成的纳米固体。第二种是 0—2 复合,即把纳米微粒分散到二维的薄膜材料中。它又可分为均匀弥散(纳米微粒在薄膜中均匀分布,人们可根据需要控制纳米微粒的粒径及粒间距)和非均匀弥散(纳米微粒随机混乱地分散到薄膜基体中)两种形式。第三种是0—3 复合,即把纳米微粒分散到常规的三维固体中。纳米复合材料兼有纳米材料与复合材料的许多优点。由于纳米微粒体积小,复合难度不大,因而这种材料备受人们的关注。

(5)纳米组装体系。20 世纪 80 年代,法国的 Lehn 教授指出材料化学合成可以借鉴自组装的办法,其基本思想是:①若干分子能够在合适的条件下自组装成纳米团簇,或在精心设计的模板约束下组装成特定的纳米微结构;②纳米结构亦可通过超分子作用组装成为宏观物质。

分子自组装的涵义是分子间通过非键合力自发组织的超分子稳定聚集体。从一般原则讲,自组装过程的关键是界面分子识别,内禀驱动力包括氢键、范德华力、静电力、电子效应、官能团的立体效应和长程作用等。

纳米组装体系(nanostructured assembling system)、人工组装合成的纳米结构材料体系或者称为纳米尺度的图案材料(patterning materials on the nanometer scale)越来越受到人们的关注。它的基本内涵是以纳米颗粒以及纳米丝、纳米管为基本单元在一维、二维和三维空间组装排列成具有纳米结构的体系,其中包括纳米阵列体系、介孔组装体系、薄膜镶嵌体系。纳米颗粒、纳米丝、纳米管可以有序地排列。如果说纳米微粒和纳米固体的研究在某种程度上带有一定的随机性,那么纳米组装体系研究的特点要强调按人们的意愿设计、组装、创造新的体系,更有目的地使该体系具有人们所希望的特性。美国加利福尼亚大学洛伦兹伯格力国际实验室的科学家在《自然》杂志上发表论文,指出纳米尺度的图案材料是现代材料化学和物理学的重要前沿课题,可见,纳米结构的组装体系很可能成为纳米材料研究的前沿主导方向之一。

4. 纳米材料的发展趋向

纳米材料展现了异常的力学、电学、磁学、光学特性、敏感特性和催化以及光活性等,为新型材料的开发开辟了一个崭新的研究和应用领域。尽管纳米材料的研究已取得了显著进展,但是它毕竟是一种新型材料,要使其得到广泛应用,还亟待基础理论研究的发展和实验技术的突破。因此,纳米材料的发展趋向可概括为:

(1)继续深入研究有关纳米材料的基本理论。目前,人们还不能很好地理解许多在纳米材料中出现的新现象。例如人们不能很好地理解或解释纳米材料的宏观变形与断裂机制。因此,需要大量的理论工作以指导关键性的实验和优化材料的性能,此外还需要计算机模拟。随着计算机科学的进步,人们能通过计算机模拟,利用分子动力学模拟指导进行纳米结构的合成与研究。可以认为,只有在有关纳米材料的基本理论取得长足的进步后,纳米材料的研究和开发才能迈上新的台阶和实现新的突破。

(2)探索和发现纳米材料的新现象、新性质。虽然,纳米材料已经在许多领域得到了初步应用,但纳米材料中的众多现象和性质,还有待基础理论研究的发展,这是纳米材料研究的长期任务和方向,也是纳米材料研究领域的生命力所在。

(3)根据需要设计和制备优异性能的纳米材料及器件,实现工业化生产。通过精确地控制尺寸和成分来合成材料单元,制备更高指定性能的材料,不仅是纳米材料的发展趋势,也是所有材料设计的目标。纳米材料的合成与制备是保证材料高性能的基础。因此,纳米材料的发展与进步在很大程度上取决于合成与制备方法的发展与进步,其中工业化的生产方法和技术的发展和进步尤为重要。可以认为,纳米材料、结构和器件只有实现了工业化生产,才能真正造福于人类。

(4)实验装备与技术的革新与改进是实现纳米技术的必要手段。发展探测和分析纳米尺度下的物理、化学和生物现象的方法和仪器设备,准确地表征纳米材料的结构和物性。

6.4.2　纳米材料的结构特征

纳米材料一诞生,即以其异乎寻常的特性引起了材料界的广泛关注。这是因为纳米材料具有与传统材料明显不同的一些特征。例如,纳米铁材料的断裂应力比一般铁材料高 12 倍;气体通过纳米材料的扩散速度比通过一般材料的扩散速度快几千倍等;纳米相的铜比普通的铜坚固 5 倍,而且硬度随颗粒尺寸的减小而增大;纳米相材料的颜色和其他特性随它们的组成颗粒的尺寸而异。纳米陶瓷材料具有塑性或称为超塑性等。

为什么纳米材料具有这些特殊的性能呢？这是由纳米材料的特殊结构所决定的。

1. 纳米材料的特殊结构

从材料的结构单元层次来说,纳米材料介于宏观物质和微观原子、分子的中间领域。在纳米材料中,界面原子占极大比例,而且原子排列互不相同,界面周围的晶格结构互不相关,从而构成与晶态、非晶态均不相同的一种新的结构状态。纳米态材料系有两种结构单元所组成:晶体组元和界面组元。晶体组元由所有晶粒中的原子组成,这些原子都严格位于晶格位置上;界面组元由处于各晶粒之间的界面原子组成,这些原子由超微晶粒的表面原子转化而来。超微晶粒内部的有序原子与超微晶粒的界面无序原子各占薄膜总原子数的 50%。晶粒的尺寸小于 100 nm,而晶粒间的界面宽度尺寸约在 1~2 nm。

因此在纳米材料中,纳米晶粒和由此产生的高浓度界面是它的两个重要特征。纳米晶粒中的原子排列已不能处理成无限长程有序,通常大晶体的连续能带分裂成接近分子轨道的能级,高浓度晶界及晶界原子的特殊结构导致材料的力学性能、磁性、介电性、超导性、光学乃至热力学性能的改变。纳米相材料跟普通的金属、陶瓷及其他固体材料一样都是由同样的原子组成,只不过这些原子排列成了纳米级的原子团,成为组成这些新材料的结构粒子或结构单元。一个直径为 3 nm 的原子团包含大约 900 个原子,几乎是英文里一个句点的百万分之一,这个比例相当于一条 300 多米长的船跟整个地球的比例。

纳米晶材料(纳米结构材料)的概念最早是由 H. Gleiter 提出的,这类固体是由(至少在一个方向上)尺寸为几纳米的结构单元(主要是晶体)所构成。图 6.11 表示纳米晶材料的二维硬球模型,不同取向的纳米尺度小晶粒由晶界联结在一起,由于晶粒极微小,晶界所占的比例就相应地增大。若晶粒尺寸为 5~10 nm,按三维空间计算,晶界将占到 50% 体积,即有约 50% 原子位于排列不规则的晶界处,其原子密度及配位数远远偏离了完整晶体结构。因此纳米晶材料是一种非平衡态的结构,其中存在大量的晶体缺陷。此外,如果材料中存在杂质原子或溶质原子,则因这些原子的偏聚作用使晶界区域的化学成分也不同于晶内成分。由于结构上和化学上偏离正常多晶结构,所表现的各种性能也明显不同于通常的多晶体材料。

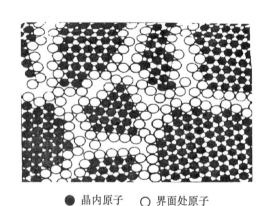

● 晶内原子　　○ 界面处原子

图 6.11　纳米材料二维结构模型

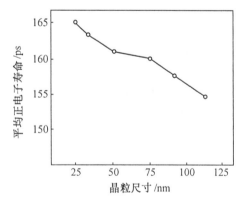

图 6.12　纳米晶 $Fe_{78}B_{13}Si$ 晶粒大小与平均正电子寿命的关系

人们曾对双晶体的晶界应用高分辨电子显微分析、广角 X 射线或中子衍射分析,以及计算机结构模拟等多种方法,测得双晶体晶界的相对密度是晶体密度的 75% ~ 90%,而纳米晶材料的晶界结构不同于双晶体晶界,当晶粒尺寸为几个纳米时,其晶界的边长会短于晶界层厚度,故晶界处原子排列显著地改变。图 6.12 所示为应用正电子湮没技术测定的平均正电子寿命与晶粒尺寸的关系,可见随着晶粒尺寸的减小,寿命增加,这表示晶界中自由体积增加。一些研究表明,纳米晶材料不仅由其化学成分和晶粒尺寸来表征,还与材料的化学键类型、杂质情况、制备方法等因素有关,即使是同一成分、同样尺寸晶粒的材料,其晶界区域的原子排列还会因上述因素而明显地变化,其性能也相应地改变,图6.11所示只是一个被简单化了的结构模型。

纳米复合材料是由掺杂的晶界所组成,如果掺杂原子甚少,不足以构成一原子层,则它们将占据界面区的低能位置上,如图 6.13(a)中的 Bi 原子在纳米晶 Cu 的晶界中,每三个 Cu 原子包围一个 Bi 原子。如果掺杂原子的浓度较高,它们组成掺杂层于界面区域,如图 6.13(b)为纳米尺寸的 W 微细晶粒被 Ga 原子层所隔开。显然,晶界掺杂层原子排列是不规则的,形成这类晶界的原因可能与应力诱导下溶质原子在晶界地区再分布有关,这样的再分布使晶界附近应力场储存能下降。掺杂晶界的形成可阻碍晶粒长大,有利于纳米晶的稳定性。

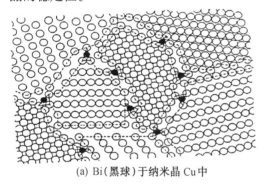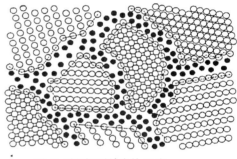

(a) Bi(黑球)于纳米晶 Cu 中　　　　(b) Ga(黑球)于纳米晶 W 中

图 6.13　掺杂晶界的纳米复合材料结构示意图

因此,正是由于纳米材料这种特殊的结构,使材料自身具有小尺寸效应(如蒸气压增大、熔点降低等)、量子效应、表面和界面效应等,从而使其具有许多与传统材料不同的物理、化学性质。

2. 纳米材料的基本效应

(1) 表(界)面效应。材料科学已经指出,处于固体材料表面上的原子状态与处于内部的原子有明显不同,表面原子的键合状态是不完整的,它们处于较高的能量状态,因此具有较大的化学活性、较高的表面结合能,较强的吸附能力。表面原子的特性对材料的总体性能会有一定的作用,只不过对大块材料而言,其表面原子数相对总原子数太少,这种作用可以忽略;但随着固体材料粒径减小,表面的原子数增多,当小到纳米尺度时其表面原子相对数量已相当大,表面原子的作用再也不能忽略了。

表面原子数与总原子数的比例可用表面原子所占的体积与总体积的比例来表示。现在看一个直径为 d 的球形颗粒(图 6.14),设具有表面特性的原子的厚度为 Δd,那么表面

原子数与总原子数的比值等于厚度为 Δd 的球面体积与球总体积之比,即

$$[\frac{1}{6}\pi d^3 - \frac{1}{6}\pi(d-\Delta d)^3]/\frac{1}{6}\pi d^3 \approx (3d\Delta d - 3\Delta d^2)/d^2$$

设 $\Delta d = 0.5$ nm(约两个原子层),则表面原子数与总原子数之比如表 6.4 所示。由此看到,表面原子数的相对比例随颗粒尺寸减少而增大。显然,随着颗粒尺寸的减小,体系的表面能大增,表 6.5 表示氧化锡的表面能随颗粒直径减小而显著增大的情况。

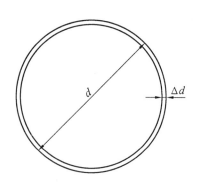

图 6.14 粒径为 d 时表面原子所占比例

表 6.4 表面原子数相对比例与颗粒直径的关系

颗粒直径 / nm	(表面原子数/总原子数) / %	颗粒直径 / nm	(表面原子数/总原子数) / %
1 000	0.15	10	14.3
100	1.5	5	27
50	3	2	56.3
20	7.3	1	75

表 6.5 氧化锡的表面能与颗粒直径的关系

直径 / nm	表面能 $E_S/(\text{J}\cdot\text{mol}^{-1})$	(E_S/总能量)/%
1 000	4.08×10^2	0.1
100	4.08×10^3	0.8
10	4.08×10^4	7.6
5	8.16×10^4	14.1
2	2.04×10^5	35.3

表面原子和内部原子不同,它的配位数减少,非键轨道增加,内部结合能降低,故其化学活性增加。表面原子在晶格中振动的振幅增加,振动频率下降,称之为振动软化。粒度减小,比表面增加,表面曲率也增大,使得表面张力向内部压力增加,造成晶格收缩效应。表面原子增多使表面能在全部内能中比例增加,而表面能一般小于结合能,因此导致熔点下降,德拜温度减小,振动比热增加。纳米颗粒的表面效应还使其很易互相团聚,不易分散和流动,易于进行各种活化反应等。

(2)体积(小尺寸)效应。当物质体积减小时,将会出现两种情况:一种是物质本身的性质不发生变化,而只有那些与体积密切相关的性质发生变化,如半导体电子自由程变小,磁体的磁区变小等;另一种是物质本身的性质也发生了变化,因为纳米粒子是由有限个原子或分子组成,改变了原来由无数个原子或分子组成的集体属性。当超微颗粒的尺寸小到纳米尺度,并与某些物理特征尺寸,如德布罗意波长、电子自由程、磁畴、超导态相干波长等相接近时,由于晶体的周期性边界条件被破坏,使原大块材料所具有的某些电

学、磁学、光学、声学、热学性能发生重大改变,或者说某些物理性能随尺寸减小可能发生突变,这种效应称体积(小尺寸)效应。

例如粒径为 1 μm 的颗粒的原子总数在 10^{10} 个以上,而粒径为 1 nm 的颗粒的原子总数一般少于 100 个。由于原子数目的急剧减少,就引起了诸如磁、电、光、热、反应活性等一系列宏观理化性质的变化。表 6.6 列出了一些纳米颗粒与宏观块状材料性质的比较。又如,随纳米材料粒径的变小,其熔点不断降低,烧结温度也显著下降,从而为粉末冶金工业提供了新工艺;利用等离子共振频移随晶粒尺寸变化的性质,可通过改变晶粒尺寸来控制吸收波的位移,从而制造出具有一定频宽的微波吸收纳米材料,用于电磁波屏蔽、隐形飞机等。

表 6.6　纳米颗粒的特性

性　　质	纳米颗粒(粒径/nm)	块　　材
磁场强度/($A \cdot m^{-1}$)	Fe(5): 8.20×10^4	3.74×10^4
吸光率×100($\lambda = 6.6 \sim 10.0 \ \mu m$)	Au(10): 95	$2 \sim 5$
相对催化活性	Ni(1): ~ 6	~ 3
熔点/K	Au(3): 900	1 300
烧结温度/℃	Bi(20): 200	> 700
超导转变温度/K	Au(9): 5.3	3.4

(3)量子尺寸效应。当颗粒尺寸小到纳米尺度时,固体原子中费米能级附近的电子所处的能级,由准连续态变为分裂的能级状态,此即量子尺寸效应,亦称久保(Kubo)效应。久保得出

$$\delta = \frac{4}{3} \frac{E_f}{N}$$

式中,δ 为分裂能级的能量间隔大小;E_f 为费米能级的大小;N 为固体颗粒中的总电子数。当颗粒尺寸大时,N 很大,δ 很小并接近于零,因此可看成是准连续状态;当颗粒尺寸进入纳米尺度,特别是几个纳米时,N 值大大减少,此时 δ 值增大,并可能超过热能、磁能、静磁能、静电能、超导态的凝聚能、光子等的量子能量,这时将导致一系列物理性能的重大变化,甚至发生本质上的变化,这种变化称之为量子尺寸效应。例如在温度为 1 K时,小于 14 nm 的银颗粒将出现量子化效应即由导体转变为绝缘体,而温度 100 K 时,小于 3 nm 的银颗粒才呈现量子化效应。

量子尺寸效应产生最直接的影响就是纳米材料吸收光谱的边界蓝移。这是由于在半导体纳米晶粒中,光照产生的电子和空穴不再自由,即存在库仑作用,此电子 – 空穴对类似于宏观晶体材料中的激子。由于空间的强烈束缚导致激子吸收峰蓝移,边带以及导带中更高激发态均相应蓝移,并且其电子 – 空穴对的有效质量越小,电子和空穴受到的影响越明显,吸收阈值就越向更高光子能量偏移,量子尺寸效应也越显著。

纳米材料中处于分立的量子化能级中的电子的波动性,将直接导致纳米材料的一系列特殊性能,如高度的光学非线性、特异的化学催化和光催化性能等。

上述表面效应、小尺寸效应、量子尺寸效应都与颗粒尺寸有关,都在 1~100 nm 尺度范围中显示出来,可统称为纳米效应,这些效应强烈反应的尺寸范围有所不同,对不同的性能影响的尺度范围也有所不同,如表 6.7 所示。

表 6.7 纳米效应显著的尺寸范围

颗粒尺寸 / nm	表面效应	小尺寸效应	量子尺寸效应
略大于 100	极小	个别现象	无
100~10	显著	多种效应、显著	不显著
10~1	极大	显著	显著

(4)宏观量子隧道效应。微观粒子能贯穿势垒而产生性能变化,如微粒子的磁化强度,量子相干器件中的磁通量以及电荷等具有隧道效应,它们可以穿越宏观系统的势垒而产生变化,故称为宏观量子隧道效应。这一效应与量子尺寸效应一起,确定了微电子器件进一步微型化的极限,也限定了采用磁带磁盘进行信息储存的最短时间。例如,在制造半导体集成电路时,当电路的尺寸接近电子波长时,电子就通过隧道效应而溢出器件,使器件无法正常工作。经典电路的极限尺寸约在 0.25 μm。

以上 4 种效应是纳米粒子与纳米固体的基本特性,它使纳米粒子和固体呈现许多奇异的物理性质、化学性质,出现一些"反常现象",如金属为导体,但纳米金属微粒在低温由于量子尺寸效应会呈现电绝缘性;纳米磁性金属的磁化率是普通金属的 20 倍;化学惰性的金属铂制成纳米微粒(铂黑)后,却成为活性极好的催化剂等。

6.4.3 纳米材料的性能

纳米结构材料因其超细的晶体尺寸(与电子波长、平均自由程等为同一数量级)和高体积分数的晶界(高密度缺陷)而呈现特殊的物理、化学和力学性能。表 6.8 所列的一些纳米晶材料与通常多晶体或非晶态时的性能比较,明显地反映了其变化特点。

表 6.8 纳米晶金属与通常多晶或非晶态的性能

性能	单位	金属	多晶	非晶态	纳米晶
热膨胀系数	10^{-6} K^{-1}	Cu	16	18	31
比热容(295K)	J/(g·K)	Pd	0.24	–	0.37
密度	g/cm^3	Fe	7.9	7.5	6
弹性模量	GPa	Pd	123	–	88
剪切模量	GPa	Pd	43	–	32
断裂强度	MPa	Fe – 1.8%C	700	–	8 000
屈服点	MPa	Cu	83	–	185
饱和磁化强度(4 K)	$4\pi \cdot 10^{-7}$Tm^3/kg	Fe	222	215	130
磁化率	$4\pi \cdot 10^{-9}$m^3/kg	Sb	– 1	– 0.03	20
超导临界温度	K	Al	1.2	–	3.2
扩散激活能	eV	Ag 于 Cu 中	2.0	–	0.39
		Cu 自扩散	2.04	–	0.64
德拜温度	K	Fe	467	–	3

1. 热力学性能

颗粒尺寸变小导致比表面的增大,而使颗粒的化学势也发生改变。其化学势随颗粒粒度减小而增大。当粒度小于某一临界尺寸时,纳米晶粒以多重孪晶构型为能量最低状态,再减小粒度时,就成为原子簇,此时其内部的原子结构可连续起伏于不同的构型之中。超微颗粒的熔点随粒度减小而降低。如块状金的熔点为 1 063℃,而 2 nm 的金微粒的熔点仅 330℃;银的熔点为 960.8℃,而纳米银粒的熔点仅为 100℃。纳米颗粒的表面原子组态随时间而变化,用高倍电子显微镜观察 2 nm 的金微粒证实了这一点。可见,纳米颗粒的热力学性质较之宏观颗粒有明显的特殊性。如表 6.9 所示的高碳铁(1.8%C)的断裂强度有多晶的 700 MPa 提高至纳米晶的 8 000 MPa,增加达 1 140%。

2. 电性能

纳米颗粒的电导率由于量子效应而下降。颗粒减小会影响其超导性,其超导性的临界温度 T_c 会增高。超微粒的介电性能也随着粒度减小而变化,这是因为粒度减小时电子的平均自由路程将受到限制,此外表面电子的运动情况也有自己的特点。如表 6.9 中 Al 的超导临界温度由多晶的 1.2 K 增加到纳米晶的 3.2 K。

3. 磁性能

纳米颗粒的磁性能与粒度的关系最明显,随着粒度的减小,其磁畴从多畴结构变成单畴结构,使磁化反转的模式从畴壁变化变成磁畴转动,而使矫顽力 H_c 大幅度提高,当粒度再减小时,磁各向异性能 kV 与热能 kT 相当或更小时,由于热扰动使纳米颗粒的矫顽力降为零而进入超顺磁性状态。例如 16 nm 的铁超微粒的矫顽力可高达 80 000 A/m,而块状纯铁的矫顽力只有 20~100 A/m。但铁超微粒的粒度减小到 4.5 nm 以下时,却使矫顽力降到零而呈现超顺磁性。此外,超微粒的表面原子会使表面的磁自旋结构不同于内部,可形成非共线的自旋构型。表面层吸附气体或液体也将引起表面的自旋构型。

4. 光性能

金属超微粒对光的反射率很低,一般低于1%;对太阳光几乎能全吸收,被称为太阳黑体。而宏观的金属材料如金、银和铜对太阳光的反射率都很高,表面光滑时,反射率几乎接近于100%,特别是在长波段。超微粒由于量子化效应,其能隙随粒度减小而增加,从而导致光吸收峰的"蓝移"。

5. 化学性能

粒度减小,比表面增加,超微粒的比表面较宏观颗粒大得多,如 1 μm 的铁粉比表面积小于 3 m²/g,而 10 nm 的铁超微粒比表面积为 76 m²/g,高出了 25 倍以上。表面能与结合能之比也提高很多,如 1 μm 的铜粒,比值为 0.017,而 1 nm 的铜超微粒,比值上升为 0.170,高出了 10 倍。比表面和表面能的大幅度增加,使其化学活性如反应活性、催化效应等均显著增加。

6.4.4 纳米材料的合成与制备

随着纳米材料的出现,纳米材料制备技术的发展也是令人瞩目的。各种各样制备技术的使用已使不同形状、不同结构的纳米材料的制备成为可能。一般来说,这些方法可分为纳米级超微粉的制备和固态成型技术两大类。

制粉使用最普遍的是蒸气冷凝法,根据气化条件及环境气氛的差异,这一方法又分为真空蒸气冷凝、反应性气体冷凝、射频溅射、等离子体溅射等技术。除此之外,溶胶－凝胶法、超临界流体技术、机械球磨法等工艺也已成功地制备出纳米粉。原位加压、热等静压、激光压缩法等可以把纳米粉制成纳米块材。

1. 高能球磨法

1988 年日本京都大学 Shingu 等人首先报道了高能球磨法制备 Al－Fe 纳米晶材料,为纳米材料的制备找出了一种实用化的途径。近年来,高能球磨法已经成为制备纳米材料的一种重要方法。

高能球磨法是利用球磨机的转动或振动,使硬球对原料进行强烈的撞击、研磨和搅拌,把金属或合金粉末粉碎为纳米级微粒的方法。如果将两种或两种以上金属粉末同时放入球磨机中进行高能球磨,粉末颗粒经过压延、压合、又碾碎、再压合的反复过程,最后获得组织和成分均匀的合金粉末。

用高能球磨法可以制备纳米晶纯金属材料、不互溶体系纳米合金、纳米金属间化合物、纳米尺度的金属－陶瓷粉复合材料等。

2. 惰性气体蒸发、原位加压制备法

这种制备方法是在低压的氩、氦等惰性气体中加热金属,使其蒸发后形成超微粒(1 ～ 1 000 nm)或纳米微粒。

具体方法是把欲蒸发的源物质放入坩埚内,通过钨电阻加热器或石墨加热器等加热装置逐渐加热蒸发,产生源物质烟雾。由于惰性气体的对流,烟雾向上移动,并接近充液氮的冷却棒。在接近冷却棒的过程中,源物质蒸气首先形成原子簇,然后形成单个纳米微粒。在接近冷却棒表面的区域内,由于单个纳米微粒的聚合而长大,最后在冷却棒表面上积聚起来。用聚四氟乙烯刮刀刮下并收集起来获得纳米粉。纳米粉经漏斗直接落入低度压实装置,粉体在此装置中经轻度压实后,由机械手送入高压原位加压装置,压制成块状试样。

这种方法的优点是:纳米微粒具有清洁的表面,很少团聚成粗团聚体,因此块体纯度高,相对密度也高。

3. 溶胶－凝胶法

溶胶－凝胶法系指金属有机或无机化合物经过溶液、溶胶、凝胶而固化,再经热处理而成氧化物或其他化合物固体的方法。该法不仅可用于制备微粉,而且可用于制备薄膜、纤维、体材和复合材料。其优缺点如下。

(1)高纯度。粉料(特别是多组分粉料)制备过程中无需机械混合,不易引进杂质。

(2)化学均匀性好。由于溶胶－凝胶过程中,溶胶由溶液制得,化合物在分子级水平混合,故胶粒内及胶粒间化学成分完全一致。

(3)颗粒细－胶粒尺寸小于 $0.1~\mu m$。

(4)可容纳不溶性组分或不沉淀组分。不溶性颗粒均匀地分散在含不产生沉淀的组分的溶液,经胶凝化,不溶性组分可自然地固定在凝胶体系中,不溶性组分颗粒越细,体系化学均匀性越好。

(5)掺杂分布均匀。可溶性微量掺杂组分分布均匀,不会分离、偏析,比醇盐水解法优

越。

(6)合成温度低,成分容易控制。

(7)粉末活性高。

(8)工艺、设备简单,但原材料价格昂贵。

(9)烘干后的球形凝胶颗粒自身烧结温度低,但凝胶颗粒之间烧结性差,即体材料烧结性不好。

(10)干燥时收缩大。

4.化学气相反应法

化学气相反应法制备纳米微粒是利用挥发性的金属化合物的蒸气,通过化学反应生成所需要的化合物,在保护气体环境下快速冷凝,从而制备各类物质的纳米微粒。该方法也叫化学气相沉积法（chemical vapor deposition,简称 CVD）。用气相反应法制备纳米微粒具有很多优点,如颗粒均匀、纯度高、粒度小、分散性好、化学反应活性高、工艺可控和过程连续等。化学气相沉积技术可广泛应用于特殊复合材料、原子反应堆材料、刀具和微电子材料等多个领域。化学气相反应法适合于制备各类金属、金属化合物以及非金属化合物纳米微粒,如各种金属、氮化物、碳化物、硼化物等。自 20 世纪 80 年代起,CVD 技术又逐渐用于粉状、块状材料和纤维等的制备。

按体系反应类型可将化学气相反应法分为气相分解和气相合成两类方法;如按反应前原料物态划分,又可分为气 – 气反应法、气 – 固反应法和气 – 液反应法。要使化学反应发生,还必须活化反应物系分子,一般利用加热和射线辐照方式来活化反应物系的分子。通常气相化学反应物系活化方式有电阻炉加热、化学火焰加热、等离子体加热、激光诱导、γ 射线辐射等多种方式。

5.溶剂热法（高温高压）

它是高温高压下在溶剂(水、苯等)中进行有关化学反应的总称。其中水热法研究较多。用水热法制备的纳米粉末,最小粒径已达数纳米的水平。目前用水热法制备纳米微粒的实际例子很多,以下为几个实例。

用碱式碳酸镍及氢氧化镍水热还原工艺可成功地制备出最小粒径为 30 nm 的镍粉。

锆粉通过水热氧化可得到粒径约为 25 nm 的单斜氧化锆纳米微粒,具体的反应条件是在 100 MPa 压力下,温度为 523 ~ 973 K。

Zr_5Al_3 合金粉末在 100 MPa、773 ~ 973 K 水热反应生成粒径为 10 ~ 35 nm 的单斜晶氧化锆、正方氧化锆和 α – Al_2O_3 的混合粉体。

6.聚合物化学和高温材料加工法

美国康涅狄格大学材料科学研究所和史蒂文斯工艺学院化学和化学工程系共同合作利用该工艺开发纳米复合材料。该技术的关键是液体先驱体超快速转变成中间体陶瓷初坯(Si_3N_4/SiC)的纳米粒子。该方法生产的陶瓷初坯粉末既可经过现场的激光凝固(烧结),也可经过机械加工成为大块材料。

该技术吸引人的特性是 70% 的液体先驱体被转化成纳米级粒子粉体,且这些粒子是高度透明、无孔隙的。

6.4.5　纳米材料的应用

1.以力学性能为特征的应用

(1)纳米陶瓷增韧。所谓纳米陶瓷,是指显微结构中的物相具有纳米级尺度的陶瓷材料。1986年德国科学家首先在实验室中发现在真空室中原位压制而成的纳米TiO_2陶瓷材料具有常温下的韧性和塑性,曾引起了陶瓷界的轰动,科学家们预言,纳米技术可能是解决陶瓷脆性的最有希望的途径,同时掀起了世界范围内纳米增强、增韧陶瓷的研究热潮,各种纳米陶瓷材料的制备方法、纳米陶瓷超微粉的成型技术、包括微波加热在内的快速烧结方法等工艺技术迅速发展,但是到目前为止,尽管可以做出晶粒比100 nm还细的纳米结构陶瓷或纳米复相陶瓷试样,但其强度和韧性的提高与人们的期盼仍相距甚远,原因是纳米陶瓷原料的流动性差,很难消除烧结过程中产生的微小缺陷,这些缺陷的尺寸在μm尺度范围,因此限制了强度和韧性的提高水平,这是一个十分难以解决的矛盾。纳米陶瓷现在已经显示的确定效果是:① 烧结温度可以大大降低;② 在高温下(1 000 ℃以上)具有超塑性,因此便于制造复杂形状的部件;③ 强度和韧性有所提高。

目前还不能说纳米技术已解决了陶瓷的脆性问题,不过人们仍未放弃对这个目标的追求。尽管纳米陶瓷还有许多关键技术需解决,但其优良的室温和高温力学性能、抗弯强度、断裂韧度,使其在切削刀具、轴承、汽车发动机部件等诸多方面都有广泛应用,并在许多超高温、强腐蚀等苛刻环境下起着其他材料不可替代的作用,具有广阔的应用前景。

(2)碳纳米管。碳纳米管的强度是钢的百倍,而重量仅是钢的1/6,这是目前发现的最高强度或比强度的材料,这方面的研究还在继续,其应用前景十分诱人。

(3)用无机纳米超微粉添加到高分子材料中去。例如橡胶、塑料、胶粘剂中,可以起到增强、增塑、抗冲击、耐磨、耐热、阻燃、抗老化及增加黏结性能等作用,已有不少实际的例子,这是当前纳米材料应用比较活跃的领域。

(4)纳米润滑材料。例如用纳米金属铜粉加入到润滑油中,可制得所谓具有自修复作用的润滑油,不仅使润滑性能大幅度提高,而且纳米金属可使已有的微小蚀坑"修复",从而使零件的使用寿命大为提高。

2.以表面活性为特征的应用

(1)纳米超微颗粒可以直接以粉末形态作为催化剂应用。多数情况下,首先用物理方法制备出纳米金属粒子,然后将活性的金属微粒加到选定的载体上。已经可以制备出多种纳米金属负载催化剂,纳米粒子尺寸小到2～5 nm,并与载体的结合牢固,实验证明这些纳米催化剂比传统催化剂有更优异的催化特性,国际上已把纳米粒子催化剂称为第四代催化剂。纳米催化剂具有高比表面积和表面能,活性点多,因而其催化活性和选择性大大高于传统催化剂。如用Rh纳米粒子作光解水催化剂,产率比常规催化剂提高2～3个数量级;粒径为30 nm的镍可使加氢和脱氢反应速度提高15倍;在火箭发射用的固体燃料推进剂中,添加1%纳米Ni粉,燃烧热可增加1倍;纳米TiO_2在汽车尾气中的去S能力比常规TiO_2大5倍。

(2)纳米材料表面的吸附特性也有重要的用途。例如清除空气中的有害气体、清除海上油污等。

(3)某些纳米材料(如纳米 TiO_2 颗粒)的光催化特性。被用于制造自洁功能涂料及具有杀菌能力的瓷砖等。

3. 以光学性能为特征的应用

(1)某些纳米材料(如纳米金属微粒)具有特强的光吸收特性和电磁波吸收特性。在军事上用于设计制造隐身材料,隐形飞机、隐形坦克等,在民用上用于减小电磁波的污染等。

(2)某些纳米材料具有特别强的紫外线吸收能力(如 TiO_2,ZnO_2 等)。因此可广泛用于提高高分子材料的抗老化性能、改进外墙涂料的耐候性,也可用于制作防晒用具、服装和护肤霜等。

(3)利用纳米材料对红外线的吸收和转换能力。可用于红外吸收与探测,也可用于保温或保暖以及保健品。

(4)利用纳米材料的尺寸效应可实现光过滤器的波段调整。纳米阵列体系是很有前途的新型光过滤器。

(5)利用稀土纳米材料的荧光特性等。已发展出新的荧光和发光材料。

(6)利用纳米材料的光吸收特性。可制作高效光热和光电转换材料,有可能在太阳能的利用方面取得更大的进展。

4. 以磁学性能为特征的应用

(1)纳米微晶软磁材料。具有更高的饱和磁化强度和更优良的高频特性。

(2)纳米微晶永磁材料。具有较高的磁化强度和矫顽力,同时有更好的热稳定性。

(3)纳米磁记录材料。使磁记录密度大为提高,且可降低噪声,提高信噪比,矫顽力高,因此可靠性和稳定性好,广泛用于磁带、磁盘、磁卡、磁性钥匙等。

(4)磁流体。用纳米级的磁粉如 Fe_3O_4,表面经油酸涂覆,加入到某种液相载体中,得到稳定的高度分散的磁性胶体,它不仅具有高的磁化强度而且可以任意改变形状,特别适用于对高速旋转轴的密封,即在旋转轴的部位加一个环形磁场,在转动轴与套体间隙中加入磁流体,从而把转动轴密封起来且不增加转动阻力,可以实行气封、油封、水封,并可承受一定的压力和温度。

(5)巨磁电阻材料。某些纳米厚度的多层薄膜系统,当在其横向加一个磁场时,其电阻值产生显著改变,如同一个磁性开关。利用这一性质做成的存储元件(磁头),可将磁盘的记录密度提高一个数量级,从而在与光盘的竞争中重新处于有利的地位。

(6)新的磁疗治病方法。将纳米磁性材料(如氧化铁)注入到患者的肿瘤里,外加一个交变磁场,使纳米磁性颗粒升温至45℃,在这个温度下癌细胞可被消灭;纳米磁性药物"导弹",是更吸引人的目标。

(7)磁致冷是一种新的无污染的致冷方法。新型纳米复合材料使磁致冷温度大大提高,在未来的致冷装置中有广阔的应用前景。

5. 以热学性能为特征的应用

(1)可以做更好的热交换材料。纳米结构的材料的比热容比常规材料大得多,因此可以作为更好的热交换材料应用。

(2)降低陶瓷材料的烧结温度。由于特别高的表面能,纳米材料可在低得多的温度烧结,对于粉末冶金和陶瓷的制备具有重要的应用价值。

(3)低温焊料。把钎焊用的焊料细化到纳米尺度,这时可以在更低的温度下熔化并焊接,一旦熔化及再凝固后,其晶粒长大,熔点又恢复到较高的温度,这在某些特殊要求的场合是很有用的。

(4)为新型合金的研制开辟了新的途径。用纳米超细原料,在较低的温度快速熔合,可制成在常规条件下得不到的非平衡合金,为新型合金的研制开辟了新的途径。

6.以电学性能为特征的应用

(1)纳米电子浆料、导电胶、导磁胶等。广泛应用于微电子工业中的布线、封装、连接等,对微电子器件的小型化有重要作用。

(2)高性能电极材料。以微孔海绵状金属为骨架,沉积纳米镍等超微粉,进行适当处理后,制备出具有巨大表面积的电极,可大幅度提高充、放电效率。

(3)同轴纳米电缆。已初步制备出内芯 10 nm 左右的同轴电缆,内芯可为导体、半导体或超导体,芯外是绝缘包覆层,这种纳米电缆传输电子快、能耗小,可用于高密度集成器件的连接,在发展微型器件、微型机器人中有重要应用前景。

(4)各种纳米敏感材料。将使工业传感器产生重大进展,例如利用纳米颗粒的大比表面积制成超小型、高灵敏度的气敏、湿敏、光敏等传感器,并可做成多功能的复合传感器。

(5)单电子晶体管。只是控制 1 个电子的运动行为即可完成特定的功能,如电子开关,可以做成极小的纳米器件,而且使功耗降低 1 000 倍,还可避免电阻引起的温升,有可能从根本上解决超大规模集成电路的功耗和温升等问题。

(6)量子器件。传统的电子元器件是通过控制电子数量来实现信号处理的,而量子器件主要是通过控制电子波动的位相来实现某种功能,因此具有更高的响应速度和更低的功率消耗,性能提高 1 000~10 000 倍,量子器件为纳米尺度,结构简单、可靠性高、成本低,可使集成度大幅度提高,将使电子工业技术推向更高的发展阶段。

7.以生物医学为特征的应用

(1)用纳米材料做成的骨水泥和牙填充材料。在人体的齿及骨中本来就存在着纳米结构,用纳米材料做成的骨水泥和牙填充材料,能与原骨及齿更紧密的结合,并具有优良的性能,已经有了临床应用的实例。

(2)纳米抗菌材料。主要是纳米无机抗菌材料,具有优异的抑制和杀灭细菌的能力,可净化环境、防止病菌的交叉感染。

(3)纳米药物。一是把药物细化至纳米级,便于传输到人体的任何部位、也便于吸收和提高疗效;二是将纳米药物直接注射至病变处,更直接的杀灭有害病菌或肿瘤细胞;三是通过纳米材料的包裹作成智能型药物,进入人体后可主动搜索并攻击癌细胞或修补损伤组织。

(4)用纳米材料制成独特的功能膜。可以过滤、筛出有害成分,消除药物的污染,减轻药物的事故。

(5)"导弹药物"和癌症的早期诊仪也是纳米技术未来发展的方向。

以上从性能的特征上广泛列举了纳米材料的用途,其中一部分已进入应用阶段,也有一些还处于实验室研究阶段,纳米材料的用途很难全面的展示,但无论如何已可以看到纳米材料应用的美好前景。

8．用纳米材料改造传统产业

纳米材料不仅在高科技与尖端工业中有重要的应用前景,而且在化工、建材、纺织、轻工等民用工业领域也有重要的应用价值,用纳米材料改造传统产业,利用比较成熟的纳米材料与技术,使传统产品提高质量、赋予新的功能或更新换代,无疑具有十分重大而现实的意义,也是科技工作者和企业管理者的历史责任。近几年来,在我国这方面的应用已有展开,下面略举一些实例。

(1)纳米改性橡胶。橡胶及其制品大部分是黑色的,因为其中加有一定量的炭黑,炭黑是橡胶的主要补强剂和抗老化剂,其实炭黑也是纳米级材料,随其粒度的减小及比表面的增大,其补强性及抗老化性也随之提高。北京汇海宏纳米科技有限公司率先对纳米改性彩色橡胶及其制品进行了大量的实验研究,系统研究了一系列无色的纳米材料对橡胶补强及抗老化性能的影响,与此同时又系统研究了纳米材料及其他因素对有机、无机颜料保色性能的影响,从而开辟了具有优异性能的彩色橡胶及其制品的新天地,对于传统的黑色橡胶工业提出了挑战,提供了改造传统产业的一条新路。其中纳米改性彩色三元乙丙防水卷材具有优异的防水功能和装饰功能,使我国防水材料提高到一个新的水平,可对我国城市屋顶的美化发挥积极的作用,这是用纳米材料改造传统产品的成功范例,已被国家建设部列为 2002 年重点推广的科技成果,产业化的步伐已迅速展开。

(2)纳米改性塑料。以中科院化学所国家工程塑料工程中心为代表的科学家,在纳米改性塑料方面做了大量系统的研究,他们以具有纳米层状结构的蒙脱土为原料,将高分子单体加入到较大间隙的层间,然后在高分子聚合的过程中,由于体积膨胀致使蒙脱土沿层间破碎,以纳米颗粒分散在塑料之中,成为纳米复合塑料,这种材料具有优异的力学性能,其中抗冲击性、耐热性等有显著提高,这种方法解决了纳米材料不易均匀分散的难点,同时成本较低,纳米复合塑料已可制成管材、板材,产业化的进程也已展开;此外,在国内外,纳米改性塑料的研究工作十分活跃,成果不少,例如用纳米改性的聚丙烯塑料代替尼龙用于铁道导轨的垫块,取得良好效果并已推广应用。如果通过纳米改性的途径把普通塑料的性能提高到接近工程塑料的水平,那么传统的塑料产业将得到全面的改造。

9．纳米改性建材

建材是一个极为广泛的综合性产业,其产值在国民经济总产值中占有十分显著的地位。对我国来说,大多数建材产品均为中、低档范畴,高档产品仍被国外名牌产品所占领。近几年来,纳米材料技术在建材中的应用研究十分活跃,效果也逐步显示出来,其中纳米改性涂料是最突出的一个。纳米改性涂料主要针对三个方面的需要:其一是提高涂料特别是外墙涂料的耐候性或抗老化性能,以延长涂料的使用寿命,紫外线的照射破坏键合是高分子材料老化的主要原因,某些纳米材料如 TiO_2、ZnO、SiO_2 等,对紫外线有强烈的吸收特性,从而在提高涂料的耐候性方面将可能发挥重要的作用;其二是改善涂料的抗污性或自洁性,传统的涂料常常由于污垢难于清除,使得涂料的装饰效果丧失殆尽,某些纳米材料的应用可以通过光催化作用促使表面油污分解,或使涂料表面具有憎水、憎油的功能,从而不粘油污,或油污附着不牢而极易清除;其三是通过纳米材料的应用赋予涂料新的功能,如抗菌功能、抗静电功能、消除电磁污染功能、耐磨功能、阻燃功能等。纳米改性涂料的研制单位很多,只要采取科学的态度,不断创新,传统涂料工业的面貌一定会大为改观。纳米材料在建筑陶瓷中的应用,在黏结剂中的应用,在各种化学建材和装饰材料中的应用还不十分广泛,可以说纳米改性技术已经成为传统建材工业技术改造的主要方向之一。

10. 纳米材料在纺织工业中的应用

最近几年中,关于纳米保暖内衣的商业炒作受到各种质疑,存在着宣传过度或概念不清等问题,其实纳米材料在纺织工业中有十分广阔的应用前景,例如纳米改性高强度抗老化织物、紫外线屏蔽织物、抗菌除臭织物、环保过滤织物、抗电磁辐射织物、抗静电织物、抗油污自洁净织物,隔热阻燃织物、红外保暖织物、磁性保健织物等。纳米材料在纺织中的应用途径有三种,一是把纳米超微粉直接在合成纤维的反应过程中加入;二是利用熔融共混的方法在聚合物纺丝过程中添加;三是在织物的后整理过程中加入。纳米材料的分散技术、表面改性技术是关键所在。最近超憎水纺织品已多次在电视广告中展示,其中一种是利用特制的纳米 TiO_2 表面形态特征,通过表面改性和其他技术制成憎水浆料,再在织物的后整理阶段复合到织物的表面,并渗透至纤维的间隙之中,烘干后赋予织物以超憎水性、抗污性、阻燃性,并保持织物的透气性,对人体皮肤无毒无害,这种织物具有所谓荷叶效应,做成的服装不沾水,可作为防水用具,把墨水、酱油等洒在这种衣物上,只要用吸水纸及时清除可不留任何痕迹。由上面的叙述中,不难看到纳米材料技术在纺织工业中的应用价值,确实能使纺织品大放异彩,使纺织工业充满生机、增加商机。

11. 纳米材料在环保、卫生行业领域中的应用

纳米材料由于巨大的比表面积和吸附能力可用于吸收和消除有害气体,净化空气,利用某些纳米材料的催化或光催化特性,可用于分解进而消除油污的污染,净化水域;各种新发展的纳米抗菌剂的应用,可以净化环境,防止交叉感染和疾病的蔓延,这些应用对于人类的健康直接相关,受到人民群众的关注。纳米抗菌冰箱、洗衣机的广告宣传在一段时间中被媒体炒得火热,有人说好,有人又持否定态度,老百姓茫然不知所措,标有抗菌功能的冰箱、洗衣机仍随处可见。下面对纳米抗菌无机材料及其应用做一简要介绍。抗菌剂分为有机和无机两大类,前者的应用历史已久,但其抗菌效果不甚理想,不能经受高温,有些本身还具有毒性,因此最近 20 年来,无机抗菌剂被研究并迅速获得应用,纳米材料的出现实际上促进了无机抗菌剂的发展。无机抗菌剂可分为两大类,一是利用金属离子如Ag、Cu、Zn 直接对细菌的杀灭能力,另一是利用纳米材料(如 TiO_2)的光催化特性产生活性氧起到杀灭细菌的作用,前者的作用直接、迅速、高效,因此受到重视,金属离子如何分散到各种材料中去呢?最好的办法是将它们先沉积到一个高比表面(多孔)、高吸附能力的纳米粉体(载体)上,复合成一种纳米组装的形态,再将它们分散至各种材料中去,做成各种抗菌的材料和制品。纳米材料载银系抗菌剂是最主要的无机抗菌剂,在国内已有多家可以生产。国家工程塑料工程中心在抗菌塑料的生产与应用方面已经产业化;北京华元川科技公司、北京汇海宏纳米科技公司在磷酸锆载银系抗菌粉的生产及其在陶瓷中的应用也已在进行产业化;中国建材研究总院在采用稀土复合抗菌剂及其在日用卫生陶瓷中的应用也已有一定规模,抗菌的纺织品也已问世,经过权威部门的检测,使用纳米无机抗菌剂的塑料或陶瓷或纺织品表面杀菌率都超过 90% 以上,2002 年初国家已组织制定抗菌制品的行业标准,包括检测方法,抗菌材料及其制品已不断被用户认知,预计其应用范围将迅速扩大。在国外,特别是日本,抗菌材料的产业及应用已接近普及,可以说,抗菌材料及应用是一个发展的方向,是众多日用品都应该具有的一种有益无害的功能。

12. 其他方面的应用

利用纳米材料已挖掘出来的奇特的物理、化学和力学性能,设计纳米复合材料。目前主要是进行纳米组装体系、人工组装合成纳米结构材料的研究。如 IBM 公司利用分子组装技术,研制出了世界上最小的"纳米算盘",该算盘的算珠由球状的 C_{60} 分子构成。美国佐治亚理工学院的研究人员利用纳米碳管制成了一种崭新的"纳米秤"能够秤出一个石墨微粒的重量,并预言该秤可用来秤取病毒的重量。

利用纳米技术可制成各种分子传感器和探测器,还可利用碳纳米管制作储氢材料,用做燃料汽车的燃料"储备箱"。利用具有强红外吸收能力的纳米复合体系来制备红外隐身材料,都是很具应用前景的技术开发领域。

从以上列举纳米材料在各个方面的应用,充分显示出纳米材料在材料科学中举足轻重的地位。这正如我国著名的科学家钱学森教授所预言:"纳米左右和纳米以下的结构将是下一阶段科技发展的特点,会是一次技术革命,从而将是 21 世纪的又一次产业革命"。

6.4.6 实现"在原子和分子水平上制造材料和器件"的梦想

近 20 年来,一些超微观的研究仪器出现了,包括扫描隧道显微镜、原子力显微镜等,他们使人的视觉延伸到原子的尺度,使人们看到了固体中原子排列的图像,他们还能把微观的成分分析精确到单个原子,告诉人们固体表面中某一个原子是什么元素,更有甚者,借助扫描隧道显微镜还可实现按人的意志一个一个地搬动原子。早在 1959 年,美国著名物理学家,诺贝尔物理奖获得者 Feynman 曾经对物理学有一段展望:"如果我们按自己的愿望一个一个地排列原子,将会出现什么呢?这些物质将有什么性质?这是十分有趣的问题,虽然我现在不能精确地回答它,但我决不怀疑当我们能在如此小的尺寸上进行操纵时,将得到具有大量独特性质的物质……如果能在原子和分子水平上制造材料和器件,就会有许多令人激动的崭新发现。"这是一个精彩的预言,也是科学家们长期的一个期盼,在当时应该说是一个梦想。半个世纪过去了,科学发生了翻天覆地的变化,人类过去的梦想一个又一个变成了现实,应该说当 Feynman 的梦想成为现实时,标志人类创造新材料的能力达到了全新的高度,而全新的物质将给人类带来全新的世界。

扫描隧道显微镜(STM)被国际科学界公认为是 20 世纪 80 年代世界十大科技成果之一,由于这一成就,Binning 和 Rohrer 获得了 1986 年的诺贝尔物理奖。STM 具有极高的空间分辨能力,平行方向分辨率为 0.04 nm,垂直方向分辨率为 0.01 nm,它标志着微观分析技术的重大转折,人们可以直接观察表面上的原子和分子结构;可以研究原子之间的微小结合能,人为设计并制造分子;可以研究生物细胞和染色体内的单个蛋白质和 DNA 分子的结构,进行分子切割和组装手术;可以在原子尺寸上加工、组装新型量子器件。

在 STM 设备中有一个极细微的探头,顶部为直径只有 50~100 nm 的金属针尖。操纵表面上原子的方法简单的说是将针尖下移,使针尖顶部的原子和表面上的原子的电子云重叠,因此在针尖与表面原子间产生一种与化学键相似的引力,这种力足以提取、移动和放置原子,实现对单个原子的操纵。图 6.15 是 IBM 公司用 STM 搬动 101 个 Fe 原子,组成了世界上最小的"原子"两个字。图 6.17 是用 STM 搬动吸附在 Cu 表面上的 Fe 原子,排列成一个圆形的量子栅栏,它的直径只有 14.26 nm,这是人类首次用原子组成的人工结构,在科学上有十分重大的意义。图 6.17 是在 Cu 表面移动 C_{60} 分子的实例,用 STM 的针尖一个接一个的移动 C_{60} 分子,就像中国的算盘珠一样,而每一个 C_{60} 分子的尺寸只有 0.7 nm。当然,到目前为止,单原子的操纵精度、速度等都远未达到实用的水平,但是随着 STM 理论和技术水平的日趋完善,在原子、分子水平上制造新材料和器件的梦想一定会变成现实,到那时,也许运算速度高达每秒几十万亿次的超级计算机可以小到随手放入口袋中。到那时一个可称为纳米时代的新纪元便出现在地平线上了,让我们满怀信心、满怀希望地迎接这一辉煌的新时代的到来。

图 6.15　世界上最小的"原子"两字

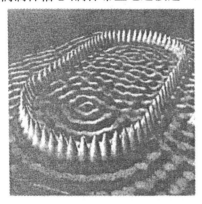

图 6.16　量子栅栏是铜表面上的铁原子

图 6.17　在 Cu(111)表面上移动 C_{60} 分子

思考题

1. 何谓材料的"亚稳态",亚稳态常见的类型有哪些,为什么非平衡的亚稳态能够存在?

2. 试简述非晶态的结构特点,并举例说明非晶体的应用。

3. 准晶态的含义是什么?

4. 什么是纳米材料,怎样对纳米材料进行分类?

5. 纳米材料有哪些基本的效应?试举例说明。

6. 简述纳米材料的主要合成与制备方法,并举例说明其应用。

第7章 新型功能材料

7.1 概　　述

7.1.1 功能材料的发展

一般把材料分成结构材料和功能材料两大类。而材料的发展最早是从结构材料开始的，结构材料由于能承受外加载荷而保持其形状和结构稳定，如建筑材料、机器制造材料等，具有优良的力学性能，在物件中起着"力能"的作用。材料发展的第一阶段是结构材料为主的阶段。因此，把结构材料称为第一代材料。

功能材料的概念是美国 J. A. Morton 于 1965 年首先提出来的。功能材料是指具有一种或几种特定功能的材料，如磁性材料、光学材料等，它具有优良的物理、化学和生物功能，在物件中起着"功能"的作用。

然而在适当条件下，结构材料和功能材料可以互相转化。因为结构材料和功能材料有着共同的科学基础，有时很难截然划分。而且，有时一种材料同时具有结构材料和功能材料两种属性，如结构隐身材料就兼有承载、气动力学和隐身三种功能。有时，用途不同，一种材料亦可属于不同的范畴，如弹性材料作为弹簧，属结构材料范畴；但作为储能用，则应视为功能材料。

自 20 世纪 60 年代以来，各种现代技术如微电子、激光、红外、光电、空间、能源、计算机、机器人、信息、生物和医学等技术的兴起，强烈刺激了功能材料的发展。为满足现代技术对材料的需求，世界各国都非常重视功能材料的研究和开发。同时，由于固体物理、固体化学、量子理论、结构化学、生物物理和生物化学等学科的飞速发展以及各种制备功能材料的新技术和现代分析测试技术在功能材料研究和生产中的实际应用，许多新功能材料不仅已在实验室中研制出，而且已批量生产和得到应用，并在不同程度上推动或加速了各种现代技术的进一步发展。因此，结构材料和功能材料的关系发生了根本的变化，功能材料已和结构材料处于差不多同等地位。功能材料迅速发展是材料发展第二阶段的主要标志，因此把功能材料称为第二代材料。

20 世纪 80 年代以来，随着高技术的兴起和发展，需要许多能满足高技术要求的新型材料，一般把这些新材料称为高技术新材料，其中大部分属功能材料。因此，材料开发的重点越来越转向功能材料。

7.1.2 功能材料的特征与分类

1. 功能材料的特征

功能材料是指具有优良的物理、化学和生物或其相互转化的功能，用于非承载目的的材料。迄今为止，功能材料尚无统一的和严格的定义。但与结构材料相比，有以下主要特征。

（1）功能材料的功能对应于材料的微观结构和微观物体的运动，这是最本质的特征。

（2）功能材料的聚集态和形态非常多样化，除了晶态外，还有气态、液态、液晶态、非晶态、混合态和等离子态等。除了三维体相材料外，还有二维、一维和零维材料。除了平衡态外，还有非平衡态。

（3）结构材料常以材料形式为最终产品，而功能材料有相当一部分是以元件形式为最终产品，即材料元件一体化。

（4）功能材料是利用现代科学技术，多学科交叉的知识密集型产物。

（5）功能材料的制备技术不同于结构材料用的传统技术，而是采用许多先进的新工艺和新技术，如急冷、超净、超微、超纯、薄膜化、集成化、微型化、密集化、智能化以及精细控制和检测技术等。

目前，现代技术对物理功能材料的需求最多，因此，物理功能材料发展最快。其品种多，功能新，商品化率和实用化率高，在已实用的功能材料中占了绝大部分。所以，有时习惯上把功能材料和物理功能材料看做一个名称，许多功能材料的书刊内容也仅限于物理功能材料。但是随着现代高技术的发展，其他功能材料特别是生物功能材料也将迅速发展，并从实验室研究走向实用。

2．功能材料的分类

功能材料的种类繁多，为了研究、生产和应用的方便，常把它分类。目前，尚无统一的分类标准。由于着眼点不同，分类的方法也不同，目前主要有以下 6 种分类方法，各有特点，不能互相包括和代替，可根据需要选用。

（1）按用途分类可分为电子、航空、航天、兵工、建筑、医药、包装等材料。

（2）按化学成分分类可分为金属、无机非金属、有机高分子和复合功能材料。

（3）按聚集态分类可分为气态、液态、固态、液晶态和混合态功能材料。其中，固态又分为晶态、准晶态和非晶态。

（4）按功能分类可分为物理（如光、电、磁、声、热等）、化学（如感光、催化、含能、降解等）、生物（如生物医药、生物模拟、仿生等）和核功能材料。

（5）按材料形态分类可分为体积、膜、纤维和颗粒等功能材料。

（6）按维度分类可分为三维、二维、一维和零维功能材料。三维材料即固态体相材料。二维、一维和零维材料分别为其厚度、径度和粒度小到纳米量级的薄膜、纤维和微粒，统称低维材料，其主要特征是具有量子化效应。

7.1.3　功能材料的现状与展望

1．功能材料的发展现状

近年来，功能材料迅速发展，已有几十大类、10 万多品种，且每年都有大量新品种问世。美国防部 1989 年关键技术计划款项中有 20 项涉及功能材料。日本的 21 世纪基础技术开发计划的 46 个领域中，有 13 个领域是功能材料。

现已开发的以物理功能材料最多。

（1）单功能材料如导电材料、介电材料、铁电材料、磁性材料、磁信息材料、发热材料、储热材料、隔热材料、热控材料、隔声材料、发声材料、光学材料、发光材料、激光材料、非线性光学材料、示色材料、红外材料、光信息材料等。

(2)功能转换材料如压电材料、光电材料、热电材料、磁光材料、声光材料、声能转换材料、电光材料、电流变材料、电色材料、磁敏材料、磁致伸缩材料等。

(3)多功能材料如防振降噪材料、三防(防热、防激光和防核)材料、耐热密封材料、电磁材料等。

(4)复合和综合功能材料如形状记忆材料、隐身材料、电磁屏蔽材料、传感材料、智能材料、环境材料、显示材料、分离功能材料等。

(5)新形态和新概念功能材料,如液晶材料、非晶态材料、梯度材料、纳米材料、非平衡态材料等。

目前,化学和生物功能材料的种类虽较少,但其发展速度很快,其功能也更多样化。同时,功能材料的应用范围也迅速扩大,它在电子、信息、计算机、光电、航空、航天、兵器、船舶、汽车、能源、视听和医学等行业已得到较广泛的应用。其应用的范围实际上已超过了结构材料。虽然在产量和产值上还不如结构材料,但是它对各行业的发展有很大的影响,特别是对高新技术行业的发展水平起着关键作用。

2. 功能材料的发展趋势

21世纪,高新技术将更迅猛地发展,它对功能材料的需求也日益迫切。功能材料在近期会有一个更大的发展,从国内外功能材料研究动态看,其发展趋势可归纳为如下。

(1)开发高技术所需的新型功能材料,特别是尖端领域(如航空航天、分子电子学、高速信息、新能源、海洋技术和生命科学等)所需和在极端条件(如超高压、超高温、超低温、高烧蚀、高热冲击、强腐蚀、高真空、强激光、高辐射、粒子云、原子氧、核爆炸等)下工作的高性能功能材料。

(2)功能材料的功能从单功能向多功能和复合或综合功能发展,从低级功能(如单一的物理功能)向高级功能(如人工智能、生物功能和生命功能等)发展。

(3)功能材料和器件的一体化、高集成化、超微型化、高密集化和超分子化。

(4)功能材料和结构材料兼容,即功能材料结构化,结构材料功能化。

(5)进一步研究和发展功能材料的新概念、新设计和新工艺,已提出的新概念有梯度化、低维化、智能化、非平衡态、分子组装、杂化、超分子化和生物分子化等,已提出的新设计有化学模式识别设计、分子设计、非平衡态设计,量子化学和统计力学计算法等,这些新设计方法都要采用计算机辅助设计(CAD),这就要求建立数据库和计算机专家系统,已提出的新工艺有激光加工、离子注入、等离子技术、分子束外延、电子和离子束沉积、固相外延、精细刻蚀、生物技术及在特定条件下(如高温、高压、低温、高真空、微重力、强电磁场、强辐射、急冷和超净等)的工艺技术。对上述的新概念、新设计和新工艺要进一步发展和实用化,更重要的是要探索和研究前人还没有提出的新概念、新设计和新工艺。

(6)完善和发展功能材料检测和评价的方法。

(7)加强功能材料的应用研究,扩展功能材料的应用领域,特别是尖端领域和民用高技术领域。并把成熟的研究成果迅速推广,以形成生产力。

我国对功能材料研究也很重视,国家自然科学基金、863计划、973计划和国防预研基金都列有许多功能材料的项目,在半导体、介电、压电、铁电、新型铁氧体、光源、信息传输、信息储存和处理、光纤、电色、光色、形状记忆合金、非线性光学晶体、超导、电磁和生物医学等材料的研究和开发方面都取得了很大进展。有些品种如大直径单晶硅、高临界温度超导材料、无机非线性光学晶体、有机高密度光电子信息存储材料、碳纳米管和功能陶瓷等已达到国际先进水平。

7.2 新型电功能材料——超导材料

超导技术是 21 世纪具有战略意义的综合性高新技术,可广泛用于能源、信息、医疗、电力工业、交通、国防、科学研究及国防军工等重大工程方面。

21 世纪的超导技术会同 20 世纪的半导体技术一样,具有重要意义。一方面,高温超导线材通电能力超出相同截面积铜导线 100 倍以上,因而在能源领域应用潜力巨大,并有可能引发电力系统的革命。美国能源部认为高温超导电力技术是 21 世纪电力工业惟一的高技术储备,是检验美国将科学发现转化为应用技术能力的重大实践。日本认为超导电力技术是在 21 世纪全球竞争中保持尖端优势的关键所在。另一方面,超导元器件的高灵敏特性使得其在移动通信、航空航天、资源勘探、医疗诊断以及军事国防等领域有广阔的应用前景。随着国际竞争的激烈,环保这一概念将会越来越成为发达国家制定游戏规则的一个重要依据。发展能耗低、环境友好的超导技术与超导材料,具有重要的战略意义。

我国自 20 世纪 60 年代即开始超导技术和超导材料的研究,经过 30 多年的努力,在超导磁体及其应用、超导材料研究、超导电子学以及超导基础研究等方面都取得很大成绩。

本节将简要介绍有关超导技术与超导材料的有关基础知识。

7.2.1 超导材料的开发历程

1. 惊人的发现——超导材料的问世

由于电力在国民经济发展中起着举足轻重的作用,所以电气工程师们一直幻想、企盼着能有一种电阻为零的材料可用于电力传输,以减少电资源的损耗。正是由于超导现象的发现,终于为它们打开了希望之门。

在常温下按导电能力可以将固体分为良导体(如 Cu、Al、Au、Ag、Pt 等金属材料),半导体(半金属硅、锗及砷化镓等)和绝缘体(玻璃、陶瓷等)。现代人的生活,工作离不开"电",电力必须靠良导体传输。最为人们熟悉的金属铜和铝的线、带和棒材是当前主要应用的导电材料。而再优良的导电材料也有电阻存在,因而在导电过程总有至少 10% ~ 20% 的电力消耗于电阻,以热能的形式损耗。为了安全,常用电工手册规定铜导线截面额定电流不能超过 5 A/cm^2,否则过热会导致电线或绝缘层溶解引起失火等灾难。对于远距离输电(只能使用小尺寸导线)必须加高压,使用大电流的机器必须接大截面尺寸的铜导体,这使得铜线绕制的磁体体积庞大。

因此如何找到一种完全没有电阻,消除电能损耗的导电材料一直是物理学家和材料科学工作者梦寐以求的愿望。人们已经看到了一个现象:良导体的金属材料随着环境温度降低电阻是逐渐减小的,因而科学工作者首先致力研究创造一个极低温环境。阿蒙顿

17世纪末提出了温度绝对零度的概念,到18世纪科学家盖·吕萨克·查理斯确定温度的绝对零点为零下273℃(即 – 273℃等于0 K),人们开始了使空气中的气体(如:CO_2、N、H_2、He)液化的低温技术研究。1908年7月10日荷兰莱顿(Leiden)实验室在物理学家卡麦林·昂尼斯(Kamerlingh Onnes)领导下将氦液化成功,获得了4.25~1.15 K的极低温,从此开创了极低温下物性的研究。

1911年昂尼斯(Onnes)带领学生进行纯水银(汞)在低温下电阻行为的研究,发现:当冷却到低温氦的沸点时(4.2 K)电阻突然降为零(电阻降到该仪器无法测量的程度),当升温到4.2 K以上时,这种现象消失,再冷时又出现零电阻现象,而且在4.2 K附近汞的电阻下降是突变,如图7.1所示。这一发现立即引起全世界范围的震动。后来在Sn、Pb及不纯汞等金属中也发现了电阻消失的现象。昂尼斯由于该项具有历史意义的发现而获得1913年度诺贝尔物理学奖。

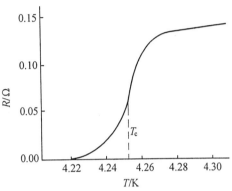

图7.1 在极低温度下汞的电阻与温度关系

昂尼斯在诺贝尔领奖演说中指出:低温下金属电阻的消失"不是逐渐的,而是突然的",水银在 – 269℃"进入了一种新状态",由于它的特殊导电性能,可以称为"超导态"。因此,人们把这种现象就叫超导现象,具有超导性质的材料就称为超导体。超导体从此问世于人间。我们称超导体开始失去电阻的温度为超导临界转变温度(简称临界温度)T_c。超导体的直流电阻率在一定的低温下突然消失,被称为零电阻效应。导体没有了电阻,电流流经超导体时就不发生热损耗,电流可以毫无阻力地在导线中流动。这样就能以极小的功率在线圈中通过巨大的电流,从而产生高达几特以至几十特的超强磁场,这是人们长期以来梦寐以求的。

2.超导奥秘的探索

为什么低温下的超导态汞会在弱磁场中失去超导能力呢?从1911年到1912年,尽管发现的超导体的数目在不断增加,但人们还是没有解决这一问题,却一直认为温度是对超导有影响,而磁场对超导体和理想导体的作用一样,磁力线可以穿过超导体。直到1933年,荷兰的W·迈斯纳(Meissner)和R·奥克森菲尔德(Ochsenfeld)两位科学家在测定金属锡和铅在磁场中冷却到超导温度下的内外磁通量分布时,共同发现了超导体的一个极为重要的性质:当金属处在超导状态时,这一超导体内的磁感应强度为零,即能把原来存在于体内的磁场排挤出去。他们对围绕球形导体(单晶锡)的磁场分布进行了实验测试,结果惊奇地发现:锡球过渡到超导态时,锡球周围的磁场都突然发生了变化,磁力线似乎一下子被排斥到超导体之外去了。于是,人们将这种当金属变成超导体时磁力线自动排出金属之外而超导体内的磁感应强度为零的现象(图7.2),称为"迈斯纳效应"。

人们还做过这样一个实验:在一个浅平的锡盘中,放入一个体积很小但磁性却非常强的永久磁铁,然后把温度降低,使锡盘出现超导性,这时可以看到,小磁铁离开锡盘表面,慢慢地飘然升起,与锡盘保持着一定距离后,便悬空不动了。产生这一奇妙现象的原

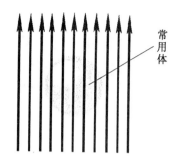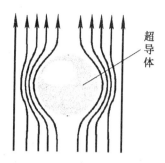

常用体

超导体

图 7.2 迈斯纳(Meissner)效应

因,是由于超导体的完全抗磁性,使小磁铁的磁力线无法穿透超导体,磁场发生畸变,便产生了一个向上的浮力。科学家们进一步研究表明:处于超导态的物体,外加磁场之所以无法穿透它的内部,是因为超导体的表面感生出一个无损耗的抗磁超导电流,这一电流产生的磁场,恰巧抵消了超导体内部的磁场。

这一重要发现具有非同寻常意义,此后人们用迈斯纳效应来判别物质是否具有超导性。

3. 超导理论研究的进展

昂尼斯发现超导电性以后,继续进行有关超导体的实验,测量在低温条件下电阻是否能够完全消失。昂尼斯用超导材料拉制的线材绕制成一线圈放入一只杜瓦瓶中,瓶外放上一块磁铁,然后把液氦倒入杜瓦瓶中使其冷却成为超导体,最后把瓶外的磁铁突然撤除,线圈内便会产生感应电流,并且此电流将持续流动下去。这就是昂尼斯所做的著名的"持久电流实验"。

在昂尼斯之后,许多人都重做了这个实验,其中电流持续时间最长的一次是从 1954 年 3 月 16 日到 1956 年 9 月 5 日,而且在这两年半时间内持续电流没有减弱的迹象,直到液氦的供应中断后实验才停止。

持续电流的现象,说明了超导体的电阻可以认为是零。后来,费勒和密尔斯利用核磁共振方法测得的结果表明:超导电流衰变时间不少于 10 万年。

迈斯纳效应被发现后,1935 年德国人伦敦兄弟提出了一个超导电性的电动力学理论。1953 年,毕派德推广了伦敦的概念并得到与实验基本相符的超导穿透深度的数值。1950 年,美籍德国人弗茹里德与美国伊利诺斯大学的巴丁经过复杂的研究和推论,提出:超导电性是电子与晶格振动相互作用而产生的。接着,美国伊利诺斯大学的巴丁·库柏和斯里弗提出了超导理论,这一理论的提出标志着超导理论的正式建立,使超导研究进入一新的阶段。1932 年,霍尔姆和翁纳斯都在实验中发现,隔着极薄一层氧化物的两块处于超导状态的金属,没有外加电压时也有电流流过。20 多年后,他们的学生特迪里希又重复了这个实验,得到相同的结果,但同样没引起注意。1960～1961 年美籍挪威人贾埃瓦用铝做成隧道元件进行超导实验,直接观测到超导能隙,证明了巴库斯理论。他在大量实验中,曾多次测量到零电压的超导电流,但仍未引起应有的重视。1962 年,年仅 20 多岁的剑桥大学实验物理研究生约瑟夫逊,在著名科学家安德森指导下,研究超导体能隙性质,提出:第一,在超导结中,电子块可以通过氧化层形成无阻的超导电流,这个现象称做直流约瑟夫逊效应。第二,当外加直流电压为 V 时,除直流超导电流之外,还存在交流电流,这个现象称做交流约瑟夫逊效应。第三,将超导体放在磁场中,磁场透入氧化层,这时超导结的最大超导电流随外磁场大小作有规律的变化。约瑟夫逊的这一重要发现为超导中电子运动提供了证据,使人们对超导现象本质的认识更加深入。约瑟夫逊效应成为微弱电磁信道探测和其他电子学应用的基础。

4. 高温超导体研究的突破

由于早期的超导体存在于液氦极低温度条件下,极大地限制了超导材料的应用。人们一直在探索高温超导体。1986 年,高温超导体的研究取得了重大的突破,掀起了以研究金属氧化物陶瓷材料为对象,以寻找高临界温度超导体为目标的"超导热"。

全世界有 260 多个实验小组参加了这场竞赛。1986 年 1 月,美国国际商用机器公司设在瑞士苏黎世实验室中的两名科学家柏诺兹和缪勒,首先发现钡镧铜氧化物是高温超导体,将超导温度提高到 - 243℃。1987 年更是取得了惊人的进展:1987 年 1 月,中国科学院物理研究所由赵忠贤、陈立泉领导的研究组,获得了 - 225℃的锶镧铜氧系超导体,并看到这类物质有在 - 203℃发生转变的迹象;2 月 15 日,美国华裔科学家朱经武、吴茂员获得了 - 175℃超导体;2 月 20 日,中国宣布发现 - 173℃以上超导体;3 月 3 日,日本宣布发现 - 150℃超导体;3 月 12 日,中国北京大学成功地用液氮进行超导磁悬浮实验;3 月 27 日,美国华裔科学家又发现在氧化物超导材料中有转变温度为 - 33℃ 超导迹象;之后日本鹿儿岛大学工学部又发现由镧、锶、铜、氧组成的陶瓷材料在 14℃温度下存在超导迹象。高温超导体理论研究的巨大突破,以液态氮代替液态氦作超导制冷获得超导体这一技术的成熟,使超导走向大规模开发应用。氮是空气的主要成分,液氮制冷机的效率比液氦至少高 10 倍,所以液氮的价格实际仅相当于液氦的 1%。因此,现有的高温超导体虽然还必须用液态氮来冷却,但都被认为是 20 世纪科学上最伟大的发现之一。

5. 超导材料的概念

那么,何谓超导材料呢? 它系指在一定温度以下,材料电阻为零,物体内部失去磁通而成为完全抗磁性的物质。超导性和抗磁性是超导材料的两个主要特征。

7.2.2 超导体的几个特征值

实验所得电阻率 ρ,所加磁场强度 H,导体的电流密度 J 与温度 T 的关系,见图 7.3。

由图可见,超导体的几个特征值为临界温度 T_c,临界磁场强度 H_c,临界电流密度 J_c。

1. 临界温度 T_c

如图 7.3(a)所示,T 有一特征值 T_c。当 $T < T_c$ 时,导体的 $\rho = 0$,具有超导性。当 $T > T_c$ 时,导体的 $\rho \neq 0$,即失去超导性。图中汞的 $T_c = 4.20$ K。

某些金属、金属化合物及合金,当温度低到一定程度时,电阻突然消失,把这种处于零电阻的状态叫做超导态,有超导态存在的导体叫做超导体。超导体从正常态(电阻态)过渡到超导态(零电阻态)的转变叫做正常 - 超导转变,转变时的温度 T_c 称为这种超导体的临界温度。显然 T_c 高,有利于超导体的应用。

2. 临界磁场 H_c

除温度外,足够强的磁场也能破坏超导态。使超导态转变成正常态的最小磁场 H_c

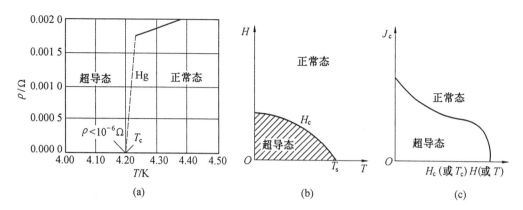

图 7.3 ρ、H、J 与温度 T 关系示意图

(T)叫做此温度下该超导体的临界磁场。绝对零度下的临界磁场记作 $H_c(0)$。经验证明 $H_c(T)$ 与 T 具有如下关系

$$H_c(T) = H_c(0)[1 - (T/T_c)^2]$$

超导体的 $H - T$ 关系如图 7.3(b)所示。如果施加磁场给正处于超导态的超导体后，可使其电阻恢复正常，即磁场可以破坏超导态。也就是说，磁场的存在可以使临界温度降低，磁场越大，临界温度也越低。对于所有的金属，$H_c - T$ 曲线几乎有相同的形状，其经验公式为

$$H_c(T) = H_0[1 - (T/T_c)^2]\ (H_0\ \text{为经验系数})$$

利用这个性质，可以制成超导体的电子学元件。

3．临界电流密度 J_c 或临界电流 I_c

实验证明当超导电流超过某临界值 J_c 时，也可以使金属从超导态恢复到正常态。J_c 称为临界电流密度，临界电流密度 J_c 本质上是超导体在产生超导态时临界磁场的电流。若 $T < T_c$ 并有外加磁场 $H < H_c$ 时，$J_c = f(T, H)$ 即临界电流密度是温度和磁场的函数，如图 7.3(c)所示。J_c 实质是无阻负载的最大电流密度。

也可用临界电流 I_c 表示(超导体中如果通入足够强的电流，超导电性也会遭到破坏，此时的电流称为临界电流)。

总之，要使超导体处于超导状态，必须将条件控制在 T_c、H_c、J_c(或 I_c)三个临界参数之下，不满足任何一个条件，超导状态都会立即消失。图 7.4 是三者的关系图，临界面以下为超导态，其余为常态。

4．Meissner(迈斯纳)效应

直到 1933 年，人们从零电阻现象出发，一直把超导体和完全导体(或称无阻导体)完全等同起来，完全导体中不能存在电场即 $E = 0$，于是有

$$\frac{\partial B}{\partial t} = \nabla \times E = 0$$

这就是说，在完全导体中不可能有随时间变化的磁感应强度，即在完全导体内部保持着当它失去电阻时样品内部的磁场，可以看做磁通分布被"冻结"在完全导体中，致使完全导体内部的磁场不变。因此，完全导体必然产生滞后效应。而迈斯纳和奥克森菲尔德由实验

发现,从正常态到超导态后,原来穿过样品的磁通量完全被排除到样品外,同时样品外的磁通密度增加。不论是在没有外加磁场或有外加磁场下使样品变为超导态,只要 $T < T_c$,在超导体内部总有

$$B = 0$$

当施加一外磁场时,在样品内不出现净磁通量密度的特性称为完全抗磁性。这与完全导体的性质迥然不同。这种完全的抗磁性即 Meissner 效应。

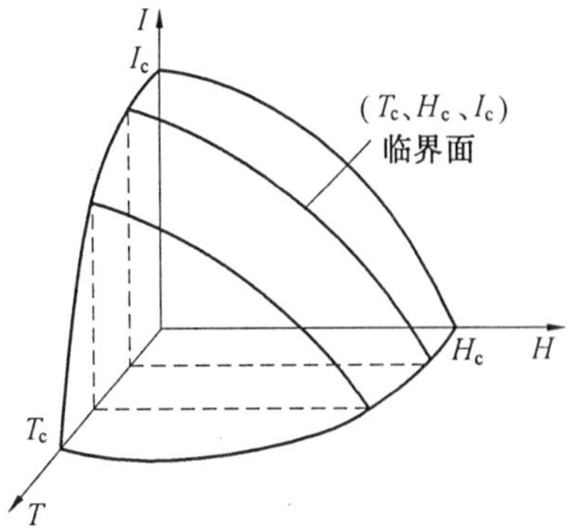

图 7.4 三个临界参数的关系

7.2.3 超导材料的类型

已知元素、合金、化合物等超导体共有千余种,按其成分和 Meissner 效应可将超导材料分类如下。

1. 按成分分类

(1)常规超导体

①元素超导体。已知有 24 种元素具有超导性。除碱金属、碱土金属、铁磁金属、贵金属外几乎全部金属元素都具有超导性。其中铌的 $T_c = 9.26$ K,为最高的临界温度。

②合金和化合物超导体。合金和化合物超导体包括二元、三元和多元的合金及化合物。其组成可以是全为超导元素,也可以部分为超导元素,部分为非超导元素。表 7.2 列出了一些超导合金和化合物的临界温度 T_c 和临界磁场强度 H_{c2}。$Nb_3Al_{0.75}Ge_{0.25}$ 的临界温度最高为 21 K。目前最主要实用的是 NiTi 和 Nb_3Sn 合金。

(2)高温超导体。为了寻找高临界温度的超导材料,人们对含稀土元素的化合物进行了深入的研究。1987 年中、美和日三国科学家几乎同时发现了钡钇氧铜系超导材料的临界温度达到 90~93 K。以后又发现了更高临界温度的超导材料。其中 TlRBaCuO(式中 R:Rr、Nd、Sm、Eu 等)的 T_c 达 125 K。

(3)其他类型超导材料

①非晶超导材料。非晶态超导体的研究主要包括非晶态简单金属及其合金和非晶态过渡金属及其合金。它们具有高度均匀性、高强度、耐磨、耐蚀等优点。非晶态结构的长程无序性对其超导电性的影响很大,能使有些物质的超导转变温度 T_c 提高,这是由于非晶态超导体与晶态超导体的不同所引起的。非晶态过渡金属及合金的性质比简单金属更为复杂。

②重费米子超导体。重费米子超导体是 20 世纪 70 年代末期发现的,它的超导转变温度只有 0.7 K。这类超导体的低温电子比热系数非常大,是普通金属的几百甚至几千倍。由此推断这类超导体的电子有效质量比自由电子(费米子)的质量重几百甚至几千倍,因此称为重费米子超导体。重费米子超导体的研究对于超导电机制研究有重大意义。

③金属间化合物(R－T－B－C)超导体。20 世纪 70 年代,人们发现稀土－过渡元素－硼组成的金属间化合物具有超导电性。这类超导体表现出铁磁性与超导电性共存的复

杂现象,因此又称为磁性超导体。金属间化合物($R-T-B-C$)超导体中以铅钼硫($PbMo_6S_8$)的超导转变温度最高。后来人们又制备出 YNi_4B 超导体和 YNi_2B_2C 超导体等,四元素硼碳金属间化合物的超导转变温度达到 23 K。

④复合超导材料。许多超导体与良导体复合成复合超导材料后可以承载更大的电流减少退化效应,增加超导的稳定性,提高机械强度和超导性能。复合导体有超导电缆、复合线、复合带、超导细线复合线等,其主要由超导材料以及良导体、填充料、绝缘层以及高强度材料包覆层和屏蔽层 6 部分组成。

⑤有机超导体和碱金属掺杂的 C_{60} 超导体。有机超导体具有低维特性、低电子密度和异常的频率关系,一些有机超导体陆续被发现,如 $(TMTSF)_2PF_6$、$(BEDT-TTF)_2ReO_4$ 等。有机超导体的发现预示了一个新的超导电性研究领域的出现。

当 C_{60} 中掺入碱金属时,人们发现在一些特定成分上可以形成富勒烯结构。通过与各种碱金属原子的结合,AXC_{60} 的超导转变温度已经提高到 30 K 以上,超导温度最高的 $RbCs_2C_{60}$ 的临界转变温度为 33 K。

2. 按 Meissner 效应分类

(1)第一类超导体(软超导体)。超导体在磁场中有不同的规律,如图 7.5(a)所示,当 $H < H_c$ 时,$B = 0$(B 为磁感强度)

$$H > H_c \text{时}, B = \mu H$$

即在超导态内能完全排除外磁场,且 H_c 只有一个值。除钒、铌、钌外,元素超导体都是第一类超导体,它们又被称为软超导体。

(2)第二类超导体(硬超导体)。如图 7.5(b)所示,第二类超导体的特点是:当 $H < H_{c1}$ 时,$B = 0$,排斥外磁场。当 $H_{c1} < H_{c2}$ 时,$B > 0$ 而 $< \mu H$,磁场部分穿透。当 $H > H_{c2}$ 时,$B = \mu H$,磁场完全穿透。也就是在超导态和正常态之间有一种混合态存在,H_c 有两个值 H_{c1} 和 H_{c2}。铌、钒、钌及大多数合金或化合物超导体都是属于第二类超导体,它们又被称做为硬超导体。

第二类超导体的 T_c、H_c、J_c 都比第一类超导体高,因此在技术上比较重要。

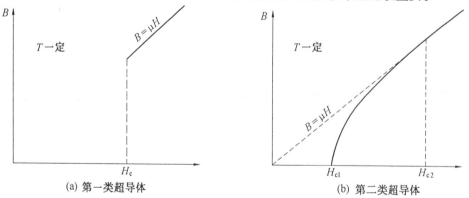

(a) 第一类超导体　　　　　(b) 第二类超导体

图 7.5　不同超导体的 $B-H$ 曲线

7.2.4 超导材料的应用

超导材料的突破性进展,将促进超导技术的突飞猛进,预示着一个崭新的电气化时代。实际上,超导技术的应用遍及能源、运输、基础科学、资源、信息和医疗等科学技术的广泛领域。如果按功能区分其应用领域,可用图7.6表示。

1. 超导磁体

图7.7所示为未来电力系统中超导发电、变电和输电系统示意图,它由超导发电机、超导磁流体发电机、超导磁场控制的核聚变发电装置发出巨大的电能,通过超导输电,超导变电站组成的输电系统,把电流源源不断地送到各个用户,这是一幅充满魅力的未来电力系统的壮丽的画卷。

1991年3月日本住友电气工业公司展示了世界上第一个超导磁体。美国已向日本订购用于超大型粒子加速器超导环形装置的磁铁5 000块,每块长15 m。超导磁体的磁场很强,成本和运转费用却比较低。超导磁体体积小、轻便,中国产6特超导磁体线圈体积不足1 cm³,质量仅2 kg;同样磁场强的常规磁体质量超过20 t,还必须有庞大的冷却系统。

图7.6 超导材料特性和利用此特性的应用领域

世界上已有的超导磁体超过10 000个,中小型超导磁体广泛分布于世界各国实验室中,为高级科学研究提供各种磁场,如加速器中需要大型超导磁体,用做粒子的加速、探测、聚焦和储能等。

受控热核反应堆中温度高达上亿摄氏度,一个超导磁体必须在数十立方米的广大空间内产生十几特的磁场作为热核反应的"磁炉",这是常规磁体无法做到的。1991年10月日本原子能研究所和东芝公司共同研制成核聚变堆用的新型超导线圈。该线圈电流密度达到40 A/mm²,为过去的3倍多,是世界最高水准。该研究所把这个线圈大型化后提供

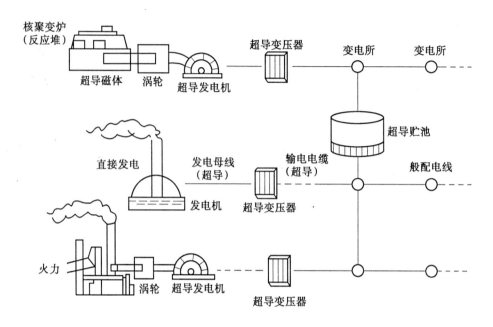

图 7.7　未来电力系统超导发、变和输电系统示意图

给国际热核聚变堆使用。这个新型磁体使用的超导材料,就是铌和锡的化合物。

核磁共振成像装置是 20 世纪 80 年代发展起来先进的医学影像技术,目前应用于医院中的核磁共振成像装置有近 80% 是采用超导磁体,它不仅磁场强、稳定性好,而且体积小、质量轻,几乎不消耗电能。

2. 超导发电机与电动机

在大型发电机或电动机中,一旦由超导体取代铜材则可望实现电阻损耗极小的大功率传输。在高强度磁场下,超导体的电流密度超过铜的电流密度,这表明超导电机单机输出功率可以大大增加。在同样的电机输出功率下,电机重量可以大大下降。小型、轻量、输出功率高、损耗小等超导电机的优点,不仅对于大规模电力工程是重要的,而且对于航海、航空的各种船舶、飞机特别理想。美国率先制成 2 237.1 kW 的超导电机,我国科学家在 20 世纪 80 年代末已经制成了超导发电机的模型实验机。

3. 无损耗变压器

发展超导变压器,可提高电力变压器的性能。从经济上看,超导材料的低阻抗特性有利于减小变压器的总损耗,高电流密度可以提高电力系统的效率,采用超导变压器将会大大节约能源,减少其运作费用;从绝缘运行寿命上看,超导变压器的绕组和固体绝缘材料都运行于深度低温下,不存在绝缘老化问题,即使在两倍于额定功率下运行也不会影响运行寿命;从对电力系统的贡献来看,正常工作时超导变压器的内阻很低,增大了电压调节范围,有利于提高电力系统的性能;从环保角度看,超导变压器采用液氮进行冷却,取代了常规变压器所用的强迫油循环冷却或空冷,降低了噪声,避免了变压器可能引起的火灾危险和由于泄露造成的环境污染。

4. 超导输电

美国物理学家马梯阿斯指出:"电能的输送是超导体最重要的应用之一。"发电站输出电能常用铝线和铜线。由于电阻的存在,一部分电力在输出过程中转变为热能而消失,存在着严重的损耗。而利用超导材料输电,由于导线电阻消失,线路损耗也就降为零,用超导材料可制高效率大容量的动力电缆,并且可减少导体的需求量,节约大量有色金属资源。目前,高温超导体(HTS)电力电缆的应用研究发展较快,极有可能首先广泛运用于电力系统中。2000 年美国已在底特律市的变电站使用第一条大容量 HTS 输电电缆。我国第一根 HTS 电缆模型已于 1998 年底在中科院研制成功。

超高压输电带来的介质损失,在大容量的电缆中是十分可观的。超导材料出现以后,人们首先想到的就是利用超导体的零电阻特性远距离实现大功率输电。超导电缆线已有多种,比较成功的超导电缆线有圆筒式和多芯式两种。圆筒式超导电缆由三根管状超导芯线组成,超导芯线安装在具有隔热层的管内。冷却液氮在超导芯线内外同时循环流动,保证超导电缆处于超导电性状态。多芯式超导电缆的结构与普通电缆类似。直径100 μm 以下的超导线均匀分布在电绝缘层中,并套上铜管,铜管直径 2 mm,在外冷却液氮作用下,电缆处于超导状态,即为超导电缆。

5.超导磁悬浮列车、超导船

(1)超导磁悬浮列车。由于超导体具有完全抗磁性,在车厢底部装备的超导线圈,路轨上沿途安放金属环,就构成磁悬浮列车。当列车启动时,由于金属环切割磁力线,将产生与超导磁场方向相反的感生磁场。根据同性相斥原理,列车受到向上推力而悬浮。超导磁悬浮列车具有许多的优点:由于它是悬浮于轨道上行驶,导轨与机车间不存在任何实际接触,没有摩擦,时速可达几百公里;磁悬浮列车可靠性大,维修简便,成本低,能源消耗仅是汽车的一半,飞机的四分之一;噪声小,时速达 300 km/h,噪声只有 65 dB;以电为动力,沿线不排放废气,无污染,是一种绿色的交通工具。通过改变铝线圈中电流的大小来控制列车的运行速度,十分方便。

(2)超导船。利用超导技术设计的电磁推进船,完全改变了现有船舶的推进机构,既没有回转部分,又无须使用螺旋推进机构,只需改变超导磁场的磁感应强度或电流强度,就可以变换船舶的航行速度。另外,还具有结构简单、操作方便、噪声小等优点,有希望成为改进船舶的重要方向。第一艘由日本船舶和海洋基金会建造的超导船"大和"1 号已于1992 年 1 月 27 日在日本神户下水试航。超导船由船上的超导磁体产生强磁场,船两侧的正负电极使水中电流从船的一侧向另一侧流动,磁场和电流之间的洛仑兹力驱动船舶高速前进。这种高速超导船直到目前尚未进入实用化阶段,但实验证明,这种船舶有可能引发船舶工业爆发一次革命,就像当年富尔顿发明轮船最后取代了帆船那样。

6.超导储能

人类对电力网总输出功率的要求是不平衡的。即使一天之内,也不均匀。利用超导体,可制成高效储能设备。由于超导体可以达到非常高的能量密度,可以无损耗贮存巨大的电能。这种装置把输电网络中用电低峰时多余的电力储存起来,在用电高峰时释放出来,解决用电不平衡的矛盾。美国已设计出一种大型超导储能系统,可储存 5 000 MW 小时的巨大电能,充放电功率为 1 000 MW,转换时间为几分之一秒,效率达 98%,它可直接与电力网相连接,根据电力供应和用电负荷情况从线圈内输出,不必经过能量转换过程。

7.超导故障限流器

由于电力系统容量的逐年增长,导致电路短路功率及故障短路电流的迅速增大。装备短路限流器就能有效地限制短路电流,降低对电网内电器的要求。用超导材料制成的限流器有许多优点。

(1)它的动作时间快,大约几十微秒。

(2)减少故障电流,可将故障电流限制在系统额定电流2倍左右,比常规断路器开断电流小一个数量级。

(3)它有低的额定损耗。

(4)集检测、转换、限制于一身,可靠性高,它是一类"永久的超保险丝"。

(5)结构简单,体积小,价格便宜。

8.在核能开发中的应用

若想利用热核反应来发电,首先必须解决大体积、高强度的磁场问题。产生这样磁场的磁体能量极高,结构复杂,电磁和机械应力巨大,常规磁体无法承担这一任务。只有通过超导磁体产生强大的磁场,将高温等离子体约束住,并且达到一个所要求的密度,这样才可以实现受控热核反应。

9.磁悬浮轴承

高速转动的部位,由于受轴承摩擦的限制,转速无法进一步提高。利用超导体的完全抗磁性可制成无摩擦悬浮轴承。磁悬浮轴承是采用磁场力将转轴悬浮。由于它无接触,因而避免了机械磨损,降低了能耗,减小了噪声,进而具有免维护、高转速、高精度和动力学特性好的优点。磁悬浮轴承可适用于高速离心机、飞轮储能、航空陀螺仪等高速旋转系统。

10.电子束磁透镜

在通常的电子显微镜中,磁透镜的线圈是用铜导线制成的,场强不大,磁场梯度也不高,且时间稳定性较差,使得分辨率难以进一步提高。运用超导磁透镜后,以上缺点得到了克服。目前超导电子显微镜的分辨率已达30 nm,可以直接观察晶格结构和遗传物质的结构,已成为科学和生产部门强有力的工具。

11.无损检测

无损检测是一种应用范围很广的探测技术,其工作方式有:超声探测、X光探测及涡流检测技术等。SQUID(超导量子干涉器件)无损检测技术在此基础上发展起来,SQUID磁强计的磁场灵敏度已优于100 ft,完全可以用于无损检测。由于SQUID能在大的均匀场中探测到场的微小变化,增加了探测的深度,提高了分辨率,能对多层合金导体材料的内部缺陷和腐蚀进行探测和确定,这是其他探测手段所无法办到的。工业上用于探测导体材料的缺陷、内部的腐蚀等,军事上可用于水雷和水下潜艇等的探测。

12.超导微波器件在移动通信中的应用

移动通信业蓬勃发展的同时,也带来了严重的信号干扰,频率资源紧张,系统容量不足,数据传输速率受限制等诸多难题。高温超导移动通信子系统在这一背景下应运而生,它由高温超导滤波器、低噪声前置放大器以及微型制冷机组成。高温超导子系统给移动通信系统带来的好处可以归纳为以下几个方面。

(1)提高了基站接收机的抗干扰能力。

(2)可以充分利用频率资源,扩大基站能量。

(3)减少了输入信号的损耗,提高了基站系统的灵敏度,从而扩大了基站的覆盖面积。

(4)改善通话质量,提高数据传输速度。

(5)超导基站子系统带来了绿色的通信网络。

13.超导探测器

用超导体检测红外辐射,已设计制造了各种样式的高 T_c 超导红外探测器。与传统半导体探测比较,高 T_c 超导探测器在大于 20 μm 的长波探测中将成为优良的接受器件,填充了电磁波谱中远红外至毫米波段的空白。此外,它还具高集成密度、低功率、高成品率、低价格等优点。这一技术将在天文探测、光谱研究、远红外激光接收和军事光学等领域有广泛应用。

14. 超导计算机

实验结果已经表明,有若干高温超导体材料(如铝系、银系等),可以利用溅射技术或蒸发技术在极薄的绝缘体上形成薄膜,并制成约瑟夫逊器件。这种器件具有高速开关特性(图 7.8),是制作超高速电子计算机不可多得的元件。它的原理是超导电流流进元件时,如超过临界值,或从外部增强磁场时,元件由超导态转变为常态,元件两端的电压由零变为 V_n(常态),形成开关动作。不过,目前约瑟夫逊元件计算机的电路必须在低于室温下工作。

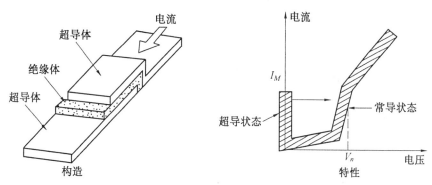

图 7.8　超导约瑟夫逊元件示意图

如果将来有了常温超导材料,其结果将使电子计算机的体积大大缩小,功耗大大降低,计算速度大大提高。把超导数据处理器与外存储芯片组装成约瑟夫逊式电子计算机,可以获得高速处理能力,在 1 s 内可进行 10 亿次的高速运算,这是现有大型电子计算机运算速度的十几倍。

当然,超导材料的用途还有很多,它的优点也十分突出,但是它必须工作在比 T_c 低的温度,目前 T_c 为 100 K,这无疑限制了它的应用。随着高温超导材料的开发成功,必将引起能源、交通、工业、医疗、生物、电子和军事等领域的重大变革。

7.3 生物医学材料

生物医学材料是用于与生命系统接触和发生相互作用的,并能对其细胞、组织和器官进行诊断治疗、替换修复或诱导再生的一类天然或人工合成的特殊功能材料,亦称生物材料。由于生物医学材料的重大社会效益和巨大经济效益,近十年来,已被许多国家列为高技术材料发展计划,并迅速成为国际高技术的制高点之一,其研究与开发得到了飞速发展。此外,生物医学材料是材料科学与生命科学的交叉学科,代表了材料科学与现代生物医学工程的一个主要发展方向,是当代科学技术发展的重要领域之一。

7.3.1 生物医学材料的发展概况

生物医学材料的发展经历了漫长的历史。古代人就知道用天然材料治病和修复创伤,公元前3500年古埃及人用棉花纤维和马鬃缝合伤口;在公元前2500年中国和埃及的墓葬中发现有假牙、假鼻和假耳。人类很早就开始用黄金修补牙齿,并且一直沿用至今。

1936年发明了有机玻璃,并很快被用于制作假牙和人工骨。1943年纤维素薄膜首次用于血液透析,即人工肾。特别是20世纪60年代以后,各种具有特殊功能的聚合物材料不断涌现出来,为人工器官领域的研究提供了性能优异的新型材料,如制作人工心脏用的聚氨酯和硅橡胶,以及人工肾的中空纤维等,促进了医学和人工器官的飞速发展;在此期间,医用金属材料、生物陶瓷都得到了蓬勃发展。而20世纪70年代后,由于医用复合材料的研究开发,成为生物医学材料发展中最活跃的领域之一。

进入20世纪90年代,借助于生物技术与基因工程的发展,生物医学材料已由无生物存活性的材料领域扩展到具有生物学功能的材料领域,其基本特征在于具有促进细胞分化与增殖、诱导组织再生和参与生命活动等功能。这种将材料科学与现代生物技术相结合,使无生命材料生命化,并通过组织工程实现人体组织与器官再生及重建的新型生物材料已成为现代材料科学新的研究前沿。其中具有代表性的生物分子材料和生物技术衍生生物材料的研究已取得重大进展。

7.3.2 生物医学材料的用途、基本特性及分类

1. 生物医学材料的用途

随着医学水平和材料性能的不断提高,生物医学材料的种类和应用不断扩大。不夸张地说,从头到脚、从皮肤到骨头、从血管到声带,生物材料已应用于人体的各个部位。生物医学材料的用途主要有以下三方面:①替代损害的器官或组织,例如:人造心脏瓣膜、假牙、人工血管等;②改善或恢复器官功能的材料,例如:隐形眼镜、心脏起搏器等;③用于治疗过程,例如:介入性治疗血管内支架、用于血液透析的薄膜、药物载体与控释材料等。

2. 对生物医学材料的基本要求

由于生物材料与生物系统直接结合,除了应满足各种生物功能等理化性质要求外,生物医学材料毫无例外都必须具备生物学性能,这是生物医学材料区别于其他功能材料的最重要的特征。生物材料植入机体后,通过材料与机体组织的直接接触与相互作用而产生两种反应:一是材料反应,即活体系统对材料的作用,包括生物环境对材料的腐蚀、降

解、磨损和性质退化,甚至破坏;二是宿主反应,即材料对活体系统的作用,包括局部和全身反应,如炎症、细胞毒性、凝血、过敏、致癌、畸形和免疫反应等,其结果可能导致对机体的中毒和机体对材料的排斥。因此,生物医学材料应满足以下基本条件。

(1)生物相容性。生物相容性包括:①对人体无毒,无刺激,无致畸、致敏、致突变或致癌作用;②生物相容性好,在体内不被排斥,无炎症,无慢性感染,种植体不致引起周围组织产生局部或全身性反应,最好能与骨形成化学结合,具有生物活性;③无溶血、凝血反应等。

(2)化学稳定性。化学稳定性包括:①耐体液浸蚀,不产生有害降解产物;②不产生吸水膨润、软化变质;③自身不变化等。

(3)力学条件。生物医学材料植入体内替代一定的人体组织,因此它还必须具有:①足够的静态强度,如抗弯、抗压、拉伸、剪切等;②具有适当的弹性模量和硬度;③耐疲劳、摩擦、磨损、有润滑性能。

(4)其他要求 生物医学材料还应具有:①良好的空隙度,体液及软硬组织易于长入;②易加工成形,使用操作方便;③热稳定好,高温消毒不变质等性能。

3.生物医学材料的分类

生物医学材料的分类有多种方法,最常见的是按材料的物质属性来划分,按此方法可将生物医学材料分为医用金属材料、生物陶瓷、医用聚合物材料和医用复合材料等四类。另外,近来一些天然生物组织,如牛心包、猪心瓣膜、牛颈动脉、羊膜等,通过特殊处理,使其失活,消除抗原性,并成功应用于临床。这类材料通常称为生物衍生材料或生物再生材料。

也可按材料的用途进行分类:如口腔医用材料、硬组织修复与替换材料(主要用于骨骼和关节等)、软组织修复与替代材料(主要用于皮肤、肌肉、心、肺、胃等)、医疗器械材料等。以下按材料物质属性的分法介绍各类生物医学材料。

7.3.3 金属生物医学材料

最先应用于临床的金属材料是金、银、铂等贵重金属,原因是都具有良好的化学稳定性和易加工性能。早在1829年人们就通过对多种金属的系统动物实验,得出了金属铂对机体组织刺激性最小的结论。生物医用金属材料必须是一类生物惰性材料,除应具有良好的力学性能及相关的物理性质外,还必须具有优良的抗生理腐蚀性和组织相容性。已应用于临床的医用金属材料主要有不锈钢、钴基合金和钛基合金等三大类。它们主要用于骨和牙等硬组织修复和替换,心血管和软组织修复以及人工器官制造中的结构元件。

1. 不锈钢

前已叙及,不锈钢按其显微组织的特点可分为奥氏体不锈钢、铁素体不锈钢、马氏体不锈钢、沉淀硬化型不锈钢等类型。

铁素体和马氏体不锈钢中的主要成分是 Fe、Cr、C,其中 Cr 具有扩大铁素体(α)相区的作用,而 C 具有扩大奥氏体(γ)相区的作用。当 C 含量较低而 Cr 含量较高时,可使合金从低温到高温都为单相 α,故称为铁素体不锈钢。当 C 含量较高而 Cr 含量较低时,合金在低温时为 α 相,在高温时为 γ 相,因此可通过加热到高温的 γ 相区后快速冷却的淬火过程实现 $\gamma \rightarrow \alpha$ 的转变,这一转变属马氏体相变,这种不锈钢称为马氏体不锈钢。铁素体和马氏体不锈钢的耐蚀性随碳含量的降低和铬含量的增加而提高。提高碳含量,形成马氏体组织则有利于提高合金的硬度。目前用于医疗器械,如刀、剪、止血钳、针头等的材料主要是 3Cr13 和 4Cr13 型不锈钢。

奥氏体不锈钢的主加合金元素是 Cr 和 Ni,Ni 具有扩大奥氏体相区的作用,$w_{Cr}=18\%$、$w_{Ni}=9\%$ 是奥氏体不锈钢最典型的成分,俗称 18 – 8 不锈钢。与铁素体和马氏体不锈钢相比,奥氏体不锈钢除了具有更良好的耐蚀性能外,还有许多优点。它具有高的塑性,易于加工变形制成各种形状,无磁性,韧性好等。因此,奥氏体不锈钢长期以来在医疗上有广泛的临床应用。1926 年,18 – 8 不锈钢首先用于骨科治疗,随后在口腔科也得到了应用。1934 年,研制出高铬低镍单相组织的 AISI302 和 304 不锈钢(注:302 和 304 为美国牌号,与我国的 0Cr18Ni9 接近),使不锈钢在体内生理环境下的耐腐蚀性能明显提高。1952 年,耐蚀能力更强的 AISI316(与我国的 00Cr17Ni14Mo2 接近)不锈钢在临床获得应用,并逐渐取代了 AISI302 不锈钢。随着冶炼技术的提高,奥氏体不锈钢中的碳含量可进一步降低,从而发展出了超低碳不锈钢,在 20 世纪 60 年代又研制出超低碳不锈钢如00Cr18Ni10,有效解决了不锈钢的晶间腐蚀问题。奥氏体不锈钢的生物相容性和综合力学性能较好,得到了大量应用,在骨科常用来制作各种人工关节和骨折内固定器,如:人工髋关节、膝关节、肩关节;各种规格的截骨连接器、加压扳、鹅头骨螺钉;各种规格的皮质骨与松质骨加压螺钉、脊椎钉、哈氏棒、鲁氏棒、颅骨板等。在口腔科常用于镶牙、矫形和牙根种植等各种器件的制作,如:各种牙冠、固定支架、卡环、基托、正畸丝等。在心血管系统常用于传感器的外壳与导线、介入性治疗导丝与血管内支架等。

2. 钴基合金

与不锈钢相比,钴基合金的钝化膜更稳定,耐蚀性更好,而且其耐磨性是所有医用金属材料中最好的,因而钴基合金植入体内不会产生明显的组织反应。医用不锈钢发展的同时,医用钴基合金也得到很大发展。最先在口腔科得到应用的是铸造钴铬钼合金,20世纪 30 年代末又被用于制作接骨板、骨钉等固定器械。20 世纪 50 年代又成功地制成人工髋关节。20 世纪 60 年代,为了提高钴基合金的力学性能,又研制出锻造钴铬钨镍合金和锻造钴铬钼合金,并应用于临床。为了改善钴基合金抗疲劳性能,于 20 世纪 70 年代又研制出锻造钴铬钼钨铁合金和具有多相组织的 MP35N 钴铬钼镍合金,并在临床中得到应用。由于铸造 Co 基合金中易于出现铸造缺陷,其性能低于锻造 Co 合金。相对不锈钢而言,医用钴基合金更适于用于体内承载苛刻条件的长期植入件。

3. 钛基合金

重金属元素离子如 Ni、Cr 离子在人体组织内含量过高时,会对人体组织产生一定的毒性。例如:Cr 能与机体内的丝蛋白结合;机体过量富积 Ni 有可能诱发肿瘤的形成。合金植入体内其合金元素会通过生理腐蚀和磨蚀而导致金属离子溶出,在一般情况下人体中只能容忍微量的金属离子存在,如果不锈钢在肌体中发生严重的腐蚀可能会引起水肿、感染、组织坏死或过敏反应。采用钛基合金则有利于进一步提高植入金属材料的性能。

钛(Ti)属难熔稀有金属,熔点达 1 762℃。Ti 的珍贵性能是密度小、比强度高。Ti 的密度只有铁的一半多一点,强韧性比铁好得多。通过在 Ti 中加入一些合金元素可产生固溶强化和相变强化等效应,Ti 合金的强度可达到很高水平。钛合金的比强度是不锈钢的

3.5倍。Ti 与氧反应形成的氧化膜致密稳定,有很好的钝化作用。因此,Ti 合金具有很强的耐蚀性。在生理环境下,Ti 合金的均匀腐蚀很小,也不会发生点蚀、缝隙腐蚀和晶间腐蚀。但是 Ti 合金的磨损与应力腐蚀较明显。总体上看,Ti 合金对人体毒性小,密度小,弹性模量接近于天然骨,是较佳的金属生物医学材料。20 世纪 40 年代已用于制作外科植入体,20 世纪 50 年代用纯钛制作的接骨板与骨钉已用于临床。随后,一种强度比纯钛高,而耐蚀性和密度与纯钛相仿的 Ti6Al4V 合金研制成功,有力地促进了钛的广泛应用。70 年代又相继研制出含间隙元素极低的 EL1Ti6Al4V 合金,Ti5Al2.5Sn 合金和 TiMoZnSn 合金。

纯 Ti 在常压下有两种同素异构结构:在 882.5℃以下是密排六方晶格的 α – Ti;在 882.5℃以上是体心立方晶格的 β – Ti。Ti 的同素异构转变温度随添加的合金元素的种类和数量而变化,使同素异构转变温度升高的称为 α 相稳定元素,反之则称为 β 相稳定元素。经典的钛合金分类方法是按合金退火后的组织来分,根据所得的组织 Ti 合金可分为 α、β 和 α + β 三类。α 钛合金中添加的合金元素主要是 Al、Sn、Zr 等。一般在 800℃以下都是 α 相,故一般不能通过热处理改变性能。其强化的途径主要有两个:一是通过加工硬化;二是添加合金元素以起到固溶强化。α 钛合金具有很好的塑性、可加工性和可焊性。β 钛合金中添加的主要元素是 Cu、V、Nb、Cr、Mo、Fe 等,当 β 稳定元素含量较高时,通过淬火可将 β 相保留到低温,获得合金元素过饱和固溶的亚稳 β 相,同时有 ω 相形成,使合金得到强化。通过对亚稳 β 相进行时效,使亚稳 β 相发生分解,析出 α 相可使合金得到进一步强化。经过淬火和时效处理的 β 钛合金具有较高的强度。α + β 钛合金兼具 α 和 β 型 Ti 合金的优点,具有优良的塑性,容易锻造、压延和冲压。

用于生物医学的钛合金基本都是 α + β 钛型合金,这些合金中除含 6% 以上的 Al 和一定量的 Sn 和 Zr 外,都还含有一定数量的 Mo 和 V 等 β 稳定元素。适量的 β 稳定元素的加入可提高室温强度,由于这类合金中含有较多的 β 相,可在一定程度上进行热处理强化。Ti 合金广泛用于制作各种人工关节、接骨板、牙根种植体、牙床、人工心脏瓣膜、头盖骨修复等许多方面。

除上述三类合金之外,金、银、铂等贵金属,还有钽、铌、锆和一些磁性材料在临床医学也得到一些应用。20 世纪 70 年代后,随着形状记忆合金的发展,以 Ni – Ti 系为代表的形状记忆合金逐渐地在医学上得到广泛应用,已成为医用金属材料的重要组成部分。

7.3.4 生物陶瓷

生物陶瓷是指主要用于人体硬组织修复和重建的生物医学陶瓷材料。与传统陶瓷材料不同的是,它不是单指多晶体,而且包括单晶体、非晶体生物玻璃和微晶玻璃、涂层材料、梯度材料、无机与金属复合、无机与有机或生物材料复合的复合材料。它不是药物,但它可作为药物的缓释载体;他们的生物相容性、磁性和放射性,能有效的治疗肿瘤。在临床上已用于胯、膝关节、人造牙根、额面重建、心脏瓣膜、中耳听骨等,从而在材料学和临床医学上确立了"生物陶瓷"这一术语。

1. 生物陶瓷的特点、类型与应用范围

陶瓷是经高温处理工艺所合成的无机非金属材料,它具备许多与金属和聚合物材料不同的特点。首先,其结构中包含着键结合力很大的离子键和共价键,所以它不仅具有良好的机械强度、硬度,而且在体内难溶解,不易腐蚀变质,热稳定性好,便于加热消毒,耐磨性能好,不易产生疲劳现象,满足种植学的要求。其次,陶瓷的组成范围比较宽,可以根据实际应用的要求设计组成,控制性能变化。第三,陶瓷成形容易,可以根据使用要求,制成各种形态和尺寸,如颗粒型、柱型、管型;致密型或多孔型,也可制成骨螺钉、骨夹板;制成牙根、关节、长骨、颌骨、颅骨等。第四,通常认为陶瓷烧成后很难加工,但是随着加工装备及技术的进步,现在陶瓷的切削、研磨、抛光等已是成熟的工艺。近年来又发现了可以用普通金属加工机床进行车、铣、刨、钻孔等的"可切削性生物陶瓷",利用玻璃陶瓷结晶化之前的高温流动性,制成了铸造玻璃陶瓷。用这种陶瓷制作的人工牙冠,不仅强度好,而且色泽与天然牙相似。表7.1将3类常用的生物种植材料作了对照,由表可看出陶瓷作为生物材料的特点。

表 7.1　各类生物材料比较

材料特性	金属	聚合物	陶瓷
生物相容性	不太好	较好	很好
耐侵蚀性	除贵金属外,多数不耐侵蚀,表面易变质	化学性能稳定,耐侵蚀	化学性能稳定,耐侵蚀,不易氧化、水解或降解
耐热性	较好,耐热冲击	受热易变形,易老化	热稳定性好,耐热冲击
强度	很高	差	很高
耐磨性	不太好,磨损产物易污染周围组织	不耐磨	耐磨性好,有一定润滑性能
加工及成形性能	非常好,可加工成任意形状,延展性良好	可加工型好,有一定韧性	塑形性好,脆性大,无延展性

根据生物陶瓷材料与生物体组织的效应,把它们可以分为3类:①惰性生物陶瓷。这种生物陶瓷在生物体内与组织几乎不发生反应或反应很小,例如氧化铝陶瓷和蓝宝石、碳、氧化锆陶瓷、氮化硅陶瓷等。②活性生物陶瓷。在生理环境下与组织界面发生作用,形成化学键结合,系骨性结合。如羟基磷灰石等陶瓷及生物活性玻璃,生物活性微晶玻璃。③可被吸收的生物降解陶瓷,这类陶瓷在生物体内可被逐渐降解,被骨组织吸收,是一种骨的重建材料,例如磷酸三钙等。

各种生物陶瓷在临床上有以下应用。

(1)能承受负载的矫形材料,用在骨科、牙科及颌面上。用于此用途材料有:Al_2O_3 陶瓷、稳定 ZrO_2 陶瓷、具有生物活性的表面涂层(生物微晶玻璃、生物活性玻璃)的相应材料等。

(2)种植齿、牙齿增高。用于这类用途的材料的有:Al_2O_3 陶瓷、氟聚合物/金属基复合材料、生物活性玻璃、自固化磷酸盐水泥和玻璃水泥、活性涂层材料等。

(3)耳鼻喉代用材料。用于这类用途的材料的有:Al_2O_3 陶瓷、生物活性玻璃及生物活性微晶玻璃、磷酸盐陶瓷等。

(4)人工肌腱和韧带。用于这类用途的材料的有:PLA－碳纤维复合材料等。

(5)人工心脏瓣膜。用于这类用途的材料的有:热解碳涂层(抗凝血,摩擦系数小)等。

(6)可供组织长入的涂层(心血管、矫形、牙、额面修复)。用于此用途的材料的有:多孔 Al_2O_3 陶瓷等。

(7)骨的充填料。用于这类用途的材料的有:磷酸钙及磷酸钙盐粉末或颗粒等。

(8)脊椎外科。用于这类用途的材料的有:生物活性玻璃或生物活性玻璃陶瓷等。

(9)义眼。用于这类用途的材料的有:生物玻璃、多孔羟基磷灰石等。

2.惰性生物陶瓷材料

(1)氧化铝陶瓷。在植入材料中氧化铝是一种一直使用的很满意的实用生物材料,氧化铝生物相容性良好,在人体内稳定性高,机械强度较大。视制造方法的不同,用于生物医学的氧化铝分为单晶氧化铝、多晶氧化铝和多孔质氧化铝三种。

就多晶氧化铝而言,只有高纯度(>99.5%)、高密度($\geqslant 3.90\ g/cm^3$)、晶粒细小且均匀(平均晶粒尺寸 <7 μm)的氧化铝陶瓷才能显示出 Al_2O_3 作为生物陶瓷的优越性,即优良的生物相容性,摩擦系数小、耐磨损、抗疲劳、耐腐蚀等特性。高纯度和高致密度保证了 Al_2O_3 的硬度,因而耐磨且抗腐蚀。如果 Al_2O_3 晶界析出的第二相(MgO 等)会降低生理条件下的抗腐蚀性能和抗疲劳的能力,作为人工关节抗疲劳性能十分重要,因此要求高纯度。 Al_2O_3 陶瓷的抗疲劳和机械强度,除与纯度和致密度有关以外,与晶粒大小的关系更为密切。当纯度大于 99.7% 、平均晶粒小于 4 μm 时,其抗疲劳和耐腐蚀性更佳。因为氧化铝陶瓷是沿晶断裂,晶粒越小,断裂的路程越长,它的机械强度和抗疲劳性能就越好,所以用于承受负载的氧化铝陶瓷必须是细小而又均匀。另外晶粒大小还关系到表面粗糙度,这会直接影响到摩擦系数。同多晶氧化铝陶瓷相比,单晶氧化铝陶瓷的力学性能更为突出,单晶氧化铝在 C 轴方向具有相当高的抗弯强度(1 300 MPa),因而临床上应用于负重大、耐磨要求高的部位,如高强度螺钉、人工骨、人工牙根、人工关节和固定骨折用的螺栓。但其加工较多晶体困难。

但是,氧化铝也存在几个问题:①与骨不发生化学结合,时间一长,与骨的固定会发生松弛;②机械强度不十分高;③杨氏模量过高(380 GPa);④摩擦系数、磨耗速度不低。采用多孔氧化铝则可较好地解决氧化铝陶瓷与骨头结合不好的问题,把氧化铝陶瓷制成多孔质形态,多孔氧化铝陶瓷可使骨组织长入其孔隙而使植入体固定,保证了植入物与骨头的良好结合。但这样会降低陶瓷的机械强度,多孔氧化铝陶瓷的强度随空隙率的增加而急剧降低。因此,只能用于不负重或负重轻的部位。为改善多孔氧化铝陶瓷植入体的强度,可采用将金属与氧化铝复合的方法,在金属表面形成多孔性氧化铝薄层,这种复合材料既能保证强度、又能形成多孔性。空隙大小对于骨长入十分重要,孔径为 10 ~ 40 μm 时,只有少量组织长入,而没有骨质长入。当孔径在 75 ~ 100 μm 时,则连接组织长入。骨质完全长入的孔径为 100 ~ 200 μm 。

部分稳定化的氧化锆和氧化铝一样,生物相容性良好,在人体内稳定性高,而且比氧化铝的断裂韧性值更高,耐磨性也更为优良,用做生物材料有利于减小植入物的尺寸和实现低摩擦、磨损,因而在人工牙根和人工股关节制造方面的应用引人注目。对于承受负载的生物医用氧化铝陶瓷、氧化锆陶瓷等材料国际标准化组织(ISO)对其组织、力学性能、物理性能已制定了相应的标准,见表7.2。

表7.2 Al₂O₃ 及 ZrO₂ 生物陶瓷物理性能

	高纯 Al₂O₃	ISO Al₂O₃	PSZ*	皮质骨
质量分数 w / %	>99.8	>99.5	>97	
密度/(g·cm⁻³)	>3.93	≥3.90	5.6~6.12	1.6~2.1
晶粒尺寸/μm	3~6	<7	1	
表面粗糙度/μm	0.02		0.008	
硬度/ HV	2 300	>2 000	1 300	
抗压强度/ MPa	4 500			
抗弯强度/ MPa	550	400	1 200	50~150
杨氏模量	380		200	7~25
断裂韧度/（MPa·m^(1/2)）	5~6		15	2~12

*PZT:部分稳定的氧化锆(partially stabilized zirconia)。

(2)碳素材料。碳素材料在1967年被开发并用做生物材料,虽历史不长,但因其独特的优点,发展迅速。碳素材料质轻而且具有良好的润滑性和抗疲劳特性,弹性模量与致密度与人骨的大致相同,碳材料的生物相容性好,特别是抗凝血性佳,与血细胞中的元素相容性极好,不影响血浆中的蛋白质和酶的活性。在人体内不发生反应和溶解,生物亲和性良好,耐蚀,对人体组织的力学刺激小,因而是一种优良的生物材料。根据不同的生产工艺,可得到不同结构的碳素材料,主要类型有3种:

①玻璃碳。是通过加热预先成型的固态聚合物使易挥发组分挥发掉而制得。材料的断面厚度一般小于7 mm。

②热解碳(LTI 碳)。是将甲烷、丙烷等碳氢化合物通入硫化床中,在1 000~2 400℃热解、沉积而得。沉积层的厚度一般为1 mm。

③低温气相沉积碳(ULTI 碳)。是用电弧等离子体溅射或电子束加热碳源而制取的各向同性的碳薄膜,其膜厚一般在1 μm 左右。

碳素材料的力学性能与它的显微结构密切相关。热解碳(LTI 碳)的弹性模量为20 GPa,抗弯强度高达275~620 MPa,并且韧性好,断裂能为5.5 MJ/m³,氧化铝陶瓷仅为0.18 MJ/m³,即碳的韧性比氧化铝陶瓷高25倍。碳材料耐磨性好,且抗疲劳,能承受大的弹性应变,本身不至擦伤和损伤。碳没有其他晶态固体材料的可移动缺陷,故其抗疲劳性能好。而玻璃碳的密度低,其耐磨性和化学稳定性好,但强度与韧性均不如 LTI 碳,只能用于力学性能要求不高的场合。ULTI 碳具有高密度和高强度,但仅作为薄的涂层材料使用。UTLI 涂层与金属的结合强度高,加上涂层的耐磨性良好,遂成为制造人工机械心脏瓣膜的理想材料。

碳素材料是用于心血管系统修复的理想材料,至今世界上已有近百万患者植入了LTI 碳材的人工心脏瓣膜。另外,碳纤维与聚合物相复合的材料可用于制作人工肌腱、人工韧带、人工食道等。玻璃碳、热解碳可用于制作人工牙根和人工骨等。碳素材料的缺点是在机体内长期存在会发生碳离子扩散,对周围组织造成染色,但至今尚未发现由此而引发的对机体的不良影响。

3. 可吸收生物陶瓷

生物吸收材料是一种暂时性的骨代替材料。植入人体后材料逐渐被吸收,同时新生骨逐渐长入而替代之,这种效应称之为降解效应,具有这种降解效应的陶瓷材料称之为可吸收生物陶瓷。生物降解可吸收生物陶瓷在生物医学上的主要应用为脸部和额部的骨缺损,填补牙周的空洞,还可作为药物的载体。

最早应用的生物降解材料是石膏,石膏的相容性虽好,但吸收速度太快,通常在新骨未长成就消耗殆尽而造成塌陷。目前广泛使用的生物降解陶瓷材料为 β – 磷酸三钙,其化学式为 $Ca_3(PO_4)_2$,简称 β – TCP。β – TCP 的结构属于三方晶系。β – TCP 的制备通常是先用沉淀法合成钙磷原子比为 1:5 的磷酸钙盐,然后在 $800 \sim 1\ 200℃$ 温度范围内焙烧,使磷酸钙盐转变成 β – TCP,最后将 β – TCP 粉体成型制坯后在 $1\ 200℃$ 烧结即可制得可吸收的 β – TCP 陶瓷植入体。β – TCP 的降解过程与材料的溶解过程及生物体内细胞的新陈代谢过程相联系,一般来说降解过程主要分为以下几个方面:①材料的晶界被侵蚀,使其变成粒子被吸收。②材料的天然溶解形成新的表面相。③新陈代谢的因素,如吞噬细胞的作用,导致材料的降解可吸收生物陶瓷材料。依据材料物理化学原理,控制 β – TCP 的成分组成和微观结构,可以制备出不同降解速度的可吸收生物陶瓷材料。

4. 生物活性陶瓷

生物活性陶瓷材料包括各种生物活性玻璃及羟基磷灰石等磷酸盐材料。羟基磷灰石的分子式为 $Ca_{10}(PO_4)_6(OH)_2$,简称 HA,因为 HA 占人体骨组成的 $70\% \sim 97\%$,所以修复骨组织 HA 较金属和聚合物具有更好的效果。20 世纪 80 年代初,雅奇(Jarch)研究了 HA 和骨的结合过程,发现 HA 植入骨组织后,通过外延生长和骨产生牢固的化学键结合,即骨性结合。生物活性陶瓷的突出特点在于随着修复时间的延长,种植体表面发生动态变化,表面形成与骨组织能够化学键结合的生物羟基磷灰石(HCA),这种羟基磷灰石中的部分 PO_4^{3+} 被 CO_3^{2+} 取代,还含有其他矿物质和微量元素,其化学式可以表示为 $(Ca, M)_{10}$ $(PO_4, CO_3, X)_6(OH, F, Cl)_2$。其中 M 代表 Mg、Na、K 及微量元素 Sr、Pb、Ba 等,X 为 HPO_4^{2-}、SO_4^{2-}、硼酸盐和矾酸盐等。在种植体上形成的 HCA、矾酸盐等在化学组成和微观结构上与骨的无机组成相同,在与骨的界面结合中发挥作用。在生物体中,与骨组织形成紧密的化学键结合层,这种键结合层能阻挡种植体材料被腐蚀,具有极好的耐久力和抗疲劳性能。

磷酸盐存在的形式取决于它所处环境的温度和湿度。就人体植入物而言,温度在 $37℃$ 左右,体液的 pH 值大于 4.2 时,磷酸盐的稳定态为 HA;当 pH 值小于 4.2 时,则 $Ca_{10}PO_4$ 是它的稳定态。所以其他形式的磷酸盐植入人体后,经水解而生成稳定的 HAP。例如,$Ca_{10}(PO_4)_2(TCP)$ 植入体内后,在其表面发生以下反应

$$Ca_{10}(PO_4)_2 + H_2O \rightarrow Ca_{10}(PO_4)_6(OH)_2 + Ca^{2+} + 2HPO_4^{2-}$$

从上式可知,反应加速了体液的 pH 值,从而加速 TCP 的形成。

生物活性玻璃陶瓷又称为生物活性微晶玻璃,这是一类含有磷灰石微晶相的陶瓷材

料。亨奇(Hench)等人发现，$Na_2O - CaO - SiO_2 - P_2O_5$ 系列玻璃能与自然骨形成化学键结合，这是首次发现人造材料能与自然骨形成键结合。生物活性玻璃陶瓷的制备工艺较简单，首先是通过混料和熔化得到均质玻璃熔体，然后根据对制品性能的要求选择不同的成型方式制成植入体，如浇注成型法、粉末烧结法等。在临床实践上，生物玻璃已成功地用于做听骨、胯骨、脊椎及骨的填充物。

通过磷灰石层与骨的结合，是生物活性材料的本质。非生物活性陶瓷材料均不能形成磷灰石层。人造磷灰石与生物骨的磷灰石的结构较为相近，所以骨细胞能优先增殖，使新生骨与种植生物体活性陶瓷材料直接相连，当骨内的磷灰石与种植体表面磷灰石直接接触时，两者形成化学键，从而减少了生命材料与非生命材料之间的界面能，使之界面结合良好。

5. 可治疗癌症的生物陶瓷

生物陶瓷不仅可用来替代损伤的组织，还可通过原位杀死癌细胞，消除被损伤的组织使其康复，而不必切除受损害的组织。生物陶瓷的生物相容性与铁磁性，可作为治疗癌的热源。例如，由 $LiFe_3O_5$ 和 $\alpha - Fe_2O_3$ 与 $Al_2O_3 - SiO_2 - P_2O_5$ 玻璃体复合材料制得的高密度玻璃具有热磁性。将上述玻璃微珠注射在肿瘤的周围，并置于频率 10 kHz，磁场强度达 39 789 A/m 的交变磁场中，通过磁滞损失，使肿瘤部位加热到 43℃ 以上，达到有效治疗癌症，并且骨组织的功能和形状均得到恢复。耐腐蚀又能发射 β 射线的生物陶瓷也可以用于治疗癌症。例如 $Al_2O_3 - SiO_2 - P_2O_5$ 玻璃体复合材料，它可以被激发或发射 β 射线，半衰期为 64.1 h。

7.3.5　生物医用聚合物材料

生物医用高分子材料是指用于生物体或治疗过程的聚合物材料。生物医用聚合物材料按来源可分为天然聚合物材料和人工合成聚合物材料。由于聚合物材料的种类繁多、性能多样，生物医用聚合物材料的应用范围十分广泛。它既可用于硬组织的修复、也可用于软组织的修复；既可用做人工器官，又可做各种治疗用的器材；既有可生物降解的，又有不降解的。与金属和陶瓷材料相比，聚合物材料的强度与硬度较低，作软组织替代物的优势是前者不能比拟的；聚合物材料也不发生生理腐蚀；从制作方面看聚合物材料易于成型。但是聚合物材料易于发生老化，可能会因体液或血液中的多种离子、蛋白质和酶的作用而导致聚合物断链、降解；聚合物材料的抗磨损、蠕变等性能也不如金属材料。

1. 用于药物释放的聚合物材料

(1)药物的控制释放体系。药物在体内或血液中的浓度对于充分发挥药物的治疗效果有重要的作用，按一般方式给药，药物在人体内的浓度只能维持较短时间，而且波动较大。浓度太高，易产生毒副作用；浓度太低又达不到疗效。比较理想的方式是在较长的一段时间维持有效浓度。药物释放体系(简称 DDS)就是能够在固定的时间内，按照预定的方向向体内或体内某部位释放药物，并且在一段时间内使药物的浓度维持在一定的水平。如图 7.9 所示为一般给药方式和控释药物方式的药物浓度与时间的关系。

药物释放的方式有多种，常见的有储存器型 DDS、基材型 DDS。前者是将药物微粒包裹在高分子膜材里，药物微粒的大小可根据使用的目的调整，粒径可从微米到纳米。基材型 DDS 则是将药物包埋于高分子基材中，此时药物的释放速率和释放分布可通过基材的形状、药物在基材中的分布以及聚合物材料的化学、物理和生物学特性控制。例如:通过聚合物的溶胀、溶解和生物降解过程可控释在基材内的药物。图 7.10 是存储器微包裹 DDS 的示意图。

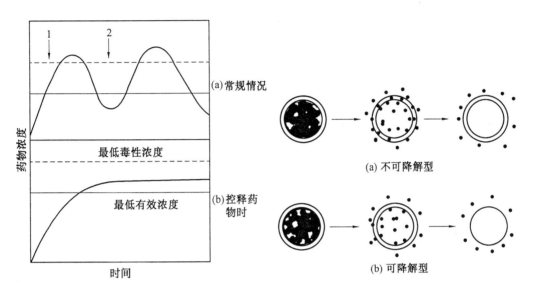

图 7.9 常规和控释药物的给药方式时下药物浓
度水平与时间的关系

图 7.10 存储器型微包裹 DDS

生物降解聚合物包括天然和合成聚合物,表 7.3 列出了几种常见可生物降解聚合物。

表 7.3 常见的可生物降解聚合物

脂肪族聚酯类	聚磷氮烯类	聚酐类	天然聚合物
聚乙交酯	芳氧基磷氮烯聚合物	聚丙酸酐	胶原
聚丙交酯	氨基酸酯磷氮烯聚合物	聚羟基苯氧基乙酸酐	壳聚糖
聚 d – 戊内酯		聚羟基苯氧基戊酸酐	
聚 y – 己内酯			
聚 3 – 羟基丁酸酯			

(2)用于药物释放体系的聚合物材料。药物释放体系中常用的聚合物材料有水凝胶、生物降解聚合物、脂质体等。

水凝胶是制备 DDS 的重要材料。常见的水凝胶有聚甲基丙烯酸羟乙酯、聚乙烯醇、聚环氧乙烷或聚乙二醇等合成材料及一些天然水凝胶,如明胶、纤维素衍生物、海藻酸盐等。水凝胶的生物相容性好,孔隙分布可控,能实现溶胀控制释放机理。

生物降解聚合物。通常天然聚合物(如多糖和蛋白质等)可为酶或微生物降解,而合成聚合物的降解是由可水解键的断裂而进行的。不同的可生物降解聚合物的降解速度不同,因此可方便地控制药物释放的时间。

脂质体主要是由卵磷脂的单分子壳富集组成的高度有序装配体。图7.11所示为由磷酯酰胆碱构成膜质体。在水中,脂质双分子膜闭合成装配体,形成脂质体,其结构与生体膜类似。在脂质体内部,脂质分子的疏水性长链富集,可内包各种低极性物质;在脂质体表面,脂质分子的亲水基富集。利用脂质双分子膜的外层和内层性质不同,可用来控释各种生理活性物质。因脂质体可生物降解,易于制备,而且能负载许多脂质和水溶性药物,故脂质体是有效的药物载体,例如:毒性大而不能大剂量应用的抗生物质二性霉素,用脂质体作为载体时,能大幅度减少其副作用。

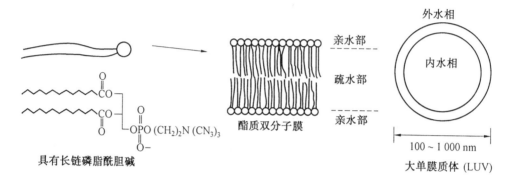

图7.11　磷脂酰胆碱构成膜质体

2. 用于人工器官和植入体的聚合物材料

在医学上聚合物材料不仅被用来修复人体损伤的组织和器官,恢复其功能,而且还可以用来制作人工器官来取带的全部或部分功能。例如:用医用聚合物材料制成的人工心脏(又称人工心脏辅助装置)可在一定时间内代替自然心脏的功能,成为心脏移植前的一项过渡性措施。又如人工肾可维持肾病患者几十年的生命,病人只需每周去医院2~3次,利用人工肾将体内代谢毒物排出体外就可以维持正常人的活动与生活。又如用有机玻璃修补损伤的颅骨已得到广泛采用;用聚合物材料制成的隐形眼镜片,既矫正了视力又美观方便。用可降解聚合物材料制作的骨折内固定器植入体内后不需再取出,这可使患者避免二次手术的痛苦。医用聚合物材料的种类繁多、应用的面很广。表7.4列出了聚合物材料在医学上的部分应用和所选用的聚合物材料。

表7.4　医学上应用的部分聚合物材料

用 途	材 料	用 途	材 料
肝脏	赛璐珞、PHEMA	心脏	嵌段聚醚氨酯弹性体、硅橡胶
肺	硅橡胶、聚丙烯空心纤维、聚砜	人工红血球	全氟烃
胰脏	丙烯酸酯共聚物	胆管	硅橡胶
肾脏	铜氨法等再生纤维素、醋酸纤维素、聚甲基丙烯酸酯立体复合物、聚丙烯腈、聚砜、聚氨酯等	关节、骨	超高分子量聚乙烯、高密度聚乙烯、聚甲基丙烯酸甲酯、尼龙、硅橡胶
肠胃片断	硅氧烷类	皮肤	火棉胶、涂有聚硅酮的尼龙织物、聚酯

用途	材料	用途	材料
人工血浆	羟乙基淀粉、聚乙烯吡咯酮	血管	聚酯纤维、聚四氟乙烯、SPEU
角膜	PMMA、PHEMA、硅橡胶	耳及鼓膜等	硅橡胶、丙烯酸基有机玻璃、聚乙烯
玻璃体	硅油(PVC、聚亚胺酯)	喉头	聚四氟乙烯、聚硅铜、聚乙烯
气管	聚四氟乙烯、聚硅酮、聚乙烯、聚酯纤维	面部修复	丙烯酸基有机玻璃
食道	聚硅酮、聚氯乙烯(PVC)	鼻	硅橡胶、聚乙烯
乳房	聚硅酮	腹膜	聚硅铜、聚乙烯、聚酯纤维
尿道	硅橡胶、聚酯纤维	缝合线	聚亚胺酯

由于医用聚合物材料的发展,使得过去许多的梦想变成了现实。但是医用聚合物材料本身还存在一些问题,与临床应用的综合要求还有差距,有些材料性能还达不到要求起到代替人体器官的作用。有些材料还不够安全,世界上曾出现过不少材料使用过一段时间之后才发现它对人体的副作用的例子,例如:早期的乳房植入体材料就出现过许多问题。因此、还需对医用聚合物材料进行深入研究,以使材料更加安全、更具有接近人体自身的组织与器官的功能与作用。

7.3.6 生物医学材料的发展趋势

1.改进和发展生物医用材料的生物相容性评价

随着新兴生物医用材料的产生,首先需要对其生物相容性评价进行改进和发展。今后新的评价应该从过去单纯对机体的急慢性炎症、免疫学反应、热源、遗传毒理和致畸、致癌及血液学反应进行评价,转而对材料与机体所有信息进行有机的全面研究和评价。

由于医用材料与生命科学的结合,使研究内容更加丰富,许多问题成为材料相容性研究的新内容。例如,材料如何控制和促进细胞的生长、分化、增殖和凋亡将成为相容性研究的新内容。

2.研究新的降解材料

降解材料今后研究发展的趋势是设计制作具有特殊功能的材料,例如低模量、高柔顺性、高强度的材料,用于单丝手术缝线及外科高柔软性导管等;研制能在体内维持较长时间的高强度可吸收缝合线。耐辐射聚合物对可降解材料的产业化具有重要战略意义,它将决定未来植入医用装置商业化的前景。按照自然界生物大分子模式,利用20个L型氨基酸来设计、合成可降解的材料,可能在今后研究中会得到事半功倍的结果。在21世纪将研制成具有特殊功能、安全可靠的新一代医用植入可降解材料。

3.研究具有全面生理功能的人工器官和组织材料

在组织工程与人工器官、软硬组织修复与重建方面,对材料的功能提出了新的挑战。材料不仅是惰性植入体而且要具有生物活性。它能引导和诱导组织、器官的修复和再生,在完成上述任务后能自动降解排出体外。为此需研究新型降解材料,使降解速度和性能能与新生组织或器官相匹配和同步,需进一步确定三维支架的生物相容性、机械强度、力学行为,释放各种促使细胞生长增殖的活性因子,研究材料基质与细胞组织之间的信息传递和相互作用原理。用自组装方法制备仿生新材料,大力开展对细胞和组织生长能进行引导、诱导、增殖以及防止免疫排斥的隔离材料。

上述各方面研究归根到底是为了创建新一代具有全面生理功能的人工器官和组织,真正实现受损器官的修复。例如,人工皮肤具有人体皮肤的全部生物功能;人工骨有支撑、合成与调节功能;人工肝脏具有解毒、合成、代谢、调节功能;人工血液可代替人体血液的输氧功能;人工胰可按人的生理需要随时变更释放胰岛素的功能;人工神经能使断裂的神经再接,恢复传导功能。总之,新一代人工器官具有生理、生化、力学和生命的所有功能。用这些功能完善的器官修复受损器官,虽不能说使人长生不老,但确实可以大大延长人的生命和全面、显著提高人类生活质量和健康水平。

4．研究新的药物释放体系和药物载体材料

随着人们生活水平的提高,对药物释放和药物载体提出了新的要求,例如,靶向药物释放体系的研究可提高疗效,降低药物用量和毒副作用。智能性药物释放是今后研究的重要方向,它可随外界条件的要求和变化释放药物。如 pH 敏感释放,可在酸性介质中不释放而在碱性环境中控制释放;温度敏感水凝胶可在不同温度下快速释放、慢速释放或不释放。微包囊、微球药物释放均是今后的发展趋势。在 21 世纪将会出现新型药物载体材料、新剂型和新的给药释放体系。

5．材料表面改性的研究

为了提高材料的生物相容性,除了设计、制取性能优异的新材料以外,材料表面改性是一个不可缺少的途径。虽然在金属表面涂布羟基磷灰石能够改善、提高生物相容性,但是获得基体与涂层之间的强结合仍是今后研究解决的重要课题。制备生物梯度功能材料是医用材料表面改性、提高膜和基结合力的方向。采用仿生工艺,在低于100℃以下的任何形状或材料表面沉积高质量的定向结晶陶瓷膜也是很有应用前景的发展方向。

总之,通过分子设计、仿生模拟、表面改性、智能化药物控释等,在 21 世纪将会出现一批性能优异的新材料和具有全面生理功能的人工器官,为全面提高人们的生活水平,造福人类做出贡献。

思考题

1．何谓功能材料,其特征与分类如何?

2．试简述功能材料的现状与发展趋势。

3．何谓超导现象、超导材料?

4．试说明超导材料特征值 T_c、H_c、I_c 与 Meissner(迈斯纳)效应。

5．何谓生物医学材料? 对生物医学材料的基本要求是什么?

6．试举例说明生物医学材料的分类与应用。

7．试说明生物陶瓷的特点、分类与应用范围。

第8章　新能源材料

自 19 世纪 70 年代产业革命以来,化石燃料的消费急剧增大。初期主要以煤炭为主,进入 20 世纪以后,特别是第二次世界大战以来,石油以及天然气的开采与消费开始大幅度的增加,并以每年 2 亿吨的速度持续增长。现在世界能源消费以石油换算约为 80 亿 t/年,按 40 亿人计算,平均消费量为 2 t/人·年。以这种消费速度,到 2040 年,首先石油将出现枯竭;到 2060 年,核能及天然气也将终结。地球的能源已经无法提供近 116 亿人口的能源需求。而随着世界人口的不断增加,能源紧缺的时期将会提前来。因此,21 世纪新能源的开发与利用是关系人类子孙后代命运,刻不容缓的一件大事。

新能源的开发与利用必须依靠新材料的开发才能得以实现,这类材料已成为一种新型材料——新能源材料。以下将介绍最具发展潜力的三种新能源技术及其相关的新能源材料,即锂离子电池材料、镍氢电池材料与燃料电池材料。

8.1　锂离子电池材料

由于空间和军用的需要以及电子技术的迅速发展,对体积小、质量轻、比能量高、使用寿命长的电池要求日益迫切,对上述各项性能的要求越来越高。锂离子二次电池正是在这一形势下发展起来的一种新型电源。与传统的铅酸和镉镍等电池相比,锂离子电池具有比能量高、使用寿命长、污染小和工作电压高等特点。因此锂离子电池应用十分广泛,市场潜力巨大,是近年来备受关注的研究热点之一。本章介绍了锂离子电池的原理、结构和电极材料。

8.1.1　概述

1. 锂离子电池工作原理及特点

锂离子电池是在锂二次电池基础上发展起来的一种新型充电电池,它的正负极材料都是能发生锂离子嵌入 – 脱出反应的物质。在充电态负极处于富锂态,正极处于贫锂态,随着放电的进行,锂离子从负极脱嵌,经过电解质嵌入正极,放电时则以相反过程进行。在充放电过程中,锂离子在正负极间摇来摇去,而无金属锂的析出,因此,锂离子电池又被称为"摇椅电池",其充放电原理如图 8.1 所示。

这种电池的工作电压与构成电极的锂离子嵌入化合物的浓度有关,用做电极的材料主要是过渡金属(钴、镍、锰)的锂离子嵌入化合物和锂离子嵌入碳化合物。锂离子电池的一般特点。

(1)体积及质量比能量高。

(2)单电池的输出电压高,约为 4.2 V。

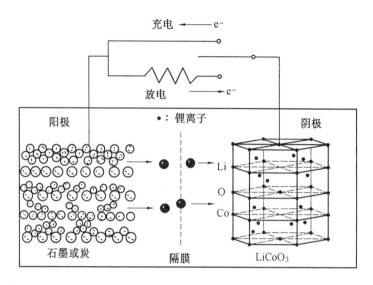

图 8.1　锂离子电池充放电原理

(3) 自放电率小。

(4) 能在较高的温度下使用。

(5) 对环境污染小。

2．锂离子电池的发展

锂是最轻的金属元素,原子量为 6.94,它的化学性质非常活泼,是室温下能与氮气发生化学反应的唯一元素。锂的标准电极电位是 -3.045 V,电化学当量是 0.26 g/Ah。它是电化学当量最小、标准电极电位最负的金属。所以,锂是一种高比能量的电极材料。

以金属锂为负极的电池统称为锂电池,分为一次锂电池和二次锂电池。和传统电池相比,具有工作电压高、能量密度大、工作温度范围宽、放电电压平稳、储存性能好、自放电小等特点。从 20 世纪 50 年代就开始了锂电池的研究开发工作。

锂一次电池的开发非常成功,自 80 年以来,以 Li/MnO_2 为代表的各种类型的锂一次电池广泛进入市场,标志着锂一次电池技术和生产工艺已基本成熟。目前,锂一次电池大量应用于从军事到民用的许多领域中。

二次锂电池的开发却遇到很大的困难,这是因为二次锂电池在充放电过程中容易形成锂枝晶,存在充放电效率低、循环寿命短及安全性能差的缺点。从 70 年代开始,人们试图优化电解液组成,或者采用固体电解质,或者采用铝锂合金,来克服二次锂电池存在的缺点,但是,这些措施只能在一定程度上提高二次锂电池的性能,而不能从根本上解决金属锂阳极存在的问题。所以,二次锂电池的发展长期处于试验性小批量商品生产阶段。

1980 年 Armand 首先提出用嵌锂化合物代替二次锂电池中的金属锂负极的新构想,并称之为摇椅式电池 ,此后,Bruno Scrosati 等人组装出以 $LiWO_2$ 或 Li_6FeO_3 作为负极,以 TiS_2、WO_3、NbS_2 或 V_2O_5 作为正极的试验型摇椅电池。首先从实验上证明了这种设想的可行性,但是,这种电池需要二次装配,即先组装 $Li/LiPF_6 - PC/WO_2(FeO_3)$ 电池,放电后,再用 TiS_2 替代 Li。1987 年,J.J. Auborn 和 Y.L. Barberio 报道了 $MoO_2($ 或 $WO_2)/LiPF_6 - PC/LiCoO_2$ 型的摇椅式电池,这种电池避免了二次装配。

与用金属锂作为电池负极的二次锂电池相比,上述电池的安全性大为改善,并具有良好的循环寿命;但是,由于负极材料($LiMoO_2$,$LiWO_2$ 等)的嵌锂电位较高($0.7 \sim 2.0V$ vs. Li/Li^+),嵌锂容量偏低,失掉了二次锂电池的高电压、高比能的优点,因此上述电池只是停留在实验室研究阶段,未能实用化。

1990 年日本索尼(Sony)能源技术公司首先推出 $Li_xC_6/PC + EC + LiClO_4/Li_{(1-x)}CoO_2$ 实用型摇椅式电池,并称之为"二次锂离子电池"。其最突出的特点是用可以嵌锂的碳材料替代了金属锂作负极,该电池既克服了二次锂电池循环寿命低、安全性差的缺点,又较好地保持了二次锂电池高电压、高比能的优点。因此二次锂离子电池一提出,就立刻引起了人们的极大兴趣和关注,在世界范围内掀起了二次锂离子电池的研究热潮锂离子电池的关键技术是采用能在充放电过程中嵌入和脱出锂离子的正负极材料以及选用合适的电解质材料。

8.1.2 锂离子电池负极材料的研究

目前,已实际用于锂离子电池的负极材料基本上都是碳素材料,近年来对锂离子电池负极材料的实用化研究工作基本上围绕着如何提高质量比容量与体积比容量、首次充放电效率、循环性能及降低成本这几方面展开。通过对各种碳素材料(包括石墨)的结构调整,表面改性处理,形成具有外壳的复合型材料结构,在碳材料中形成纳米孔穴结构,以及采用纳米材料新技术,研究使锂在碳材料中的脱嵌过程不仅按 LiC_6 化学计量进行,还可按非化学计量进行,使碳素材料的比容量由 LiC_6 的理论容量值 $372\ mA \cdot h/g$,提高到 $500 \sim 1\ 000\ mA \cdot h/g$。另外,在非碳负极材料研究方面所取得的进展,也向人们展示了锂离子电池负极材料发展的广阔前景。

1. 碳素负极材料

碳材料是人们最早开始研究并应用于锂离子电池的生产中、至今仍为大家关注和研究的重点之一。碳材料负极的充放电反应是锂在固相内的嵌入 – 脱嵌反应,在电池充放电过程中,锂在负极碳材料内脱/嵌并形成锂碳插入化物 Li_xC_6

$$Li_xC_6 \longrightarrow Li_{x-y}C_6 + yLi^+ + ye^- \ (\ y \leqslant x \leqslant 1)$$

碳材料按结构特征可以分为:金刚石、石墨、软碳材料、硬碳材料。除金刚石外,人们对其他三类碳材料用做锂离子电池负极进行了广泛的研究。

(1)石墨材料。在石墨材料中,碳原子通过 sp^2 杂化轨道形成三个共平面的 σ 键,碳原子之间通过连续的 σ 键形成大的六环网络结构,并形成二维石墨层,未参与杂化的电子在网络层的两面形成电子共轨大 π 键,层与层之间靠范德华力键合在一起形成层状结构,层与层之间的相互作用比化学键作用弱。因此,石墨容易解离,显得柔软并具有润滑性。由于沿网络平面的 π 电子的共振作用,石墨表现出良好的导电性。由于石墨层内结合力和层间结合力差别很大,因此性质差别也大,石墨各层平面方向的性能如表 8.1 所示。

理想石墨晶体的层间距为 $0.335\ 38\ nm$,图 8.2 是石墨晶体结构示意图。前者是六面体对称,后者是菱形六面体对称,天然石墨一般由这两种晶体结构组成,只是菱形六面体的比率一般低于 $3\% \sim 4\%$,良好结晶的石墨晶体中菱形六面体的比率可高到 22%。

表 8.1 石墨各层平面方向的性能

	a 轴方向 （平面方向）	c 轴方向 （垂直方向）
热膨胀系数	$-1.5 \times 10^{-6} K^{-1}$	$28 \times 10^{-6} K^{-1}$
电导率	$2.5 \times 10^{4} S \cdot cm^{-1}$	$< 2.5 \times 10^{2} S \cdot cm^{-1}$

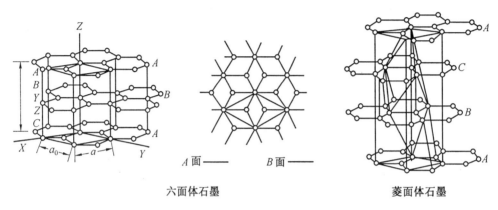

六面体石墨   菱面体石墨

图 8.2 石墨晶体结构示意图

石墨良好的层状结构,更适合 Li 离子的脱/嵌,形成 LiC_6 锂 – 石墨层间插入化合物 Li – GIC。材料的充放电可逆容量可达到 $300\ mA \cdot h/g$ 以上,接近 LiC_6 的理论比容量 $372\ mA \cdot h/g$,石墨典型充放电曲线(图 8.3)显示,它具有明显的充放电平台,且平台电位较低($0.01 \sim 0.2\ V\ vs\ Li/Li^+$),其大部分嵌锂容量都在平台区,这种优良的电压特征可以为二次锂离子电池提供高而且平稳的工作电压。石墨的充放电效率通常在 90 % 以上,不可逆容量一般低于 $50\ mA \cdot h/g$,与提供锂源的正极材料如 $LiCoO_2$、$LiNiO_2$、$LiMn_2O_4$ 等匹配性较好,所组成的电池平均输出电压高,因负极不可逆容量额外需要消耗的正极材料较少,是一种性能较好的锂离子电池负极碳材料,目前生产的锂离子电池已大量采用石墨类碳材料作为电池的负极。

石墨材料由于其石墨化结晶度高,具有高度取向的石墨层状结构,对电解液更为敏感,须采用碳酸乙烯酯(EC)有机电解液体系。同时,由于石墨层间距($d_{002} < 0.34\ nm$)小于锂插入石墨层后形成的 LiC_6 石墨层间插入化合物的晶面层间距($d_{002} = 0.37\ nm$),在有机电解液中进行充放电过程时,石墨层间距变化较大,并且还会发生锂与有机溶剂共同插入石墨层间以及有机溶剂的进一步分解,容易造成充放电过程中石墨层逐渐剥落、石墨颗粒发生崩裂和粉化,从而影响到石墨材料以及用其作为负极的电池循环性能。在石墨表面采取氧化、镀铜、包覆聚合物热解碳或锡的氧化物等非碳材料等方法对石墨进行改性处理,能够明显改善其充放电循环性能,并可进一步提高石墨材料的比容量,达到实用要求。如:研究采用在石墨表面包覆一层无定形热解碳工艺方法,形成具有核 – 壳结构的复合石墨,在保持石墨比容量高、充放电电压平坦等基本特性的同时,改善了石墨材料的粒型结构和粒度分布,减少石墨的膨胀与粉化,提高了充放电循环性能;降低了材料的比表面积,改善了对电极工艺的适应性,提高了首次充放电效率;通过石墨表面包覆的无定形碳,

降低了锂离子嵌入石墨层的方向性,提高了石墨材料的大电流性能。研制的复合石墨可逆比容量达到 350 mA·h/g 左右,不可逆容量小于 40 mA·h/g,平均粒径为 $20 \pm 5 \ \mu m$,比表面积为 $1 \sim 3 \ m^2/g$,用于 18650 型锂离子电池负极材料组装的电池容量达到 1 400 mA·h 以上,循环寿命超过 500 次。

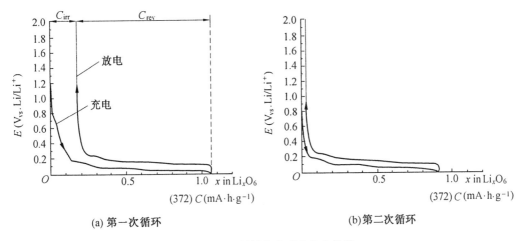

(a) 第一次循环　　　　　　　　　　　　　(b)第二次循环

图8.3　石墨材料的典型充放电曲线

(2)软碳材料。根据 R．E．Franklin 的软碳结构模型,如图 8.4 所示,认为在软碳中,石墨微晶间取软碳材料可分为石墨化软碳和非石墨化软碳。向差别较小,结合力很弱,在高温下,微晶很容易转动合并成石墨晶体,所以,软碳也称为易石墨化碳。

软碳材料经 2 000℃以上处理,在结构上接近石墨,在嵌锂特性上也和石墨相似。石油焦经高温处理后成为人造石墨,其嵌锂特性和石墨的嵌锂特性一样。沥青基碳纤维、

图8.4　软碳结构模型

中间相碳微球经 2 800 ~ 3 000℃处理,虽然也发生石墨化,但是它们的石墨颗粒细小(其 L_a、L_c 比石墨小的多),颗粒之间还存在较多的交联,中间相碳微球的交联更多一些,因此,它们的嵌锂特性和石墨既有相同点也有不同点。

相同点表现在:①嵌锂容量较高;②充放电曲线平坦;③溶剂相容性差。不同点表现在:①在插锂过程中,出现阶相时的锂含量不同,对于石墨,当 $x(Li_xC_6) = 0.04$ 就开始出现稀1阶化合物,对于沥青基碳纤维、中间相碳微球,只有在 $x = 0.2$ 时,才出现2阶化合物,而没有出现更高阶的化合物,这是因为其石墨颗粒存在缺陷或乱层结构。②正是由于结构的差别,锂离子在沥青基碳纤维和中间相碳微球中的扩散系数比在石墨中的大一个数量级。所以它们是高功率电池的理想电极材料。

软碳材料经 2 000℃以下处理,在结构上有以下特征。①层平面上存在空穴、位错、杂质原子等各种缺陷;②层平面堆积不如石墨那样有序,其法线与 c 轴有一定角度、择优取

向性差;③层间距大,在 $0.344 \sim 0.366$ nm 之间;④随石墨化温度的逐步提高,乱层结构可向石墨结构转化,微晶间交叉联结较少。

这种这种碳材料有以下共同的嵌锂特性。

① 起始嵌锂电位高,电位曲线陡斜。一般在 1.1 V(vs Li/Li$^+$)以下开始嵌锂,整个嵌入过程中,没有明显平台出现。其典型的充放电曲线如图 8.5 所示。

② 嵌入化合物 Li$_x$C$_6$ 的组成范围一般为 $X = 0.5$,并且随处理条件和表面状况不同而表现出不同的嵌锂容量。

③ 与溶剂相容能力强,循环性能高。

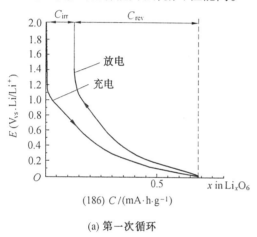

(a) 第一次循环

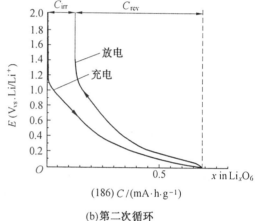

(b) 第二次循环

图 8.5 2 000℃以下处理软碳材料的典型充放电曲线

(3)硬碳材料。为寻求性能更好的二次锂离子电池碳负极材料,人们对有机高分子树脂裂解炭、糖炭、煤炭、木炭等硬碳进行了广泛的研究,其结构模型如图 8.6 示。在硬碳中,微晶间取向差别较大,存在交联,结合力很强,即使在高温下也不容易转动,很难转变成石墨,所以,硬碳也称非石墨化碳或者难石墨化碳。由于有机高分子树脂、糖、煤、木材等硬碳的原料种类繁多,因此,可以制备的硬炭的种类也很多。根据文献,现在已研究过的硬碳的原料有:聚乙炔半导体(PAS)、糖、苉、稠聚核芳环前驱体(POPNA)、聚偏氟二稀(PVDF)、酚醛环氧树脂、聚硫醚苯(PPS)、聚氯乙烯、聚对亚苯基(PPP)、煤、聚糠醇树脂、活性炭。

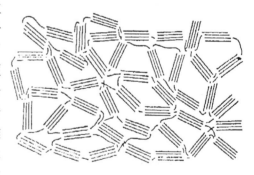

图 8.6 硬碳结构模型

硬碳材料的充放电曲线如图 8.7 所示,它们的共同点主要表现在如下几点。

① 1 000℃以下处理的材料,有电压滞后现象,即插锂电位接近 0 V(vs Li/Li$^+$),而脱锂电位在 1 V(vs Li/Li +)左右,它们的放电电位 – 容量曲线在 1 V 左右有一平台,而且,这一平台随着处理温度的升高而减小,1 000℃处理的材料这一平台消失。

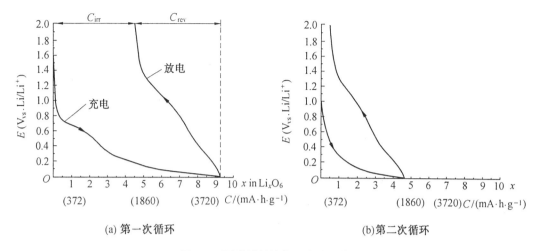

(a) 第一次循环   (b)第二次循环

图 8.7　硬碳材料的典型充放电曲线

② 嵌锂容量高,700～1 000℃处理的材料的充放电容量在 380～940 mA·h/g 之间,超过了石墨的理论容量(372 mA·h/g)。并且,随温度的升高,嵌锂容量降低。

③ 不可逆容量也很高,在 200～500 mA·h/g。

2.非碳负极材料

(1)锡的氧化物。日本用氧化锡制造高性能锂离子电池。研究发现,以 Sn 的氧化物作为负极材料,在反应过程中,有体积变化大、首次不可逆容量较高、循环性能不理想等问题,因此未能实现商品化。

锡的氧化物有氧化锡和氧化亚锡。氧化锡和氧化亚锡都具有一定的储锂能力,其混合物也具有储锂能力。与碳材料的理论比容量 372 mA·h/g 相比,锡氧化物的比容量要高得多,可达到 500 mA·h/g 以上,不过首次不可逆容量也较大。将周期表中第ⅣA 族的各种 MO 型和 MO_2 型氧化物(M 代表第ⅣA 族元素)进行比较,在理论比容量和循环性能上,氧化锡和氧化亚锡均有很明显的优势。将氧化锡和氧化亚锡与相邻的第ⅢA 族和第ⅤA 族元素的氧化物,如 Al_2O_3、Ga_2O_3、In_2O_3、Sb_2O_5、Bi_2O_5 相比较,在理论比容量上也有优势,而且氧化锡和氧化亚锡与有机电解液相容性也较好。Sn 的氧化物的脱嵌机理可能有两种:合金型和离子型。离子型机理认为 Li 的脱嵌过程是

$$x\text{Li} + \text{SnO}_2/\text{SnO} \rightarrow \text{Li}_x\text{SnO}_2/\text{Li}_x\text{SnO}$$

也就是 Li 和氧化锡或氧化亚锡一步反应生成锡酸锂。而合金型的脱嵌机理认为 Li 和氧化锡或氧化亚锡在充放电过程中分两步进行

第 1 步为取代反应　　　$\text{Li} + \text{SnO}_2/\text{SnO} \rightarrow \text{Li}_2\text{O} + \text{Sn}$

第 2 步为合金化反应　　$x\text{Li} + \text{Sn} \rightarrow \text{Li}_x\text{Sn}\ (0 < x < 4.4)$

也就是说 Li 和 Sn 的氧化物发生反应的过程是:①Li 取代氧化锡或氧化亚锡中的 Sn,生成金属 Sn 和 Li_2O;②金属 Sn 再与金属 Li 反应生成 LiSn 合金。电子顺磁共振谱和 XPS 分析表明,Li 在 Sn 的氧化物中是以原子的形式存在的。XRD 分析只观察到了分离的金属 Sn 和 Li_2O,而没有观察到均一的 $Li_x\text{SnO}_2/Li_x\text{SnO}$ 相。中国科学院物理所对 SnO 为代表的 Sn 的氧化物做了 XRD、拉曼和高分辨电镜分析证明了 Sn 的氧化物的脱嵌机理

是合金型机理。现在，人们普遍认为 Sn 的氧化物的脱嵌机理为合金型机理。合金型脱嵌机理认为，首次不可逆容量是由于第 1 步反应生成了 Li_2O，以及 Sn 的氧化物与有机电解液的分解和缩合等反应产生的，可逆容量是金属 Sn 和 Li 形成合金而产生的。而且认为在取代反应和合金化反应进行之前，颗粒表面发生有机电解液分解，形成一层无定形的钝化膜。钝化膜的厚度达几个纳米，成分 Li_2CO_3 和烷基质 Li（$ROCO_2Li$）。在取代反应中，生成微细的 Sn 颗粒以纳米尺寸存在，高度弥散于氧化锂中。在合金化反应中，生成的 Li_xSn 也具有纳米尺寸。以 Sn 的氧化物为负极材料具有很高容量的原因是反应产物中有纳米大小的 Li 微粒。Sn 氧化物的制备方法不一样，将导致性能差异很大。用低压气相沉积法制备的氧化锡微粒比溶胶－凝胶法及简单加热制备的氧化锡微粒小，为微米级至纳米级，所以容量也较高，容量衰减不多。吴宇平等研究发现，低压气相沉积法制备的晶型氧化锡的循环性能比较好，充放电 100 次后锂离子电池的容量衰减不多。除首次充放电循环时，不可逆容量较大而导致充放电效率不高外，以后充放电效率可达 90%。而氧化亚锡的容量及采用溶胶－凝胶法和简单加热制备的氧化锡的可逆容量虽然很高（可达 500 mA·h/g），但是循环性能却不理想，充放电效率也不高。实验表明，降低氧化亚锡的颗粒尺寸能提高其可逆比容量和初始比容量，可逆比容量可以达到 657 mA·h/g。随着氧化亚锡颗粒尺寸的减小，锂离子插入位的数目将增多，且锂离子的传输距离减小、电导率增加，从而提高氧化亚锡的可逆比容量和初始比容量。用表面活性剂样板法制备多孔性的锡氧化物，这种材料可以获得 400 mA·h/g 的充电比容量和比较好的循环性能。Sn 的氧化物作为锂离子电池负极材料的一个问题是反应前后体积变化较大，SnO_2、Sn、Li 的密度分别为 6.99 g/cm^3、7.29 g/cm^3 和 2.56 g/cm^3，在反应前后会导致结构的变形和不稳定，影响电池的循环性能和寿命。日本富士公司最终没有实现锡的氧化物负极材料的产业化，正是因为在充放电过程中，生成了 LiSn 合金，由于体积变化大，首次充放电不可逆容量较高，导致循环性能不理想。因此在 Sn 的氧化物的研究中，解决结构的稳定性显得非常重要。

（2）锡基复合氧化物。为了解决 Sn 氧化物的负极材料体积变化大、首次充放电不可逆容量较高、循环性能不理想等问题，人们在 Sn 的氧化物中加入一些金属或非金属氧化物，如 Fe、Ti、Ge、Si、Al、P、B 等元素的氧化物。然后通过热处理生成锡基复合氧化物。XRD 分析表明锡基复合氧化物具有非晶体结构，在充放电过程中没有遭到破坏。在结构上，锡基复合氧化物由活性中心 Sn－O 键和周围的无规网格结构组成。无规网格由加入的金属或非金属氧化物组成，它们使活性中心相互隔离开来，因此可以有效储 Li，容量大小和活性中心有关。另外，加入的氧化物使混合物形成一种无定形的玻璃体。锡基复合氧化物可用通式 SnM_xO_y（$x \geqslant 1$）表示，其中 M 表示形成玻璃体的一组金属元素（可以为 1 ~ 3 种），常常是 B、P、Al 等的混合物。

B、P 等具有促进非晶体结构形成的作用。锡基复合氧化物的脱嵌机理是，嵌入的 Li 与玻璃体中的 Sn－O 活性中心相互作用，伴随着 Sn 的部分还原和电子转移。锡基复合氧化物在结构上有大量可用的 Li 插位，可逆比容量可以达到 600 mA·h/g，体积比容量大于 2 200 mA·h/cm^3，约为容量最高的碳负极材料（无定形碳和石墨化碳分别小于 1 200 mA·h/cm^3 和 500 mA·h/cm^3）的两倍以上。在脱嵌 Li 过程中，锡基复合氧化物与锡氧化物相比，体积几乎没有大改变，所以锡基复合氧化物的循环性能比较好。另外，锡基复合氧化物与同晶态 Sn 的氧化物相比,Li 的扩散系数得到提高,因此有利于 Li 的可逆插入和脱出。

日本富士公司尽管没有在 Sn 的氧化物上实现产业化,但是在 Sn 基复合氧化物的负极材料方面已申请了 200 多项专利,包括通式为 LMPNQ 的负极专利,L、M 为 Si、Ge、Sn、Pb、P、B、Al、As 和 Sb,N 为 O、S、Se、Te。其中 $SnSi_{0.4}Al_{0.2}P_{0.6}O_{3.6}$ 性能较好,可逆容量为 550 mA·h/g,循环次数接近 400 次。

目前,该材料的主要问题是不可逆容量仍然较高,充放电性能也需要进一步改善。

(3)含锂过渡金属氮化物。含锂过渡金属氮化物是在氮化锂 Li_3N 这种高离子导体材料(电导率为 10^{-2} S/cm)研究基础上发展起来的,也具有高离子导电性和过渡金属价态可变性,在结构上可分为反 CaF_2 型和 Li_3N 型两种,最具代表性的材料分别为 Li_7MnN_4 和 $Li_{3-x}Co_xN$ 等。Li_7MnN_4 属于反 CaF_2 型结构锂过渡金属氮化物(其通式为 $Li_{2n-1}MN_n$,M 代表过渡金属),充放电过程中,过渡金属价态发生变化来保持电中性。该材料比容量比较低,约为 200 mA·h/g,但循环性能良好,充放电电压平坦,没有不可逆容量,特别是这种材料作为锂离子电池负极时,还可以采用不能提供锂源的正极材料与其匹配用于电池。$Li_{3-x}Co_xN$ 属于 Li_3N 型结构锂过渡金属氮化物(其通式为 $Li_{3-x}M_xN$,M 为 Co、Ni、Cu),该材料比容量高,可达到 900 mA·h/g,没有不可逆容量,充放电平均电压为 0.16 V 左右,同时也能够与不能提供锂源的正极材料匹配组成电池。目前这种材料的脱嵌机理及充放电循环性能等还有待进一步研究。

(4)纳米级负极材料研究。和锂离子电池中的碳材料相比,合金类负极材料一般具有较高的比容量,典型的如 Si、Ge、Sn、Pb、Al、Ga、Sb、In、Cd、Zn。其中金属锡的理论比容量为 990 mA·h/g,硅为 4 200 mA·h/g,远高于碳的 372 mA·h/g。但锂反复的嵌入脱出导致合金类电极在充放电过程中体积变化较大,逐渐粉化失效,因而循环性较差。解决这一问题的办法目前主要有两种:一是采用氧化物作为前驱体,在充放电过程中氧化物首先发生还原分解反应,形成了纳米尺度的活性金属,并高度分散在无定形 Li_2O 介质中,从而抑制了体积变化,有效地提高了循环性。但是采用氧化物作为电极材料,会由于还原分解反应而带来的不可逆容量损失较大。另一种办法是采用超细合金及活性/非活性复合合金体系。超细合金每个颗粒在充放电过程中的绝对体积变化较小,非活性材料起到分散、缓冲介质的作用。理论上应具有好的循环性和较小的容量损失。已经报导的包括 $SnSb_x$、$SnAg_x$、$FeSn_x/FeSnC$、$CuSn_x$、C/Si、nano-Si 等。

至今,用于制备锂电池超细合金材料的主要方法有高能球磨、电化学沉积、水溶液体系共还原法。

作为锂离子电池负极材料研究的新领域,通过研究和制备纳米碳材料、纳米碳基复合材料、纳米碳管、纳米合金以及在碳材料中形成纳米级孔穴与通道,提高锂在这些材料中的嵌入/脱出量,并远远高于 LiC_6 理论比容量(372 mA·h/g),如纳米碳管的比容量可达到 500 mA·h/g 以上,碳硅纳米复合材料的比容量也可达到 500 mA·h/g 以上,并且循环性能良好。

在研究各种纳米材料作为锂离子电池负极材料的过程中,应该注意以下一些实际问题:①获得更高嵌锂量的同时,降低材料的首次不可逆容量,并将其控制在总容量的 10%

以内;②研究和提高材料的体积比容量,使电池容量真正得到提高;③充分考察具有高比表面、高活性的纳米材料的安全性;④符合大生产要求的纳米材料生产及其实际使用方式方法与工艺技术;⑤降低材料的生产和使用成本,使其真正具有实用价值。

负极材料的研究重点将朝着高比容量(特别是体积比容量)、高充放电效率、高循环性能和较低的成本方向发展,实用性负极材料的比容量将突破 LiC_6 理论比容量(372 mA·h/g),低温热解碳、碳(石墨)基复合材料、锡基复合氧化物、锂的过渡金属氮化物以及纳米新材料技术等将成为人们关注和研究的重点,并有望其中一些材料获得突破性进展而在锂离子电池中得到实际使用,同时为锂离子电池在容量方面带来突跃性的发展。此外,含有锂源的负极材料如锂的过渡金属氮化物等研究开发与应用工作值得重视,它将使许多高比容量、低成本的非锂源正极材料得到使用,使锂离子电池的发展更具多样化,更具竞争力,使锂离子电池的使用领域更加广阔。

8.1.3 锂离子电池正极材料

正极活性物质是决定锂离子电池性能的重要因素之一。普遍为电池业接受的正极活性物质主要是层状结构的锂钴氧化物和锂镍氧化物,以及尖晶石结构的锂锰氧化物。它们的性能特点见表 8.2。

表 8.2 锂离子电池 3 种正极材料性能的比较

性　能	$LiCoO_2$	$LiNiO_2$	$LiMn_2O_4$
晶　型	$\alpha - NaFeO_2$ 型	$\alpha - NaFeO_2$ 型	立方晶系
开发程度	已使用	开发中	开发中
合　成	容易	困难	一般
理论比容量/(mA·h·g^{-1})	275	274	148
实际比容量/(mA·h·g^{-1})	130 ~ 140	170 ~ 180	110 ~ 120
密度/(g·cm^{-3})	5.00	4.78	4.28
价格比	3	2	1
特点	性能稳定,体积比能量高,放电平稳,安全性较差	高比容量,热稳定性较差,价格较低,合成困难	低成本,比容量较低,高温循环和存放性能较差,安全性好

锂离子电池由平衡电极电位(相对于 Li/Li^+)不同的材料作为电池的正负极,电极电位较高的材料作为正极材料,电位较低的材料作为负极材料,正负极之间的电位差越大,电池的电动势越高。可以用做锂离子电池的正极材料相对于 Li/Li^+ 的平衡电极电位以及金属锂和嵌锂碳的放电电位如图 8.8 所示。由图可见,锂离子电池所用正极材料主要是锂与过渡金属元素形成的嵌入式化合物,主要有层状 Li_xMO_2 结构和尖晶石型 $Li_xM_2O_4$ 结构的氧化物(其中 M = Co、Ni、Mn、V、Cr、Fe 等过渡族金属)。目前的研究主要集中在锂钴氧化物、锂镍氧化物和锂锰氧化物上,此外,纳米电极材料和其他一些新电极材料的研究也已开展起来。

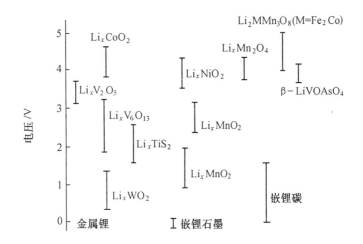

图 8.8　锂离子电池正极材料的平衡电极电位(相对于 Li/Li$^+$)

1. 锂钴氧化物

(1)锂钴氧化物的结构与性能

目前商品化锂离子电池几乎全部采用 $LiCoO_2$ 作为正极材料，具有工作电压高(3.6 V)、放电平稳、适合大电流放电、比能量高、循环性好、制备工艺简单等优点。

锂钴氧化物主要包括层状结构的 $LiCoO_2$ 和尖晶石结构的 $LiCo_2O_4$。$LiCoO_2$ 属六方晶系，其二维层状结构属于 $\alpha - NaFeO_2$ 型，适合锂离子嵌入和脱出。$LiCoO_2$ 的理论放电容量为 274 mA·h/g，实际容量约为140 mA·h/g。

$$LiCoO_2 = Li^+ + CoO_2 + e^- \quad 273.9 \text{ mA·h/g}$$

$LiCoO_2$有如图 8.9 所示的层状六方晶系结构。锂离子有 CoO_2 的层间自由通道。完全放电状态下，锂离子起静电屏蔽作用，使晶体处于稳定状态。充电时，锂离子从 CoO_2 的层间脱嵌，引起 CoO_2 的层间的斥力增加，六方晶

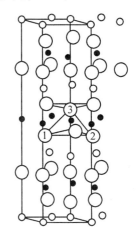

● Co(3b)；○ O(6c)；○ Li(3a)

图 8.9　$LiCoO_2$的晶体结构

体沿 c 轴连续膨胀，因此涉及多次的六方与单斜晶系的转变(表 8.3)。大多数锂钴氧化物的相转变是可逆的，但是，发生在 $Li_{0.4}CoO_2$ 至 $Li_{0.6}CoO_2$ 间的相变化有 c 参数的突变(变化值达 0.4 A)，导致不可逆。

$LiCoO_2$粉末的首次放电曲线，对应于充电曲线，在 3.9 V 左右存在一明显的放电平台，放电容量为 135 mA·h/g，如图 8.10 所示。

(2)锂钴氧化物的合成技术

①高温固相合成技术。一般是以 Li_2CO_3 和 $CoCO_3$ 为原料，按 nLi:nCo(摩尔比)为1:1配制，在 700~900℃下，空气氛围灼烧而成。也有采用复合成型反应生成 $LiCoO_2$ 前驱体，在 350~450℃下进行预处理，再在空气中于 700~850℃下加热，合成之前的预处理工艺也能使晶体的生长更加完美，从而获得具有高结晶度的 $LiCoO_2$，提高了其循环寿命，实际容量可达 150 mA·h/g。

表 8.3 Li_yCoO_2 晶体结构的转变

	变化区	电压	相变化	氧化物中的 y 值
Li_yCoO_2	I	4.0	六方	$0.9 < y < 1.0$
	II	4.0	六方 – 六方	$0.78 < y < 0.9$
	III	4.09	六方	$0.51 < y < 0.78$
	IV	4.2	单斜	$0.46 < y < 0.51$
	V	4.49	六方	$0.22 < y < 0.46$
	VI	4.5	六方 – 单斜	$0.18 < y < 0.22$
	VII	4.6	单斜	$0.15 < y < 0.18$
	VIII	5.0	六方	$0 < y < 0.15$

②低温合成技术。这种低温合成技术相对于高温合成技术而言是指前期的合成温度较低或经软化学处理,后期高温合成所需时间较短而已。包括低温固相合成法、低温熔溶盐法、溶液共混法、喷雾干燥法、沉淀法和溶胶 – 凝胶法(Sol – gel)等。

a.低温固相合成法。将混合好的 Li_2CO_3 和 $CoCO_3$ 在空气中匀速升温至 400℃,保温数日,以生成单相产物。此法合成的 $LiCoO_2$ 具有较为理想的层状中间体和尖晶石型中间体结构。

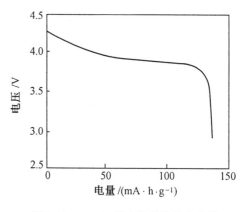

图 8.10 $LiCoO_2$ 粉末的首次放电曲线

b.低温熔溶盐法。用 $0.6LiCl_{0.4}Li_2CO_3$ 的混合物作锂源,兼做助熔剂(该混合物的熔点为 506℃),与 $CoCl_2 \cdot 6H_2O$ 混合研磨后,在 110℃干燥 24 h,550～900℃高温灼烧用蒸馏水和醋酸溶液洗涤高温产物,120℃干燥 2 h。结果发现:以 $nLi:nCo = 1$ 800℃灼烧 24 h 的体系最佳,所得为单一相 $LiCoO_2$。电化学测试表明:首次放电容量超过 150 mA·h/g,实验电池测试循环 40 次后,比容量仍在 110 mA·h/g 以上。

c.溶液共混法。将醋酸钴颗粒加入到醋酸锂溶液中剧烈搅拌,干燥,550℃灼烧 2 h 以上制得 LT $LiCoO_2$ 粉末,与用 Li_2CO_3 和 $CoCO_3$ 为原料,800℃以上灼烧制得的 HT $LiCoO_2$ 相比,LT $LiCoO_2$ 具有较窄的粒度分布(LT $LiCoO_2$ 为 1 μm,HT $LiCoO_2$ 为 5 μm)和较大的比表面积(分别为 13.2 m^2/g 和 0.63 m^2/g)。分别以 C/5、C/2、1C、2C 率放电,LT Li CoO_2 比 HT $LiCoO_2$ 的平均电势低的趋势很明显。

d.喷雾干燥法。以 $nLi:nCo = 1:1$ 的醋酸锂和醋酸钴为原料,并称取一定量的高分子化合物聚乙二醇(PEG),一同加入去离子水中,配制成总浓度为 0.05～1.0 mol/L 的溶液,所得的溶液用气流式喷雾器干燥,采用并流干燥方式。雾化干燥后所得的聚乙二醇与醋酸锂、醋酸钴的混合粉体在 800℃经 4 h 的煅烧即获得 $LiCoO_2$ 超细粉。其粒度分布为

$200 \sim 700$ nm。电化学测试表明:试验电池的首次充放电容量分别为 148 mA·h/g 和 135 mA·h/g,充放电效率为 91.22%。该方法可以在较短的时间内、较低的煅烧温度下和较简单的工艺条件下获得均匀无杂相的 $LiCoO_2$ 超细粉末,并且所得 $LiCoO_2$ 电化学活性优良,所以该法有利于工业化生产。

e. 沉淀法。用醋酸锂($CH_3COOLi \cdot 2H_2O$)、醋酸钴[$Co(CHCOO)_2 \cdot 4H_2O$]为原料,在草酸($H_2C_2O_4 \cdot 2H_2O$)的作用下,溶液中搅拌生成沉淀,并用氨水调 $pH = 6 \sim 7$,干燥后,400℃预热 1 h,850℃焙烧 8 h,装配成实验电池,在 $3.0 \sim 4.2$ V,0.5 mA/cm^2 充放电电流下,首次充电容量为 140 mA·h/g 以上,放电容量为 125 mA·h/g,首次充放电效率为 86.7%,并且放电平台较高。第二次循环时充电容量有所下降(130 mA·h/g),但充放电效率为 96.7%,第二次循环以后,充放电容量基本保持一致,循环 10 次容量仍保持在 120 mA·h/g 以上。

f. 溶胶 – 凝胶(Sol – gel)法。用溶胶 – 凝胶法制备 $LiCoO_2$,一般是先将钴盐溶解,然后用 LiOH 和氨水逐渐调节 pH 值,形成凝胶。该过程 pH 值影响非常大,控制不好一般会形成沉淀,故也有人将该法称为沉淀法或共沉淀法。为了更好地控制粒子的大小及结构的均一性,可加入草酸、酒石酸、柠檬酸、聚丙烯酸等有机酸作为载体,这样可以在较低的温度下、较短的时间内合成出结晶性较好的氧化钴锂,其容量大小和循环性能一般较固相合成的 $LiCoO_2$ 要好,可逆容量可达 150 mA·h/g,10 次循环以后容量还在 140 mA·h/g 以上。但是常规的溶胶 – 凝胶法制备 $LiCoO_2$ 用的 Co 源是可溶性的低价钴盐,同时带有一些具有还原性气氛的阴离子(如 $C_2O_4^{2-}$,$CH_3COO -$ 等),所以合成过程中 Co 的价态难以完全达到 $LiCoO_2$ 所需的价态。采用氧化还原溶胶 – 凝胶(Redoxsol gel)软化学方法完全克服了上述不足。将一定量的 $Co(NO_3)_2 \cdot 6H_2O$、$LiOH \cdot H_2O$ 分别溶于去离子水中,再将适量浓 $NH_2 \cdot H_2O$ 和适量的 H_2O_2 加入 LiOH 溶液中,搅拌混合均匀,在 $Co(NO_3)_2$ 溶液中加入适量乙醇,然后将 LiOH 混合溶液在搅拌下加入上述含 Co (NO_3)$_2$ 的混合溶液中,生成溶胶(Sol)后继续强力搅拌使之成为凝胶(Gel),快速蒸发溶剂和水分,再于 105℃下烘干过夜,成为干凝胶。800℃恒温 2 h 制得的 $LiCoO_2$ 具有较大的比表面积和均匀的粒径分布,平均粒径为 350 nm。电化学测试表明:$LiCoO_2$ 的充放电平台较为平坦,平台电压在 $3.90 \sim 4.15$ V 之间,首次充电容量大于 160 mA·h/g,放电容量达到 157.10 mA·h/g,效率达 97.3%。

2. 锂镍氧化物

(1)锂镍氧化物的结构与性能。锂镍氧化物主要是指 $LiNiO_2$,为 $\alpha - NaFeO_2$ 型菱方层状结构,其中 6c 位上的 O 为立方密堆积,Ni 和 Li 分别处于 3a 位和 3b 位,并且交替占据其八面体空隙,在[111]晶面方向上呈层状排列 (图 8.11)。从电子结构方面来看,由于 Li^+ (ls2) 能级与 O^{2-} (2p6) 能级相差较大,而 Ni^{3+} (3d7) 能级更接近 O^{2-} (2p6)能级,所以 Li – O 间电子云重叠程度小于 Ni – O 间电子云重叠程度,Li – O 键远弱于 Ni – O

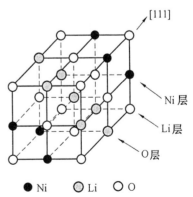

图 8.11 $LiNiO_2$ 的晶体结构

键。在一定条件下,Li^+ 能够在 NiO 层与层之间进行嵌入脱出,使 $LiNiO_2$ 成为理想的锂离子电池嵌基材料。但是,作为实际电极材料的 $LiNiO_2$ 存在易生成非计量比产物,导致第一次循环容量损失;充放电过程包含多次相变,导致电极容量衰退快;高脱锂状态下热稳定性差,带来安全性问题等实用化困难。

$LiNiO_2$ 的理论容量为 274 $mA \cdot h/g$,实际容量可达 190 ~ 210 $mA \cdot h/g$,工作电压范围为 2.5 ~ 4.1 V,不存在过充电和过放电的限制,具有较好的高温稳定性,自放电率低,无污染,和多种电解液有良好的相容性,是一种很有前途的锂离子电池正极材料。

$LiNiO_2$ 作为锂离子电池正极材料也存在不足之处,首先 $LiNiO_2$ 制备困难,要求在富氧气氛下合成,工艺条件控制要求较高且易生成非计量比产物。通常在制备三方晶系的 $LiNiO_2$ 时容易产生立方晶系的 $LiNiO_2$,由于在非水电解质溶液中,立方晶系的 $LiNiO_2$ 无电化学活性,所以在制备时若掺杂有立方晶系的 $LiNiO_2$ 会导致材料电性能变差。其次,$LiNiO_2$ 在充放电过程中,同 $Li_{1-x}CoO_2$ 一样,也会发生从三方晶系到单斜晶系的相变,导致电极容量衰退快,在分解为电化学活性较差的 $Li_{1-x}Ni_{1+x}O_2$ 时,排放的 O_2 可能与电解液反应,使安全性较差,而且 $LiNiO_2$ 在高脱锂状态下热稳定性也较差。另外,$LiNiO_2$ 的工作电压为 3.3 V 左右,与 $LiCoO_2$ 的 3.6 V 相比较低,可逆循环性能较差且 Ni 有较弱的毒性,这些都使 $LiNiO_2$ 的应用受到限制。

(2)产物非计量比与第一次循环容量损失。研究表明,成产物的非计量比是导致 $LiNiO_2$ 电极第一次循环容量损失的主要原因。非计量比 $LiNiO_2$ 主要体现为锂、镍离子的错位及缺锂富镍状态。由 XRD 精化(Rietveld refinement)可确认 $LiNiO_2$ 合成产物 Li^+ 位上存在 Ni^{2+};而中子衍射实验证明 Li^+ 不在 Ni^{3+} 位。为了维持 Ni^{2+} 进入 Li – O 层后体系的电中性平衡,原 Ni – O 层中也必然有等量的 Ni^{2+} 存在,所以非计量比产物可表示为 $[Li_{1-y}^+ Ni_y^{2+}]3b[Ni_{1-y}^{3+}Ni_y^{2+}]3aO_2$。非计量比 $Li_{1-y}Ni_{1+y}O_2$ 层间 Ni^{2+} 在脱锂后期将被氧化成离子半径更小的 Ni^{3+},造成该离子附近结构的塌陷,在随后的嵌锂过程中,Li^+ 将难于嵌入已塌陷的位置上,从而造成嵌锂量减少,致使第一次循环容量损失。但有人认为层间和层中 Ni^{2+} 应在脱锂前期同时发生氧化,而且层间 Ni^{2+} 周围的 Li^+ 会优先脱出,容量损失主要发生在第一次循环脱锂前期。另外,如果脱锂充电过程到高电压,生成高脱锂产物,那么此时 Ni – O 层结构将由数量占大多数而半径较小的 Ni^{4+} 决定,同时具有 Jahn – Teller 效应的少量 Ni^{3+} 将通过四面体空隙转移到 Li^+ 空位,起到稳定整个结构的作用,从而也造成更大的容量损失。由此可见,合成产物非计量比偏移值越大,电极第一次循环容量损失和高电压下充电容量损失越大。因此,合成尽可能接近计量比的产物成为 $LiNiO_2$ 研究的首要环节。

(3)结构相变与嵌脱过程不可逆性。理想的嵌基材料要求嵌入脱出过程前后其结构变化不大而且可逆。然而实际材料往往难于完全达到这一要求。特别是氧化物材料,由于保持稳定有序相结构的是离子键的静电作用力,离子在其中进行嵌入脱出必然发生结构的变化。$LiNiO_2$ 也不例外,在 Li^+ 的嵌入脱出过程中发生一系列结构相变,如表 8.4 所示。T. Ohzuku 等人详细研究了这一过程,并将其分为四个阶段,图 8.12 是 C/100 下 Li_xNiO_2 充放电曲线及其相应的微分曲线。他们认为 Li_xNiO_2 的充放电过程主要经历以下几个相变阶段。

① $1.00 > x > 0.75$ 区间。Li_xNiO_2 为菱面体相 R1（rhombohedral phase），相应的微分曲线存在两对峰，说明虽然晶型未变，但微观结构正在发生变化。

表 8.4　$LiNiO_2$ 的结构变化

锂氧化物	变化区	电压/V	相变化	氧化物中的 y 值
Li_yNiO_2	I	3.65	三角	$0.75 < y < 1$
	II	3.88	单斜	$0.45 < y < 0.75$
	III	4.15	三角	$0.25 < y < 0.45$
	IV	4.21	三角	$0 < y < 0.25$

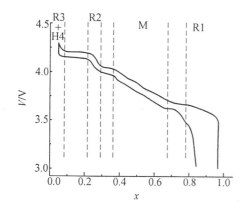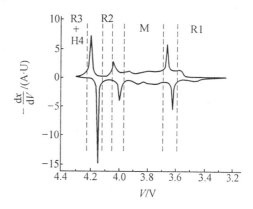

图 8.12　$LiNiO_2$ 的充放电曲线及其微分曲线

② $0.75 > x > 0.45$ 区间。Li_xNiO_2 转变为单斜晶相 M（Monoclinic phase），其微分曲线也存在两对峰，但峰强较弱，表明此区间微观结构相对稳定。

③ $0.45 > x > 0.25$ 区间。Li_xNiO_2 重新转变成一个新的菱面体相 R2，微分曲线有一对较强的峰显示出这一相变过程。

④ $0.25 > x > 0.00$ 区间。Li_xNiO_2 先是出现一个新的菱面体相 R3，继而出现六方相 H4（Hexagonal phase）。H4 相是 NiO_2，为 O_1 型堆积（六方密堆积 ABAB…），与 $LiNiO_2$ 的 O_3 型堆积（立方密堆积 ABCABC…）相比，结构已发生较大变化。微分曲线显示出一对较强的不对称峰。可知，此区间的相变过程是不可逆的。

实际上，图中相变区域的划分并没有如上那么绝对，而是在相与相之间存在一个过渡区，在充放电曲线上表现为一段电压平台，在微分曲线上表现为一对相变峰。

$LiNiO_2$ 嵌入脱出过程的多次相变对电极性能有重要影响。相变过程的结构变化降低了电极长期循环的稳定性，导致容量衰减和寿命缩短。充电后期相变的不可逆性，要求电极充电过程必须控制在 4.1 V 以下，这就将 $LiNiO_2$ 的比容量限制在约 200 mA·h/g（约 $0.75Li^+$）。如果充电电压超过 4.1 V，将产生不可逆容量损失。实验证明当充电至 4.8 V 时，将生成组成为 $Li_{0.06}NiO_2$ 的产物，其每次循环的不可逆容量损失高达 40~50 mA·h/g，数次循环后即完全失效。

电子衍射实验表明 Li_xNiO_2 中存在着因锂离子/空位有序化(lithium/vacancy ordering)而形成的超晶格结构。正是由于这种超晶格结构随 Li^+ 的脱出和缺陷的增加而发生重排,晶体点阵类型才发生从 R1 →M →R2 →R3 的变化要抑制这种锂离子/空位的有序化重排有两种途径:a. 在锂位掺入其他离子,造成锂层自身的无序化。如在 Li^+ 位存在 Ni^{2+} 的非计量比 $Li_{1-x}Ni_{1+x}O_2$,当 $x \geqslant 0.06$ 时,其放电过程将不出现单斜相;b. 在镍位掺入其他离子,通过镍层的无序化影响锂层的有序化。如掺入 15% 的 Mg^{2+} 后相变几乎消失。由此可见,掺杂改性是抑制 $LiNiO_2$ 嵌入脱出过程结构相变,提高电极性能的重要途径。

(4)热稳定性与安全性。安全性一直是阻碍锂电池发展的重要因素。随着锂离子电池的出现和安全保护措施的加强,才驱除笼罩在锂电池上的这片"阴影"。但是在特殊条件下,以嵌基材料为电极的锂离子电池仍然存在一定的安全隐患,这与嵌基材料的热稳定性有重要关系。比较在同一条件下(电解液为 PC/EC/DMC (1/1/3) + LiPF6 (1M))充电至 4.2 V (vs. Li/Li^+)的 $LiCoO_2$、$LiNiO_2$ 和 $LiMn_2O_4$ 正极材料的 DSC 曲线可知,其热分解温度依次为 $LiMn_2O_4 > LiCoO_2 > LiNiO_2$,放热效应依次 $LiNiO_2 > LiCoO_2 > LiMn_2O_4$。亦即在这三种研究最多的正极材料中,$LiNiO_2$ 的热稳定性问题尤为突出。$LiNiO_2$ 热稳定性差的原因在于高脱锂状态下,即充电过程后期,Ni^{3+} 被氧化成 Ni^{4+},而 Ni^{4+} 氧化性特别强,不仅氧化分解电解质,腐蚀集流体,放出热量和气体,而且自身不稳定,在一定温度下容易放热分解并析出 O_2。当热量和气体聚集到一定程度,就可能发生爆炸,使整个电池体系遭到破坏。因此,提高材料的热稳定性是 $LiNiO_2$ 安全性研究的主要内容。$LiNiO_2$ 热稳定性与充电状态有关,DSC 曲线显示随充电电压的升高,$LiNiO_2$ 的热分解温度相应降低,但放热峰升高;此外,还与电解液的耐氧化能力有关。

(5)掺杂改性研究。如前所述,由于 $LiNiO_2$ 本身存在合成困难,结构相变和热稳定性差等而难于实用化,这些问题的根源都与 $LiNiO_2$ 的内在结构有关。只有通过外来元素的参与,改变或修饰 $LiNiO_2$ 的结构,才是实现 $LiNiO_2$ 作为锂离子电池正极材料的最有效途径。

至今为止,掺杂改性研究已经考察了几乎遍及半个周期表的元素,包括 Na、Ca、Mg、Al、ZnB、F、S;Co、Mn、Ti、V、Cr、Cu、Cd、Sn、Ga、Fe……其中 Co 的掺杂研究较早较多也较成功,研究表明 $LiNi_{1-y}Co_yO_2$($y = 0.1 \sim 0.2$) 既改善了 $LiNiO_2$ 的缺点,又体现出比 $LiCoO_2$ 更好的性能,比容量能达到 180 mA·h/g,如能进一步改善其循环寿命,将成为最有希望取代 Li_2CoO_2 并得到广泛应用的正极材料。单组分掺杂研究主要从元素的种类,掺杂量,固溶体形成,掺杂方法等角度来考察掺杂后的电化学性能。掺杂效应主要表现在如下方面。

① 提高高脱锂状态下的热稳定性及其安全性。实验表明一些元素的掺杂能够提高 $LiNiO_2$ 的热稳定性。未掺杂 Li_xNiO_2($x \leqslant 0.3$) 热分解温度约为 200 ℃,而掺 15% Mg 的为 224℃,掺 20%Co 的为 220 ℃,掺 20%Co + 10%Al 的为 230 ℃,掺 Ti + Mg 后甚至达到 400 ℃,并且释放的热量大幅度减小。文献认为未掺杂 $LiNiO_2$ 在充电后期相变至六方相阶段先后经历晶格参数各异的 3 种六方相形态(H1,H2,H3),其中 H3 发生不可逆的层间距萎缩,而 $LiMg_{0.125}Ti_{0.125}Ni_{0.75}O_2$ 在同样条件下不出现 H3,因此抑制 H3 的生成能提高热稳定性。

② 减小容量损失,提高循环可逆性。C. Delmas 等认为掺杂元素的作用与其在 $LiNiO_2$ 结构中的位置有关。磁性研究证明掺杂离子 Co^{3+}、Al^{3+}、Fe^{3+} 位于 Ni－O 层,由于离子半径、价态的不同,对非计量比化合物中 Ni^{2+} 含量的影响也不同,掺 Co^{3+} 将减少 Ni^{2+} 含量,掺 Al^{3+}、Fe^{3+} 将增加 Ni^{2+} 含量;而掺杂离子 Mg^{2+} 处于 Li－O 层,取代非计量比化合物 Li－O 层中的 Ni^{2+},起到支撑作用,从而避免在充电后期出现结构塌陷,造成不可逆容量损失。

此外,外来元素的掺入能阻止 Li^+/空位的有序化重排,抑制结构相变的发生,提高循环可逆性。比较 Li_xNiO_2,$Li_xNi_{0.9}Fe_{0.1}O_2$,$Li_xNi_{0.9}Mg_{0.1}O_2$ 的充放电曲线及其微分曲线,可看到掺杂后结构相变几乎消失。从充放电前后体积的变化也可以看出掺杂对结构相变的抑制,$LiNi_{0.87}Mg_{0.13}O_2$ 充电至 $Li_{0.3}Ni_{0.87}Mg_{0.13}O_2$,体积变化为 1.83 %,而同等条件下 $LiNiO_2$ 的体积变化为 2.87 %。

③ 提高充放电电压。掺入外来元素能改变本体材料的电极电势,根源在于电子能级的变化。G. Ceder 等通过从头计算(ab initio)和第一性原理计算(first principle)等理论研究,认为决定充放电电压的是氧离子参与电子交换的程度。当掺杂离子为不含 d 轨道的 Al^{3+} 时,氧离子参与电子交换的程度将增加,充放电电压也同时升高。L. A. Montoro 等人通过 XAS 实验研究了 $LiNi_{0.5}Co_{0.5}O_2$ 的电子结构及其变化,认为 Li^+ 的嵌脱过程除引起 Ni 价态的变化外,还会导致 O 价态的变化。这些观点与传统上认为充放电电压只由过渡金属离子价态变化来决定的有差异,值得进一步研究和论证。

④ 改善大倍率充放电能力。锂镍氧化物的大倍率充放电能力部分取决于材料中 Li^+ 的化学扩散系数和电子的电导率。Co^{3+}、Al^{3+} 的掺杂能够稳定 $LiNiO_2$ 的 2D 层状结构,有利于 Li^+ 的扩散,Fe^{3+} 的掺杂倾向于 3D 结构的形成,不利于 Li^+ 的扩散。$LiNiO_2$ 中 Ni^{3+} 电子排布为 $t_{2g}^6 e_g^1$,电子导电性比 $LiCoO_2$(Co^{3+}：t_{2gg}^{6e0})强,因此要提高 $LiNiO_2$ 的导电性,掺杂元素也必须具有孤对电子。Co^{3+} 的掺杂提高 $LiNiO_2$ 的导电性是因为 Co^{3+} 先氧化成具有孤对电子的 Co^{4+}。此外,导电性还与掺杂后缺陷的分布状况有关。

⑤ 对比容量的影响。从理论上讲,外来元素的掺入对 $LiNiO_2$ 比容量的影响主要与掺入元素的价态高低、价态是否可变以及原子量大小有关。价态不变元素(如 Mg^{2+},Al^{3+} 等)的掺杂将限制 Li^+ 的脱出,减低比容量;低价元素(如 Mg^{2+})的掺杂要求部分 Ni^{3+} 氧化到 Ni^{4+},减小电子转移数,而高价元素(如 Ti^{4+})的掺杂要求部分 Ni^{3+} 还原到 Ni^{2+},增大电子转移数;比 Ni 原子轻的元素(如 Mg,Al 等)掺杂有利于比容量的提高。凡此等等,除了考虑掺杂元素对结构和性能的影响外,选择掺杂元素时还应尽量选取价态可变,质量轻,价格便宜的高价态元素离子。

以上表明通过掺杂改性可以改善 $LiNiO_2$ 的性能,但不同元素具有不同的掺杂效应,单一组分的掺杂有利也有弊,只有结合多种元素的掺杂作用,扬长避短,才能全面提高 $LiNiO_2$ 的整体性能。

(6)合成方法的研究。$LiNiO_2$ 通常是用高温固相反应合成,以 $LiOH$、$LiNO_3$、Li_2O、Li_2CO_3 等锂盐和 $Ni(OH)_2$、$NiNO_3$、NiO 等镍盐为原料,Ni 与 Li 的摩尔比为 $1:1.1 \sim 1:1.5$,将反应物混合均匀后,压制成片或丸,在 $650 \sim 850$ ℃下富氧气氛中煅烧 $5 \sim 16$ h 制得。

此高温固相反应易生成非计量比产物,产物的重现性和一致性差,这是 $LiNiO_2$ 应用受到限制的主要原因。因而,如何改进合成方法,获得性能优良的 $LiNiO_2$ 已成为研究此种材料的关键。

出现上述非计量比产物的原因主要有:① 在高温合成条件下,锂盐容易挥发而导致锂缺陷产生;② 从 Ni^{2+} 氧化到 Ni^{3+} 存在较大的势垒其氧化难于完全;③高温下,$LiNiO_2$ 易发生相变和分解反应,比如在空气中超过 720 ℃,$LiNiO_2$ 即开始从六方相向立方相转变,这种发生大量锂镍置换(displace)的立方相没有电化学活性,且其逆过程很慢而不完全。针对这些因素,采用一系列优化措施可促进接近计量比的 $LiNiO_2$ 产物的合成。如在反应物中加入过量锂盐,可弥补 Li_2O 挥发造成的影响;在反应物中加入易分解的氧化剂成分(如 NO^{3-} 等),在氧气氛中进行反应以抑制分解,促进 Ni^{2+} 氧化成 Ni^{3+} 或者干脆先对 Ni^{2+} 进行预氧化处理,都能有效地减小合成产物中 Ni^{2+} 的含量;高温固相反应在 650 ℃以下产物不纯,在空气中 720 ℃以上将发生不完全可逆相变,超过 850 ℃将分解成 NiO,因此合成温度宜根据氧气压力的大小控制在 700 ℃左右。通过这些优化措施,目前可以制备出 $z = 1\% \sim 2\%$ 的 $Li_{1-z}Ni_{1+z}O_2$ 产物,但完全满足计量比的产物仍难以合成。

合成方法的研究还包括对产物均一性和产物颗粒大小与形貌的表征。产物中尤其是掺杂型产物中元素分布不均一将对性能产生不良影响,采用提高温度、增加反应时间可以使产物趋向均一,但会助长非计量比产物的生成,最佳的方法是采用预混匀处理即利用共沉淀(co - precipitation)或溶胶凝胶(sol - gel)方法,在反应前使各元素离子混合均匀。以往研究表明,产物颗粒大小与形貌对电极性能有很大影响,但目前有关文献这方面的研究仍较少,有待加强。此外,传统的固相反应因高温,长时耗而造成操作不便,成本增长,因此需要探索其他新的低温液相合成方法。以下列出了传统高温固相合成方法存在的问题及其相应对策。

存在问题	相应对策
① 难于生成计量比产物	① 加入过量锂盐
● Li 挥发	② 增加氧化剂成分(NO_3^- 等)
● Ni^{2+} 难氧化	● 在氧气氛下反应
● 高温相变与分解	● 预氧化处理(NiOOH)
	● 适宜反应温度(约 700 ℃)
② 产物元素分布的均一性	● 预混匀处理(sol - gel,共沉积)
③ 产物颗粒大小形貌的差异	● 控制反应温度和时间
④ 高温,长时耗缺点	⑧ 采取液相合成等新方法

综合以上考虑,目前 $LiNiO_2$ 合成方法主要有两大类。一是改进型的高温固相反应,如 sol - gel 预处理法:采用柠檬酸、己二酸、丙烯酸等为螯合剂,与镍、锂或其他掺杂元素的硝酸盐或醋酸盐溶液混合形成溶胶,加热挥发形成凝胶,再将干燥后的凝胶作为前驱体,结合为防止非计量比产物出现的各种措施,高温固相合成 $LiNiO_2$。这一方法有效保证了产物的均一性,更重要的是大大缩短了反应时间,也有利于接近计量比产物的生成,成为目前广泛采用的实验方法,而且在工业生产上也不难实现。第二类是完全撇开传统合成的

新方法,如预氧化离子交换法:先用 $Na_2S_2O_8$ 将 $Ni(OH)_2$ 氧化成 $NiOOH$,再于水热合成条件下令 Li^+/H^+ 发生离子交换反应,最终得到 $LiNiO_2$ 产物。这种方法克服了传统方法的高温长时耗缺点,但 $NiOOH$ 存在两种不同晶型的差异,氧化剂残余物 SO_4^{2-} 以及产物中少量残余水的存在,都对该方法合成的产物性能造成很大影响,所以新方法还有待于继续探索。

综上,锂镍氧化物具有容量高,价格适中等优势,适宜作为锂离子电池的正极材料应用于从手机电池到电动车电池的广泛领域中。但其存在的合成困难,结构不稳定和热稳定性差等问题,而阻碍了其实用化。通过深入研究 $LiNiO_2$ 的结构和性能之间的内在联系,目前已经能够分析出这些问题产生的根源,并由此找到解决问题的各种措施。一方面,通过优化合成条件,改进合成方法,可以合成接近理论计量比并且一致性较好的产物,但传统固相合成方法存在的高温,长时耗,高能耗等缺点要求进一步开发简便经济的新方法。另一方面,通过单组分掺杂改性可以从不同角度提高 $LiNiO_2$ 的性能,但要全面提高 $LiNiO_2$ 的整体性能,还有赖于多组分掺杂。同时在目前广泛考察单组分掺杂效应的基础上,深入探索其产生的微观原因,才能为多组分掺杂建立可靠的选择依据。这将是今后锂镍氧化物研究的重点和难点。总之,锂镍氧化物研究已经取得很大进展,并重新引起研究人员和生产厂家的广泛重视,在进一步改善和提高其性能尤其是安全性之后,掺杂型锂镍氧化物将走向实用化。

3. 尖晶石 $LiMn_2O_4$ 正极材料

(1)尖晶石 $LiMn_2O_4$ 正极材料的结构与性能。尖晶石型 $Li_xMn_2O_4$,其中氧原子(O)为面心立方密堆积,锰原子(Mn)交替位于氧原子密堆积的八面体的间隙位置,其中 Mn_2O_4 骨架构成一个有利于 Li^+ 扩散的四面体与八面体共面的三维网络。锂离子(Li^+)可以直接嵌入由氧原子构成的四面体间隙位,故其结构可表示为 $Li_{8a}[Mn_2]16dO_4$,即锂(Li)占据四面体(8a)位置,锰(Mn)占据八面体(16d)位置,氧(O)占据面心立方(32e)位。由于尖晶石结构晶胞边长是普通面心结构(fcc 型)的 2 倍,因此,一个尖晶石结构的晶胞可以看作是一个复杂的立方结构,包含 8 个普通的面心立方晶胞(fcc 型),即一个尖晶石晶胞有 32 个氧原子,16 个锰原子占据 32 个八面体间隙位(16d)的一半,另一半(16c)位则是空着的,锂占据了 64 个四面体间隙位(8a)的 1/8,因此,锂离子(Li^+)可以通过空着的相邻四面体和八面体间隙沿 8a - 16c - 8a 的通道在 Mn_2O_4 三维网络结构中嵌入 - 脱嵌。尽管 $LiMn_2O_4$ 晶体中 Mn 与 O 以较强的共价键构成 Mn_2O_4 立体网,但是 Li^+ 完全离子化,故 Li^+ 可直接出入晶体。电极在充电时,Li^+ 从 8a 位置脱出,$n(Mn^{3+})/n(Mn^{4+})$ 比变小,$LiMn_2O_4$ 最后变成 $\lambda - MnO_2$,只留下 $[Mn_2]16dO_4$ 稳定的尖晶石骨架。放电时,在静电力作用下嵌入的 Li^+ 首先进入势能低的 8a 空位,发生如下转变

$$[\ ]8a[Mn_2^{4+}]16d[O_4^{2-}]32e + Li^+ + e \longrightarrow [Li^+]8a[Mn^{4+}Mn^{3+}]16d[O_4^{2-}]32e$$

在尖晶石 $Li_xMn_2O_4(0 \leq x \leq 2)$ 中,当 $x = 1$ 时,为 $LiMn_2O_4$;当 $x = 0$ 时,为 $\lambda - MnO_2$;当 $0 \leq x \leq 1$ 时,$Li/Li_xMn_2O_4$ 电池为 4 V 级放电,电压平台 4.15 V,电极循环性好,在充放电过程中,晶体各向同性膨胀和收缩,立方尖晶石网络骨架 $[Mn_2]16dO_4$ 保持不变。$Li_xMn_2O_4$ 用做 4 V 电池的理论放电容量为 148 $mA \cdot h/g$,但实际放电容量只有 120 $mA \cdot h/g$ 左右,而且在实际电压下,由于锂离子很难完全脱嵌困难和电解质的溶解,因此实际放

电容量一般在 120 mA·h/g 以下。当 $1 < x \leqslant 2$，$Li/Li_xMn_2O_4$ 电池为 3 V 级放电，电压平台 2.95 V，Li^+ 通过两相反应嵌入到 3 V 的 $Li_xMn_2O_4$ 中，此时锰离子的平均价态低于 3.5 V，发生强烈的 Jahn - Teller 扭曲导致晶胞畸变与破坏，立方晶系的 $LiMn_2O_4$ 转变为四方晶系的 $Li_2Mn_2O_4$，锂离子占据了原来空的八面体位置，由于尖晶石的脱嵌锂过程不可逆，因而循环性能变差。Li^+ 在尖晶石 $LiMn_2O_4$ 中的插入—脱出分两步进行，表现在循环伏安图中，有两对明显的氧化还原峰 3.95 V 和 4.05 V（相对于 Li^+/Li），电位差大约为 100 mV。

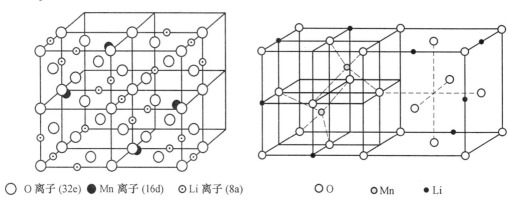

○ O 离子 (32e)	● Mn 离子 (16d)	◉ Li 离子 (8a)	○○ O ◉ Mn ● Li

图 8.13 $LiMn_2O_4$ 结构图   图 8.14 $LiMn_2O_4$ 的结构单元图

表 8.5 $LiMn_2O_4$ 的结构变化

锂氧化物	变化区	电压/V	相变化	氧化物中的 y 值
$Li_yMn_2O_4$	I	2.96	四方 - 立方	$1.0 < y < 2.0$
	II	3.94	立方	$0.6 < y < 1.0$
	III	4.11	立方 - 立方	$0.27 < y < 0.6$

(2)尖晶石 $LiMn_2O_4$ 的合成方法。$LiMn_2O_4$ 由于易在煅烧过程中失去氧而转变成电化学性能差的缺氧化合物，因此不容易制备高容量的 $LiMn_2O_4$。目前制备方法有高温固相法、融盐浸渍法、共沉淀法、Pechini 法、电化学法、喷雾干燥法、溶胶 - 凝胶法等软化学方法。目前尖晶石 $LiMn_2O_4$ 的合成方法主要是高温固相反应法和溶胶 - 凝胶法，探索新的合成方法和掺杂其他金属离子来提高电极充放电容量及循环性能是今后锂锰氧化物的研究趋势。

传统的高温固相反应制备 $LiMn_2O_4$ 是将 $LiOH·H_2O$、Li_2CO_3 或 $LiNO_3$ 与 Mn_2O_3 或电解 MnO_2 混合均匀，在富氧气氛下，600～850 ℃煅烧 8～15 h 制得。合成时控制升温速率和降温速率可以使晶粒均匀，粒径较大，晶体隧道宽阔畅通。高温固相反应操作简单、易于工业化应用，但是所需反应温度高、能耗大，而且合成的材料颗粒大、均匀性差、比容量低，因而近年来固相合成法又有了新的发展和延伸。刘韩星等将制备陶瓷材料的微波烧结方法应用在锂离子电池正极材料的制备上。他们以 Li_2CO_3 和 EMD 为原料，在微波场中,短时间内合成的产物主要是 $LiMn_2O_4$ 尖晶石,电性能优良。由于微波烧结法可以通过微波直接作用,在材料内部进行加热,因此所需烧结时间短、易于进行工业化生产,但合成的材料颗粒较大、形貌较差。最近,又发展起来一种新的合成方法———固相配位反应法,这种方法首先在室温或低温下制备能在较低温度下分解的固相金属配合物,然后将此配合物在一定温度下进行热分解,得到产物粉体。康慨等首次采用固相配位法以 $LiNO_3$、$Mn(CH_3COO)_2·4H_2O$ 和柠檬酸为原料合成了 $LiMn_2O_4$ 超细粉末,材料的电性能明显优于传统的高温固相反应合成的 $LiMn_2O_4$。固相配位法操作简单、所需反应温度低、反应时间也较短,是一种很有应用前景的方法。

Pechini 法是应用某些弱酸和某些阳离子形成的螯合物可以与多羟基酸聚合形成固体聚合物树脂的原理而发展起来的一种合成方法。由于 Pechini 法可以实现材料在分子级水平的混合,因而所需反应温度低,合成的材料均匀性好,形貌较规整。W. Liu 等用 Pechini 法以 $LiNO_3$、$Mn(NO_3)_2$ 和柠檬酸为原料,Li 与 Mn 物质的量比为 1:2,经酯化反应、真空干燥、800 ℃煅烧、球磨粉碎等工艺制得电性能优良的尖晶石 $LiMn_2O_4$。

溶胶 – 凝胶法是利用水溶液中某些有机物的官能团可以与阳离子络合,实现原料在原子级水平上的均匀混合得到溶胶,然后在一定温度下将溶胶干燥得到凝胶,再将凝胶在特定温度下煅烧即可得到所需材料。由于溶胶 – 凝胶法所需合成温度低,煅烧时间短,合成的材料粒度小,形貌规整,因而是目前一种较好的制备超细粉末材料的方法。近年来,针对传统溶胶 – 凝胶法工艺复杂、成本高的特点,许多学者通过改进又发展了一些新的溶胶 – 凝胶方法,主要有醇盐热解法、柠檬酸络合法、甘氨酸络合法、高分子聚合物络合法、多羟基酸络合法等。刘培松等用柠檬酸络合法,以 $Mn(CH_3COO)_2·4H_2O$、$LiNO_3$ 和柠檬酸为原料,于 750 ℃下煅烧凝胶,得到 $LiMn_2O_4$,其首次充放电容量达到 120 mA·h/g,循环 50 次后,其放电容量为 115 mA·h/g,实验结果表明焙烧温度和 Li/Mn 比是影响材料电化学性能的主要因素。

目前,将几种合成方法结合起来使用,充分利用各种合成方法的优点是一种新的发展趋势。杨书廷等就以 Li_2CO_3 和 $Mn(NO_3)_2$ 为原料,先以聚丙烯酰胺为高分子络合剂制成前驱体,再用微波加热技术合成 $LiMn_2O_4$ 材料,充分利用了将高分子网络作为载体骨架和微波快速合成的优点。

实验证明,制备方法、Li/Mn 配比、煅烧温度等都对 $Li_xMn_2O_4$ 的结构和电性能影响很大。一般而言,材料的结晶性好、颗粒分散均匀、粒径小、比表面积大有助于改善电性能,而且产物的组成越接近 $Li_xMn_2O_4$ 的化学计量比,可逆比容量越高,循环性能也越好。在特定的煅烧温度之上或之下会分别生成"贫氧"或"富氧"尖晶石型 $LiMn_2O_4 ± δ$(当 $δ > 4$ 时,为"富氧"尖晶石;当 $δ < 0$ 时,为"贫氧"尖晶石),可逆容量都有不同程度的降低。

(3)尖晶石型 $LiMn_2O_4$ 的改性与修饰。$LiMn_2O_4$ 用做 4 V 电极材料比较稳定,但容量衰减严重,这可能是由于电解质溶液高温下容易分解;$LiMn_2O_4$ 在充放电循环中晶体结构容易被破坏,Mn^{3+} 发生歧化反应,生成的 Mn^{2+} 溶解到电解质溶液中,导致 $LiMn_2O_4$ 中 Mn 含量减小;深度放电时产生 Jahn – Teller 效应等原因造成的。提高 $LiMn_2O_4$ 的充放电容量和循环稳定性是目前研究的重点,有研究表明,如果尖晶石电极的组成在 4 V 平台放电末端还能保持 Mn 的平均价态略高于 3.5,就能抑制Jahn – Teller扭曲发生。通常采取两种方法来达到这一目的:一是掺杂改性;二是采用新的合成技术控制材料的结构和粒径或者对电极表面进行修饰。

a. 掺杂改性。目前在提高 $LiMn_2O_4$ 电性能的方法中,掺杂是最常见、最有效的改性方法,掺杂是指引入其他半径和价态与 Mn 相近的金属离子(如 Co、Ni、Cr、Zn、Mg 等)或加入过量的锂来稳定 $LiMn_2O_4$ 的尖晶石结构,防止 Li^+ 脱嵌后引起的晶格畸变,抑制 Jahn – Teller 效应,提高容量和寿命。

$LiMn_2O_4$ 掺钴形成的尖晶石化合物 $LiCo_yMn_{2-y}O_4$ 粒子大、比表面积小、自放电小、在充放电过程中体积变化小,结构不易遭到破坏,因而循环性能有所提高,可以用做 4 V 或 3 V 级锂离子二次电池的正极材料。合成的 $Li_{2/3}Co_{0.157}Mn_{3.166}O_4$ 在 2.3 ~ 4.3 V 之间充放电,循环 100 次后,容量仍为 110 mA·h/g;或者将锂锰氧化物和锂钴氧化物共混,制成共混电极也可以提高电极的可逆性。

Ni 的掺杂能够稳定尖晶石结构的八面体位置,使锂离子在其中的嵌入 – 脱出过程对结构的破坏相对降低,从而增强循环稳定性。但 Ni 的掺杂同时会使首次放电容量减小,且减小的程度随 Ni 的增加而增大。用溶胶 – 凝胶法制备的掺少量 Ni 的 $Li_{1+x}Ni_{0.5}Mn_{1.5}O_4$ 比容量可达 130 mA·h/g,只有一个 4 V 的电压平台,循环性好,在充放电时,尖晶石结构保持不变。

Cr 的掺杂可以改变 $LiMn_2O_4$ 中 3 价阳离子的 d 电子结构,使晶胞收缩,可以有效抑制 Jahn – Teller 效应。制备的 $LiCr_xMn_{2-x}O_4$ 复合氧化物,当 $0 < x \leq 1.25$ 时,类似于 $\lambda - Li_2Mn_2O_4$,$Li_2Cr_{0.5}Mn_{1.5}O_4$ 在 1.5 ~ 4.0 V 之间充放电时,容量比 $LiCoO_2$ 还高。但是,随着 Cr 量的增加,容量会下降,甚至会下降的比较多。最佳组分为 16% 的 Mn^{3+} 被 Cr^{3+} 取代,初始容量只下降 5 ~ 10 mA·h/g,而循环性能有明显提高,100 次循环后容量还可达 110 mA·h/g。

在尖晶石 $LiMn_2O_4$ 中引入 Zn 和 Mg 也可以提高循环性能。采用固相反应制得 $LiZn_{0.25}Mn_{1.75}O_4$,循环 20 次后容量还可保持在 102 mA·h/g。在 $LiMn_2O_4$ 中引入 Mg 合成的材料循环性好,在 20 次循环后,容量还有 100 mA·h/g 以上。在尖晶石 $LiMn_2O_4$ 中引入 Cu 合成的材料循环性好,但容量较低,可以用于新型的 5 V 电池的电极材料。在尖晶石中引入 Al 的摩尔分数小于等于 5 % 时,材料循环性能有明显提高,30 次之内基本无衰减,但容量却比较低。在 $LiMn_2O_4$ 中引入 Ti 和 Fe,都会增强 Jahn – Teller 效应,导致物理性能退化,容量衰减快。另外,铁还有可能催化电解质的分解。

总之,掺杂元素要想改善尖晶石 $LiMn_2O_4$ 的循环性能,必须能够稳定其尖晶石结构,使其在充放电过程中保持良好的稳定性能,但有些元素的引入会导致材料的容量下降过多,而且掺杂元素种类、形态和掺杂工艺的选择都对掺杂效果有很大的影响,目前还没有行之有效的方法可以在稳定结构的同时,提高循环容量,相比较之下,Co、Ni、Cr 的掺杂有明显优势。有人采用类溶胶 – 凝胶法,分别制备了掺杂 Co、Ni、Cr 的样品。实验结果表明:Co 的掺杂可以稳定 $LiMn_2O_4$ 的结构,而不会导致容量下降;Ni、Cr 的掺杂虽然可以起到稳定结构的作用,但却会使材料的容量减小,尤其是 Cr 的掺杂会导致容量下降过多,经过掺杂改性,样品的循环稳定性要明显优于未改性的样品,其中 Co 的掺杂效果最好。借助掺杂的思想，在 Li 位引入过量的锂，也可以提高 Mn 的平均价态，从而抑制 Jahn - Teller 效应。研究发现"富锂"或"富氧"非化学计量尖晶石型 $Li_{1+x}Mn_yO_{4+y}$ $(x \geqslant 0, y \geqslant 0)$ 在高温下相对稳定，循环性能较好。在富锂尖晶石型 $Li_4Mn_5O_9$ 中，由于掺了过量 Li，八面体晶格 16c 位置上的 Li 增多，增强了立方尖晶石结构的稳定性，因此材料的循环性能很好。先将 $Mn(CH_3COO)_2 \cdot 4H_2O$ 的 Mn^{2+} 与 Li_2O 反应，形成 $Li_xMn_yO_z \cdot nH_2O$，然后过滤、洗涤、干燥、500℃煅烧制得的 $Li_4Mn_5O_{12}$性能很好，在 2.3～4.3 V 之间放电时，可逆容量达 153 mA·h/g，40 次循环后，容量仅仅衰减 2 %。

b．表面修饰改性。表面处理方法也是目前常见的一种改性修饰方法。在电极表面包覆一层只允许 Li^+ 自由通过而 H^+ 和电解质溶液不能穿透的 $LiBO_2$或 Li_2CO_3膜，可以减小材料的比表面积，减缓 HF 的腐蚀(电解液中的极少量水与电解质 $LiPF_6$反应生成 HF，而 HF 与 $LiMn_2O_4$反应会导致电极溶解)，从而可以有效地抑制锰的溶解和电解质分解。用有机物处理 $LiMn_2O_4$的表面，如乙酰丙酮通过与 $LiMn_2O_4$表面的锰空轨道成键，可以络合表面锰，从而有效地抑制电解液在电极上的分解，提高 $LiMn_2O_4$在高温下的稳定性。

同别的正极材料相比，尖晶石 $LiMn_2O_4$ 具有成本低、无污染、电性能好等优势，应用前景非常诱人。虽然还存在容量较低、充放电稳定性较差、循环容量衰减严重等缺点，但可以通过掺杂 Co、Ni 等元素改性或者采用新的合成方法来改善电化学性能。目前，$LiMn_2O_4$电极研究的重点在于提高 $LiMn_2O_4$的可逆比容量以及由于嵌入和脱嵌而造成结构改变，从而引起循环容量下降、循环寿命缩短的问题。合成高性能、结构稳定的 $LiMn_2O_4$ 是研究和制备具有应用前景的锂离子电池正极材料的关键。在电子技术的发展和电动汽车等对大型动力电源需要的推动下，尖晶石 $LiMn_2O_4$ 将有可能替代 $LiCoO_2$等正极材料作为商品化锂离子二次电池最实用、最廉价的正极材料之一。

8.1.4　二次锂离子电池电解质研究的进展

电解质是锂离子电池的重要组成部分，电解质与电极的相容性在很大程度上影响二次锂离子电池的循环效率、循环寿命和安全性。电解质如与负极反应，会导致电池自放电，在负极表面生成一层膜，降低负极的效率，还可能形成不平的表面而引起锂的枝晶生长，导致电池内部短路。所以，研究合适的电解质组分，对提高电池性能，具有重要的意义。

从相态上来分，锂离子电池电解质可分为液、固体和熔融盐电解质 3 大类：

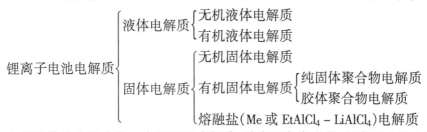

电解质作为电池中的一个重要组成部分，从实用角度出发，锂离子电池电解质必须满足以下几点基本要求。

① 离子电导率。电解质必需具有良好的离子导电性而不能具有电子导电性。一般

温度范围内,电导率要达到 $10^{-3} \sim 2 \times 10^{-3}$S/cm 数量级之间。

② 锂离子迁移数。阳离子是运载电荷的重要工具。高的离子迁移数能减小电池在充、放电过程中电极反应时的浓度极化,使电池产生高的能量密度和功率密度。

③ 稳定性。电解质一般存在两个电极之间,当电解质与电极直接接触时,不希望有副反应发生,这就需要电解质有一定的化学稳定性。为得到一个合适的操作温度范围,电解质必须具有好的热稳定性。另外,电解质必须有一个 $0 \sim 5$ V 的电化学稳定窗口,以满足高电位电极材料充放电电压范围内电解质的电化学稳定性和电极反应的单一性。

④ 机械强度。当电池技术从实验室到中试或最后的生产时,需要考虑的一个最重要问题就是可生产性。虽然许多电解质能装配成一个无支架膜,能获得可喜的电化学性能,但还需要足够高的机械强度来满足常规的大规模生产包装过程。

1. 电解质的有机溶剂

首先,电解质的溶剂对负极必须是惰性的,如果溶剂与负极反应会降低电池的循环效率;选择溶剂的另一个条件是安全因素,即溶剂必须有很高的分解电压,这样就要求溶剂须有较高的介电常数,较低的黏度,沸点要高,冰点要低,在较大的温度范围内保持稳定。其次,溶剂还需具有其他适宜的物理和化学性能,如蒸汽压低,稳定性好,无毒和不易燃等。二次锂电池电解质的有机溶剂比较多,如醚、环醚、聚醚、酯、砜、碳酸烷烯酯、有机硫酸酯、硼酸酯、有机腈、有机硝基化合物等。表 8.5 为几种常见溶剂的性质。从表 8.5 数据可知,EC (碳酸乙烯酯)、PC (碳酸丙烯酯)的熔点、介电常数和黏度比较大,而其他几种溶剂的介电常数和黏度都较小。为提高电解质的电导率,在实际应用中常把两种溶剂搭配使用,以改善电池的低温性能和常温放电率。由于 EC,PC,DMC,DEC,DME 和 DEE 的分解电压都较高($\geqslant 5$ V, vs Li/Li$^+$),故 4 V 二次锂离子电池的电解质常用这几种溶剂。

把 EC 和 PC 分别与 DMC、DEC、DME、DEE 混合,以 LiClO$_4$ 或 LiPF$_6$ 为溶质配制电解质,在 $-20 \sim 60℃$ 测定它们的电导率。EC 与 DEE 的混合溶液在 0℃ 以下,电导率迅速下降,且底层结冰;虽然 EC 和 DMC 的熔点都较高,但 EC 与 DMC 的混合溶液在这个温度范围内没有结冰,且呈现较好的导电性。每种溶剂与 EC 混合的电解质电导率比与 PC 混合的电解质电导率大,这是因为 EC 的介电常数比 PC 的大,在 EC 混合溶液中锂盐的离子离散常数大的缘故。DME、DEE、DMC、DEC 分别与 EC 和 PC 混合的溶液电导率 κ 大小循序相同,依次为 $\kappa(\text{DME}) > \kappa(\text{DEE}) \approx \kappa(\text{DMC}) > \kappa(\text{DEC})$,电解质的循环性能也是含 EC 的电解质比含 PC 的电解质好,两类溶液的循环寿命的趋势一样,即 DMC > DME > DEE > DEC。DEC 和 DMC 分别与 PC、EC 混合制备的电解质的性能相差较大,这是因为 DEC 与负极的反应比 DMC 与负极的反应活泼。由于在 DEC 中 Li$^+$ 不能可逆地嵌入到石墨电极中去,DEC 的还原产物溶解在电解液中,故电解质的性能差。在 DMC 中 Li$^+$ 的循环性也比较差,但当这两种溶剂与 EC 混合后,电解质的性能提高很大。由上述可知,EC 与 DMC 混合液的循环性能最好;在 EC 与 DEC 的混合溶液中,Li$^+$ 的循环性虽然很差,但 Li 电极还是稳定的,Li$^+$ 也可以可逆地嵌入到石墨电极中去。这是因为 EC 的还原产物是有机锂和碳酸盐,这些物质在溶液中是不溶的,沉积在锂或 Li - C 电极上形成一层稳定的钝化膜,从而保护电极不被进一步腐蚀。故在含有 EC 的电解质中锂的循环效率是很高的。

表8.6　几种溶剂的性质

溶　　剂	ε	η /10^{-3}Pa·s	ρ /(g·cm^{-3})	熔点 /℃	沸点 /℃	分解电压 /V
Propylene carbonate(PC)	64.4	2.54	1.206 9	−49	241	5.8
Ethylene carbonate(EC)	95.3	2.53	1.320 8	36	238	5.8
Dinethy carbonate(DMC)	3.12	0.6	1.07	3	90	5.7
Diethyl carbonate(DEC)	2.82	0.75	0.974845	−43	127	5.5
1,2 − Dmethoxy ethane(DME)	5.5	0.45	0.86	−58	82.5	4.9
1,2 − Diethoxy ethane(DEE)	5.1	0.65	0.841 7	−74	121.4	4.7
1,3 − Dioxolane(DOL)	6.74	0.6	1.064 7	−97.2	75.6	4.3
2 − Methy1 − 1,3 − dioxolane(4MeDOL)	4.39	0.54	1.06	−95	74	3.8
4 − Methy1 − 1,3 − dioxolane(4MeDOL)	4.4	0.54	0.982	−	82	4.1
Tetrahydrofuran(THF)	7.58	0.46	0.889	−	66	4.3
2 − Methyl tetrahydrofuran(2MeTHF)	6.2	0.46	0.86	−75	78	4.2
2,5 − Dinethy tetrahydrofuran(dMeTHF)	−	0.72	0.833	−	90	4.0

在 EC 与 DMC 的混合液中,两者的配比不同,电解质与电极的相容性也不一样。对锂负极,DMC 含量越高,锂表面的电阻越大,因为 EC 含量低,电极表面溶质锂盐的还原产物 LiF 的含量升高,而 LiF 的电阻是很大的。对于石墨负极,当电解质中 EC 和 DMC 的体积比为 1:1 时,循环效率最稳定。DMC 的含量越高,循环效率降低。在许多实验中,DMC 的含量越高,容量随循环而下降。石墨电极的高容量主要是因为表面膜的主要成分由 EC 还原的有机锂盐和碳酸盐组成,故膜很稳定。另外,在电解质中,添加 CO_2 或 $LiCO_3$,会使电解质的性能更好,使负极表面膜更稳定。改变碳负极的结构,可以减少在石墨初始嵌锂时电解质的分解;或者通过添加掩蔽剂来抑制电解质的分解,如冠醚。因为冠醚可以螯合碱金属,阻止溶剂嵌入到碳负极中去,从而阻止其分解。这两种方法都可以提高负极表面膜的稳定性。

2. 电解质的溶质

为保证电解质具有较好的导电性,溶质的溶解度要大。因为大的阴离子有利于提高溶解度,所以用于电解质的溶质都含有大的阴离子,例如 ClO_4^-、BF_4^-、PF_6^-、AsF_6^- 等。在电极上这些阴离子不易被氧化或还原,表现出较高的电化学稳定性。另外,溶质还须具有良好的稳定性,并且无毒。目前,用于锂离子电池电解质溶质的锂盐有 $LiClO_4$、$LiBF_4$、$LiPF_6$、$LiAsF_6$ 等。在 EC 或 DMC 中,几种电解质锂盐的分解电压都比较大($\geqslant 5.0$ V, vs Li/Li$^+$),分解电压大小顺序为 $U(LiPF_6) > U(LiBF_4) > U(LiAsF_6) > U(LiClO_4)$。

EC 与 DMC 混合液的电导率 κ 也比较高($> 10^{-3}$S/cm),电导率的相对大小顺序为 ($LiAsF_6$)≈($LiPF_6$)>($LiClO_4$)>($LiBF_4$)。表8.6 为在20℃、浓度 1 mol/L 的条件下,这几

种溶质在 EC 与 DMC 的混合溶液中的电化学性质。从表 8.7 中可以看出,$LiPF_6$ 是在 EC 与 DMC 溶剂中最好的溶质,目前商业上用的都是这种体系。但是这几种溶质都有自身的缺点。$LiClO_4$ 溶液在热力学上是不稳定的,容易发生爆炸。固体 $LiPF_6$ 不稳定,由于在溶液中分解产生微量的 LiF 和 PF_5,易引起环醚的聚合,导致溶液的分解及 LiF 沉积到电极上使电极的电阻增大,因而必须添加试剂加以防止。$LiAsF_6$ 有毒,而 $LiBF_4$ 的导电性和循环性差。因此,研究一些大的阴离子,特别是大的有机锂盐作为替代物是很有必要的。

表 8.7　几种溶质在 EC 与 DMC 混合液中的电化学性质

溶质	电导率/$(10^{-3}S \cdot cm^{-1})$	分解电压(vsLi/Li⁻)/V	循环寿命(次)
$LiClO_4$	80	4.9	480
$LiBF_4$	50	5.1	150
$LiPF_6$	99	5.5	680
$LiAsF_6$	10.0	5.2	不能循环

3. 固态电解质

液态电解质锂离子电池商品化已有 10 多年,但有一些问题仍未解决,即使用中电解液易泄露、挥发而限制和影响电池的性能,缩短其使用寿命。特别是电解液无法制成薄膜,因而使锂离子电池能量密度较低,不适合于小体积、轻质量、高比能量、长寿命的电子电器的使用。由此人们开发了固体电解质。

目前的固态电解质主要有两类:无机盐固体电解质和离子导电聚合物。而对满足更高性能要求的锂离子电池来讲,聚合物电解质的发展取得了较大的成效,是很有希望的电解质材料。自 1973 年 P.V.WRIGHT 首先发现聚环氧乙烷碱金属盐络合物具有离子导电性以来,聚合物电解质的发展经过了 3 个阶段:纯固态电解质、凝胶聚合物电解质、复合聚合物电解质。

早期的聚合物电解质主要是以 PEO、PPO 为基体与碱金属盐形成的络合物,其离子电导率只有 10^{-8} S/cm 数量级,没有实用价值。对于聚合物电解质,离子传导主要发生在非晶相高弹区,因而选择合适的聚合物基体、降低结晶度都会使离子电导率的提高。

(1)固体聚合物电解质(SPE)。将电解质盐溶解在聚合物中可得固体聚合物电解质 SPE。但是一般的聚合物如聚乙烯中溶解电解质盐并没有离子导电性。当 $LiClO_4$ 等电解质盐溶解于聚合物聚氧乙烯(polyethylene oxide, PEO)中, PEO 中的氧原子作为配位原子与锂离子形成网状配合物,锂离子在氧原子形成的笼状网络中移动,从而具有一定的离子导电性。通常而言,固体聚合物电解质 SPE 的导电机制是首先迁移离子如锂离子等与聚合物链上的极性基团如氧、氮等原子配位。在电场作用下,随着聚合物高弹区中分子链段的热运动,迁移离子与极性基团不断发生配位与解配位的过程,从而实现离子的迁移。

该聚合物电解质的研究开始于 1975 年。P.V.Wright 发现 PEO 聚合物与碱金属离子形成配合物具有离子导电性,60 ℃以上的离子导电率为 10^{-4} S/cm。M.B.Armand 系统地研究了 PEO 的离子导电性用图 8.15 的机理进行了解释,同时提出 PEO/碱金属盐配合物作为带有碱金属电极的新型可充电电池的离子导体,但是通常在常温下的导电率只有

10^{-8} S/cm。

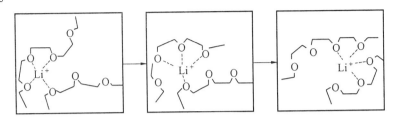

图 8.15　PEO 与锂盐复合物的离子传导机理

对比于液态锂离子电池，M. B. Armand 提出的聚合物固体锂离子电池有以下特长：SPE 电解质层可以做得很薄，电池可做成任意形状而且防漏，并且可防止在液体电解质之下的树枝状物形成，从而可改善电池的循环性能。SPE 电解质电池对比于无机固体电解质电池而言，电极与电解质界面接触更好。

SPE 电池常温下的离子导电性不高，要提高 SPE 的离子导电性，有如下一些方法。

① 聚合物改性。通过加入交联剂进行交联以降低其结晶度，或者给聚合物导入支链，以及与其他聚合物进行共聚，或加入增塑剂得到凝胶聚合物。

② 电解质盐的改性。由于锂离子半径很小，如果对阴离子半径很大，从而所形成的盐离解能小而易电离。通常采用的锂盐有 $LiClO_4$、$LiBF_4$、$LiPF_6$、$LiAsF_6$、$LiCF_3SO_3$、$LiN(CF_3SO_2)_2$ 等，其中 $LiN(CF_3SO_2)_2$ 离解能最小。在锂离子电池中锂离子的迁移很重要，电解质盐中要使锂离子容易迁移。如果对阴离子不流动，锂离子的迁移数接近于 1，但通常离子的迁移数接近于 0.5，通过增大对阴离子的体积，有助于提高锂离子的迁移数。

③ 电解质与聚合物的组合。利用聚合物的弯曲链把对阴离子包围住或者让对阴离子成为聚合物的一部分，从而抑制了对阴离子的移动，结果表明锂离子的迁移数大大增加了，但是总的离子导电性大大下降。

(2)凝胶聚合物电解质。凝胶即胶体溶液冷却后得到的固体物，也就是由溶剂与不能溶于其中的交链聚合物固体而成的高分子膨胀体系。由于聚合物的交链而得到网状的结构，这样溶剂分子就被固定在聚合物的链间而得到一种膨胀体系。聚合物溶液，聚合物凝胶以及聚合物固体这三者之间随着温度、压力、pH 等的变化可以互相转变。

固体聚合物电解质 SPE 的离子导电性低，但人们发现当多余的有机溶剂作为增塑剂而添加到固体 SPE 电解质中时，原来的固体 SPE 电解质变成了凝胶状电解质。这种凝胶电解质的电导率比原来的固体电解质高 2 个数量级。表 8.9 列出了各种电解质的电导率。铅蓄电池中的硫酸溶液的导电性大约是 $100 \sim 10^{-1}$ S/cm，而有机电解液的导电性大约是 10^{-2} S/cm 左右。初期的固体电解质的导电性为 10^{-8} S/cm，后经改良可以得到 10^{-5} S/cm 的导电性，这样经过添加增塑剂而可以达到 10^{-3} S/cm 以上的导电性，得到的凝胶聚合物电解质的导电性可以接近液体电解质，可以应用于电池。通过在聚合物电解质中引入有机溶剂来制备凝胶聚合物电解质，既增加了聚合物体系中的非晶相区，利于锂离子的扩散运动，同时也增加了锂盐的离解，从而提高了聚合物电解质的离子电导率，比早期的固体聚合物电解质的离子电导率高 4 或 5 个数量级。聚合物电解质的电导率见表 8.9。

表8.8　各种电解质的电导率比较

电解质类型	铅酸电池用的硫酸溶液	有机电解液	固体电解质	凝胶聚合物电解质
电导率 $\sigma/(S \cdot cm^{-1})$	$10^{-1} \sim 10^0$	10^{-2}	$10^{-8} \sim 10^{-5}$	$> 10^{-3}$

表8.9　各类聚合物电解质在室温下的电导率

电解质种类	组成（摩尔比）	电导率/$(S \cdot cm^{-1})$
$PAN - LiClO_4 - EC - PC$	21:8:38:33	1.1×10^{-3}
$PAN - LiAsF_6 - MEOX - EX - PC$	33.8:6.0:11.5:33.8:27.7	2.98×10^{-3}
$PMMA - LiClO_4 - EC - PC$	30:4.5:46.5:19	0.7×10^{-3}
$PMMA - LiN(CF_3SO_2)_2 - EC - DMC$	25:5:50:20	0.7×10^{-3}
$PEO^2 - LiN(CF_3SO_2)_2 - PEGDME$	14.3:408:80.9	0.1×10^{-3}
$PEO^2 - LiN(CF_3SO_2)_2 - PEGDME\ PC$	18.7:6.6:56.0:18.7	1.9×10^{-3}
$PVDF - HFP + LiPF_6 + EC + DMC + Cab - O - SiL$		3×10^{-3}

注：PAN = Poly(acrylonitrile)；PMMA = Poly(methylmethacrylate)；

PEGDME = Poly(ethyeneglycol)dimethyl ether；

PEO = Poly(ethylene oxide)；PVDF = Polyvinylidene fluoride

a. 添加质量分数 10% γ - $LiAlO_2$；

b. EC:DMC = 2:1V/V, 1 mol/L $LiPF_6$

对于聚合物电解质的看法，比较公认的是聚合物笼中捕捉了电解质溶液，即在聚合物网络中存在有机电解质，形成 Salt - in - polymer 结构。也有人把锂盐做成纳米材料，在高锂盐浓度区可能形成 Polymer - in - salt 结构，这种结构的电解质，离子的电导率明显升高。这类膜的实验室合成包括锂盐和所选聚合物在适当溶液或混合溶剂中溶解，然后两种溶液在一定温度下混合搅拌均匀形成一定黏度的胶状物，再在玻璃板之间缓慢冷却得到具有一定形状和厚度的膜。以 PMMA 基聚合物电解质膜的合成来说，先将锂盐和 PMMA 在 40 ~ 50 ℃的 EC - PC 混合溶剂中溶解，两种溶液混合后在 70 ~ 80 ℃下搅拌形成均匀的胶体，最后倒在两个玻璃片之间形成透明柔韧有弹性的固体膜。

（3）复合聚合物电解质。将电化学惰性的无机固体颗粒加入聚合物基体中，可以作增强聚合物电解质机械稳定性的手段，填充剂应是表面积大的颗粒，如 ZrO_2、TiO_2、Al_2O_3、玻璃纤维等，该聚合物电解质称为复合聚合物电解质或混合陶瓷电解质。如在 PEO + $LiBF_4$电解质中加入 Al_2O_3不仅机械性能增强了，而且离子电导率也增加到 10^{-4}S/cm。

美国 Bellcore 公司 Gozdz 等成功研制出一种实用可充电聚合物锂离子电池。他们选用的是 PVDF - HFP 共聚物，主要由大量液体电解质和晶体相组成，能够提供充足的机械强度，省去交联步骤，进而解决组装电池过程中对环境干燥程度要求。在电池组装过程中通过萃取和活化，把不含锂盐的增塑剂用液体电解质来代替。更特别的是这个系统可看做一个塑料聚合物多相（相与相之间分离）系统。在活化后的电解质中至少有四相：结晶度(20 %~30 %)相对低的非膨胀半晶体,电解质塑化枝晶部分,被液体电解质包裹的纳米粒子(Si、Al、Ti)填料边界大量的微空隙和无机填料。Bellcores 最关键的步骤是 PVDF – HFP 共聚物的塑化及塑化后塑化剂的转移,低熔点的 diethyl ether or methanol 用来把 DBP 从聚合物基质中转移走,留下多孔的聚合物层,在电池活化过程中重新填入液体电解质。PVDF – HFP/DBP 萃取干燥后浸入有机电解质溶液中重新膨胀的能力是这类电解质在锂离子电池中应用的关键,浸入的液体电解质的量越大,膜的离子电导率越高,其聚合物锂离子电池已经实用化。它是由共聚物电解质膜,塑料 $LiMn_2O_4$ 阴极和碳阳极组成的。他们生产的塑料锂离子电池兼有液态和聚合物电解质电池的优点在室温下以 1 C 放电循环次数在 1 500 次以后容量仍保持初始容量的 80%。比能量为 130 W·h/kg 和 300 W·h/L,而且与液体电解质必须用金属壳不同,用叠压方式生产的电池装在塑料壳中可以装配成任意尺寸和形状。

8.2 镍氢电池材料

随着社会经济的持续发展,电池的需求量越来越大,特别是可充电电池的市场需求量迅速增加,镍氢电池以其容量大、无污染、价格适中等优越性,迅速获得了广泛应用。镍氢电池是一种性能非常优异的新型电池,它一定会取代目前大量应用的镍镉电池。

8.2.1 概述

1.镍氢电池的发展

20 世纪 60 年代末,荷兰 Philips 实验室和美国 Brookhaven 实验室先后发现 $LaNi_5$ 和 Mg_2Ni 等合金具有可逆吸放氢的性能。进一步研究发现,这类贮氢金属材料在吸放氢过程中伴有热效应、机械效应、电化学效应、磁性变化、催化作用等,从而使这类合金逐渐发展成一类新的功能材料。将 $LaNi_5$ 型贮氢合金作为二次电池负极材料的研究始自 1973 年。1984 年,荷兰飞利浦公司研究解决了贮氢材料 $LaNi_5$ 在充放电过程中容量衰减的问题,使 MH_2Ni 电池的研究进入实用化阶段。在短短数年中,美、日、德等工业大国竞相研究开发贮氢电极材料和 MH/Ni 电池,逐步进入生产和应用阶段。美国 Ovnic 公司在 1987 年建成试生产线,日本的三洋、松下、东芝等公司也都相继在 1990 年进行了试生产。我国在国家"863"计划的支持下,几家单位联合攻关,利用国产的原材料和自己开发的工艺技术,研制出我国第一代"AA"型 Ni/H 电池,并于 1992 年在广东省中山市建立了国家高技术新型储能材料工程开发中心和 Ni/H 电池中试生产基地,有力地推动了我国贮氢材料和 Ni/H 电池的研制及其产业化进程。目前国内已建起数家年产数百吨贮氢合金材料和千万只 Ni/MH 电池的大型企业,将逐步发展成在国际上具有竞争力的 Ni/H 电池生产基地。在能源紧张,污染日益严重的当今世界,MH/Ni 电池的研究开发具有重大的实际意义。

2.镍氢电池的原理

镍氢电池正极的活性物质为氢氧化镍,负极板的活性物质为贮氢合金,电解液采用含 LiOH 的 30%的氢氧化钾溶液,电化学反应如下:

正常充放电时

  正极：$Ni(OH)_2 + OH^- \rightarrow NiOOH + H_2O + e^-$

  负极：$M + H_2O + e^- \rightarrow MH + OH^-$

  总反应：$Ni(OH)_2 + M \rightarrow NiOOH + MH$

过充电时

  正极：$2OH^- \rightarrow H_2O + 1/2O_2 + 2e^-$

  负极：$2H_2O + 2e^- \rightarrow H_2 + 2OH^-$

  复合反应：$2H_2 + O_2 \rightarrow 2H_2O$

过放电时

  正极：$2H_2O + 2e^- \rightarrow H_2 + 2OH^-$

  负极：$2M + H_2 \rightarrow 2MH$

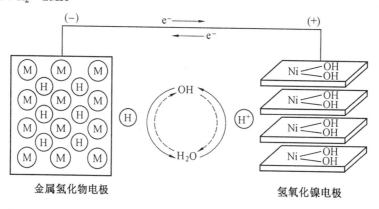

图 8.16　镍氢电池的充/放电原理图

  从方程式看出,蓄电池过量充电时,正极板析出氧气,负极板析出氢气。由于有催化剂的氢电极面积大,而且氧气能够随时扩散到氢电极表面,因此氢气和氧气能够很容易在蓄电池内部再化合生成水,使容器内的气体压力保持不变,这种再化合的速率很快,可以使蓄电池的内部氧气的浓度,不超过千分之几。

  如图 8.16 所示,镍氢电池充电时,在正极,H^+ 从 $Ni(OH)_2$ 中脱出,与 OH^- 反应生成水,镍氢电池的电解液多采用 KOH 水溶液,并加入少量的 LiOH。隔膜采用多孔维尼纶无纺布或尼龙无纺布等。为了防止充电过程后期电池内压过高,电池中装有防爆装置。

8.2.2　镍氢电池的正极材料

1.正极材料的结构与性质

  MH/Ni 电池的正极活性物质为 $Ni(OH)_2$,有球形和普通形两种,与普通氢氧化镍不同,球形氢氧化镍具有堆积密度高,物料放电利用率高,体积比容量大,循环特性好,使用寿命长等优点。球形氢氧化镍作为镍氢电池生产的核心原材料,其质量的优劣决定了电池的许多重要性能,包括:容量、寿命、内阻、大电流放电特性、放电平台长度等。

  一般认为镍电极活性物质存在 4 种晶体结构,即 $\alpha - Ni(OH)_2(\rho = 2.82\ \mathrm{g/cm^3})$、$\beta - Ni(OH)_2(\rho = 3.97\ \mathrm{g/cm^3})$、$\beta - NiOOH(\rho = 4.68\ \mathrm{g/cm^3})$ 和 $\gamma - NiOOH(\rho = 3.79\ \mathrm{g/cm^3})$。其中 $\alpha - Ni(OH)_2$ 和 $\gamma - NiOOH$ 之间、$\beta - Ni(OH)_2$ 和 $\beta - NiOOH$ 之间在充放电时可可逆

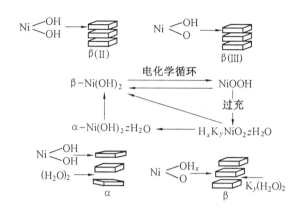

图 8.17　球形氢氧化镍的结构与性质

地转化,而 $\alpha - Ni(OH)_2$ 在碱性介质中不可逆地陈化为 $\beta - Ni(OH)_2$, $\beta - NiOOH$ 在过充时转化为 $\gamma - NiOOH$。

$\beta - NiOOH/\beta - Ni(OH)_2$ 电极的标准电位为 $+ 0.46\ V$。通常认为镍电极的反应为 $\beta - Ni(OH)_2$ 与 $\beta - NiOOH$ 间的单电子转移反应,但过充时 $\beta - NiOOH$ 进一步转化为 $\gamma - NiOOH$。$\beta - Ni(OH)_2$ 呈紧密六方 NiO_2 层堆垛(ABAB)形式,层间距 $0.46\ nm$,结晶良好;$\beta - NiOOH$ 亦具有规整的晶体结构,层间距 $0.47\ nm$;而过充形成的 $\gamma - NiOOH$ 为不规整的准六方层状结构,其组成具有高度的非化学计量性。层间距增大并有变化,一般约为 $0.7\ nm$,结构转化为 ABBCCA 型。

$\alpha - Ni(OH)_2$ 是层间含有靠氢键键合的水分子的 $Ni(OH)_2$,层间距大,约 $0.8\ nm$,层与层之间呈无序状态的紊层(turbostratic)结构,结晶度低,稳定性差。在 $\alpha - Ni(OH)_2$ 与 $\gamma - NiOOH$ 之间直接的充放电循环中每摩尔氢氧化镍转移的电子数达 $1.67\ mol$,远多于 β 相间循环所转移的电量,从而大大提高放电比容量,而体积基本不变,是一个值得努力的方向。而 $\beta - Ni(OH)_2$ 过充时生成 $\gamma - NiOOH$,体积膨胀,放电时明显收缩,对电极产生劣化而影响循环寿命。$\alpha - Ni(OH)_2$ 虽然具有比 $\beta - Ni(OH)_2$ 更大的理论放电比容量,但其稳定性和体积比容量还远未达到应用要求。所以当前作为活性物质的主流产品是 β 球形氢氧化镍。

2. 球形氢氧化镍的改性

$Ni(OH)_2$ 是一种导电性不良的 p 型半导体,放电过程是固相质子扩散控制,在一定的放电深度时,由于导电性不好的氢氧化镍增多,镍电极放电变成固相质子扩散和电荷传递混合控制,造成活性物质利用率很低(纯氢氧化镍的利用率仅为 50% 左右)。为了改善氢氧化镍性能,需要添加含 Co、Li、Zn、Cd、Ca 等元素的添加剂。Ovonic 公司生产的 $Ni(OH)_2$ 一般含有 5 种添加剂,其中 AP52 型球镍在 65℃时放电容量是室温时的 90%,而一般的商品只有室温时的 50% 左右。

(1)钴添加剂。研究发现,以 CoO 为主的添加剂能抑制 $\gamma - NiOOH$ 的产生,防止正极膨胀、脱落,同时发现添加量为 5% 左右为宜;过量加入会降低活性物质填充量。在 $Ni(OH)_2$ 电极中加入钴,能在活化过程中产生导电性良好且稳定的 CoOOH,增加质子导电性,使 NiOOH 能更充分地被还原,从而提高 $Ni(OH)_2$/NiOOH 氧化还原的可逆性。

钴在整个循环过程中以 Co^{3+} 存在,不直接参加电化学反应。有人认为,加入钴在电池活化时转变为 CoOOH,在 $Ni(OH)_2$ 颗粒和集流体间提供了一个很好的电子通道,而且在放电过程中 CoOOH 不被还原,形成永久性集流体。普遍认为在正极活性物质中添加钴有以下作用:增加电极导电性,提高活性物质利用率,减少残余容量;在充电过程中提高析氧过电位,减少充电后期氧析出量,提高电极的充电接受能力;降低氢氧化镍还原电位,提高电极反应的可逆性。

目前,对钴的掺杂方式研究很多。球形 $Ni(OH)_2$ 的覆钴层晶型为 $\alpha-Co(OH)_2$ 时,导电层的活性较高,电极的放电深度较大。另有报道,在含有 NaOH 的碱液里氧化 $Co(OH)_2$,形成的含 Na^+ 的 CoOOH 电导率比纯 CoOOH 提高 4 个数量级。

(2)锌、镉和钙添加剂。锌的加入对提高电极的放电电位平台和延长循环寿命十分有利,因为不含锌的电极中有密度小的 $\gamma-NiOOH$ 生成,导致电极膨胀;但锌含量不能太大,一般在 1 % ~ 7 %。有人提出 ZnO、CdO 可抑制镍电极膨胀,而且 ZnO 的效果更好。但锌对提高电极比容量并不总是有利的,当锌含量小于 2% 时,充电效率有所提高,电极比容量有所增加;但锌含量较大时,却使电极容量降低。Ovonic 公司发现,通过加入 $Ca(OH)_2$ 和 CaF_2 可提高 MH/Ni 电池的高温性能,但由于两者是非导电性材料,会降低电池功率和循环寿命。

(3)锰添加剂。锰对氢氧化镍电极呈现出优良的电化学性能,增加放电容量,且在长期循环中放电容量稳定。F. Lichtenberg 等认为,添加 MnO_2 可提高镍电极的容量保持率,仅 3% 的 MnO_2 就能达 100 % 的容量保持率。MnO_2 还可降低 $Ni(OH)_2$ 的氧化电位,提高电极的可充性。

(4)稀土添加剂。近年来,发现添加稀土元素的氧化物也能提高活性物质的利用率。掺杂 La、Nd 对 $Ni(OH)_2$ 晶格有影响,电池的比容量和可逆性均得到提高。由于氢氧化镍属于 p 型半导体,电极反应通过质子与空穴的定向移动来进行,掺杂稀土元素后,引入了大量的正缺陷,相对于未掺杂的晶体,增大了质子扩散几率。另外,掺杂异价离子能降低 Ni^{2+} 的外层电子轨道能级,使 $Ni(OH)_2$ 晶格畸变,显著改善电极材料的导电性和质子迁移能力。再如,添加 5 % 左右的 Y_2O_3 能使活性物质利用率达到 97% 左右。

3. 氢氧化镍的制备工艺

电池用氢氧化镍的制备方法按制备原理分有化学沉淀法、粉末金属法和金属镍电解法;按产品的物化性能分有普通氢氧化镍工艺、球形氢氧化镍工艺和掺杂氢氧化镍工艺等,其中以化学沉淀法即湿法工艺为主。湿法制备氢氧化镍的工艺也有多种,原则上都遵循 $Ni^{2+}+2OH^-\rightarrow Ni(OH)_2$ 这一反应原理。根据具体原料工艺的不同有配合物法、缓冲溶液法和直接生成法,其中应用最广泛最成功的是配合物法,而氨水作为配合剂又在此法中最常用。

制备工艺是用可溶性的镍盐和铵盐与烧碱混合反应在搅拌条件下得到球形氢氧化镍沉淀,过滤洗涤烘干即得,主要离子反应有

$$Ni^{2+} + 2OH^- \rightarrow Ni(OH)_2$$
$$Ni^{2+} + 6NH_3 \rightarrow Ni(NH_3)_6^{2+}$$

球形氢氧化镍的形成经历形核、长大和聚集三个过程。结晶过程包括成核和晶体长

大两个过程,这两个过程决定氢氧化镍微晶的大小。如果晶核形成速率很快而晶体的生长速度很慢,便会形成胶状固体,反之则形成大的晶体。只有适当控制成核和长大的速度关系才能得到适当粒度的微晶。晶核形成速率和生成晶体的反应物料的过饱和度成正比,新形成晶核的大小则随过饱和度增大而减小。所以,为保证适当的微晶大小,要使反应物料有适当的过饱和度。由于氢氧化镍的溶度积常数 $ksp = C_{Ni}^{2+} C_{OH^-}^2$ 常温下为 2×10^{-15},且在一定温度范围内变化不大,氨与 Ni^{2+} 络合成镍氨络离子,使体系内游离 Ni^{2+} 浓度大大降低,使生成氢氧化镍沉淀所对应的临界 OH^- 浓度提高,从而有利于控制成核速度不致过快,避免生成胶态沉淀物。适当强度的搅拌也有利于过饱和度及其变化梯度的控制,并保证适当的团聚成球的速度和球形度。

8.2.4 镍氢电池的负极材料——储氢合金

镍氢电池的负极材料使用储氢合金。

金属贮氢材料是目前研究较多,而且发展较快的贮氢材料。早在 1969 年 Philips 实验室就发现了 $LaNi_5$ 合金具有很好的贮氢性能,贮氢量为 1.4%(质量),当时用于 Ni - MH 电池,但发现容量衰减太快,而且价格昂贵,很长时间未能发展,直到 1984 年,Willims 采用锡部分取代镍,用少量钕取代镧得到多元合金后,制出了抗氧化性能高的实用镍氢化物电池,重新掀起了稀土基贮氢材料的开发。

1. 储氢合金的工作原理

储氢合金是在一定温度和压力下能可逆地大量吸收、储存和释放氢气的金属间化合物,具有储氢量大、无污染、安全可靠、可重复使用等特点。储氢合金吸氢量高达其合金体积的 1 000 多倍,较液态氢密度还高,且具有十分安全的特点。储氢合金吸放氢过程还伴随有热效应发生。吸氢过程放出热量,脱氢过程吸收热量。储氢合金在降低温度或提高压力时吸收氢气,相反,在升高温度或降低压力时则放出氢气。吸氢过程合金内部温升有时高达 700℃以上,而放氢时则降温可至 -100℃,储氢合金这种在不同条件下的吸放氢特性及其伴随的热效应特征,使其在各种科技领域中具备广泛用处。

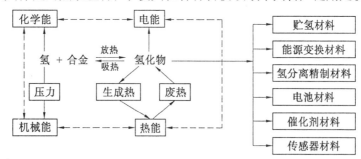

图 8.18 贮氢合金的能量变换功能

从图 8.18 可以看出,某种合金与氢在一定压力下反应生成合金氢化物,把氢储存起来,除同时产生热能可以利用外,还有多种功能:①利用其吸氢密度大的特性作为吸氢材料,可解决氢的储存、运输和使用;②做二次电池的负极材料,制成小型民用或汽车用电池;③利用其选择性吸氢的特点,可用于氢气的回收、精制和氘、氚的浓缩、分离;④利用其温度 - 压力变换特性,可以实现热能和机械能的转换,制成热泵、热管、氢气压缩器、氢气发电机等;⑤利用贮氢材料–氢气系统制成燃气发动机,用于氢能汽车、氢能飞机和氢能船舶;⑥利用其加氢催化性能可制成催化剂,用于甲烷合成、氨合成等加氢反应中;⑦可作为热能、太阳能、地热能、核能和风能的贮存介质;⑧利用氢化物吸热放氢的特点,可以将各种废热储存起来。

在一定温度和压力下,许多金属、合金和金属间化合物(Me)与气态 H_2 可逆反应生成金属固溶体 MH_x 和氢化物 MH_y。反应分 3 步进行。

①开始吸收小量氢后。形成合氢固溶体(α 相),合金结构保持不变,其固溶度[H]$_M$ 与固溶体平衡氢压的平方根成正比

$$P_{H_2}^{1/2} \propto [H]_M$$

②固溶体进一步与氢反应,产生相变,生成氢化物相(β 相)

$$2/(y-x)MH_x + H_2/(y-x)MH_y + Q$$

式中,x 是固溶体中的氢平衡浓度,y 是合金氢化物中氢的浓度,一般 $y \geqslant x$。

③再提高氢压,金属中的氢含量略有增加。

这个反应是一个可逆反应,吸氢时放热,吸热时放出氢气。不论是吸氢反应,还是放氢反应,都与系统温度、压力及合金成分有关。根据 Gibbs 相律,温度一定时,反应有一定的平衡压力。贮氢合金–氢气的相平衡图可由压力(p)–浓度(c)等温线,即 $p-c-T$ 曲线表示,如图 8.19 所示。

2. 储氢合金的分类与基本性能

自从 20 世纪 60 年代二元金属氢化物问世以来,世界各国从未停止过新型贮氢合金的研究与发展。为满足各种性能的要求,人们已在二元合金的基础上,开发出三元、四元、五元乃至多元合金。但不论哪种合金,都离不开 A、B 两种元素。A 元素是容易形成稳定的氢化物的发热型金属,如 Ti、Zr、La、Mg、Ca、Mm——混合稀土金属等。B 元素是难于形成氢化物的吸热型金属,如 Ni、Fe、Co、Mn、Cu、Al 等。按照其原子比的不同,它们构

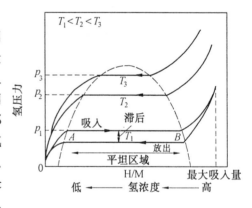

图 8.19 $p-c-T$ 曲线图

成 AB$_5$ 型、AB$_2$ 型、AB 型、A$_2$B 型等 4 种类型。个别例外的也有由两种发热型金属相互化合的合金,如 ZrV$_2$,从 AB$_5$ 型到 A$_2$B 型,金属 A 的量增加,吸氢量有增加的趋向,但反应速度减慢,反应温度增高、容易劣化等问题也随之增多。因此,为适应实际应用的要求,对合金 AB 两者的替代、合金的显微结构、表面改质、制取工艺等方面做了大量的研究与开发。

储氢合金按组成元素的主要种类分为:稀土系、钛系、锆系、镁系四大类,另外也可按晶态与非晶态,粉末与薄膜进行分类。

(1)稀土系储氢合金。稀土系储氢合金以 LaNi$_5$ 为代表,可用通式 AB$_5$ 表示,具有 CaCu$_5$ 型六方结构。早在 1969 年 Philips 实验室就发现 LaNi$_5$ 合金具有优良的吸氢特性,较高的吸氢能力(储氢量高达 1.37%(质量分数)),较易活化,对杂质不敏感以及吸脱氢不

需高温高压(当释放温度高于 40℃时放氢就很迅速)等优良特性。很早就被认为是热泵、电池、空调器等应用中的理想候选材料,有很大的应用潜力。目前绝大多数商业化的 Ni – MH电池都用稀土 – 镍系 AB_5 型金属间化合物作为负极材料,但 $LaNi_5$ 合金作为电极实验,合金吸氢后晶胞体积膨胀较大,易粉化,比表面随之增大,从而增大合金氧化的机会,使合金过早失去吸放氢能力。这就使氢镍电池中储氢容量衰减快,而且价格昂贵。由于纯稀土金属价格昂贵不能满足工业生产的大量需求,为了降低成本,人们利用混合稀土(Mm: La、Ce、Nd、Pr)、Ca、Ti 等置换 $LaNi_5$ 中的部分 La,以 Co、Al、Mn、Fe、Cr、Cu、Si、Sn 等置换 Ni 以改善性能,开发出多元混合稀土储氢合金。如 1984 年 Willims 采用钴部分取代镍,用铌少量取代铜得到多元合金 $La_{0.7}Nd_{0.3}Ni_{2.5}CO_{2.4}Al_{0.1}$,$La_{0.7}Nd_{0.2}Ni_{2.5}Co_{2.4}Si_{0.1}$ 等,合金抗氧化性能提高得以制备出实用的氢镍电池。

用混合稀土(La、Ce、Nd、Pr 等)代替纯稀土金属以降低合金价格,但由于镧系收缩 Mm 平均原子半径减小,使 $MmNi_5$ 晶格尺寸减小,氢分解压力增大。为解决这一问题,选用比镍原子半径大的元素(Mn > Al > Si > Co > Ni)部分置换镍以扩大晶格尺寸。目前,$MmNi_{5-x-y-z}Mn_xCo_yAl_z$($x = 0.2 \sim 0.4$,$y = 0.1 \sim 0.3$,$z = 0.5 \sim 0.75$)作为电池负极贮氢材料已得到广泛应用。其理论容量 $320 \sim 340 \ mA \cdot h/g$,实际放电容量已达 $290 \sim 310 \ mA \cdot h/g$,循环寿命大于 500 次。近年来还开发了非化学计量的复相稀土 – 镍系贮氢合金 AB_{5+x}。这种合金具有双相或多相结构。如 Notten 等研究发现 $La_{0.8}Nd_{0.2}Ni_{2.9}Mo_{0.1}Co_{2.4}Si_{0.1}(AB_{5.5})$ 为双相合金材料。其本体合金相为 $La_{0.77}Nd_{0.27}Ni_{2.75}Co_{2.06}Si_{0.11}(AB_5)$,分布在本体相周围的第二相为具有高电催化活性的 $MoCo_3$ 合金,这种双相结构使合金材料具备很高的放电效率。此外,Sumita 等研究亦指出 $LaNi_5/La_2Ni_7$、$LaNi_3$(或 $MmNi_5/Mm_2Ni_7$,$MmNi_3$)复相结构的氢化特性和贮氢容量较单相 $LaNi_5$ 优异。非化学计量贮氢合金将成为一种很有开发前景的材料。

混合稀土储氢合金材料有富铈的和富镧的,其优点是资源丰富,成本较低。在混合稀土材料中通常都加入 Mn,这样可以扩大储氢材料晶格的吸氢能力,提高初始容量,但 Mn 也比较容易偏析,生成锰的氧化物,从而使合金的性质和晶格发生变化,降低吸放氢能力,缩短寿命。因此,为了制约 Mn 的偏析,以提高储氢合金的性能和寿命,在混合稀土材料中往往还要添加 Co 和 Al。

(2)钛系储氢合金。目前已发展出多种钛系储氢合金,如钛铁、钛锰、钛铬、钛锆、钛镍、钛铜等,它们除钛铁为 AB 型外,其余都为 AB_2 型系列合金。钛系储氢合金中以钛铁、钛锰储氢合金最为实用,正在受到人们的重视。FeTi 合金是 AB 型储氢合金的典型代表,具有 CsCl 型结构。FeTi 合金作为一种储氢材料具有一定的优越性,它的储氢能力甚至还略高于 $LaNi_5$。首先,FeTi 合金活化后,能可逆地吸放大量的氢,且氢化物的分解压强仅为几个大气压,很接近工业应用;其次,Fe、Ti 两种元素在自然界中含量丰富,价格便宜,适合在工业中大规模应用,因此一度被认为是一种具有很大应用前景的储氢材料而深受人们关注。

自 20 世纪 70 年代以来,人们就 FeTi 合金的活化机理以如何改善其活化性能进行了大量的研究。改善 FeTi 合金活化性能最有效的途径是合金化,研究结果表明,用 Mn、

Cr、Zr 和 Ni 等过渡族元素取代 FeTi 合金中的部分 Fe 就可以明显改善合金的活化性能,使合金在室温下经一段孕育期就能吸放氢,但同时要损失合金一部分其他储氢性能,如储氢量减小,吸放氢平台斜率增大等。此外,研究还表明用机械压缩和酸、碱等化学试剂表面处理也能改善 FeTi 合金的活化性能。

$TiMn_x$ 也是一系列很有前途的储氢材料。它的吸氢容量高达 1.89%(质量分数),生成热为每克分子氢 2~3 万 J,而且室温下很容易活化,进行一次吸氢就可以完成活化处理。其缺点是吸氢和放氢循环中具有比较严重的滞后效应。为了改善钛锰合金的滞后现象,科学家们用锆置换部分钛,用铬、钡、钴、镍等一种或数种元素置换部分锰,已经研制出数种滞后现象较小,储氢性能优良的钛锰系多元储氢合金。

(3)镁系储氢合金。镁系储氢合金以其丰富的资源,环境友好性和高储氢量,成为很有发展前途的储氢材料。

典型镁系材料 Mg_2Ni 是很有潜力的轻型高能储氢材料。无论是从材料的价格还是理论储氢容量上都优于 AB_5 系稀土合金和钛系 AB_2 型合金,其理论容量高达 1 000 mA·h/g 约为 $LaNi_5$ 合金(372 mA·h/g)的 2.7 倍。但 Mg_2Ni 合金只有在 200~300℃才能吸放氢,反应速度十分缓慢,而且难以活化,这就使其实际应用存在问题。

Mg 系储氢合金吸氢温度高,吸放氢动力学性能差,特别是循环稳定性差,一般在经过数次循环以后,容量便衰退至初始值的一半。导致 Mg 基贮氢合金动力学性能差的原因有:①Mg 的表面容易形成一层氧化物或氢氧化物,阻碍氢的扩展;②洁净的 Mg 表面不利于氢分子的离解;③氢在已经形成的 Mg 的氢化物层内的扩散非常缓慢。而 Mg-Ni 贮氢合金电极充放电过程中容量的迅速衰退是由于合金中 Mg 在电解液中腐蚀造成的,所形成的 $Mg(OH)_2$ 腐蚀产物包围在合金颗粒周围,使其不能参与吸放氢过程。为了改善 Mg 基贮氢合金的性能,目前尝试的措施有:①元素取代:通过元素取代来降低其分解温度,并同时保持较高的吸氢量;②与其他合金组成复配体系,以改善其吸放氢动力学和热力学特性;③表面处理:采用有机溶剂、酸或碱来处理合金表面,使之具有较高的催化活性及抗腐蚀性,加快吸放氢速度;④新的合成方法:探索新的合成方法,如机械合金化。目前 Mg 基合金的放电容量已达 500 mA·h/g 以上,但在提高循环稳定性方面尚存许多困难。

日本三菱钢铁公司和工业研究所用 Al 和 Ca 置换部分 Mg,用钒、铬、铁或钴置换一部分镍,研制成功两种多元镁系储氢合金 $Mg_{2-x}M_xNi$(x = 0.01~1,M 为 Al 或 Ca),$Mg_2Ni_{1-x}M_x$(x = 0.01~0.5,M 为 V、Cr、M n、Co 之中任一元素),它们都具有良好的储氢性能,性质稳定,安全可靠,而且比较容易活化处理,氢的离解速度也比 Mg_2Ni 增大 41% 以上,可用做储氢材料。另外可以通过机械研磨方法控制合金形状为非晶化状态,使合金能够在较低温度工作。用机械球磨法制备非晶态 MgNi 合金制成的储氢电极在室温下吸收大量氢气,电化学容量达 400 mA·h/g,但由于 MgNi 在碱液中氧化溶解,其性能衰减很快。因此他们也提出通过表面改性,如镀覆 Ti、Zr、Al 等元素,改变合金表面氧化膜性能,以延长电极循环寿命,如 $Mg_{42.5}Ti_5Al_{2.5}Ni_{50}$,$Mg_{42.5}Ti_5Zr_{2.5}Ni_{50}$。

1967 年前苏联发明了燃烧合成法制取 Mg_2Ni 合金($2Mg + Ni = Mg_2Ni + 372$ kJ),这种在氢气氛中燃烧合成的技术,是一种既节能又能制取高性能 Mg_2Ni 储氢合金的理想方法，为镁系储氢材料的开发利用提供了良好基础。多年来一直受各国研究者的极大重视，最近其在二次电池负极方面的应用已成为一重要的研究方向，并且有望应用于车用动力型 MH－Ni 电池。

(4)锆系储氢合金。它以 ZrV_2、$ZrCr_2$、$ZrMn_2$ 等为代表，用通式 AB_2 表示，典型的结构是立方 C_{15} 型和六方 C_{14} 型。AB_2 型 Laves 相储氢合金是一种新型储氢材料，它具有吸氢大，与氢反应速度快及活化容易，没有滞后效应等优点，因此是一种很有发展前途的新型储氢材料。但氢化物生成热较大，吸放氢平台压力太低，且价格较贵，限制了其广泛应用。

Laves 相储氢达 1.8% ～ 2.4%（质量分数），较 AB_5 型合金高，循环寿命长。最初主要用于热泵应用研究，到 20 世纪 80 年代中期开始用于 MH－Ni 电池的负极，并开始了多元合金 Ti－Zr－Ni－M（M：Mn、V、Al、Co、Mo、Cr 中的一种或者几种元素），但此类合金初期活化比较困难。目前，Laves 相储氢合金电化学容量已达 360 mA·h/g。如日本 Mori-waki 1991 年开发的 $ZrMn_{0.3}Cr_{0.2}V_{0.3}Ni_{0.2}$ 合金，主相为 C15 结构，残余相对 C14 结构，其理论容量为 395 mA·h/g，实际放电容量达 360 mA·h/g，已应用于松下电气公司的 Cs 型（长时间放电场合）Ni－MH 电池。

为改善这类合金的综合性能，人们主要通过置换以提高吸放氢平台压力并保持较高的吸氢能力，如用 Ti 代替部分 Zr，用 Fe、Co、Ni 代替 V、Cr、Mn 等，研制成多元锆系储氢合金。对适合作电极材料的 Laves 相储氢合金的研究表明：在 B 的构成元素中含有 Ni，而且 Ni 在 B 中含量要有一个适当值才能使合金的储氢量达到最大。一般是 Ni 在 B 中的原子比为 1.2～1.5 为最好，一般是 Ti 或者 Zr，但 Ti 和 Zr 对 Laves 相储氢合金吸氢量和放氢量之间的关系影响不同的。A 以 Ti 作主要元素的 Laves 相储氢合金电极储氢量没有以 Zr 作主要元素的储氢量大，但 Ti 含量增加会改善 Laves 相储氢合金在吸放氢过程中的滞后效应。研究表明，Laves 相储氢合金电极的最初活化期长，电化学催化性能较差，且合金原材料价格相对偏高。为了提高合金的利用率和初期活化能常使用表面处理方法，如用 HF 溶解合金表面 Ti－Zr 氧化膜，再镀覆铜或镍可有效提高合金利用率和使用寿命。用机械研磨法使合金表面复合一层镍可使合金电极初期充电效率显著提高。也使用热碱处理法溶解除去 Ti－Zr 氧化膜，使合金表面富集一层镍，从而提高储氢电极初期活化性能和高速放电性能。亦有通过加入 $LaNi_5$ 提高 Laves 相合金活性。虽然 Laves 相储氢合金存在着问题，但由于其储氢容量高，循环寿命长，已越来越引起人们的关注。

(5)钒系固溶体型储氢合金。钒是常温常压下可以吸放氢的唯一元素。β－VH（bct 晶型）与 γ－VH_2（fcc 晶型）之间的平衡离解压 40 ℃ 时只有 303 900 Pa。γ－VH_2 的吸氢量达到 318%（质量分数）（理论容量 1 018 mA·h/g），且氢在金属钒内有很高的扩散系数（435～620 K 时，在 VH<0.7 中约 $4 \times 10^{-8} m^2 \cdot s^{-1}$），因此钒被认为是很有前景的高容量储氢材料。但由于纯金属钒表面极易形成氧化膜，金属钒氢化过程比较困难，阻碍其实际应用。Maeland 等报道通过添加少量第二元素如 Fe、Ni、Co 等将钒合金化，可提高其氢化速率。因此，钒固溶体合金作为新一代高容量贮氢材料引起关注。日本的 Tsukahara 等在开发钒系固溶体型合金贮氢材料上做了大量工作，开发了 V_3TiNi_x 系列钒固溶体合金。该合金具有双相结构，主相 VTi 基体能大量吸贮氢气，第二相 TiNi 以在主相晶粒边界析出作为微集流体和电催化相提高合金电化学反应速度。他们的研究还表明，将 $V_3TiNi_{0.56}$ 应

用于 Ni – MH 电池时,常由于第二相 TiNi 逐渐溶解于碱液,使支撑合金的网状骨架结构崩溃,影响电极的使用寿命。通过添加合金元素 M(Al,Si, Mn, Fe, Co, Nb, Mo, Pd, Ta) 可提高 $V_3TiNi_{0.56}M_x$ 电极的循环稳定性。尤其是添加 Nb、Ta、Co 可在不影响电极初始容量和活性情况下,有效提高氢电极循环稳定性。钴固溶于 TiNi 相中, Nb、Ta 固溶于钒母相中都能提高固溶相的耐蚀性,从而延长电极的使用寿命。如 $V_3Ti(Ni_{0.56}Co_{0.14})WNb_{0.047}Ta_{0.047}$($W = 0.8 \sim 1.2$) 随 W 增大电极稳定性提高。此外,添加元素铪可使 TiNi 相转化为 C14Laves 相,显著提高合金高速率放电性能。热处理亦能有效提高钒基固溶体合金电极工作寿命,因将合金热处理可减少 TiNi 相中钒的溶解量。$V_3TiNi_{0.56}$ 合金制备成电极实际容量只有 420 mA·h/g,而合金 $p - c - T$ 曲线则表明 $V_3TiNi_{0.56}$ 合金贮氢容量可高达 800 mA·h/g,即实际上由于常温下 $\beta - VH$ 的氢离解压很低(10^{-9}MPa),目前只能用其吸氢量的一半($\gamma - VH_2 \rightarrow \beta - VH$)。如果能提高 $\beta - VH$ 的氢离解压,有可能获得 800 mA·h/g 的钒固溶体型合金,这是开发高容量钒系固溶体型合金亟待解决的重要课题。

截至目前,已经开发了稀土系、钛系、锆系、镁系等四大系列贮氢合金。表 8.10 列出了典型 NiMH 电池用储氢合金,其中尤以稀土系贮氢合金具有优异的特性,并且在其他各类合金中,也常常在不同程度上添加稀土元素以改善其贮氢性能。根据国内资源情况,我国也多集中于稀土系贮氢合金材料的研制上,并形成了一定的生产能力。稀土系 AB_5 型贮氢电极合金以 $LaNi_5$、$MmNi_5$、$MLNi_5$ 等为代表的稀土系贮氢合金,最大贮氢密度(14% 质量)并不高,但其表面的稀土氧化物和表面下层的氧化物/Ni 界面在室温下也具有将氢分子离解的初期活化特性,故电化学循环寿命性能非常优越。

表 8.10 典型 NiMH 电池用储氢合金

合金组成	贮氢量 $w/\%$	理论容量 $/(mA·h·g^{-1})$	有效容量 $/(mA·h·g^{-1})$
AB_5 型 $LaNi_5$,$MmNi_a(Mn, Al)_bCo_c$ ($a = 3.5 \sim 4.0$, $b = 0.3 \sim 0.8$, $a + b + c = 5$)	113	348	330
AB_2 型 $TiMn_{1.5}$,$ZrMn_2$,$Zr_{1-x}Ti_xNi_a(Mn, V)_b(Co, Fe, Cr)_c$ ($a = 1.0 \sim 1.3$, $b = 0.5 \sim 0.8$, $c = 0.1 \sim 0.2$, $a + b + c = 2$)	118	482	420
AB 型 $TiFe$,$TiCo$,$Ti_{1-x}Zr_xNi_a$($a = 0.5 \sim 110$)	210	536	350
A_2B 型 Mg_2Ni,$(MgNi)_3$	316	965	500
固溶体型 VTi,$VTiCr$,$V_3TiNi_{0.5}$	318	1 018	420

注:Mm 为混合稀土金属

AB_5 型和 AB_2 型储氢材料已较成熟并获得广泛应用,但均存在储氢量小的问题。开发高容量 A_2B 型镁基合金和钒固溶体型合金已成新趋势。今后这方面工作将致力于增大常温下合金可逆吸放氢量,提高吸放氢速度及延长合金使用寿命。此外降低价格亦是实用化的关键。

3. 制备方法

上面已对各种类型的贮氢材料进行了介绍,各种类型的合金有不同的制取方法,其中包括高频感应熔炼法、电弧熔炼法、熔体急冷法、气体雾化法、机械合金化法(MA、MG 法)、还原扩散法、燃烧法等。表8.11所示为各种制造方法及特征。

(1)感应熔炼法。目前工业上最常用的是高频电磁感应熔炼法,其熔炼规模从几公斤至几吨不等,因此它具有可以成批生产,成本低等优点。缺点是耗电量大、合金组织难控制。

用熔炼法制取合金时,一般都在惰性气氛中进行。作为加热方式,多数采用高频感应,该法由于电磁感应的搅拌作用,熔液顺磁力线方向不断翻滚,使熔体得到充分混合而均质地熔化,易于得到均质合金。但熔炼过程中,由于熔融的金属与坩埚材料反应,有少量坩埚材料熔入合金中。如用氧化镁坩埚熔炼稀土系合金时有0.2%(质量)的Mg,用氧化铝和氧化锆坩埚时,分别有0.06%~0.18%Al,0.05%Zr熔入。采用高频感应熔炼时,一般流程如图8.20所示。

表8.11 贮氢材料制造方法及特征

制造方法	合金组织特征	方法特征
电弧熔炼法	接近平衡相,偏析少	适于实验及少量生产
高频感应加热法	缓冷时发生宏观偏析	价廉,适于大量生产
熔体急冷法	非平衡相、非晶相、微晶粒柱状晶组织,偏析少	容易粉碎
气体雾化法	非平衡相、非晶相、微晶粒等轴晶组织,偏析少	球状粉末,无需粉碎
机械合金化法	纳米晶结构、非晶相、非平衡相	粉末原料,低温处理
还原扩散法	热扩散不充分时,组成不均匀	不需粉碎,成本低

合金经熔炼后需冷却成型,即把熔炼注入一定形状的水冷锭模中,使熔体冷却固化,冷却方式分为锭模铸造法、气体雾化法、熔体淬冷法。

锭模铸造法采用的锭模为炮弹式不水冷的,后来发现随冷却速度加大,合金组织结构不一样,电化学特性也有所改善,便采用了水冷铜模或钢模,而且为使冷却速度更大,采用了一面冷却的薄层圆盘式水冷模,后来又发展为双面冷却的框式模。锭模铸造法是目前大规模生产常用的、较合适的方法。锭模铸造法对多组元的合金而言,因锭的位置不同,合金凝固时的冷却速度不一样,容易引起合金组织或组成的不均质化,因此使 $p-c-T$ 曲线的平台变倾斜,如图8.21所示。

气体雾化法是一种新型的制粉技术,它分为熔炼、气体喷雾、凝固等3步进行。将高频感应熔炼后的熔体注入中间包,随着熔体从包中呈细流流出的同时,在其出口处,以高压惰性气体(衔)从喷嘴喷出,使熔体成细小液滴,液滴在喷雾塔内边下落边凝固成球形粉末收集于塔底。气体雾化时粉粒的凝固速度约为 $10^2 \sim 10^4 \mathrm{K/s^{-1}}$。这种雾化粉与锭模铸造锭经机械磨碎的同等粒径粉末相比,充填密度约高10%,电极容量提高。这种粉与锭模铸造制得的粉的 $p-c-T$ 曲线同样,氢压平台平坦性差(图8.22)。这种球状骤冷凝固粉,容易产生晶格变形,为除去晶格变形常采用热处理。

气体雾化法的优点是直接制取球形合金粉,该法可以防止组分偏析。均化细化合金组织,可以缩短工艺,减少污染。其制取装置示意图如图8.23所示。

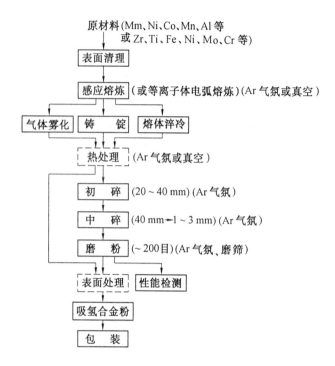

图 8.20　贮氢合金制取工艺(注:虚线框为不一定处理工序)

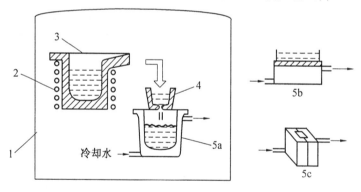

图 8.21　锭模铸造示意图[25]

1—熔炼室;2—感应线圈;3—熔炼坩埚;4—中间包;5a—炮弹形铸锭模;5b—单面圆盘形铸模;5c—双面冷矩形铸模

熔体淬冷法是在很大的冷却速度下,使熔体固化的方法。例如,将熔融合金喷射在旋转冷却的轧辊上(有单辊和双辊),冷却速度为 $10^2 \sim 10^6 \mathrm{K/s}$,由急冷凝固制成薄带。这种方法制备的合金无宏观偏析、组织均匀、晶粒细小,吸放氢特性好、氢压平台平坦性好、电极寿命长。

(2)机械合金化简介。机械合金化(MA)或机械磨碎法(M.G.)是 20 世纪 60 年代末由 J.C.Benjam 发展起来的一种制备合金粉末的技术。其过程是用具有很大动能的磨球,将不同粉末重复地挤压变形,经断裂、焊合,再挤压变形成中间复合体。这种复合体在机械力不断作用下,不断地产生新生原子面,并使形成的层状结构不断细化,从而缩短了固态粒子间的相互扩散距离,加速合金化过程。由于原子间相互扩散,原始颗粒的特性逐步消失,直到最后形成均匀的亚稳结构。机械合金化一般在高能球磨机中进行。在合金化过程中,为了防止新生的原子面发生氧化,需在保护性气氛下进行。保护气一般用氢气或氩气。同时为防止金属粉末之间、粉末与磨球及容器壁间的粘连,一般还需加入庚烷等。球磨时容易产生热量,因此球磨桶壁应采用冷却水循环。

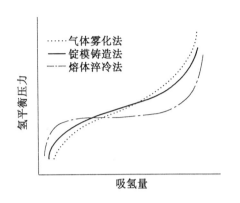

8.22 稀土类合金不同铸造法的 $p-c-T$ 模式图

机械合金化可大致分为 4 个阶段:①金属粉末在磨球的作用下产生冷间焊合及局部层状组分的形成;②反复的破裂及冷焊过程产生微细粒子,而且复合结构不断细化绕卷成螺旋状,同时开始进行固相粒子间的扩散及固溶体的形成;③层状结构进一步细化和卷曲,单个的粒子逐步转变成混合体系;④最后,粒子最大限度地畸变为一种亚稳结构。

与烧结法和熔炼法不同,机械合金化具有如下的特点。

①可制取熔点或密度相差较大的金属的合金,如 Mg-Ni、Mg-Ti、Mg-Co、Mg-Nb 等系列合金。Mg 的熔点为 651 ℃,相对密度为 1.74,而其他几种金属的熔点均在 1 450 ℃以上,相对密度均在 8 以上(除 Ti 以外,Ti 的相对密度也有 4.51),熔点和相对密度相差如

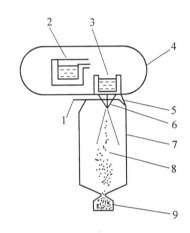

图 8.23　气体雾化法制粉示意图
1—高压 Ar 气;2—熔炼炉;3—中间包;4—熔炼室;5—喷嘴;6—熔体;7—雾化桶;8—粉末;9—粉末收集桶

此之大的两种以上的金属是很难用常规的高温熔炼法制备的,而机械合金化在常温下进行,不受熔点和相对密度的限制。

②机械合金化生成亚稳相和非晶相。

③生成超微细组织(微晶、纳米晶等)。

④金属颗粒不断细化,产生大量的新鲜表面及晶格缺陷,从而增强其吸放氢过程中的反应,并有效地降低活化能。

⑤工艺设备简单,无需高温熔炼及破碎设备。

用机械合金化制取贮氢合金的研究不少,特别是对 Mg 系贮氢材料应用较多,采用机械合金化制备 Mg 系贮氢材料,其贮氢性能明显优于传统方法制备的产物,将 Mg、Ni、Cu、Zn 基本元素粉末,纯度 99.9%,100 目,按 Mg$_2$Ni、MgCu、MgZn$_2$ 组成混合两种元素,装入不锈钢桶中,抽空后将混合物球磨 20 h。球磨在星型磨机上进行,旋转速度 885 r/min,球磨后将混合物在 143 MPa 下压成坯块。然后将坯块包在钮箔里,在氢气气氛下烧结,得到所

需储氢合金。

(3)还原扩散法简介。还原扩散法是将元素的还原过程与元素间的反应扩散过程结合在同一操作过程中直接制取金属间化合物的方法。早在 1974 年美国 GE 公司的 Cech 就采用此法直接制取金属间化合物粉末,得到了廉价的 $SmCo_5$ 稀土磁性材料。随后国内外许多学者开始从事还原扩散法的研究,取得了一定的成果。普遍认为还原扩散法的产物取决于原料组成、还原剂用量、过程温度和保温时间等因素。

还原扩散法的特点。由于还原扩散法是将氧化物还原为金属后再相互扩散形成合金的,因此它具有很多优点:①还原后产物为金属粉末,不需破碎等加工工艺和设备;②原料为氧化物,价格便宜,设备和工艺简单,成本低;③金属间合金化反应通常为放热反应,无需高温反应和设备,总能耗低于由纯金属熔炼制取的合金。但它的最大缺点是产物受原料和还原剂杂质影响,还原剂一般要过量 1.5 ~ 2 倍,反应后过量还原剂及副产物 CaO 的清除也是较麻烦的。特别是合金中氧含量较高以及多组分的添加,及其在合金中的均一分布等都还有待进一步研究。

还原扩散法的原理。还原扩散法一般采用氧化物与钙或氢化钙作还原剂来还原。为了制取合金,先将氧化物、Ni 粉、钙屑或氢化钙粉,按比例混合后压成坯块,再在惰性气氛下,在钙的熔点 1 106 K 以上的温度下加热并保温一定时间使之充分还原并进行扩散。

对于 Zr – Ni 系来说,由 ZrO_2 还原出来的 Zr 在过程温度下呈固态,其周围往往有氧化钙存在,如果 Ni 仍保持固态,彼此接触困难,合金化反应就很难进行。由于在实际操作中加入过量的金属钙,可将固体 Ni 转化为 Zr(Ca – Ni) 熔融体,这就为 Zr、Ni 间的合金化提供了必要的条件。金属 Ca 在此过程中不仅是还原剂,也是传质载体。所以 Zr – Ni 的合金化反应实际应以下式为主

$$Zr(s) + (Ca - Ni)(l) = ZrNi(s) + Ca(l)$$

(4)燃烧合成法。燃烧合成法(简称 CS 法)又称自蔓延高温合成法(SHS 法),是 1967 年由前苏联科学家 A.G.Merzhonov 等在研究钛和硼粉压制样品的燃烧烧结时发明的一种合成材料的高新技术。它是利用高放热反应的能量使化学反应自发地持续下去,从而实现材料合成与制备的一种方法。由于 CS 法合成和制备材料具有一系列优点,因此前苏联、日、美等国竞相开发和研究,发展非常迅速。到目前为止,世界上已用 CS 法生产了包括电子材料、超导材料、复合材料、难熔材料等数百种材料。CS 工艺燃烧反应有两种基本模式:从局部引燃粉末反应,接着燃烧波再通过压块的自蔓延反应称为燃烧模式;而迅速加速压块直至合成反应在整个样品内同时发生的整体反应称为爆炸模式。

用燃烧合成法制造贮氢合金,有利于提高合金吸氢能力,具有不需要活化处理和高纯化,合成时间短,能耗少等优点。近年来日本东北大学利用燃烧合成法成功地合成了 Mg – Ni 贮氢合金,该合金不必进行活化处理,其吸氢量高达 7.2%。同时发现在氢气气氛中加热可直接合成 Mg – Ni 系合金(Mg_2NiH_4)的新工艺,即氢化燃烧合成法,研究了不同 Ni 添加量的 Mg – Ni 合金的氢化燃烧合成。采用镁粉(纯度 99.9%,粒径 77 μm)和镍粉(99.9%,粒径 2 ~ 3 μm),按规定比例混合后压成圆柱形坯块($\phi100$ mm × 5 mm)。将这种坯块用机械破碎加工成小于 3 mm 的碎块,经真空(1.33×10^{-4} Pa)除气后,于 1 MPa 纯氢气氛下缓缓加热到 823 K 保温 30 min 后自然冷却即可完成氢化燃烧合成。实验合成了不

同 Ni 添加量(1% ~ 54.7%Ni)的镁合金,并测定了合金的吸氢能力。结果表明,氢化燃烧合成法所得的 Mg – x%Ni(1 ~ 54.7)合金,以 Mg – 1%Ni 合金的吸氢量最高,为 7.2%,同时发现氢化燃烧合成的试样,比在氢气气氛中燃烧合成的合金,合成速度显著改善。

8.2.4 Ni – MH 电池的电解液

前面已对 Ni – MH 电池的原理、结构、制取方法、应用范围、发展方向均作了较详细介绍,还有一点是万万不能忽略的,那就是电解液,缺了电解液,电池是无法工作的。一般来说,Ni – MH 电池多采用 KOH 的水溶液,有的还加入少量 LiOH 和 NaOH 作为电解液。

通过实验发现,电解液的密度应在 1.2 ~ 1.4,由 3 组分构成:KOH、NaOH 和 LiOH,其中 KOH 的量在 66%以上,NaOH 在 30%以下,LiOH 在 2% ~ 4%范围内。一般认为 Ni – MH 电池中使用 $Ni(OH)_2$ 作为正极活性物质时,由于电池在长期使用过程中,$Ni(OH)_2$ 晶粒会逐渐聚结而造成充电困难,因此在电解液中加入适量的 LiOH,一般为 15 g/L。Li 的作用是吸附在 $Ni(OH)_2$ 颗粒表面,阻止颗粒长大聚结,提高电极活性物质利用率;Li 还可以防止电极膨胀,提高电极反应的可逆性;强化电极充电过程中的析氧极化,延长电极使用寿命等。可见 LiOH 是电解液中的重要成分。目前工业生产中一般用 6 mol/L KOH,添加 15 ~ 20 g/L LiOH 为电解液。电解液密度为 1.30 g/cm^3。总之,电解液的组成、浓度用量等对电池性能均有一定的影响,可根据具体情况进行选择。

8.3 燃料电池材料

燃料电池(Fuel Cell, FC)是一种新兴的化学电源,其具有能量转换效率高、燃料使用和场址选择灵活、洁净、噪声低等优点。美、日、加、欧洲及澳洲在燃料电池的研究和应用领域处于世界前沿,我国早在 20 世纪 50 年代起就开始了燃料电池的理论研究,70 年代达到高潮,后来曾一度中断。90 年代起,受到国际能源紧张和环境恶化两大趋势的影响,燃料电池的开发与研究又再次成为热门。

8.3.1 概述

1. 燃料电池的发展

燃料电池的历史可以追溯到第 19 世纪英国科学家 William Robert Grove 爵士的工作。1839 年,Grove 所进行的电解实验——使用电将水分解成氢和氧——是人们后来称之为燃料电池的第一个装置。

Grove 推想到,如果将氧和氢反应就有可能使电解过程逆转产生电。为了证实这一理论,他将两条白金带分别放入两个密封的瓶中,一个瓶中盛有氢,另一个瓶中盛有氧。当这两个盛器浸入稀释的硫酸溶液时,电流开始在两个电极之间流动,盛有气体的瓶中生成了水。为了升高所产生的电压,Grove 将几个这种装置串联起来,终于得到了他所叫做的"气体电池"。他指出,强化在气体、电解液与电极三者之间的相互作用是提高电池性能的关键。

"燃料电池"一词是 1889 年由 Ludwig Mond 和 Charles Langer 二位化学家创造的,他们当时试图用空气和工业煤气制造第一个实用的装置,他们采用浸有电解质的多孔非传导材料为电池隔膜,以铂黑为电催化剂,以钻孔的铂或金片为电流收集器组装出燃料电池。该电池以氢与氧为燃料和氧化剂。当工作电流密度为 3.5 mA/cm² 时,电池的输出电压为0.73 V。他们研制的电池结构已接近现代的燃料电池了。

此后,奥斯瓦尔德(W. Ostwald)等人想采用煤等矿物作燃料,利用燃料电池原理发电。由于矿物燃料的电化学反应速度过低,实验没有取得成功。

人们很快发现,如果要将这一技术商业化,必须克服大量的科学技术障碍。因此,人们对 Grove 发明的早先兴趣便开始淡漠了。直到 19 世纪末,内燃机的出现和大规模使用矿物燃料发电阻碍了燃料电池的研究,使燃料电池在数十年内没有取得大的进展。

1923 年,施密特(A. Schmid)提出了多孔气体扩散电极的概念。

1932 年,剑桥大学的工程师 Francis Thomas Bacon 博士想到了 Mond 和 Langer 发明的装置,并对其原来的设计作了多次修改,包括用比较廉价的镍网代替白金电极,以及用不易腐蚀电极的碱性氢氧化钾代替硫酸电解质。他提出了双孔结构电极的概念。开发成功了中温(200℃)培根型碱性燃料电池(AFC)。Bacon 将这种装置叫做 Bacon 电池,它实际上就是第一个碱性燃料电池(alkaline fuel cell, AFC)。

1959 年,Bacon 才真正制造出能工作的燃料电池,他生产出一台能足够供焊机使用的5 kW 机器。不久,Allis - Chalmers 公司的农业机械生产商 Harry Karl Ihrig 也在这一年的晚期制造出第一台以燃料电池为动力的车辆。将 1 008 块他生产的这种电池连在一起,这种能产生 15 kW 的燃料电池组便能为一台 20 马力的拖拉机供电。上述发展为燃料电池的商业化奠定了基础。

20 世纪 60 年代初期,美国政府的新机构国家航空和宇宙航行局(NASA)正寻找为其即将进行的一系列无人航天飞行提供动力的方法。由于使用干电池太重,太阳能价格昂贵,而核能又太危险,NASA 业已排除这几种现有的能源,正着手探索其他解决办法。燃料电池正好吸引了他们的视线,NASA 便资助了一系列的研究合同,从事开发实用的燃料电池设计。

这种研究获得了第一个质子交换膜(proton exchange membrane, PEM)。1955 年,就职于通用电器公司(GE)的化学家 Willard Thomas Grubb 进一步改进了原来的燃料电池设计,使用磺化的聚苯乙烯离子交换膜作为电解质。三年后,另一位 GE 的化学家 Leonard Niedrach 发明了一种将白金存放在这种膜上的方法,从而制造出人们所知的"Grubb - Niedrach 燃料电池"。此后,GE 继续与 NASA 合作开发这一技术,终于使其在 Gemini 空间项目中得到应用。这便是第一次商业化使用燃料电池。

20 世纪初期,飞机制造商 Pratt&Whitney 获得 Bacon 碱性燃料电池的专利使用权,并着手对原来设计进行修改,试图减轻其重量。Pratt&Whitney 成功地开发了一种电池,其使用寿命比 GE 的质子交换膜的寿命长得多。正因如此,Pratt&Whitney 获得了 NASA 的几项合同,为其阿波罗航天飞机提供这种燃料电池。从此,这种碱性电池便用于随后的大多数飞行任务,包括航天飞机的飞行。使用燃料电池作为能源的另一好处就是它能产生可饮用水作为副产品。尽管在空间应用方面获得了令人感兴趣的发展,然而截至目前在地面应用方面却有鲜为人知的进展。

1973 年的石油禁运重新引发了人们对燃料电池在地面应用的兴趣,因为许多政府期望降低对石油进口的依赖性。不计其数的公司和政府部门开始认真地研究解决燃料电池大规模商业化的方法。在 20 世纪 70 年代和 80 年代,大量的研究工作致力于开发所需的材料,探索最佳的燃料源,以及迅速降低燃料电池的成本。

到 20 世纪 90 年代,一种廉价的,清洁的,可再生的能源最终变成了事实。在这十年中,技术上的突破包括加拿大公司 Ballard 在 1993 年推出的第一辆以燃料电池为动力的车辆。两年后,Ballard 和 Daimler Benz 公司都生产出每升 1 kW 的燃料电池组。

在过去的几年中,许多医院和学校都安装了燃料电池,大多数汽车公司也已设计出其以燃料电池为动力的原型车辆。在北美和欧洲的许多城市,如芝加哥、温哥华等,以燃料电池为动力的公共汽车正在投入试用,人们正期望在不久的将来能将这种车辆投放市场。

在未来的几十年中,鉴于人们对耗竭现有自然资源的担心,以及越来越多的人意识到大量焚烧矿物燃料对环境的破坏,必将促使燃料电池的发展。

2. 燃料电池的基本原理、特点与分类

(1)燃料电池的工作原理。燃料电池是一种电化学装置,简单地讲,是反应物燃料与空气中的氧发生电化学反应而获得电能和热能的装置。能量的转化过程为化学能直接转化成电能和热能,形成的电能为低压直流电能。燃料和氧化剂分别由两侧经过两极。它的工作过程相当于电解水的逆反应过程,电极是燃料和氧化剂向电、水和能量转化的场所,燃料(以氢气为主)在阳极上放出电子,电子经外电路传到阴极并与氧化剂结合,通过两极之间电解质的离子导体,使得燃料和氧化剂分别在两个电极/电解质界面上进行的化学反应构成回路,产生电流。以碱性燃性电池为例,所发生的电化学反应如下。

燃料(如氢)在阳极发生氧化反应:$H_2 + 2OH^- \rightarrow H_2O + 2e^-$

标准电极电位: -0.828 V

氧化剂(如氧)在阴极发生还原反应:$1/2O_2 + H_2O + 2e \rightarrow 2OH^-$

标准电极电位:0.401 V

整个电池的反应:$1/2O_2 + H_2 \rightarrow H_2O$

电池理论标准电动势:$V_0 = 0.401 - (-20.828) = 1.229$ V

即单电池的输出电压为 1.229 V。为了得到所需的电压和电流,可以通过电池的串联和并联,使其组成一定发电能力的电池组。由于用燃料电池发出的电为直流电,在现实使用时,可以通过变电装置使其变为交流电。

如图 8.24 所示,氢离子在将两个半反应分开的电解质内迁移,电子通过外电路定向流动、作功,并构成总的电的回路。氧化剂发生还原反应的电极称为阴极,其反应过程称为阴极过程,对外电路按原电池定义为正极。还原剂或燃料发生氧化反应的电极称为阳极,其反应过程称阳极过程,对外电路定义为负极。燃料电池与常规电池不同,它的燃料和氧化剂不是贮存在内,而是贮存在电池外部的贮罐中。当它工作(输出电流并做功)时,需要不间断地向电池内输入燃料和氧化剂,并同时排出反应产物。因此,从工作方式上看,它类似于常规的汽油或柴油发电机。

由于燃料电池工作时要连续不断地向电池内送入燃料和氧化剂,所以燃料电池使用的燃料和氧化剂均为流体(即气体和液体)。最常用的燃料为纯氢、各种富含氢的气体(如重整气)和某些液体(如甲酸水溶液)。常用的氧化剂为纯氧、净化空气等气体和某些液体

（如过氧化氢和硝酸的水溶液等）。

燃料电池与普通的化学电池有着相似的发电原理，在结构上都具有电解质，电极和正负极连接端子。二者的不同之处在于，燃料电池不储存电能，反应剂由外部供给，在燃料电池中，反应物燃料及氧化剂可以源源不断地供给电极，只要使电极在电解质中处于分隔状态，那么反应产物可同时连续不断地从电池排出，同时相应连续不断地输出电能和热能。

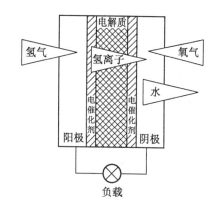

图 8.24　燃料电池工作原理示意图

（2）燃料电池的特点。燃料电池有其他化学电池和其他发电方式不可比拟的特点和优势：

①污染小。与传统的火力发电相比较，它减少了大气污染；同时，由于它自身不需要用水冷却，可以减少传统发电带来的废热污染；另外，燃料电池发电时噪声很小，实验表明，距离 40 kW 磷酸燃料电池电站 4.6 m 的噪声水平是 60 dB，而 4.5 MW 和 11 MW 的大功率磷酸燃料电池电站的噪声水平已经达到不高于 55 dB 的水平；在反应产物方面，对氢氧燃料电池来说，它的唯一产物是水，在载人宇宙飞船等航天器中可兼作宇航员的饮用水，相比较传统火力发电造成的粉煤灰污染，燃料电池可以称得上极其环保。

②能量转化效率高。火电厂或者原子能发电都是把化学能或原子核能转变为热能，再由热能转变为电能；而燃料电池是直接把化学能转变为电能，不经过热机过程，不受卡诺循环的限制，因而转化效率特高。目前，汽轮机或柴油机的效率最大值仅为 40% ~ 50%。当用热机带动发电机发电时，其效率仅为 35% ~ 40%；而燃料电池理论上能量转化率在 90% 以上，甚至超过 100%，在实际应用中，其综合利用效率亦可达 80% 以上。

③对系统负荷变动的适应能力强。火力发电的调峰问题一直是个难题，发电输出能力的变动率最大为 5%，且调节范围窄，而燃料电池发电输出能力变动率可达每分钟 66%，对负荷的应答速度快，启停时间很短。另外，燃料电池即使负荷频繁变化，电池的能量转化效率并无大的变化，运行得相当平稳。

④燃料来源广。燃料电池可以使用多种多样的初级燃料，包括火力发电厂不宜使用的低质燃料。作为燃料电池燃料来源的不仅可以是可燃气体，还可以是燃料油和煤。煤炭是我国的主要能源，煤炭的利用存在着污染大、效率低、资源不能充分合理利用的紧迫问题。通过煤制气的方式为燃料电池提供原料气而得到电能，是解决上述问题的有效手段。

⑤易于建设。燃料电池具有组装式结构，不需要很多辅机和设施；由于电池的输出功率由单电池性能、电池面积和单电池数目决定，因而燃料电池电站的设计和制造也是相当方便的。

（3）燃料电池的分类。目前，FC 主要分为如下几大类：碱性燃料电池（AFC）、磷酸型燃料电池（PAFC）、熔融碳酸盐燃料电池（MCFC）、固体电解质燃料电池（SOFC）及固体高分子燃料电池(PEFC)。其中,燃料电池从第一代碱性燃料电池(AFC)开始已经发展到今天的第五代离子膜燃料电池(PEMFC)。除了 AFC 电池外,第二代磷酸电池(PAFC),第三代熔融碳酸盐电池(MCFC),第四代固体氧化物电池(SOFC)和第五代 PEMFC 电池各有其优点,目前都正在向商业化发展。各种 FC 的组成详见表8.12。

表8.12 FC 的分类

燃料电池种类	AFC	PAFC	MCFC	SOFC	PEMFC
燃料气	纯 H_2	H_2、天然气、甲烷、石脑油	H_2、天然气、煤制气、甲醇、蒸馏油	H_2、CO、天然气、煤制气、蒸馏油	H_2(含 CO_2)、天然气、石脑油、甲烷
氧化气	纯 O_2	纯 O_2	O_2、空气	空气	O_2、空气
电解质	NaOH/KOH	高纯度 H_3PO_4	雷尼镍、氧化镍	ZrO_2/Y_2O_3	离子交换膜
催化剂	铂系金属	铂系金属	无	无	铂系金属
工作温度	50 ~ 150 ℃	190 ~ 220 ℃	600 ~ 700 ℃	900 ~ 1 000 ℃	60 ~ 120 ℃

8.3.2 熔融碳酸盐燃料电池(MCFC)

MCFC 正常工作温度在650 ℃左右,电解质成熔融态,电荷移动很快,在阴阳电极处电化学反应快,因此可以不使用昂贵的贵金属作催化剂。其对燃料适应广,可以不经燃料气重整,可直接使用天然气或煤气作为燃料,因此降低了成本。并且因为工作温度高,能与汽轮发电机组组成联合循环,进一步提高发电效率。

1. MCFC 单电池

MCFC 单电池结构如图8.25所示,由阳极(Ni 多孔体)、阴极(NiO 多孔体)和两电极板之间的电解质板(一般是浸注 Li 和 K 的混合碳酸盐的 $LiAlO_2$ 多孔性陶瓷板)组成。典型的电解质组成是 62%Li_2CO_3 + 38%K_2CO_3(摩尔分数)。电解质中的离子导体是碳酸根(CO_2)。催化剂以雷尼镍和氧化镍为主。单体电池工作时输出电压为 0.16 ~ 0.18 V,电流密度约 150 ~ 220 mA/cm^2。

MCFC 的电极反应为

阴极反应
$$\frac{1}{2}O_2 + CO_2 + 2e \longrightarrow CO_3^{2-}$$

阳极反应
$$H_2 + CO_3^{2-} \longrightarrow CO_2 + H_2O + 2e^-$$

总反应
$$\frac{1}{2}O_2 + H_2 + CO_2(阴极) \longrightarrow 2H_2O + CO_2(阳极)$$

由电极反应可知,MCFC 的导电离子为 CO_3^{2-}。与其他类型燃料电池的区别是,在阴极,二氧化碳为反应物;在阳极,二氧化碳为产物。每通过两个法拉第常数的电量,就有 1 mol CO_2 从阴极转移到阳极。为确保电池稳定连续地工作,必须将在阳极产生的二氧化碳返回到阴极。通常采用的办法是将阳极室所排出的尾气经燃烧消除其中的氢和一氧化碳后,进行分离除水,然后再将二氧化碳送回到阴极。

(1)电池隔膜。隔膜是 MCFC 的核心部件,它必须具备强度高、耐高温熔盐腐蚀、浸入熔盐电解质后能够阻挡气体通过,并且具有良好的离子导电性能。早期的 MCFC 曾采用氧化镁制备隔膜。试验中发现,由于氧化镁在熔盐中有微弱的溶解现象,所制备出的隔膜易于破裂。通过对多种材料的筛选,偏铝酸锂脱颖而出。研究结果表明,偏铝酸锂具有很强的抗碳酸熔盐腐蚀的能力。目前已普遍采用偏铝酸锂来制备 MCFC 的隔膜。

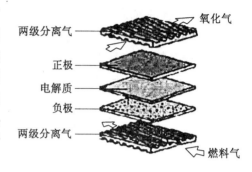

图 8.25　MCFC 单电池结构图

偏铝酸锂($LiAlO_2$)α、β 和 γ 三种晶型。

根据 Yong – Laplace 公式,气体进入半径为 r,亲液毛细管的临界压力 p_{ex} 为

$$p_{ex} = 2\sigma\cos\theta / r$$

式中,σ 和 θ 分别为固液相之间的界面张力和接触角。

已知由 62%(摩尔分数)$LiCO_3$ + 38%(摩尔分数)K_2CO_3(490℃)构成的电解质在偏铝酸锂上完全浸润,其 σ 为 0.198 N/m。由式计算可知:偏铝酸锂隔膜欲耐受 0.1 MPa 的压差,其隔膜的孔半径最大不得超过 3.96 μm。由于隔膜是由偏铝酸锂粉料堆积而成,要确保隔膜孔径不超过 3.96 m,偏铝酸锂粉料的粒度就应尽量细小,必须将其粒度严格控制在一定的范围内。

在电解质($0.62Li_2CO_3 + 0.38K_2CO_3$ 或 $0.53Li_2CO_3 + 0.47Na_2CO_3$)中,这些粉料有很强的抗腐蚀性能。在隔膜中有机物(如 PVB(聚己烯醇缩丁醛))烧除后,隔膜变为多孔体。电池温度升至 490℃ 左右,电解质开始熔融。在毛细力作用下,熔融碳酸盐浸渍到隔膜的多孔体中。由于它的毛细力作用大于电极,使电解质在隔膜和电极之间有一合理的分配,即在电池运行期间,隔膜自始至终一直处于被电解质完全浸满状态,隔膜变为阻气离子导电层,隔膜的电阻率应小于 2.3 Ω·cm,阻气压差应大于 0.1 MPa。如果隔膜中局部之处缺少电解质或隔膜中出现较大的孔,隔膜阻气压差小于 0.1 MPa,这时反应气压力的波动可能导致燃料气和氧化气互窜,严重时导致电池失效。

(2)阴极。在 MCFC 中,电极反应温度为高温,电极催化活性比较高,所以电极材质采用非贵金属,阴极采用 NiO,在 650℃ 于电解质中 Li 化后的电导率为 33 S/cm。交换电流密度为 3.4 mA/cm^2。

(3)阳极。MCFC 最早采用的阳极催化剂为 Ag 和 Pt。为了降低电池成本而使用导电性与电催化性能良好的 Ni,但在高温和电池组装压力下,纯 Ni 阳极易产生蠕变。所谓阳极蠕变就是在高温和压力下,金属晶体结构产生微型变。蠕变破坏了阳极结构,减少电解质储存量,导致电极性能衰减。因此需要对纯 Ni 阳极进行改性,克服其蠕变应力。在 Ni 中掺杂其他元素(如 Cr、Al 及 Cu 等),在还原气氛中形成合金阳极。这些元素加入量一般为 10%(摩尔分数)左右,对电极起加固、对蠕变应力起分散作用。

(4)双极板。双极板通常用不锈钢和镍基合金钢制成。目前使用最多的还是 316L 不锈钢和 310 不锈钢双极板。对小型电池组,其双极板采用机械加工方法进行加工;对大型电池组,其双极板采用冲压方法进行加工。图 8.26 是 MCFC 冲压成型的双极板(厚

0.5 mm)。

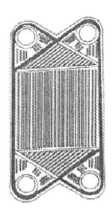

图 8.26 MCFC 冲压成型的双极板（厚 0.5 mm）

2. MCFC 电堆

将多个单电池串联或并联构成电堆。相邻单电池间用金属隔板隔开，隔板起串联上、下单电池和气体流路的作用。结构如图 8.27 所示。

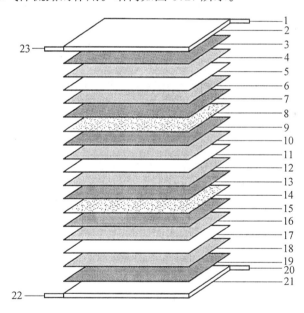

图 8.27 MCFC 电池组结构示意图

1—氧化气入口;2,7,9,13,15,19—阴极终端片;3—多孔集流器;4,10,16—阴极;5,11,17—电解质;6,12,18—阳极;8,14—两极分离器;20—燃料气入口;21—阳极终端片;22—氧化气出口;23—燃料气出口

电堆中发生的主要的传输过程：(1) 物质移动燃气和氧化剂气体分别输入燃料电池电堆的阳极歧管和阴极歧管,从阳极和阴极入口歧管,气体沿电堆方向传输。在单体的阳极气道和阴极气道内,气体沿单体方向流动,伴随进出电极的扩散作用。最后气体沿着电堆方向通过阳极和阴极出口歧管离开燃料电池。(2) 热传递燃气和氧化剂气体在沿电堆方向通过阳极和阴极入口、出口歧管时被加热。

3. MCFC 商业化亟待解决的问题

能源的价格是当前 MCFC 商业化的主要障碍,当前能源的价格太低,使得开发更高效的能源吸引力不大。当能源的价格涨到 \$1 108/kW·h 时将使 MCFC 非常有吸引力。部分国家对环境污染控制的重视不够或政策不力也是一个重要因素。MCFC 的成本、寿命是主要的技术性障碍。基本成本将是 MCFC 早期市场化的主要障碍,一般认为系统配置成本应小于 \$1 000/kW,安装成本应小于 \$1 500/kW,运行和维护成本应小于 \$102/kW·h。商用的 MCFC 电堆的寿命一般应大于 40 000 h,其中 8 000 h 应是以 80 % 的负载连续运行,整个电站的可用寿命应达到 25 年。研究表明阴极溶解、阳极蠕变、高温腐蚀和电解质损失是影响 MCFC 寿命的主要因素。今后一段时期 MCFC 的研究将主要集中在:(1) 研究阴极氧还原过程的动力学参数,弄清氧化还原反应的机理;(2) 研制新的电极材料,解决 MCFC 的阴极溶解极化问题;(3) 提高阳极的电催化活性,改善润湿性,增强其抗蠕变能力;(4) 研究融盐在高温下的腐蚀特性,改进密封技术,解决电解质的蒸发以及由于壳体、隔板和其他组分的腐蚀而造成电解质损失;(5) 研究解决湿密封引起的旁路电流及电解质迁移、杂质对电池性能寿命的影响。

8.3.3 固体氧化物燃料电池(SOFC)

和其他燃料电池不同,在 SOFC 中,采用固体氧化物氧离子(O^{2-})导体(如最常用的 Y_2O_3 稳定的氧化锆,简称 YSZ)作电解质起传递 O^{2-} 和分离空气、燃料的双重作用。这类氧化物由于掺杂了不同价态的金属离子,为了保持整体的电中性,晶格内产生大量的氧空位。在高温下(高于 750℃),这类掺杂氧化物具有足够高的 O^{2-} 离子导电性能。由于采用这种高温氧化物固体电解质,和其他类型的燃料电池相比,SOFC 具有许多显著优点。

1. SOFC 的优越性

在几种燃料电池中,固体氧化物燃料电池(SOFC)是大功率、民用型燃料电池的第三代。它是一种燃料气和氧化剂气通过离子导电的氧化物发生电化学结合而产生电能的全固态能量转化装置。与其他类型的燃料电池相比,具有很多优越性:

(1)由于 SOFC 是全固体的电池结构,无使用液态电介质所带来的腐蚀和电解液流失等问题。

(2)高温工作时,电池排出的高质量的余热可充分利用,既可用于取暖也可与蒸汽轮机联用进行循环发电,能量综合利用效率可提高到 80 % 以上。

(3)燃料适用范围广,不仅可以用 H_2、CO 等燃料,而且可直接用天然气(甲烷),煤气化气和其他碳氢化合物作为燃料来发电。

2. SOFC 的工作原理

SOFC 电池的原理如图 8.28 所示。固体氧化物(通常用 YSZ)作为电解质起传递 O^{2-} 和分离空气、燃料的作用,在阴极(空气电极)上,氧分子得到电子被还原成氧离子

$$O_2 + 4e \rightarrow O^{2-}$$

氧离子在电场的作用下,通过电解质中的氧空位迁移到阳极(燃料电极)上与燃料 H_2 或 CH_4 进行氧化反应

$$2O^{2-} + 4e + 2H_2 \rightarrow H_2O$$

或
$$4O^{2-} + 8e + CH_4 \rightarrow H_2O + CO_2$$

电池的总反应是
$$2H_2 + O_2 \rightarrow 2H_2O$$

或
$$CH_4 + 2O_2 \rightarrow 2H_2O + CO_2$$

总反应过程的 Gibbs 自由能 ΔG 转变为电能，电池的开路电势为

$$E_e = -\Delta G / nF \qquad (4)$$

电池的理论极限效率定义为

$$\eta_{max} = \Delta G / \Delta H$$

ΔH 为总反应的反应热。

对 SOFC 电池而言，效率一般为 50% ~ 60%，其余约 40% 的能量以余热排出。从原理上讲，固体氧化物离子导体作为电解质是最理想的，因为氧化物离子导体传递氧，适用于所

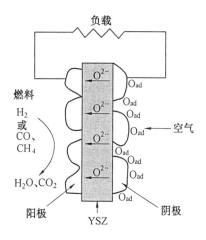

图 8.28　SOFC 燃料电池的工作原理

有可以燃烧的燃料，包括 NH_3、H_2S 等，其他电解质的燃料电池则只能依赖于纯氢、CO 或预先将燃料重整。

3. SOFC 的构成

一般的 SOFC 采用氧离子导体或质子导体做电介质，并且在高温下工作。目前，SOFC 正在向各种发电应用上发展。SOFC 一般是以 YSZ（钇稳定化氧化锆的摩尔分数为 8%）作为电介质，Ni/YSZ 金属陶瓷为阳极，掺锶的锰酸镧（LSM）为阴极，理论上，任何能产生电化学氧化和还原反应的气体都可以作燃料电池的燃料和氧化剂。然而，氢是目前用于 SOFC 的最普遍的燃料，氢具有很高的电化学反应活性，能从普通的燃料如碳氢化合物、酒精或煤中得到。氧为燃料电池中采用的最普遍的氧化剂，因为氧可以很容易很经济地从空气中得到。基于氢的电化学燃烧的燃料电池采用的电介质是氧离子导体或氢离子(质子) 导体。因此，现代固体电解质燃料电池可以分为两类：基于氧离子导体的和基于质子导体的，两种形式主要不同在于燃料电池生成的水在哪一面(质子导体燃料电池中，水在氧化

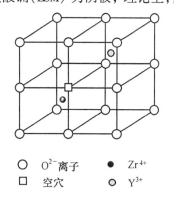

○ O^{2-} 离子　● Zr^{4+}
□ 空穴　　　◎ Y^{3+}

图 8.29　YSZ 的晶胞结构

剂电极形成；而在氧离子导体燃料电池中，水在燃料电极形成)。某些气体，如一氧化碳也能用于燃料电池的燃料，但不能用于质子导体的燃料电池中。

4. SOFC 的基本元件

(1)氧化物固体电解质。图 8.29 是 YSZ 的晶胞结构。一般氧化物固体电解质通常为萤石结构的氧化物，常见的电解质有 Y_2O_3、CaO 等掺杂的 ZrO_2、ThO_2、CeO_2 和 Bi_2O_3 氧化物

形成的固溶体。目前应用最广泛的氧离子导体为 Y_2O_3（$x_{Y_2O_3}=6\%\sim10\%$）掺杂的 ZrO_2。常温下纯 ZrO_2 属单斜晶系（$a=0.512$ nm，$b=0.517$ nm，$c=0.529$ nm，$B=99°11'$），1 150℃时不可逆地转变为四方结构，在 2 370℃下进一步转变为立方萤石结构，并一直保持到熔点（2 680℃）。这种相变引起很大的体积变化（$3\%\sim5\%$，加热收缩，降温膨胀）。Y_2O_3 等杂价氧化物的引入可以使立方萤石结构在室温至熔点的范围内得到稳定，同时在 ZrO_2 晶格内产生大量的氧离子空位来保持整体的电中性。每加入两个三价离子，就引入一个氧离子空位。最大电导通常存在于使氧化锆稳定于立方萤石结构所需的最少杂原子掺杂时，过多的杂原子使电导降低，电导活化能增加，其原因可能为缺陷的有序化、空位的聚集及静电的作用。Y_2O_3（$x_{Y_2O_3}=8\%$）稳定的 ZrO_2（YSZ）（见图 8.29）是目前 SOFC 中普遍采用的电解质材料，其电导率在 950℃约为 0.1 S/cm。虽然 YSZ 的电导率比其他类型的固体电解质如稳定的 Bi_2O_3、CeO_2 小 1～2 数量级，但其突出的优点是在很宽的氧分压范围（$10^5\sim10^{-15}$Pa）内相当稳定，是目前少数几种在 SOFC 中具有实用价值的氧化物固体电解质。

(2) 阴、阳极材料。在高温 SOFC 中，要求电极必须具有如下特点。

① 多孔性，允许反应气体扩散到三相界面，并增大催化反应表面。

② 高的电子导电性。

③ 与 YSZ 有高度的化学和热相容性以及相近的热膨胀系数。

SOFC 中的阴极、阳极，可以采用 Pt 等贵金属材料。由于 Pt 价格昂贵，而且高温下易挥发，实际很少采用。目前发现，钙钛矿型复合氧化物 $Ln_{1-x}A_xMO_3$（Ln 为镧系元素，A 为碱土金属，M 为过渡金属）是性能较好的一类阴极（空气极）材料。Takeda 研究了 $La_{1-x}Sr_xMO_{3-D}$（M = Mn，Fe，Co，Cr）的阴极极化性质，得出电极反应速率的顺序为 $La_{1-x}Sr_xCoO_{3-D}>La_{1-x}Sr_xMnO_{3-D}>La_{1-x}Sr_xFeO_{3-D}>La_{1-x}Sr_xCrO_{3-D}$，各种电极的电极反应的速度控制步骤有很大区别，其中 $La_{1-x}Sr_xCoO_{3-D}$ 的速度控制步骤为电荷转移步骤，$La_{1-x}Sr_xFeO_{3-D}$ 及 $La_{1-x}Sr_xMnO_{3-D}$ 的速度控制步骤为氧的解离，$La_{0.7}Sr_{0.3}CrO_{3-D}$ 的速度控制步骤为氧在电极表面的扩散。在电催化活性方面 Sr 掺杂的 Co 复合物活性最好，但存在以下缺点。

①$LaCoO_3$ 的抗还原能力比 $LaMnO_3$ 差。

②$LaCoO_3$ 的热膨胀系数大于 $LaMnO_3$。

③$LaCoO_3$ 容易同 YSZ 发生反应。A 位离子的改变对阴极性质影响也很大。不同稀土元素添加后的阴极过电势顺序为 Y > Yb > La > Gd > Nd > Sm > Pr，$Pr_{1-x}A_xMO_3$ 的低过电势可能是由于 Pr 的多价性导致的氧化还原特性促进了 $O_2\rightarrow O^{2-}$ 反应，$Pr_{1-x}Sr_xMO_3$ 的活性与比相应工作温度高 100℃的 $La_{1-x}Sr_xMnO_3$ 的活性相当。目前 SOFC 中空气极广泛采用锶掺杂的亚锰酸镧（LSM）钙钛矿材料，主要取决于 LSM 具有较高的电子导电性、电化学活性和与 YSZ 相近的热膨胀系数等优良综合性能。$La_{1-x}Sr_xMnO_3$ 中随 Sr 的掺杂量变化，Sr 掺杂量从 0 到 0.5，电导性连续增大，但热膨胀系数也不断增大。为了保证和 YSZ 膨胀系数相匹配，一般 Sr 掺杂量取 0.1～0.3。

目前普遍采用 Ni - YSZ 陶瓷材料为阳极（燃料电极）。Ni - YSZ 陶瓷材料具有催化活性高、价格低等优点。Ni – YSZ 陶瓷电极制备一般采用亚微米的 Ni 和 YSZ 粉充分混合后用 Screen Printing 或浸涂的方法沉积在 YSZ 电解质上，经高温（1 400℃）烧结形成厚度约为 50 ~ 100 μm 的 Ni – YSZ 陶瓷电极。Ni – YSZ 的电导大小及性质由混合物中两者的比例决定，Ni 的体积分数低于 30% 时，与 YSZ 相似，主要表现为离子电导，大于 30% 后表现为金属的导电性。Ni – YSZ 的电导还与其微观结构有关，当使用低表面积的 YSZ 时，由于 Ni 主要分布在 YSZ 表面，可以增加电导。

Ni – YSZ 陶瓷电极中 YSZ 的作用之一是调节 Ni – YSZ 电极的热膨胀系数，使之与 YSZ 基底接近。更重要的是 YSZ 的加入增大了电极与 YSZ 电解质、气体的三相界面区域，即电化学活性区的有效面积，使单位面积的电流密度增大。

阳极材料研究范围较窄，主要集中在 Ni、Co、Ru 等适合做阳极的金属以及具有混合电导性能的氧化物，如 Y_2O_3、ZrO_2、TiO_2。金属 Co 也是很好的阳极材料，其电催化活性甚至比 Ni 高，而且耐硫中毒比 Ni 好，但由于 Co 价格较贵，一般很少在 SOFC 使用。近几年，有人采用变价氧化物，如 MnO_x、CeO_2 修饰 YSZ 表面后制备 Ni – YSZ 陶瓷电极，活性明显提高，功率密度可高达 1.0 W/cm^2。

（3）双极连接材料。双极连接板在 SOFC 中起连接阴阳电极作用，特别在平板式 SOFC 中还起导气和导电作用，是平板式 SOFC 关键材料之一。双极连接板在高温（900 ~ 1 000℃）和氧化、还原气氛下必须具备机械、化学稳定性，高的导电率和与 YSZ 相近的热膨胀系数。目前主要有两类材料能满足平板式 SOFC 连接材料的要求：一种是钙或锶掺杂的铬酸镧钙钛矿材料 $La_{1-x}Ca_xCrO_3$（简称 LCC），$La_{1-x}Ca_xCrO_3$ 具有很好的抗高温氧化性和良好的导电性能及匹配的热膨胀系数，但这类材料比较昂贵，采用这种连接板材料，SOFC 电池中连接板的费用约占电池总费用的 80%。另一类材料是耐高温 Cr – Ni 合金材料，如 Inconel 镍，基本能满足 SOFC 要求，但 Cr – Ni 合金材料的长期稳定性较差。德国 Siemens 公司和奥地利 Metallwerk – Plansee 公司合作研制的一种耐高温合金，作平板式 SOFC 连接材料，各项性能及长期稳定性明显优于其他耐高温材料。据报道，材料的主要成分是 Cr_2Ni 合金，其中含有 Fe（w_{Fe} = 5%）和 Y_2O_3（$w_{Y_2O_3}$ = 1%），Siemens 公司用这种合金组装的平板式 SOFC，已成功运转了两年，性能稳定。

高温无机密封材料是平板式 SOFC 的关键材料之一，用于组装电池时夹层平板结构和双极连接板之间的密封。高温无机密封材料必须具备高温下密封性好，稳定性高以及与固体电解质和连接板材料热膨胀兼容性好等特点。由于技术保密的原因，高温无机密封材料的组成尚不公开。据了解高温密封主要采用高温玻璃材料或玻璃 – 陶瓷复合材料。

5. SOFC 的几种构造

从电池结构上讲，SOFC 大体可分为管式、平板式和瓦楞式（MOLB）。管式 SOFC 电池结构如图 8.30 所示。管式 SOFC 电池由许多一端封闭的电池基本单元以串、并联形式组装而成。每个电池单元从里到外由多孔的 CaO 稳定的 ZrO_2（简称 CSZ）支撑管、锶掺杂的锰酸镧（简称 LSM）空气电极、YSZ 固体电解质膜和 Ni – YSZ 陶瓷阳极组成。CSZ 多孔管起支撑作用并允许空气自由通过到达空气电极。LSM 空气电极、YSZ 电解质膜和 Ni_2YSZ 陶瓷阳极通常采用电化学沉积（EVD）、喷涂等方法制备，经高温烧结而成。管式 SOFC 的主要特点是电池单元间组装相对简单,不涉及高温密封这一技术难题,比较容易通过电池单元之间并联和串联组合成大规模电池系统(见图 8.30)。但是,管式 SOFC 电池单元制备工艺相当复杂,通常需要采用电化学沉积法制备 YSZ 电解质膜和双极连接膜(interconnector),制备技术和工艺相当复杂,原料利用率低,造价很高。目前仅美国 Westinghouse 电气公司和几家日本公司掌握管式电池制备技术。

平板式 SOFC 电池结构如图 8.31 所示。平板式 SOFC 的空气电极 YSZ 固体电解质燃料电极烧结成一体,形成夹层平板结构(简称 PEN 平板,positive electrolyte negative plate)。PEN 平板间由开有内导气槽的双极连接板连接,使 PEN 平板相互串联。空气和燃料气体分别从导气槽中交叉流过。为避免空气和燃料的混合,PEN 板和双极连接板之间采用高温无机黏结剂密封。平板式 SOFC 结构优点是电池结构简单,平板电解质和电极制备工艺简单,容易控制,造价也比管式低得多。而且平板式结构由于电流流程短,采集均匀,电池功率密度也较管式高。平板式 SOFC 的主要缺点是要解决高温无机密封的技术难题,否则连最小的电池也无法组装起来。其次,对双极连接板材料也有很高的要求,需同 YSZ 电解质有相近的热膨胀系数、良好的抗高温氧化性能和导电性能。在过去几年内,许多外国公司研制开发出类玻璃和陶瓷的复合无机黏结材料,基本解决了高温密封的问题。由于高温密封问题的解决,近几年平板式 SOFC 电池迅速发展起来,电池功率规模也大幅度提高。以德国 Siemens 公司为例,从 20 世纪 90 年代初开始发展平板式 SOFC 电池到 1995 年短短的几年内,SOFC 电池功率达到 10 kW,功率密度高达 $0.6 W/cm^2$,居世界领先地位。

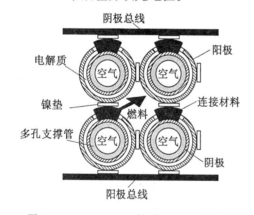

图 8.30 Westinghouse 管式 SOFC 结构剖面图

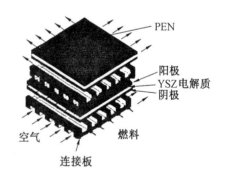

图 8.31 平板 SOFC 的结构示意图

瓦楞式 SOFC 基本结构和平板式 SOFC 相同,如图 8.32 所示。瓦楞式和平板式的主要区别在于 PEN 不是平板而是瓦楞的。瓦楞的 PEN 本身形成气体通道而不需要用平板式中的双极连接板,更重要的是瓦楞型 SOFC 的有效工作面积比平板式大,因此单位体积功率密度大。主要缺点是瓦楞式 PEN 制备相对困难。由于 YSZ 电解质本身材料脆性很大,瓦楞式 PEN 必须经共烧结一次成型,烧结条件控制要求十分严格。目前主要有美国 Allied Signal 公司以及少数几家日本公司发展此种类型的 SOFC 电池。

6. SOFC 研究中尚待解决的问题

就目前燃料电池的研究现状而言,主要存在材料方面的问题。尽管高温燃料电池技

术开发至今已取得了很大进步,有些进入了
试运行阶段,但在各组件的性能、制造费用、
使用寿命等方面还存在不少问题,可归纳为
如下几个方面。

(1)在电解质的制造技术上,还有许多
难关。要制备既致密又很薄的电解质的电解
质膜技术是相当复杂的,薄膜化集成化是固
体电解质型燃料电池的发展方向。

(2)开发与研制具有高离子导电率的新
型固体电解质材料。YSZ 电解质的离子导电

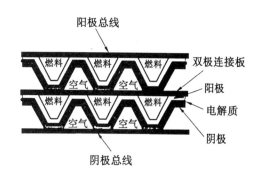

图8.32 瓦楞式 SOFC 结构示意图

率相对电子导体的电导率还很低,如何提高固体电解质的离子导电率是燃料电池研究的
关键性问题。在开发中温燃料电池方面,需要研制在中温下具有较大离子导电率的电解
质材料。

(3)尽管 Ni/YSZ 是目前研究得较完善、使用最普遍的 SOFC 阳极,在运行过程中 Ni
粒子结块、团聚引起 Ni/YSZ 阳极性能退化。当 Ni/YSZ 阳极用于内部直接重整天然气系
统时,在水汽转化过程中,为降低碳在阳极多孔 Ni 上的沉积,维持阳极的活性,需使用
大量的水蒸气,引起新的能耗和对水蒸气的管理问题。在阴极反应区,从反应模型分
析,氧的吸附、离解,氧离子在表面或在阴极体内的传输哪一步控制反应的速率,仍有不
同的看法。因此,难有针对性地提出改进材料结构的准确方案。

(4)大部分钙钛矿结构氧化物的热膨胀系数与 YSZ 的热膨胀系数之间仍存在差异,
因而在运行过程中会产生应力,影响 SOFC 使用寿命,仍需在掺杂和材料的选用方面做进
一步的研究。

随着这些技术问题的解决,成本进一步下降,固体氧化物燃料电池将会有广阔的市
场前景。根据美国煤气研究学会(GRI) 的市场预测,在制造成本降到平均每瓦 3 美元时,
可能进入市场;若达到 2 美元则可能成为偏僻地区独立的电气事业系统连接型设备;如果
能降到 1 美元,耐用寿命达到 10 万小时以上,其市场便会迅速增长,那么必将使燃料电
池的应用得到迅速的发展。

8.3.4 质子交换膜燃料电池(PEMFC)

质子交换膜燃料电池(proton exchange membrane fuel cell, PEMFC) 是指一类以质子交
换膜作为电解质的燃料电池体系,这种燃料电池也经常被称为固态聚合物燃料电池(poly-
mer electrolyte fuel cell, PEFC)。

AFC 因对 CO_2 和 N_2 十分敏感,故不适用于地面,早期将 AFC 用于潜艇及汽车的尝试
已不再继续,目前 AFC 主要用做短期飞船和航天飞机的电源。PAFC、MCFC 和 SOFC 因工
作温度高,启动时间长,主要用做清洁电站。PEMFC 是继 AFC、PAFC、MCFC、SOFC 之后
正在迅猛发展的温度最低、比能最高、启动最快、寿命最长、应用最广的第五代燃料电池,
在海、陆、空、天各领域均具有极其重要的应用前景。

1. PEMFC 的发展

目前文献一般称 PEMFC 为第五代燃料电池,但在历史上,PEMFC 实际上是最先得

到重要应用的燃料电池。早在 20 世纪 60 年代初，美国航空航天局(NASA)曾 7 次成功地将 PEMFC 用于双子座飞船。但由于所采的聚苯乙烯磺酸质子交换膜的质子电导率不高、耐氧化能力不够，电池堆的寿命只有 500 h 左右，因而 NASA 选择 AFC 作为后来的阿波罗飞船和航天飞机的电源，以致使 PEMFC 的发展停顿了近 20 年。

20 世纪 80 年代膜电极结构的重大改进和新型高性能长寿命全氟磺酸质子交换膜的研制成功使 PEMFC 获得了新生。自 1987 年加拿大巴拉德动力系统公司(BPSI)采用美国道尔化学公司(Dow) 研制的 Dow 全氟磺酸质子交换膜使 PEMFC 的比功率达到 3 W/cm^2 以来，PEMFC 领域的研究极为活跃。

2. PEMFC 的原理

PEMFC 中的电极反应类同于其他酸性电解质燃料电池,其工作原理示意图如图8.33所示,电池运行过程中,电极发生的电化学反应以及电池的总反应分别为

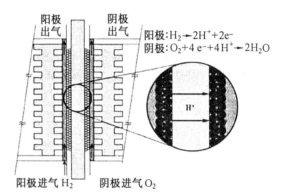

阳极 $H_2 \rightarrow 2H^+ + 2e^-$

阴极 $1/2O_2 + 2H^+ + 2e^- \rightarrow H_2O$

总反应 $H_2 + 1/2O_2 \rightarrow H_2O$

阳极催化层中的氢气在催化剂作用下产生的电子经外电路到达阴极,氢离子经电解质膜到达阴极,氧气与氢离子及电

图 8.33 PEMFC 电池的工作原理示意图

子在阴极发生反应生成水,生成的水不稀释电解质,而是通过电极随反应尾气排出。

图 8.33 是 PEMFC 的结构示意图,电池中包括质子交换膜、催化剂层、气体扩散电极、双极板,一般人们将质子交换膜、催化剂层及气体扩散电极压成一体,并称之为膜电极集合体(membrane electrode assembly, MEA)。根据所使用燃料的不同,又可将 PEMFC 分为氢氧燃料电池,直接甲醇燃料电池或直接醇燃料电池等。

3. PEMFC 构件

(1)电催化剂。电极催化剂包括阴极催化剂和阳极催化剂。对于阴极催化剂,是要提高催化剂的利用率,寻找高效廉价的 Pt 替代催化剂。阳极催化剂应具有抗 CO 中毒的能力。PtRu/C 是 PEMFC 中常用的抗 CO 的催化剂。制备方法有共沉积还原、胶体浸渍及胶体先驱体法三种,制备方法不同,电催化性能不同。采用共沉积还原和胶体浸渍法制备出的 PtRu/C 电催化剂性能有明显改善。为了降低电极铂含量,电极均不用纯铂,以高比表面炭为载体制备高分散的铂/炭催化剂,增加铂的表面积,提高铂的利用率。提高铂的利用率和降低单位面积电极铂载量。Siyu Ye 等用 NaBH$_4$ 化学技术把炭化的聚丙烯腈泡沫橡胶浸渍到 H$_2$PtCl$_6$ 溶液中（把 Pt^{4+} 离子还原成 Pt）,这种方法可把铂载量降低到 0.101 3 mg/cm^2。S.Y.Cha 等用等离子体散射技术在 Nafion 电解质膜两侧表面直接沉积一层超薄铂层,铂载量达到了 0.104 3 mg/cm^2,扩大了气体的反应面积,铂催化剂的利用率提高了近 10 倍。

科学家成功研制出取代铂的二元合金铂 - 镍、铂 - 钴和铂 - 铬等二元合金新材料,这些二元合金的催化活性提高了 2~3 倍。Joongpyo Shim 等人为了提高铂电催化活性,往二

270

元合金中添加 Fe,研制出了三元合金 Pt – Fe – Co、Pt – Fe – Mn、Pt – Fe – Cr、Pt – Fe – Ni 和 Pt – Fe – Cu 三元合金,发现含铂的三元合金作催化剂的电池比纯铂电池表现出了更高的电池性能。

催化剂在与 CO、CO_2 和重整气中的一些污物接触,会导致其中毒,失去活性,广泛使用的是能够抗 CO 中毒的 Pt – Ru 二元合金催化剂。通过 Pt 和 Ru 的协同作用来降低 CO 的氧化电势,使电池在有 CO 存在的情况下性能明显提高。

催化剂可分为阴极催化剂(催化氧化剂的还原)和阳极催化剂(催化燃料的氧化),是关系到低温燃料电池能否真正走向商业化的最为重要的材料。

①阴极催化剂。对于阴极催化剂而言,目前广为采用的催化材料为 Pt/C 催化剂。氧气在 Pt 上的还原反应是一个失电子的过程,其交换电流密度与氢相比要低两个数量级,还原过程受氧气传质速度的控制。因此,在使用中采用高 Pt 负载量的催化剂以降低催化层厚度,减小传质的阻碍,提高反应效率。氧在 Pt 表面的还原反应可以一步还原成水,也可分两步进行,即

$$O_2 + 4H^+ + 4e = 2H_2O \quad E°25\ ℃ = 1.23\ V\ (vs.\ NHE) \tag{8.1}$$

$$O_2 + 2H^+ + 2e = H_2O_2 \quad E°25\ ℃ = 0.68\ V\ (vs.\ NHE) \tag{8.2}$$

$$H_2O_2 + 2H^+ + 2e = 2H_2O \quad E°25\ ℃ = 1.77\ V\ (vs.NHE) \tag{8.3}$$

式(8.1)表示为直接失电子还原,还原电位为 1.23 V,这是人们最想要的还原途径。但是,在一些催化剂上氧的还原过程分两步进行,即通过中间产物 H_2O_2 的形成再失两电子还原成水(式(8.2)和(8.3))。由于氧还原的动力学较慢,为了提高氧的还原速度,降低动力学电压损失,人们的注意力集中在以下两个方面来开发新型氧催化剂。一是改善已有的贵金属催化剂,通过化学还原或高温热处理等物理、化学手段,向贵金属催化剂中添加其他过渡金属元素,并使其合金化,以改善催化剂的催化活性和电化学稳定性,达到减少催化剂中贵金属用量、降低催化剂成本的目的。二是开发基于非贵金属材料的催化剂,通过热解碳负载的或非负载的过渡金属有机/无机化合物的方法,得到完全基于非贵金属的氧还原电催化剂,但是,至今没有性能满意的新型催化剂研制成功。因此,本书重点介绍 Pt 基阴极催化剂的进展情况。

碳载铂催化剂是成熟的氧还原催化剂,研究发现, Pt 与 Fe、Cr、Mn、Co、Ni、Ti、Zr 元素等构成二元、三元合金催化剂与纯 Pt 相比对氧具有更高的活性。Li 等利用醇还原的方法制备了 Pt – Fe/C 催化剂,进行了氧还原的研究,发现经过不同温度处理后的 Pt – Fe/C 的活性提高明显,其中 300 ℃ 处理的 Pt – Fe/C 表现出最佳的活性,结论是 Fe 的添加有利于 H_2O_2 的分解。Xiong 等采用 HCOONa 共还原的方法制备了 Pt – M/C 合金(M = Fe、Co、Ni、Cu),并进行了全电池的性能研究,发现 Pt – M/C 与 Pt/C 相比,对氧的催化性能有了明显的提高,其中 Pt、Co 摩尔比为 7∶1 时表现出最佳的催化效果。同时他们还发现对 Pt – M/C 进行 200 ℃ 的适度焙烧有利于催化剂催化性能的提高,这主要是催化剂表面氧化物的减少所引起。Takako 等研究了 Pt – Ni/C、Pt – Co/C、Pt – Fe/C 催化剂的性能,结果表明当 Ni、Co、Fe 的含量分别为 30%、40%、50% 时催化剂的性能达到最佳,是纯铂催化剂的电流密度的 10、15 和 20 倍。Tamizhman 等选用 Pt/C、Pt – Cr/C、Pt – Cr – Cu/C、$PtCr_2CuMo$/C 作

为质子交换膜燃料电池的阴极催化剂,并在 900 mV 时对它们做活性测试,实验结果表明二元合金及三元合金催化剂的交换电流密度比纯铂的约高 2 倍,而三元合金加金属氧化物催化剂的交换电流密度则提高了 6 倍。进一步研究发现 Cu 氧化物的添加改变了 Nafion 溶液在活性催化剂颗粒周围的润湿状态,既增大了催化剂与电解质之间的相界面,另外 Raney 型 Pt 合金的形成增大了催化剂的表面粗糙度,增加了催化剂的活性比表面积。在工作稳定性方面,人们发现 Pt – Fe/C、Pt – Mn/C、Pt – Ni/C 催化剂在工作 200 h 后,由于阴极的酸性环境和强氧化条件下,Fe、Mn、Ni 就会从合金中溶解出来,使催化活性大大降低,只有 Pt – Cr/C、Pt – Zr/C 和 Pt – Ti/C 具有很好的稳定性,其中 Pt – Cr/C 表现出最好的活性。

对于阴极催化剂,还可以通过添加一些金属氧化物的方法来改善催化剂的性能,金属氧化物已被广泛作为多种类型的催化剂,而很多金属氧化物都有半导体的性质,氧是电负性很强的分子,在半导体氧化物表面吸附后,能夺取从施主主能级跃迁到导带中的自由电子,而且 p 型半导体氧化物(NiO、CoO、Cu_2O、MoO、Cr_2O_3、WO_3)的电导率随着氧压的增加而增加,这些物质的添加可使催化活性或选择性发生改变,从而产生反应物种的移动效应,控制和改变吸附特性和反应特性,促进电荷移动,在氧化还原循环中起作用。

② 阳极催化剂　对阳极催化剂而言,在纯氢工作条件下,均以 Pt 为主要催化材料。但是,由于目前的制氢方法中,只有以电解水制氢的方法才能获得纯氢。而以其他方法如天然气、甲醇重整,生物质制氢等,产物通常含有 1% ~ 2% 的 CO,CO 对 Pt 具有很强的吸附能力,占据了氢在 Pt 的吸附位点,使得其难以进行吸附解离,使阳极过电位提高,电池效率下降。在以甲醇为燃料的 DMFC 中,由于甲醇在 Pt 上氧化的过程中,有类似 CO 的中间物形成,对 Pt 催化剂产生严重的毒化。为了解决阳极 Pt 催化剂的毒化问题,在催化剂方面通常采用添加异质金属和金属氧化物的方法来提高催化剂的抗毒化能力。在二元阳极催化剂中,Pt – Ru/C 是应用最为成熟、最为广泛的抗毒化催化剂,也是甲醇氧化研究最多的催化剂。Pt – Ru/C 催化剂具有较高的活性和稳定性,它可以在低电位下氧化 CO。它的催化原理可通过双功能机制(Bi-function)来解释:含氧物可在低电位吸附在 Ru 的表面,它与邻近的吸附在 Pt 上的 CO 反应,将 CO 进一步氧化成 CO_2,Pt 的催化活性点得以空出,供燃料分子的吸附和氧化,从而提高燃料氧化的速率。Kabbabi 等利用原位红外光谱法研究了 Pt – Ru/C 对 CO 和甲醇氧化性质,发现在 Pt – Ru/C 催化剂表面最大活性时的原子比为 1∶1。最近的一些实验结果显示 Ru 含量的降低对甲醇具有更好的活性,一般认定为 Ru 占 20% 左右较佳。它被解释为通常 3 ~ 5 个 Pt 原子吸附甲醇,一个 Ru 原子用于水的活化。

此外,在 Pt 基二元体系中,Pt – WO_3/C、Pt – Mo/C 和 Pt – Sn/C 也有很好的抗 CO 毒化性能。Shen 等发现 Pt – WO_3/C 对甲醇的动力学性能提高有明显的作用,其原因主要为氢表面溢流效应(spill-over)。通过这种效应,氢的氧化或甲醇的氧化都可通过 WO_3 以 $HxWO_3$ 的形式传递质子,进行快速转移氢,从而提高动力学速度。Grgur 等发现 Pt – Mo/C 在 H_2SO_4 中对 CO 的电化学氧化行为与 Pt – Ru/C 相似。$Pt_{75}Mo_{25}$/C 表现出最佳催化活性,其对 CO 催化剂机理与 Pt – Ru/C 相似,Ru 的作用是可以产生 Ru(OH)$_{ads}$,而 Mo 原子表面则形成 MoO(OH)$_2$,它们均可以作为氧化吸附态 CO 的氧化剂。Gasteiger 等发现 Pt_3Sn/C

在硫酸溶液中对 CO 氧化的起始电位与纯 Pt 相比负移了 0.5 V,在 H_2/CO 体系中 CO 氧化电位负移了约 0.35 V。Lee 等提出 Pt – Sn/C 的抗 CO 能力体现在两方面:除了通过协同机理降低 CO 的氧化电势外,另一个原因是合金改变了 CO 吸脱附反应的热力学及动力学特征,使吸附的 CO 得到活化。

在 Pt 基三元催化剂方面,Shen 等研究 $PtRu_2WO_3/C$ 的 CO 电氧化性能。正如预料的那样,由于 WO_3 的氢表面溢流效应现象的存在,提高了整个 Pt – Ru/C 的催化活性。Goètz 等还研究了 PtRuW/C、PtRuMo/C 和 PtRuSn/C 对 H_2、CO 和甲醇的氧化性能,发现 PtRuW/C、PtRuMo/C 比 Pt/Ru/C 具有更高的催化活性,而 PtRuSn/C 没有表现出比 Pt – Ru/C 更好的活性。Ley 等发现 PtRuOs/C 对甲醇也可显著地提高氧化速率,由于 Os 的存在,催化剂表面 2OH 基团更丰富,活性氧的供给更迅速,因而该催化剂表现出较 Pt – Ru/C 或 PtOs/C 更高的催化活性。Jusys 等研究了非负载型 $PtRuMeO_x$(Me = W,Mo,V)催化剂对甲醇的电氧化性能,他们发现 60℃ 条件下,催化剂对甲醇氧化的特性电流密度的降低顺序依次为 $PtRuVO_x > Ru_2MoO_x > PtRu > PtRuWO_x$。由此可见,氧化物的添加对 Pt – Ru 合金的电氧化性能有促进作用。

从催化材料整体上看,低温燃料电池的电催化材料主要为贵金属基催化剂。由于 Pt、Ru 是稀有的贵金属材料,资源有限、价格昂贵,在燃料电池的成本组成中占有很大的比重。为了降低贵金属的使用量,提高其利用率,人们通常采用纳米负载型催化剂,即将活性成分分散成纳米颗粒,以增加活性材料的表面积,这样做不仅可以充分利用催化剂、减少资源的浪费,而且能在很大程度上降低成本。在各种催化剂的载体中,VulcanXC – 72 碳粉以其具有适宜孔结构和高比表面积及良好的导电性,成为制备燃料电池催化剂常用的载体材料。

(2)质子交换膜。质子交换膜(proton exchange membrane, PEM)是 PEMFC 的核心,其性能将直接影响 PEMFC 的电池性能、能量效率和使用寿命。PEMFC 中应用最为广泛的质子交换膜为美国 Du Pont 公司生产的 Nafion(全氟磺酸质子交换膜)。Nafion 膜的基本骨架是聚四氟乙烯,一定长度的主干链上接枝氟化的醚支链,而支链的末段为磺酸基团。Nafion 膜的分子结构如图 8.34 所示。由分子式可以看出,Nafion 膜是一种不交联的高分子聚合物,在微观上可以分成两部分:一部分是离子基团群,含有大量的磺酸基团,它既能提供游离的质子,又能吸引水分子;另一部分是憎水骨架聚四氟乙烯,具有良好化学稳定性和热稳定性。

干燥状态的 Nafion 膜为无色透明薄膜,厚度约为 $50 \sim 200~\mu m$。Nafion 膜的质子导电性十分优良,这也是 Nafion 膜得以广泛应用的主要原因。有关 Nafion 膜内部的导电机理以及 Nafion 膜中离子与分子的传输机理,一直是理论界探讨的热门问题。Nafion 包含 SO_3 阳离子交换位点,研究发现,在许多包含有离子的高分子聚合物中,离子交换位点通常聚集在一起,在聚合物内部形成胶束。聚合物的这种结构特性对于它们的机械性能和传输性能有显著的影响,同样,在 Nafion 膜中也可以形成类似结构。Gierke 等利用小角 X 射线散射结果,对 Nafion 膜的内部结构给出细致地分析,提出了 Nafion 膜内部形成离子胶束模型理论。

Gierke 的离子胶束模型认为:当 Nafion 膜被水溶胀之后,由于 Nafion 膜分子中极性与非极性的相互作用,使得膜在微观上形成一种胶束网络结构,如图 8.35 所示。

憎水的聚四氟乙烯骨架支撑于胶束的外围,而侧链及侧链上的磺酸根延伸于球状胶束的内部,球状胶束的形状大致为对称的圆球,它们之间由较窄的通道连接。离子及分子在膜内的传输即依赖于这些球状胶束和连接球状胶束的通道。胶束和通道直径的大小是决定分子及离子传输速度的主要因素,直径越大,分子及离子穿过胶束和通道的速度越快;直径越小,分子及离子受到的阻隔作用越强。

尽管 Nafion 膜具有优越的稳定性和质子导电性,但其价格昂贵,选择透过性较差。在直接甲醇燃料电池中由于甲醇渗透,部分作为燃料的甲醇在阳极未经氧化而直接穿透 Nafion 膜到达阴极,致使 DMFC 的能量效率大为降低。为了解决甲醇渗透问题和降低成本,许多研究工作着眼于开发其他种类的质子交换膜,如部分氟化的和无氟质子交换膜。
除此之外还包括掺杂有机小分子和无机物的质子交换膜等。

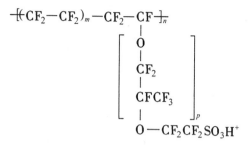

图 8.34 Nafion 膜的分子结构

$m = 5 \sim 13.5$; $n = 1\,000$; $p = 1,2,3$

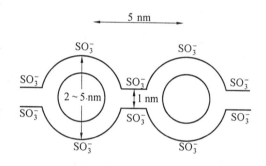

图 8.35 胶束网络结构

(3)双极板。双极板是质子交换膜燃料电池的关键部件之一,不但影响电池的性能,而且影响电池的成本,成为燃料电池产业化的瓶颈。目前主要集中在金属板和石墨板两种材料上,而这两种材料各有优缺点。

主要是设法选择合适的极板材料、流场结构、合理的制备工艺,降低电池的内阻,提高电池的性能。机加工石墨流场板的成本占整个电池组成本的 60% ~ 70%,因此,降低双极板的成本对于质子交换膜燃料电池的产业化具有重要意义。

质子交换膜燃料电池的双极板具有以下功能和特点。

①分隔氧化剂与还原剂。要求双极板必须具有阻气功能,不能采用多孔透气材料。如果采用,必须要采取措施堵孔。

②有收集电流作用,必须采用电的良导体。极板必须是热的良导体,以保证电池组的温度均匀分布和排热方案的实施。

③双极板材料必须能在电池工作条件下和其工作的电位范围内具有抗腐蚀能力。

④双极板两侧应加工或置有使反应气体均匀分布的通道(即所谓的流场),以确保反应气在整个电极各处均匀分布。

⑤双极板材料应质量轻、强度好,并且适于批量加工。

如今质子交换膜燃料电池广泛采用的双极板材料是无孔石墨板,正在开发表面改性的金属板和复合型双极板。双极板的流场设计主要有两类,一是加拿大巴拉德动力公司发展的多通道蛇形流场;二是目前各国为降低电池成本,简化生产工艺,正在开发的由网状物或多孔体构成的混合流场。

(a)机加工碳(石墨)板。无孔石墨板一般由碳粉或石墨粉与可石墨化的树脂制备。石墨化的温度通常高于 2 500℃。石墨化须要按照严格的升温程序进行,而且时间很长,这一制造过程导致无孔石墨板价格高昂。最初采用高温烧结的碳板遇到的主要问题是氢气的渗透问题,为了解决这个问题,除了鳞片状石墨薄片外,其他材料几乎都研究过,在真空条件下注入一种低黏度的环氧树脂以减少气体的渗透率。在石墨板上机械加工的流场也是费工时而高价格的,约占整个燃料电池费用的 60% ~ 70%,而且带来很多问题,特别是在高度研磨的天然碳粉里加入加强纤维后,传统的机加工已不能实用,因而有人采用了激光切削、电脑刻绘、模压等方法,流场图案基本上在 15 min 可以完成,大大提高了流场的制备速度,降低了成本。电极与流场板直接接触,其密封结构是在碳纸上模压成沟槽放入垫圈密封即线密封,这是由于碳板的强度差,必须要降低组装力的缘故。

(b)注塑的石墨板或碳板。为降低石墨双极板的制备成本,目前主要采用石墨粉或碳粉与树脂(酚醛树脂,环氧树脂等)、导电胶等粘接剂相混合,采用注塑、浆注等方法来制备双极板,有的还在混合物中加入金属粉末、细金属网以增加其导电性,有的在混合物中加入碳纤维、陶瓷纤维以增加其强度,不同之处在于石墨粉与树脂的含量、处理的温度、板的结构等方面。

US4301222 提出一种薄的电化学电池分隔板的制备方法,将纯石墨粉和炭化热固性酚醛树脂各 50% 混合注塑成所需的双极板,然后石墨化,这种石墨化时间达到 42 h,在 2 700℃ 石墨化,能耗高。密封是通过浸酚醛树脂来实现的。得到的 3.8 mm 厚的石墨板,承受强度可达到 27.6 MPa,电阻率为 0.011 $\Omega \cdot cm$(纯石墨板的电阻率约为 0.001 38 $\Omega \cdot cm$),比纯石墨板大约高了 10 倍。这种石墨板可能用于 PEMFC,但是其空隙率很大,约为 5%,这就必须进一步加密处理以适应质子交换膜燃料电池的需要。这种双极板的化学稳定性好,采用注塑成型降低机加工费用,但石墨化成本很高,且孔隙率大。

(c)金属板。用金属材料作双极板,易于批量生产,金属双极板通过机械加工的方法,可以加工成各种流场,也有采用冲压的方法来加工流场。世界各国主要采用铝板、黄铜、铝合金板、钛板及 316L 不锈钢板等,其厚度约为 3 ~ 5 mm,加工量大,费用高且体积大、质量重。密封结构采用橡皮或四氟材料等来密封,匹配材料采用金属网、石墨油毡、金属泡沫等,此种方法仅限于实验研究。

为了减小机加工双极板的质量和体积,利于大批量的生产,大幅度提高电池组的体积比功率和质量比功率,采用了薄金属双极板。其厚度为 0.1 ~ 0.3 mm,目前这项工作已经引起许多国家的重视,如美国的 Honeywell International 公司,意大利、德国以及中国大连化物所的燃料电池工程中心等都在发展这一技术。采用薄金属板作双极板,利用电火花或冲压的方法,加工出各种孔道或流道,然后利用胶粘接或焊接的方式,形成多层金属双极板,发展的金属双极板材料包括 Al、Ti、不锈钢和镍合金等。

采用薄金属双极板,体积小,强度高,但其缺点也同样明显,其耐蚀性能比较差,满足不了燃料电池长期稳定运行的需要。因为质子交换膜发生极微量的降解,导致生成的水的 pH 值为弱酸性,在电池这种略显酸性的环境中,用金属(如不锈钢)作双极板材料,不锈钢板表层的钝化层,虽然具有一定的耐腐蚀作用,但在 PEMFC 环境中只能短时间运行,这可能与钝化层的性质有关。长时间工作,会产生多价金属离子,造成氧电极侧金属氧化膜的增厚,增加接触电阻,且还会污染电极,降低电池性能。同时,在氢电极侧会发生轻微腐蚀,产生多价金属离子,致使电极电催化剂的活性降低,会导致膜电阻增加,所以必须进行表面处理或表面改性。通过这种改性或处理,可以提高耐腐蚀性能,使金属双极板在很长的时间内保持相对的稳定,因此金属的表面改性技术就成为采用金属作双极板材料的关键技术之一,各研究单位均高度保密,甚至也不申请专利。表8.13列出了一些表面技术在提高材料耐蚀性方面的应用。

表8.13　一些表面技术在提高材料耐蚀性方面的应用

表面技术的种类	应用场合	效　果	资料来源
Ni－P化学镀＋Ni－P－B$_4$C复合化学镀	45钢制盐业推料离心机网板	镀层作耐蚀表面,用做网板耐蚀性比316L9(美国钢号,相当于我国00Cr17Ni14Mo2)不锈钢提高数十倍	阎康平等,化工机械,1993,(3):136
Ni＋Cu＋P化学镀	45钢	在25℃,质量分数50%,NaOH中,镀层具有比Ni－P层和1Cr18Ni9Ti好得多的抗蚀性,三者腐蚀速率之比为1:6.3:31.6,热处理后能明显提高抗蚀性	王艳文等,材料保护,1991,(3):20
P－B－Mo－N多元离子注入	2Cr13不锈钢	非晶态注入可显著提高2Cr13钢的钝化性特别是耐腐蚀性能,注入后的2Cr13的耐腐蚀速度比未注入低400倍,比未注入0Cr19Ni9低7倍	于福州等,中国腐蚀与防护学报,1987,(4):292
N－C－O共渗6N$^+$注入	1Cr18Ni9Ti	复合处理后的1Cr18Ni9Ti同时具有一定厚度的改性层与非晶态表面,达到了耐磨性与抗蚀性的最佳统一	杨安静等,金属热处理学报,1995,(1):36
Cr、Mo、B、N离子及其组合注入	GCr15轴承材料及Cr4Mo4V钢	在0.5 mol/L H$_2$SO$_4$溶液中注入,可降低钝化电流密度3~4个数量级,钝化区明显扩大,几种离子组合注入效果比单一注入好	王宜荣,微细加工技术,1991,(4):1
Ti、N离子混合注入	不锈钢	使得不锈钢在HNO$_3$介质中的耐蚀性有很大改善	王采等,表面工程,1993,(5):41
化学镀Ni－P合金	低、中、高碳钢球铁,铜合金等	涂层耐蚀性优越,除HNO$_3$外,耐蚀性都比1Cr18Ni9Ti好几倍,可替代不锈钢,节约大量铬、镍合金	夏远生,新技术新工艺,1993,(4):33

500 h 的实验表明表面贵金属处理的钛板是质子交换膜燃料电池双极板材料的一个很好的候选材料,其性能和耐蚀性能都可以与石墨板相媲美。

(d)复合板。复合板(见图 8.36)是采用薄金属板或其他强度高的导电板作为分隔板,厚度很薄,一般为 0.1~0.3 mm,边框采用塑料、聚砜、碳酸脂等,减轻了电池组的质

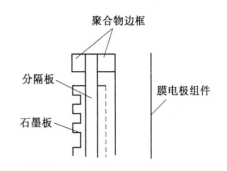

图 8.36 复合板的结构示意图

量,边框与金属板之间采用导电胶粘接,以注塑与焙烧法制备的有孔薄碳板或石墨板或石墨油毡作为流场板。这样,不但可以提高电池组的体积比功率和质量比功率,而且结合了石墨板和金属板的优点。复合双极板具有耐腐蚀、体积小、质量轻、强度高等特点,是发展的趋势之一。

目前质子交换膜燃料电池的极板材料主要有两种:一种是石墨或碳板,可以机加工也可以注塑,其优点较明显,电阻小,耐腐蚀性能强,质量轻等;但其缺点也很明显,费用高且强度差。另一种是金属板/不锈钢板,优点是成本低,强度大,易成型,体积小,缺点是耐腐蚀性差一些,质量大。复合双极板结合了石墨板和金属板的优点,具有耐腐蚀、体积小、质量轻、强度高等特点,应该是将来发展的趋势。

表 8.13 目前世界上主要燃料电池特性

电池类型	AFC	PAFC	MCFC	SOFC	PEMFC
阳极	Pt/Ni	Pt/C	Ni/Al	Ni/ZrO$_2$	Pt/C
阴极	Pt/Ag	Pt/C	Li/NiO	Sr－LaMnO$_3$	Pt/C
电解质	KOH(液)	H$_3$PO$_4$(液)	K$_3$CO$_3^-$、Li$_2$CO$_3$(液)	YSZ(固)	Dow(固)、Nafion(固)
连接材料	有	有	有	有	无
腐蚀性	强	强	强	弱	无
CO$_2$、N$_2$ 相容性	不相容	相容	相容	相容	相容
工作温度/℃	约 100	约 200	约 600	约 1000	< 100
比功率/(W·kg^{-1})	35~105	120~180	30~40	15~20	340~3 000
启动时间	几分钟	几分钟	> 10 min	> 10 min	< 5 s
寿命水平/h	10 000	15 000	13 000	7 000	100 000
应用方向	短期飞船航天飞机	洁静电站	洁静电站	洁静电站	军用潜艇、移动电源、电动汽车洁静电站卫星飞船太空基地

4．PEMFC 应用

在军用潜艇方面,PEMFC 潜艇因其噪音低、红外信号弱、机动灵活、具有极强的"隐

形"作战能力，即将成为继传统的柴油机潜艇和核潜艇之后的第三代潜艇。目前欧、美、加等国已研制出小型 PEMFC 潜艇，并正在积极研制大型 PEMFC 潜艇。

在电动汽车方面，洁静的 PEMFC 汽车已被公认为取代传统内燃机汽车的最佳选择，美国已将发展 PEMFC 汽车作为减少能源消耗和控制环境污染的战略措施。目前，欧、美、加、日等国已相继研制出 PEMFC 公共汽车、小客车和小汽车样车，预计到 2016 年，30% 以上的汽车将是 PEMFC 汽车。

在航空航天方面，美国已多次将 PEMFC 用于双子座飞船、生物卫星和军用卫星，并计划将 PEMFC 用于火星飞船和月球基地。此外，PEMFC 在军用移动电源、民用便携式电源和城市洁静电站等方面发展也很快，前途不可限量。

思考题

1. 锂离子电池的原理是什么？
2. 说明锂离子电池常用的三种正极材料的结构及特点。
3. 说明锂离子电池固体电解质的种类及特点。
4. 镍氢电池的原理是什么？
5. 说明储氢合金的分类方法、性能特点与合成方法。
6. 说明镍氢电池的电解液为何加入氢氧化锂？
7. 燃料电池与常规电池的主要区别是什么？
8. 什么是双极板？
9. 说明固体氧化物燃料电池的隔膜材料、阴极和阳极的电催化剂材料、双极板材料。
10. 说明质子交换膜传导质子的原理。

第9章 智能材料

9.1 概　　述

　　一种新型玻璃能根据环境光强的变化而自行改变透光率,使进入室内的光线变暗或变亮;空中飞行的飞机能自行诊断其损伤状态并自行修复,从而保证飞机安全返航;将一种聚合物树脂用做固定创伤部位的器材可以代替传统的石膏绷带(见图9.1),即先将这种树脂加工成创伤部位的形状(见图9.1(a)),用热水或热风把它加热使其软化,施加外力使它变形,成为易于装配的形状,等冷却固化后装配到创伤部位,等到再加热时便可恢复到原始状态,和石膏绷带一样起到固定的作用(见图9.1(b)),要取下时只要加热,树脂便软化,取下时很方便(见图9.1(c))。这就是给这些材料赋予了特殊的功能,使它们具有了"智能",这类新型材料称为智能材料。

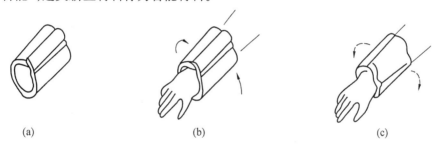

(a)　　　　　　　　　　　(b)　　　　　　　　　　　(c)

图9.1　智能聚合物绷带工作原理示意图

9.1.1　智能材料的发展历程

　　智能材料的概念是美国和日本科学家首先提出的,1988年9月美国弗吉尼亚工业学院和州立大学 C. Rogers 教授组织了首次关于机敏材料、结构和数学问题讨论会,R. E. Newnhain 教授提出了灵巧材料的概念,这种材料具有传感和执行功能,他将灵巧材料分为被动、主动灵巧材料和很灵巧材料三类,并于1989年创办了智能材料系统和结构期刊(J. of Intelligent Material System and Structure)。1989年3月日本在筑波举办了关于智能材料的国际研讨会,会上高木俊宜教授做了关于智能材料概念的报告,他将信息科学融于材料的特性和功能,提出智能材料概念,指出智能材料是指对环境具有可感知、可响应等功能的新型材料。1990年5月日本设立了智能材料研究会(简称 IMF)作为智能材料研究和情报交流的中心。随后英、意、澳等国也开展了智能材料的研究。其中研究得较早的单位有美国弗吉尼亚工业学院和州立大学智能材料研究中心、密执安州立大学智能材料和结构实验室,日本金属材料研究所、无机材料研究所、东北大学、三重大学、金泽大学、东京工大和英国斯特拉克莱德大学机敏结构材料研究所等。我国对智能材料的研究也很重视,从1991年起把智能材料列为国家自然科学基金和国家863计划的研究项目,并已取得相当的进展。

现在,每年国际上都有大量文章和专利发表,智能材料应用范围遍及信息科学、电子科学、宇宙科学、海洋科学、生命科学等高科技领域。智能材料是 21 世纪高科技领域的一种重要新型材料,同时它又是 21 世纪高科技领域里的一项重要研究内容。

9.1.2　智能材料的定义与特性

智能材料是指具有能够感知外界环境刺激或内部状态发生的变化,并能通过自身的信息处理和反馈机制来实时地改变材料自身的性能参数、做出恰当的响应,同变化中的环境相适应的一类材料。

智能材料是一门多学科交叉的科学,与物理、化学、计算机、电子学、人工智能、信息技术、材料合成与加工、生物技术及仿生学、生命科学、控制论等诸多前沿科学及高新技术领域紧密相关。但智能材料的研究刚刚开始,所以其定义尚不统一,它包括感知材料和驱动材料。感知材料是一类对外界或内部的应力、应变、热、光、电、磁、化学量和辐射等具有感知或驱动的材料,可以用它们制成各种具有传感功能的结构。驱动材料则是能对外界环境条件或内部状态变化做出响应或驱动的材料,可以用它们做成各种驱动器。智能材料结构系统则是集传感、控制和驱动于一体的材料或结构系统,通过自身的感知,进行信息处理,发动指令,并执行和完成动作,从而实现自诊断、自修复和自适应等多种功能。

智能材料具有或部分具有 4 个基本特性,即敏感、传输、智能和自适应特性。

1. 敏感特性

融入材料使新的复合材料能感知环境的各种参数及其变化。可供融入的材料很多,但必具备对环境不同参数的敏感特性。例如常用的光纤传感器,就具备对多种参数的敏感特性。因为它不仅与各种复合材料有较好的相容性,而且光纤传感技术的发展使得光导纤维本身就可以制成能检测力、热、声、光、电等物理参数的几百种传感器;它体积小,种类多,而且能测量多种物理参数及其分布状况,是一种较理想的基础智能材料。目前常用的具有敏感特性的智能材料还有形状记忆合金、压电陶瓷等。

2. 传输特性

智能材料不仅需要敏感环境的各种参数,而且需要在材料与结构中传递各种信息,其信息传递类似人的神经网络,不仅体积微小,而且传递信息量特别大。目前最常用的是用光导纤维来传递信息。据医学专家介绍,光导纤维的构造和人的神经构造相近,国外很多报导也把融入智能材料中的光纤比之为玻璃神经网络。

3. 智能特性

智能特性是智能材料的核心,也是智能材料与普通功能材料的主要区别。它除了能敏感、传输环境参数外,还应能分析、判断其参数的性质与变化,具有自学习、自适应等功能。经过学习和“训练”的智能材料能模仿生物体的各种智能,由于计算机技术的高度发展,智能材料与结构的智能特性已经或正在逐步实现,问题的关键是如何将材料敏感的各种信息通过神经网络传输到计算机系统。现一般有两种方法,一种是在大型智能结构系统中,将智能材料敏感到的各种参数传感到结构体系的普通计算机内;另一种是在智能材料中埋入超小型电脑芯片,国外已研制成的这类芯片比人体血管还细。

4. 自适应特性

自适应特性主要是由智能材料中的各种微型驱动系统来实现。该系统是由超小型芯片控制并可做出各种动作,使智能材料自动适应环境中应力、振动、温度等变化或自行修复各种构件的损伤。

一般而言,一种单一材料很难具备以上各种特性,所以往往要由多种材料组元复合或组装构成智能材料。

本章主要介绍形状记忆智能材料、电流变液智能材料。

9.2 神秘的形状记忆智能材料

那是 1969 年 7 月 20 日晚上 10 时 56 分,此时全世界数以万计的科学家、数以亿计的观众正凝视着电视屏幕,关注着远在 38 万千米之外、乘坐"阿波罗"11 号登月宇宙飞船的美国宇航员阿姆斯特朗在月球上踏下的第一个人类的脚印,听着这位勇士从嫦娥的家乡传回的富有哲理的声音:"对一个人来说,这仅仅是一小步;但对整个人类来说,这是跨了一大步……"宇航员的形象和声音是如何从月球返回来的呢? 细心的观众也许会发现,宇航员登月后,安装在飞船上的一小团天线,在阳光照射下迅速展开,伸展成半球状,开始了自己的工作,月、地之间的信息就是通过它传输过来的。不过,人们仍在纳闷:这种天线是宇航员发出指令,还是什么自动化仪器使它展开的呢? 其实,都不是。

原来,奥秘就在于:这个半球形天线是用当时刚发明不久的形状记忆合金制成的。用极薄的形状记忆合金(Ni – Ti 合金)材料先在正常情况下按预定要求作成半球状天线,然后降低温度把它压成一团,装进登月宇宙飞船带上天去。当到达月面后,在阳光照射下温度升高至一定温度时,天线又"记忆"起自己的本来面貌,故而恢复成一半球状天线(见图 9.2)。

9.2.1 形状记忆效应(SME)的概念

多少年来,人们一直认为,只有人和某些动物才有"记忆"功能,非生物是不能有这种功能的。可是,美国科学家在 20 世纪 50 年代偶然发现,某些金属合金也具有一种所谓"形状记忆"的功能。它们能在某一温度下成型为一种形状,而在另一温度下则又变回到原始的形状,如图 9.3 所示。这种奇特的"形状记忆"功能可以保持相当长的时间,并且重复千万次都准确无误。

那么,什么是 SME(形状记忆效应)呢? 它是指具有一定形状的合金材料在一定条件下经一定塑性变形后,当加热至一定温度时又完全恢复到原来形状的现象,即它能记忆母相的形状。具有 SME 的合金材料,称为形状记忆合金(SMA);而具有 SME 的陶瓷与聚合物材料则分别称为形状记忆陶瓷与形状记忆聚合物(SMP)材料。

现以图 9.4 中的一个铆钉为实例,进一步说明 SME。这个铆钉是用 SMA 制作的,首先在较高温度下($T > M_s$)把铆钉做成铆接以后的形状,然后把它降温至 M_f 以下的温度,并在此温度下把铆钉的两脚扳直(产生形变),然后顺利地插入铆钉孔,最后把温度回升至工作温度($T > A_f$),这时,铆钉会自动地恢复到第一种形状,即完成铆接的程序。显然这个铆钉可以用于手或工具无法直接去操作的场合。

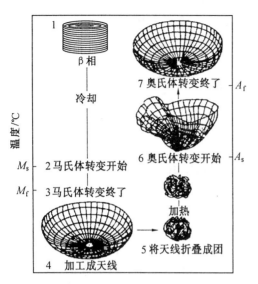

图 9.2 用形状记忆合金制成的通信卫星天线略图
M_s—马氏体转变终了点;A_s—马氏体向原始相转
变的开始温度;A_f—马氏体向原始相逆转变的终
了温度

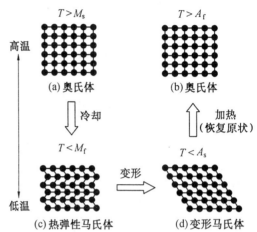

图 9.3 SME 中晶体结构的变化

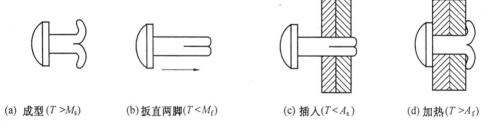

(a) 成型$(T > M_s)$ (b) 扳直两脚$(T < M_f)$ (c) 插入$(T < A_s)$ (d) 加热$(T > A_f)$

图 9.4 形状记忆铆钉的工作过程

图 9.2、9.3 中,M_s 表示冷却时开始产生热弹性马氏体的转变温度,M_f 表示冷却时转变终了温度,A_s 表示升温时开始逆转变的温度,A_f 表示逆转变完全的温度。

SME 可分为单程 SME、双程 SME 和全程 SME。图 9.5 表示 3 种不同类型 SME 的对照。所谓单程 SME 就是材料在高温下制成某种形状,在低温相时将其任意变形,再加热时恢复为高温相形状,而重新冷却时却不能恢复低温相时的形状。若加热时恢复高温相

图 9.5 3 种类型 SME 示意图

形状,冷却时恢复低温相形状,即通过温度升降自发可逆地反复恢复高低温相形状的现象称为双程 SME 或可逆兴致记忆效应。当加热时恢复高温相形状,冷却时变为形状相同而取向相反的高温相形状的现象称为全程 SME。它是一种特殊的双程 SME,只能在富镍的 Ti – Ni 合金中出现。

9.2.2 SME 的实质

从 SME 的机理上看,大部分合金和陶瓷等记忆材料的 SME 均来源于一种热弹性马氏体相变。一般的马氏体相变作为钢的淬火强化的方法从古代便为人所用,就是把钢加热到某个临界温度以上保温一段时间,然后迅速冷却,例如直接插入冷水中(称为淬火),这时钢转变为一种称为马氏体的结构,并使钢硬化。这种马氏体相变有一个特别的性质,在一定的温度下一旦形成的马氏体随着时间延长不再长大,为了增加马氏体的量,必须进一步降低温度,产生新的马氏体。

后来,在某些合金中发现了不同于上述的另一种所谓热弹性马氏体相变,热弹性马氏体一旦产生可以随着温度降低继续长大。相反,当温度回升时,长大的马氏体又可以缩小,直至恢复到原来的状态,即马氏体随着温度的变化可以可逆地长大或缩小,由于马氏体的体积一般比原始状态要膨胀一些,而且马氏体相变伴随着晶体中规则的切变,因此热弹性马氏体相变随之伴有形状的变化。其晶体结构的变化如图 9.3 所示。

为什么 SMA 不"忘记"自己的"原形"呢？原来,这些合金和陶瓷材料都有一个特殊的转变温度。在转变温度之上,它具有一种组织结构;而在转变温度之下,它又具有另一种组织结构。结构不同其性能各异,不同温度下的组织结构引使大批原子协调运动,使之具有记忆特性。上面提到的美国登月宇宙飞船上的自展天线,就是用镍钛 SMA 做成的。这种合金在转变温度以上时,坚硬结实,强度很高,敲起来铿锵作响;而低于转变温度时,它却十分柔软,易于冷加工。科学家先把这种合金做成所需要的大半球形展开天线,然后冷却到一定温度下,使它变软,再施加外力,把它弯曲折叠成一个小球,使之在登月飞船上只占很小的空间。登上月球后,利用阳光照射的温度,使天线重新张开,恢复成原来大半球的形状。

金属合金和陶瓷记忆材料都是通过马氏体相变(热弹性马氏体相变产生的低温相在加热时向高温相进行可逆转变的结果)展现 SME 的。原来,马氏体相变可分为两类:一类为非弹性马氏体相变,如 Fe – C、Fe – 30Ni 系合金等;一类为弹性马氏体相变,如 Au – Cd、In – Ti、Ti – Ni、Cu 基合金等。只有弹性马氏体相变才能产生 SME。

如图 9.3 所示,某些具有热弹性马氏体相变的材料,当温度低于马氏体相变的 M_f 点时,变成在低温下稳定的马氏体相,这些马氏体相由晶体结构相同、结晶方向不同的孪晶体构成,这些孪晶界面受很小的力即可移动。在外力作用下进行一定程度的变形后,孪晶结构生长成处于外力择优位向的同系晶体,而产生了高达百分之几、甚至 20% 的剪切变形量。若随后将这种变形马氏体加热至超过马氏体逆转变成奥氏体时的相变终了温度 A_f 时,马氏体相反过来又变为母相。这种形状变化,也可发生在马氏体相变温度以上。经过变形诱发的择优位向马氏体晶体相能量不稳定,当外力除去,便可反过来变成马氏体,而恢复原来形状。

9.2.3 SMA 材料与开发过程

早在 1951 年美国的 T.A.Read 等在一次实验中偶然发现了金－镉(Au－Cd)合金具有形状记忆特性,当时并未引起重视。1953 年他们又在铟－铊(In－Tl)合金发现这类效应。然而,直到 1963 年美国海军装备实验室的科学家发现镍－钛合金具有 SME 后,才奠定了记忆合金的重要地位。当时,该实验室的科学家正研制一种高强度的耐腐蚀合金,其成分是含镍 55%、含钛 45%,在试验这种合金丝时,他们曾将这种合金绕成一个螺旋形线圈,并加热到 150℃,冷却后又把线圈完全拉直。后来,一个偶然机会,他们把拉直的合金丝再次加热时,出现一个奇迹:在温度升高到 95℃ 时,拉直的镍钛合金丝竟自动卷曲成原来的螺旋线圈形状。当时研究人员几乎不相信自己的眼睛,于是又反复试验,把合金丝加热并变成各种复杂的形状,然后冷却并拉直,然后提高温度并观察合金的表现。在这种反复的实验中,合金每次都表现了非凡的“记忆能力”。

从此掀起了 SMA 研究的热潮,并产生了多种实用化的新思想,新的 SMA 应运而生。表 9.1 给出了部分 SMA 的组成以及热弹性马氏体的转变温度。

表 9.1 部分形状合金材料的组成

合金系	组成(原子)/%	M_s/℃	A_s/℃
Ti－Ni	Ti－50Ni	60	78
	Ti－51Ni	－30	－12
Ni－Al	Ni－36.6Al	60±5	－
Ag－Cd	Ag－45.0Cd	－74	－80
Au－Cd	Au－47.5Cd	58	74
Cu－Al－Ni%	Cu－14.5Al－4.4Ni%(质量)	－140	－109
	Cu－14.1Al－4.2Ni%(质量)	2.5	20
Cu－Au－Zn	Au－21Cu－49Zn	－153	－
	Au－29Cu－45Zn	57	－
Cu－Sn	Cu－15.3Sn	－41	－
Cu－Zn	Cu－39.8Zn	－120	－
In－Ti	In－21Ti	60	65
In－Cd	In－4.4Cd	40	50
Ti－Ni－Cu	Ti－20Ni－30Cu	80	85
Ti－Ni－Fe	Ti－47Ni－3Fe	－90	－72
Cu－Zn－Al	Cu－27.5Zn－4.5Al%(质量)	－105	－
	Cu－13.5Zn－8Al%(质量)	146	－

SMA 材料目前已有 50 余种。大致可分为两类:一类是以过渡族金属为基的合金,另一类是贵金属的 β 相合金。但最引人注目的是 Ni－Ti 基合金、Cu－Zn－Al 合金、Fe－Mn－Si 合金和 Cu－Al－Ni 合金等。

1. Ni－Ti 基合金

Ni－Ti 基合金原子比为 1:1,具有优异的 SME,高的耐热性、耐蚀性,高的强度,以及其他材料无可比拟的耐热疲劳性与良好的生物相容性。但 Ni－Ti 基合金存在原材料价格昂贵,制造工艺困难,切削加工性不良等不足。近年来发展了一系列性能得到提高的材料,在 Ni – Ti 合金中加入其他元素,开发了 Ni – Ti – Cu、Ni – Ti – Nb、Ni – Ti – Cr、Ni – Ti – Fe 等系列合金。需特别指出的是研究人员在 Ni – Ti 合金中添加微量的 Fe 或 Cr,可使记忆合金的转变温度降到 – 100℃,适合在低温下工作。

2. Cu 基合金

Cu 基合金价格便宜,生产过程简单,电阻率小,导热性好,加工成形性能好。但长期或反复使用时,形状恢复率会减小,是尚需探索解决的问题。Cu – Zn – Al 和 Cu – Ni – Al 合金可在很宽的温度(– 100 ~ 300℃)范围内调节。

3. 铁基合金

铁基合金具有强度高,塑性好,价格便宜等优点,正逐渐受到人们的重视并获得开发,如 Fe – Pt、Fe – Pd、Fe – Co – Ni – Ti、Fe – Mn – Si、Fe – Mn – Si – Cr 等。从价格上看,铁系 SMA 比 Ni – Ti 系和 Cu 系低得多,易于加工,强度高,刚性好,所以是很有竞争力的新合金系。

9.2.4 SMA 的应用

从外观上看,记忆合金不但能受热膨胀、伸长,也可受热收缩和弯曲,这主要取决于其原始形状。利用这一特性,记忆合金在航天、机械、电子仪器和医疗器械上有着广泛用途(见表 9.2)。

记忆合金在受热恢复原来形状时,还会产生很大的力量,可以利用这个力量来做功。用它制造的发动机不要汽缸和活塞,而是使记忆合金在反复受热、冷却过程中,一会儿变形,一会儿又恢复原状,利用所产生的这股力量使可做功。用 SMA 制造新型热发动机更是另有诱人的前景。这种热机是利用黄铜的形状记忆特性,它在形变时能够产生足够的力来做功。这种做功的本领就意味着 SMA 有可能把温差转变成一种新型能源,第一台形状记忆热发动机,在美国于 1968 年取得了专利权,目前,这种热发动机又有了新的发展。这种发动机可以利用太阳能或其他热源改变其叶片形状而产生旋转力矩,使曲轴转动而做功。英国已有厂家制造出了黄铜热发电机。尽管这种装置的热能利用率在理论上来说比较低,只有 4% ~ 5%,但是对人们仍有很大吸引力,因为它只需几度的温差就可以工作。有人建议利用这种装置来回收和利用发电厂及其他工业烟囱排出的废热。

记忆合金还可用于热敏装置,如火灾警报器、安全装置等;还可做固紧销、管接头等机械器具;在电子仪器方面用做接插件,用于集成线路的钎焊等。目前,国外正在研究用记忆合金制造机器人,其动作由微处理机来控制。

记忆合金在医疗上的应用也很引人注目。记忆合金可用于牙齿矫形、人造心脏、接合断骨等医疗器械方面,大大减轻了患者的病痛。用记忆合金制成小夹子,已应用于妇女的绝育手术,效果甚好。脑血栓是一种多发病,当人体内血液粘稠到一定程度,就会形成血栓,如果血栓通过血液循环系统流到心脏或肺脏的时候,就会引发致命的疾病。但只要把用镍钛 SMA 制成的血栓过滤网插入病人的静脉里,就能有效防止血栓进入心脏或肺脏。这种小小的器件可以通过导管插入静脉之中,插入之前,它的形状是直的;插入后,当记忆合金被体温温暖时,就"回忆"起原先的形状,在静脉里变成一个精巧的滤网。

表 9.2　形状记忆合金的应用实例

工业上形状恢复的一次利用	工业上形状恢复的多次利用	医疗上形状恢复的利用
紧固件	温度传感器	消除凝固血栓过滤器
管接头	调节室内温度用恒温器	管椎矫正棍
宇宙飞行器用天线	温室窗开闭器	脑瘤手术用夹子
火灾报警器	汽车散热器风扇的离合器	人造心脏,人造肾的瓣膜
印刷电路板的结合	热能转变装置	骨折部位固定夹板
集成电路的焊接	热电继电器的控制元件	矫正牙排用拱形金属线
电路的连接器夹板	记录器驱动装置	人造牙根
密封环	机器手,机器人	

9.2.5　形状记忆陶瓷与形状记忆聚合物的开发、应用

近年来,在高分子聚合物、陶瓷材料中又发现形状记忆效应,而且在性能上各具特色,更加促进了形状记忆智能材料的发展和应用。

1. 形状记忆陶瓷材料

陶瓷由于性质硬脆,因而限制了它的许多应用。若它具有形状记忆特性,则为陶瓷的成型加工开辟了一条新的途径。依据形状记忆机理的不同,形状记忆陶瓷可分为马氏体形状记忆陶瓷、铁电形状记忆陶瓷、粘弹性形状记忆陶瓷和铁磁性形状记忆陶瓷等。这里仅以马氏体形状记忆陶瓷为例,介绍其特性。

十余年来,某些陶瓷和无机化合物的位移和马氏体相变已得到公认。研究表明,二氧化锆陶瓷中无论是应力还是热力学,由于相变塑性和韧化的存在,都能激发四方晶体(t)向单斜晶体(m)的转变,而且是可逆变化,也是马氏体相变。原来,ZrO_2 晶体有 3 种结构,即单斜相(m)、四方相(t)和立方相(c),其同素异构转变可表示为

$$单斜相(m) \xrightarrow{1\,100℃} 四方相(t) \xrightarrow{2\,000℃} 立方相(c)$$

高温状态的 ZrO_2 是立方结构,中温状态为四方晶体,在较低温度下则是单斜对称结构。当由高温冷至 1 100℃以下,就会发生四方晶体(t)向单斜晶体(m)的转变;再加热至 1 100℃以上,就会发生由 m→t 的逆转变,t 相与 m 相的相互转变是可逆马氏体转变。而且通过施加应力也可诱发 t 相转变为 m 相。这意味着马氏体形状记忆效应可能实现。但 t 相到 m 相转变伴有约 5%的体积变化,由于体积效应太大,制品在制件过程中很易发生开裂,必须进行晶化稳定化处理。通过在 ZrO_2 中加入 CaO、MgO、Y_2O_3、CeO_2 等稳定剂,可使立方相和四方相保持到低温。

例如添加 12% CeO_2 稳定剂的 ZrO_2 在常温下具有稳定的多晶四方晶相结构(t 相),冷却至 M_s 点以下发生由 t→m 的逆转变;当将 m 相加热到 A_s 以上时,就会发生由 m→t 的逆转变;在高于 M_s 温度施加应力也可诱发 t→m 的逆转变。但是 t 相的晶粒尺寸对 M_s 和 A_s 有很大的影响,当 t 相的晶粒尺寸由 3 μm 降到 1 μm,M_s 由 −30℃降到 −80℃,A_s 则由 235℃降到 210℃。图 9.6 给出了 M_s 为 −31℃的添加 12% CeO_2 稳定剂的 ZnO_2 的形状记忆过程。第一步是在室温下施加应力,样品首先发生弹性变形,接着在近乎恒定的应力下

发生流变。第二步是卸载,卸载后弹性变形消失而塑性变形则保留下来。第三步是加热到 A_f 以上,样品从 60℃开始逆转变,到 200℃逆转变结束,随逆转变的完成,变形也随之消失,通过这样 3 个步骤实现了形状记忆。

此外,在 $BaTiO_3$、$KNbO_3$ 和 $PbTiO_3$ 等钙钛石类氧化物陶瓷中所共有的立方晶(c)向四方晶(t)系的转变均具有明显的马氏体相变,表现出形状记忆的特征。

这类形状记忆陶瓷材料主要用于能量储存执行元件和特种功能材料,如空间光学望远镜、日冕仪等的自适应调整装置上。需要指出的是陶瓷的形状记忆效应与合金相比还有如下一些主要差别:陶瓷的形状记忆变形的量较小;而且每次记忆循环中都有较大的

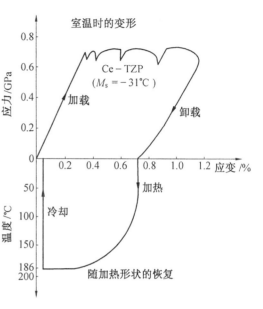

图 9.6　$ZrO_2 - 12\%\ CeO_2$ 的形状记忆效应

不可恢复变形,随着循环次数的增加,累积变形增加,最终导致裂纹出现;它没有双程记忆效应。

2. 形状记忆聚合物(SMP)材料

形状记忆聚合物(shape memory polymer,SMP)是法国的煤化学公司首先开发成功的。SMP 的记忆机理与记忆合金和陶瓷不同,它不是基于马氏体相变,而是基于聚合物材料中分子链的取向与分布的变化过程。由于分子链的取向与分布可受光、电、热或化学物质等作用的控制,SMP 可以是光敏(通过光照条件的变化而实现形状记忆效应)、热敏、电敏等不同的类型。SMP 自 20 世纪 80 年代问世以其优良的综合性能、较低的成本、加工容易、潜在巨大的实用价值而得到迅速发展。目前,已被发现的具有 SME 的主要聚合物的品种及特性见表 9.3。这里仅以热敏型为例简要介绍其原理。

表 9.3　SMP 的主要品种与特性

SMP	聚降冰片烯	反式 1,4 - 聚异戊二烯	苯乙烯 - 丁二烯共聚物	聚氨酯
相对分子质量	>300 万	25 万	数十万	—
形状记忆机理	分子链相连	交联、加硫化学交联	分子链相连	交联、分子内部结晶
形状记忆温度/℃	<150	—	<120	~20
二次成型的形状固定的内部结构	玻璃化转变	结晶变态	结晶变态	玻璃化转移
形状恢复温度/℃	35	67	60~90	-30~60
颜色	白色	白色	白色	透明
密度/(g·cm^{-3})	0.96	0.96	0.97	1.04
硬度(常温)	<100	50(邵氏 D)	43(邵氏 D)	70(T_g 以上)
拉伸强度/MPa	34.3	28.42	9.8	34.3(T_g 以上)

SMP	聚降冰片烯	反式1,4-聚异戊二烯	苯乙烯-丁二烯共聚物	聚氨酯
伸长率/%	<200	480	400(常温) 500(60~90℃)	400
拉伸应力/MPa	—	16.66	7.84	—
弯曲模量/MPa	—	—	225.4	—

热敏型SMP的记忆功能是由其特殊的内部结构所决定的。SMP一般由固定相(hard domain)和可逆相(soft domain)组成。可逆相通常是能随温度变化在结晶与结晶熔融态间,或是在玻璃态与橡胶态间可逆转变的相,随温度的升高或降低,可逆相的结构发生变化,使之发生软化、硬化。固定相则是聚合物交联结构或部分结晶结构等,它在工作温度范围内保持稳定。按固定相的不同,SMP可分为热塑性SMP和热固性SMP。图9.7给出了热塑性SMP的形状记忆原理,其过程如下。

①热成型加工。将颗粒状树脂加热融化使固定相和软化相都处于软化状态,然后使材料成型并冷却,固定相硬化,可逆相结晶,材料成型为A形状,如图9.7(1)、(2)、(3)所示。

②变形。将材料加热至可逆相发生软化、固定相仍保持硬化的温度,施加外力使可逆相的分子链被拉长,材料变为B形状,如图9.7(4)、(5)所示。

③冻结变形。在外力作用下保持B形状的同时进行冷却,使可逆相结晶硬化,然后卸除外力材料仍保持B形状,如图9.7(6)所示。

④形状恢复。将材料再加热到可逆相软化的温度,由于固定相的作用可逆相的分子链回复到变形前的状态,形状也随之由B回复到A,将之冷却到可逆相结晶硬化的温度以下,材料保持A形状,如图9.7(7)、(8)所示。

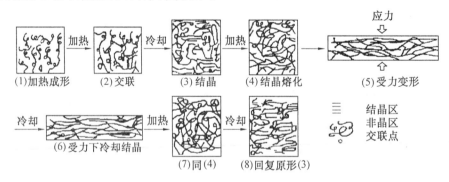

图9.7 热塑性聚合物产生形状记忆效应的原理示意图

由上述的过程可知,SMP在形状记忆过程中的结构变化与SMA是不同的,SMP也没有双程记忆效应。

形状记忆聚合物材料主要应用在医疗、建筑、包装材料、运动用品、玩具及传感元件等方面,见表9.4。

表 9.4　SMP 材料的应用领域

应用领域	应用举例
土木建筑	固定铆钉、空隙密封、异径管连接
机械制造	自动启闭阀门、热收缩套管、防震器、连接装置、衬里材料、缓冲器
电子通讯	电子集束管、电磁屏蔽材料、光记录媒体、电缆防水接头
印刷包装	热收缩薄膜、夹层覆盖、商标
医疗卫生	绷带、夹板、矫形材、扩张血管、四肢模型材料
日常用品	便携式炊具、餐具、头套、乳罩、人造花、领带、衬衣领、残疾人用勺
文体娱乐	文具、教具、玩具、体育保护器材
其他	商品识伪、火灾报警装置

例如,聚合物凝胶是一种具有交联网络结构的聚合物材料。分子链上带有一些特殊的基团,能够吸附大量的溶剂。当外部环境的 pH 值、温度、光照或电场发生改变时,它吸附的溶剂量会发生突变,造成凝胶体积巨大变化,由于这种变化是可逆的和不连续的,因而能提供相应的动力,用于制备高效率的化学发动机和人造肌肉。例如用聚丙烯腈部分水解制成的凝胶,它们在酸性环境中能收缩,而在碱性环境中体积会成倍增加,因此可用来制作机械手。

智能飞机蒙皮,是把微传感器、微处理器、微型天线、发射器、接收器等植入用导电的机敏复合材料制造的飞机蒙皮中,实现电子设备和飞机机体的一体化,这种飞机蒙皮即使在空战中局部负伤,它也能自动修复,保证飞机安全返航。

总之,随着形状记忆材料的理论研究和应用开发的不断深入,将使形状记忆材料向多品种、多功能和专业化方向发展,进一步拓宽其应用领域,它已将成为 21 世纪重点发展的一类新型智能功能材料。

9.3　发展中的电流变液智能材料

9.3.1　概述

早在 19 世纪末人们就发现电场作用于流体可导致其表观黏度的增加,这个现象可以在许多纯液体以及溶液中观察到,称为电黏度效应。但是,这种效应非常小,当施加数 kV/mm 的电场强度时,一般流体的表观黏度仅增加百分之零点几,此结果可以用流体中的分子及离子簇极化取向来解释。1947 年 Winslow 发现,对于有些非水的悬浮液体系,在外电场的作用下,流体的表观黏度将大幅度增加,强场下呈近似于黏弹性固体的性质。这一现象不能用前述理论解释,被称为电流变效应(或 Winslow 效应)(ER),具有电流变效应的流体体系被称为电流变液。

电流变液是在外加电场作用下,能迅速实现液体–固体性质转变的一类智能材料,这类材料能感知环境(外加电场)的变化,并且根据环境的变化自动调节材料本身的性质,使其黏度、阻尼性能和剪切应力都发生相应的变化。

这种液态和固态之间的转化是快速可逆的,整个转化过程仅需几毫秒,并可保持黏度连续、无极地变化,能耗极小,是智能材料中很好的驱动器。由于电流变液这种特殊性能,使其在汽车离合器,减振系统,机械电控等许多方面具有重要的潜在应用。近年来,在发达国家,尤其是美国、日本、英国和德国,对电流变液的研究十分活跃。目前我国关于电流变液的研究发展也十分迅速。有人预料,这项研究将在近年内导致一场工业技术革命。

电流变液是近年来引起广泛关注的新型智能材料,大多数电流变液是具有高介电常量的固体颗粒和油液的混合体。没有电场时,电流变液呈液体状态,可像水或液压油那样自由流动。如果在电场作用下,它处在渐变的胶状形态,且与电场强度成正比,这种固液之间的转变仅仅在千分之几秒间就可实现。由于电流变液在电场作用下能从流动性良好的牛顿流体转变为屈服应力很高的黏弹塑性体,而且这种转变连续、可逆、易于控制,故有着广阔的应用前景。利用这种优良的电 – 机械耦合特性设计出的电流变液器件具有质量轻、灵敏度高、响应快和能耗低等优点,可在工业部门获得广泛的应用。在美国能源部1992 年提出的《电流变液估量报告》中曾指出:"电流变液将使工业和技术若干部门出现革命化的变革"。

9.3.2 电流变液的分类及电流变液效应

电流变(ER)液按其体系结构分类,可分为粒子分散型和均一溶液型两大类。粒子分散型 ER 液是指粒径为 $0.1 \sim 10 \ \mu m$ 的固体粒子在分散介质,如氯化石蜡油、硅油等绝缘油类中所形成的悬浮式分散液。均一溶液型 ER 液是指一些强极性有机及高分子聚合物溶液,具体分类如图9.8 所示。

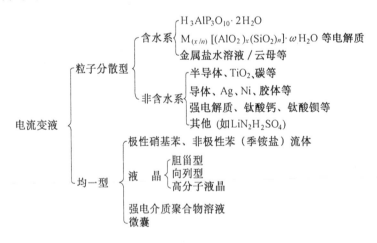

图9.8 电流变液的分类

粒子分散型电流变(ER)液是由具有高介电常数的固体粒子和低介电常数的液体载体组成的均匀悬浮液。当外加电场强度大大低于某个临界值(通常是几 kV/mm 左右,电流密度为 $10^{-6} \sim 10^{-5}$ A/cm²)时,ER 液呈液态;当外加电场大大高于这个临界值时,ER 液就变成固态,两态之间转变时间为毫秒级,并且这种转变是可逆的。在临界场附近,可以很有效地用外加电场来控制这种悬浮液的黏滞性。

电流变液固化过程在瞬间即可完成，所需时间通常在千分之几秒。该过程具有可逆性，随着电场的消失，它又会迅速地从固体还原成悬浮状液体，其结构演化图如图9.9所示。

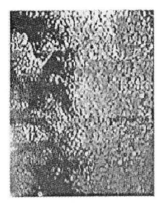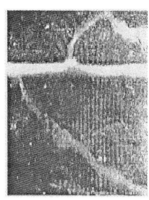

图9.9　两平行板电流变阀中的结构演化图

由于电流变液现象的复杂性和多学科性，目前尚无精确模型，介电极化模型是目前普遍接受的微观结构模型。在这种模型中，电流变液的本质是电场导致的固体颗粒的固化。当外电场不存在时，由于电介质微粒的密度与溶液的密度十分接近，作用在粒子上的浮力与重力相当，在这种微重力环境下，热运动粒子在空间随机分布形成均匀的悬浮液。在外加电场的作用下，电流变液体系中的固体颗粒获得感应电偶极矩，在电场下偶极矩之间会产生相互作用。比如：在两极金属板之间形成的电场里，微粒内部的正负电荷彼此向相反方向产生某种位移，电场内的颗粒就变成了电偶极子，这种效应的大小取决于该物质的极化率。

9.3.3　电流变液的影响因素

电流变(ER)材料的电学特性是指其介电特性和导电特性。由于ER液是一种多相复合体系，两相界面的存在，使ER液的介电特性及导电特性不同于两相性质的线性叠加。它们不仅分别与固体颗粒相和液体介质相的介电特性及导电特性有关，而且还与固体颗粒的大小、粒径分布、固-液两相的界面性质、固体颗粒相之间的接触状态以及固体颗粒相分布形成的结构都有关。

介电常数 ε 是表征ER液在外电场作用下发生极化的能力，电导率 σ 则表示ER液在外电场作用下产生能量损耗的能力（在外电场一定的情况下，也可以用漏电流密度来表征，即 $j = \sigma E$）。

1. 微粒

ER液中微粒的大小为 $0.1 \sim 10 ~\mu m$，当微粒太小时，布朗运动可抵消电场的作用而不出现ER效应；当微粒太大时，它对电场响应很慢，从而给ER液的实际应用带来困难，并且这些大颗粒在重力的作用下容易沉积，影响ER液的稳定性。

微粒的化学性质对ER液的性质有着直接的影响。对于大多数ER液，其载体中都会有少量的水，所以微粒应能够持水，并能使离子在其中运动。

2．载体

从理论上讲，只要分散相和介质的介电常数差别显著，这样的两相体系就具有 ER 活性。而实际载体应为介电常数低、具有绝缘性能的油，从降低能量损耗的观点看，流变液应具有低导电性。载体的性质可归纳如下：疏水性、低黏度、高沸点、低凝固点、高电阻、高介电强度。

3．水

大量水的存在可导致系统的介电击穿、腐蚀和高能量消耗。人们对含水量不同的 ER 液的切变应力进行了研究，发现随着含水量的增加，切变应力增加并达到最大值，随后又减小。为了解释水对 ER 效应的影响，人们提出了多种假设。一种假设是水能增加微粒的有效介电常数，从而增强了微粒间的相互作用；另一种解释是由于粒子具有高的表面张力，水在粒子中起黏结作用。

4．表面活性剂

表面活性剂对 ER 效应的影响主要有两种可能的原因，一种是表面活性剂增加了悬浮粒子的稳定性，第二种是表面活性剂使微粒之间形成了介晶胶束桥（mesomorphic micellar bridges），这两种影响都可导致 ER 效应的增强。

5．温度

随着温度的升高，典型 ER 液的 ER 效应将迅速增强，达到最大值，然后又迅速减弱。在一定的电场强度下，升高温度将使表观黏度和介电常数增加，当 ER 活性达到最大值后，温度继续升高将导致 ER 活性的急剧下降，这种现象体现了水的作用。当温度足够高时，水会被蒸发掉，从而使 ER 液失活，由水活化的 ER 液在高于 70℃ 的温度下长时间使用，就会产生这种失活。因此，可预计无水 ER 液将具有较宽的工作温度。

6．浓度

在一定的电场强度和温度下，当微粒的体积分数增加时，ER 液的屈服应力将增加，ER 液的表现黏度也将增加，分散质浓度的增加，不但改变了在电场作用下流变液的黏度，而且由于微粒聚集，也增加了无外电场时流变液的黏度。因此，有必要找出最佳的体积分数，既能在电场作用下获得最佳的 ER 效应，又能在无电场时保持 ER 液的流动性。

9.3.4　电流变液的应用

近来电流变液组分获得不断改进，性能良好的电流变液在电场的作用下能产生明显的电流变效应，即可在液态和类固态间进行快速可逆的转化，并保持黏度连续。这种转变极为迅速，瞬时可控，能耗极小，因而可与电脑结合，实现实时控制。电流变技术在机械工程、汽车工程、控制工程领域的应用范围非常广泛。

电流变液在汽车变速方面的应用：电流变液用于汽车变速的原理可以通过一个简化的例子说明，如图 9.10 所示。设动力首先从下面的轴输入（箭头），下部轴与齿轮之间是电流变液。如果右边施加外电场，左边仍保持液态，则动力由齿轮 1 传到齿轮 2，带动上部轴转动，由于齿轮 1 的半径大于齿轮 2，所以输出轴转得较快。如果左边施加外电场，右边保持液态，则动力从齿轮 3 传到齿轮 4，输出轴的转速较慢。

我们知道，驱动汽车需要的扭矩是很大的，这是汽车有别于其他用品的重要特征。扭矩的传递要靠剪切应力，所以，制约电流变液在汽车驱动系统中应用的主要因素是所允许的最大剪切应力。目前大多数电流变液的动态剪切应力在 15 kPa 以下，需要进一步提高。用电流变液原理取代传统的机械离合器的关键是剪切强度方面的突破。

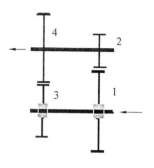

图9.10　汽车变速原理示意图

由此可见，根据电流变技术原理，构成液－机耦合的机制，可以设计出全新的汽车结构。根据这一原理，可设计出新颖的汽车转向系统、减震装置、制动装置等。与传统的机械产品相比，具有设计简化、应用简便、灵敏度高、噪声小、寿命长、成本低、易于实现电脑控制的特点。电流变技术在汽车传动系统的重大创新将引发一场汽车技术革命。

9.3.5　电流变液材料的研究进展

研究 ER 液材料，除了考虑 ER 液的液体载体具有低介电常数，而固体粒子部分则要求具有高介电常数、不导电而且密度与载液相匹配以外，还要求 ER 液材料性能稳定，长期使用和储存时有良好的重复性。作为性能良好的 ER 液，在实际运转的剪切速率范围内，施加 1 kV/mm 电场时其屈服应力不小于 1 kPa 量级，电场通、断时的应力变化至少为 100 : 1；漏电流小，在电场为 1 kV/mm 时电流密度不大于 100 μA/cm^2，电力消耗为 1 W/cm^2；对电场的响应速度达到 ms 量级；工作温度为 $-40 \sim 200$℃；零电场下黏滞系数低；无毒、耐火、不沉淀、耐磨、不腐蚀、价格低廉等。为了符合以上条件，必须测量动态剪切应力，而不仅仅测量静态剪切应力，因为后者往往在颗粒连锁的情况下出现虚假的高剪切应力值。

对于 ER 液材料的研究，主要有如下几个方面。

1．半导体高分子材料

半导体高分子材料的密度容易调节得和载液相匹配，材料具有优良的可塑性，可制成尺寸任意的微球，所得到的屈服应力也较大，很有发展前途。

2．金属颗粒材料

金属材料的颗粒具有强烈的 ER 性质，为了克服密度大的问题，日本已研制成空心的金属微珠，但是表面绝缘层仍然很容易被腐蚀。因此，制备密度适当而且耐磨耐腐蚀的金属膜微粒也是十分吸引人的。

3．铁电体材料

铁电体的自发极化强度导致某些铁电体具有极强的 ER 特性。某些铁电体当其颗粒体积分数为 40% 时，在 1 kV/mm 的电场下的屈服应力为 1.2 kPa。

4．液晶高分子材料

实验已经证实有的液晶 ER 液在 3 kV/mm 的电场强度下法向应力接近 7 kPa。由于这种 ER 液只有一个相，所以不存在两相材料中难以避免的沉积问题。又因为不含水，故又不存在一切与水有关的问题。但液晶 ER 液也有缺点，主要是其液态向固态转变所需要的时间长，液晶水分子的响应时间是 0.01 ~ 0.1 s，液晶高分子则可能长达几小时。另外，温度适用范围也较小。

5. 硅铝酸盐材料

硅、铝或其他相似元素的氧配位四面体或八面体可以构成层状或三维伸展的微孔骨架,结晶硅铝酸盐就是由这种骨架和位于层间或微孔内的电平衡阳离子构成的。在高电场的作用下,Y类、A类和M类硅铝酸盐中的阳离子可以克服与骨架间的电作用力,沿电场方向移动,由这些硅铝酸盐组成的ER液具有较强的ER活性。研究发现,随着交换离子的不同,在电场作用下,它的屈服应力和漏电流都按Ba < Mg < Na ≈ K的顺序变化,这与它们的电导顺序基本一致。因此,可以认为这类硅铝酸盐的ER活性主要来自阳离子的极化。

随着电子计算机科技的高速发展,制造业正需要一种能对电液信息做出超速反应的新型机械系统。而电流变液的反应速度及准确性是任何一种机械技术所无法比拟的,因此一跃而成为电脑舞台上的材料之星。美国北卡罗莱纳川加利市一家科技公司已成功地开发了由电脑控制的多项变液新设备。可以预料,随着科学技术的发展,利用电流变液技术研制的新产品将不断问世。

电流变液之所以没有得到普遍应用,主要是由于电流变液剪切强度低,仅达10 kPa左右,不能满足工程应用要求,目前国际上主要应用磁流变液材料。

6. 我国开展电流变液研究进展

我国科学院物理所从1993年开始电流变液机理和材料方面的研究。香港科技大学物理系温维佳博士(物理所客座研究员)、沈平教授等与物理所陆坤权研究员合作,最近在电流变液研究方面获重要突破。他们研究成功具有巨电流变(giant electrorheological, GER)效应的纳米颗粒电流变液。GER流体由表面包裹有尿素(Urea)薄层的($BaTiO(C_2O_4)_2$)纳米颗粒与硅油混合而成。此类材料的电流变效应远远突破了通常理论所预测的"上限",剪切强度可超过130 kPa,比现有电流变液高一个数量级以上。其剪切强度与外加电场呈线性变化关系,而非通常的二次方关系。用他们新建立的"表面极化饱和"物理模型圆满地解释了GER效应,计算结果与实验结果吻合。

北京大学化学系、稀土材料化学及应用国家重点实验室的工作人员通过研究又有了一些新发现。用吸附了稀土氢氧化物的$SiO(SiO_2 \cdot RE(OH)_3, RE = La, Nd, Y)$与高速真空泵油(烃油)制成ER液,研究了它们在电场中表观黏度的变化,结果表明,分散颗粒含量为80.0 g/L时,吸附$RE(OH)_3$后可以提高含SiO_2电流变液的电流变性能,$RE(OH)_3$不同或$RE(OH)_3$含量不同时对电流变性能有不同的影响。

思考题

1. 何谓智能材料,其基本特性是什么?
2. 何谓形状记忆效应,其实质是什么?
3. 常用的SMA材料及其特性是什么?
4. 常用的SMP材料的特性及应用是什么?
5. 何谓电流变效应? 电流变液的分类及影响因素有哪些?
6. 试举例分别说明各类智能材料的应用。

参考文献

[1] 赵连泽. 新型材料学导论[M]. 南京:南京大学出版社,2000.

[2] 李言荣,恽正中. 材料物理学概论[M]. 北京:清华大学出版社,2001.

[3] 张立德,牟季美. 纳米材料和纳米结构[M]. 北京:科学出版社,2001.

[4] 谢长生. 人类文明的基石——材料科学技术[M]. 武汉:华中理工大学出版社,2000.

[5] 肖纪美. 材料学方法论的应用——拾贝与贝雕[M]. 北京:冶金工业出版社,2000.

[6] 刘云旭. 新型材料及其应用[M]. 武汉:华中理工大学出版社,1990.

[7] 苑广增,丁宗海. 近代技术的今天和未来[M]. 北京:机械工业出版社,1994.

[8] 胡德昌,胡滨. 新型材料特性及其应用[M]. 广州:广东科技出版社,1996.

[9] 方向威. 机械工程手册:工程材料卷[M]. 北京:机械工业出版社,1996.

[10] 王晓敏. 工程材料学[M]. 北京:机械工业出版社,1999.

[11] 刘光华. 现代材料化学[M]. 上海:上海科学技术出版社,2000.

[12] 谭毅,李敬锋. 新材料概论[M]. 北京:冶金工业出版社,2004.

[13] 鲁云等. 先进复合材料[M]. 北京:机械工业出版社,2004.

[14] 李凤生,等. 纳米功能复合材料及应用[M]. 北京:国防工业出版社,2003.

[15] 刘天模,等. 材料学基础[M]. 北京:机械工业出版社,2004.

[16] 施惠生. 材料概论[M]. 上海:同济大学出版社,2003.

[17] 郝元恺,肖加余. 高性能复合材料学[M]. 北京:化学工业出版社,2004.

[18] 王荣国,等. 复合材料概论[M]. 哈尔滨:哈尔滨工业大学出版社,1999.

[19] 左铁镛. 新型材料——人类文明进步的阶梯[M]. 北京:化学工业出版社,2002.

[20] 吴人洁. 复合材料[M]. 天津:天津大学出版社,2000.

[21] 曹阳. 结构与材料[M]. 北京:高等教育出版社,2003.

[22] 邢丽英,等. 隐身材料[M]. 北京:化学工业出版社,2004.

[23] 中国科学院. 2002高技术发展报告[M]. 北京:科学出版社,2002.

[24] 师昌绪,李恒德. 材料科学与工程手册[M]. 北京:化学工业出版社,2004.

[25] 中国航空研究院. 复合材料结构设计手册[M]. 北京:航空工业出版社,2001.

[26] 王正品,等. 金属功能材料[M]. 北京:化学工业出版社,2004.

[27] 傅恒志,等. 空间技术与材料科学[M]. 北京:清华大学出版社,2000.

[28] 温熙森. 高科技知识读本[M]. 长沙:国防科技大学出版社,2000.

[29] 中国科学院. 2004科学发展报告[M]. 北京:科学出版社,2004.

[30] 周馨我. 功能材料学[M]. 北京:北京理工大学出版社,2002.

[31] 梁彤祥,等. 清洁能源材料导论[M]. 哈尔滨:哈尔滨工业大学出版社,2003.

[32] 李宗全,陈湘明. 材料结构与性能[M]. 杭州:浙江大学出版社,2001.

[33] 马如璋,蒋民华,徐祖雄. 功能材料学概论[M]. 北京:冶金工业出版社. 2000.

[34] 丁秉钧. 纳米材料[M]. 北京:机械工业出版社,2004.

[35] 周瑞法,韩雅芳,陈祥宝. 纳米材料技术[M]. 北京:国防工业出版社,2003.

[36] 刘吉平,郝向阳. 纳米科学与技术[M]. 北京:科学出版社,2002.

[37] 李凤生,杨毅,等. 纳米功能复合材料及应用[M]. 北京:国防工业出版社,2003.

[38] 陈光,等. 新材料概论[M]. 北京:科学出版社,2003.

[39] 曹克广. 现代高新技术概论[M]. 北京:化学工业出版社,2004.

[40] 李俊寿. 新材料概论[M]. 北京:国防工业出版社,2004.

[41] 吴承建,陈国良,强文江. 金属材料学[M]. 北京:冶金工业出版社,2000.

[42] 项程云. 合金结构钢[M]. 北京:冶金工业出版社,1999.

[43] 董成瑞,任海鹏,金同哲,等. 微合金非调质钢[M]. 北京:冶金工业出版社,2000.

[44] 王祖滨,东涛,等. 低合金高强度钢[M]. 北京:原子能出版社,1996.

[45] 陈贻瑞,王建. 基础材料与新材料[M]. 天津:天津大学出版社,1994.

[46] 陈全明. 金属材料及强化技术[M]. 上海:同济大学出版社,1992.

[47] 耿文范,李相武,林师火,等. 节约合金的特殊钢[M]. 北京:冶金工业出版社,1994.

[48] 王家瑛. 模具材料与使用寿命[M]. 北京:机械工业出版社,2000.

[49] 徐进,陈再枝,等. 模具材料应用手册[M]. 北京:机械工业出版社,2001.

[50] 王国全,王秀芬. 聚合物改性[M]. 北京:中国轻工业出版社,2000.

[51] 平郑骅,汪长春. 高分子世界[M]. 上海:复旦大学出版社,2001.

[52] 励杭泉. 材料导论[M]. 北京:中国轻工业出版社,2000.

[53] 朱敏. 功能材料[M]. 北京:机械工业出版社,2002.

[54] 国家新材料行业生产力促进中心. 中国新材料发展报告[M]. 北京:化学工业出版社,2004.

[55] 阮建明,邹俭鹏,黄伯云. 生物材料学[M]. 北京:科学出版社,2004.

[56] 陈光,傅恒志,等. 非平衡凝固新型金属材料[M]. 北京:科学出版社,2004.

[58] 顾家琳,等. 材料科学与工程概论[M]. 北京:清华大学出版社,2005.

[59] 张玉军,等. 结构陶瓷材料及其应用[M]. 北京:化学工业出版社,2005.

[60] 李建保,周益春. 新材料科学及其实用技术[M]. 北京:清华大学出版社,2004.

[61] 干勇,等. 中国材料工程大典:第2卷 钢铁材料工程(上)[M]. 北京:化学工业出版社,2006.

[62] 孙智,等. 现代钢铁材料及其工程应用[M]. 北京:机械工业出版社,2007.

[63] 程津培. 世界前沿科技发展报告[M]. 北京:科学出版社,2006.

[64] 雅箐. 材料概论[M]. 重庆:重庆大学出版社,2006.

[65] 曹晓明,等. 先进结构材料[M]. 北京:化学工业出版社,2005.

[66] 戴起勋. 金属材料学[M]. 北京:化学工业出版社,2005.

[67] 司乃潮,傅明喜. 有色金属材料及制备[M]. 北京:化学工业出版社,2006.

[68] 张联盟. 材料学[M]. 北京:高等教育出版社,2005.

[69] MYER KUTZ. 材料选用手册[M]. 陈祥宝,戴圣龙,等,译. 北京:化学工业出版社,2005.

[70] 马之庚,等. 现代工程材料手册[M]. 北京:国防工业出版社,2005.

[71] 徐晓红. 材料概论[M]. 北京:高等教育出版社,2006.

[72] 胡保全,牛晋川. 先进复合材料[M]. 北京:国防工业出版社,2006.

[73] 严捍东. 新型建筑材料教程[M]. 北京:中国建材工业出版社,2005.

[74] 翟庆州. 纳米技术[M]. 北京:兵器工业出版社,2006.

[75] 张全勤,张继文. 纳米技术新进展[M]. 北京:国防工业出版社,2005.

[76] 杨华明,等. 新型无机材料[M]. 北京:化学工业出版社,2005.

[77] 肖永清,杨忠敏. 汽车的发展与未来[M]. 北京:化学工业出版社,2004.

[78] 沈新元. 先进高分子材料[M]. 北京:中国纺织出版社,2006.

[79] 刘忠侠,顾海澄. 钢铁仍将是21世纪中国结构材料的支柱[J]. 钢铁,2001,36(7):68-73.

[80] 翁宇庆. 中国钢铁材料发展现状及迈入新世纪的对策[J]. 钢铁,2001,36(10):1-5.

[81] 赵沛,刘正才. 新一代钢铁材料基础研究的进展和体会[J]. 材料导报,2001,15(3):1-3.

[82] 徐匡迪. 20世纪——钢铁冶金从技艺走向工程科学[J]. 上海金属,2002,24(1):1-10.

[83] 张小平,梁爱生. 近终形连铸技术[M]. 北京:冶金工业出版社,2001.

[84] 陈蕴博,等. 强韧微合金非调质钢的研究动向[J]. 机械工程材料,2001,25(3):1-6.

[85] CHUISTIAN TINIUS, ROBERT MRDJENOVICH. Forged microaloyed steel crankshafts for automotive engines [J]. Fundamentals and applications of microalloying forging steels,Golden,1996(7):8-10.

[86] LINAZA M A, ROMERO J L. Influence of the thermo – mechanical treatments on the microstructure and toughness of microalloyed engineering steels,theromo – mechanical processing in theory[C]. Sweden:Modelling & Practice,1996.

[87] 段继光. 工程陶瓷技术[M]. 长沙:湖南科学技术出版社,1994.

[88] 莱茵斯 C,等. 钛与钛合金[M]. 陈振华,等,译. 北京:化学工业出版社,2005.

[89] 张桂甲. 高分子材料的工程应用与发展[J]. 机械工程材料,1998(22):1.

[90] 董建华. 高分子材料科学的发展动向与若干热点[J]. 材料导报,1999(13):5.

[91] 北京苏佳惠丰化工技术咨询有限公司. 我国聚合物改性材料的发展动态[J]. 化工新型材料,2001(29):4.

[92] 王国建,李勇进,郑震. 高分子合金技术及其理论研究进展[J]. 工程塑料应用,1999(27):1.

[93] 黄发荣. 环境可降解塑料的研究开发[J]. 材料导报,2000(14):7.

[94] 温变英. 生物医用高分子材料及其应用[J]. 化工新型材料,2001(29):9.

[95] 陈莉. 智能高分子材料[M]. 北京:化学工业出版社,2005.

[96] 中国材料研究会.2002年材料科学与工程新进展[M].北京:冶金工业出版社,2003.

[97] 王零森.特种陶瓷[M].长沙:中南工业大学出版社,1994.

[98] 高瑞平,李晓光,等. 先进陶瓷物理与化学原理及技术[M]. 北京:科学出版社,2001.

[99] 常春,陈传忠,等.SiC/55MoSi2材料的微观结构和电热性能[J]. 硅酸盐学报,2003,9(31).

[100] 黄勇,等. 陶瓷强韧化新纪元——仿生结构设计[J]. 材料导报,2000,14(8).

[101] 齐宝森,王成国. 机械工程非金属材料[M]. 上海:上海交通大学出版社,1996.

[102] 周玉. 陶瓷材料学[M]. 哈尔滨:哈尔滨工业大学出版社,1995.

[103] 张志鲲,崔作林. 纳米技术与纳米材料[M]. 北京:国防工业出版社,2000.

[104] 张玉龙,李长德. 纳米技术与纳米塑料[M]. 北京:中国轻工业出版社,2002.

[105] 徐国财,张立德. 纳米复合材料[M]. 北京:化学工业出版社,2002.

[106] 李恒德. 现代材料科学与工程辞典[M]. 济南:山东科学技术出版社,2001.

[107] 王淼,等. 纳米材料应用技术的新进展[J]. 材料科学与工程,2000,18(1).

[108] 樊世民,盖国胜. 纳米颗粒的应用[J]. 材料导报,2001,15(12).

[109] 翟华嶂,等. 纳米材料和纳米科技的进展、应用及产业化现状[J]. 材料工程,2001 (11).

[110] 张立德. 我国纳米材料技术应用的现状和产业化的机遇[J]. 材料导报,2001,15 (7).

[111] 李景新,黄因慧. 纳米材料及其技术研究进展[J]. 材料导报,2001,15(8).

[112] 刘建国,孙公权. 燃料电池概述[J]. 物理,2004,33(2).

[113] 林化新,周利,衣宝廉,等. 千瓦级熔融碳酸盐燃料电池组启动与性能[J]. 电池, 2003,33(3).

[114] RALPH T R, HOGARTH M P. Catalysis for low temperature fuel cellsPart I : the cathode challenges[J]. Platinum Metals Rev., 2002, 46.

[115] LI W Z, ZHOU W J, LI H Q, et al. Nano-stuctured Pt − Fe/C as cathode catalyst in direct methanol fuel cell[J]. Electrochimi. Acta., 2004,49.

[116] XIONG L, KANNAN A M, MANTIHIRAM A. Pt_{2M}(M = Fe, Co Ni and Cu) electrocatalysts synthesized by an aqueous route for proton exchange membrane fuel cells[J]. Electrochem. Commun., 2002, 4.

[117] ARICO6A S, SHUKL A K, KIM H, et al. An XPS study on oxidationstates of Pt and its alloys with Co and Cr and its relevance to electroreduction of oxygen [J]. Appl . Surf . Sci ., 2001, 172.

[118] SHIM J, LEE C R, LEE H K. Electrochemical characteristics of Pt − WO_3/C and Pt − TiO_2/C electrocatalysts in a polymer electrolyte fuel cell[J]. Power Sources, 2001, 102.

[119] JUSYS Z, SCHMIDT T J, DUBAY L, et al. Activity of PtRuMeOx(Me = W, Mo, V) catalyst towards methanol oxidation and their characterization[J]. Power Sources, 2002.

[120] 白玉霞,邱新平. 质子交换膜燃料电池中的相关基础性问题[J]. 物理,2004,33(2).

[121] 马建新,等. PEMFC 膜电极组件(MEA)制备方法的评述[J]. 化学进展 2004,16(5): 804-812.

[122] JOCHEN A K. Journal of Membrane Science[J]. 2001,185.

[123] YOSHIBA F, ABE T. Watanabe numberic analysis of molten carbonate fuel cell stack performance : diagnosis of internal conditions using cell voltage profiles[J]. Power Sources, 2000, (87).

[124] 雷永泉. 新能源材料[M]. 天津:天津大学出版社, 2000.

[125] YU A, FRENCH R. Mesoporous tin oxides as lithium intercalation anode materials[J]. Power Sources, 2002, 104 (1).

[126] 华寿南, 杨晓燕, 康石林, 等. 掺杂 Sn 的 Li4Ti5O12 作为锂离子电池负极研究[C]// 第二十四届中国化学与物理电源学术年会论文集. 哈尔滨:哈尔滨工业大学出版社, 2000.

[127] BRANCI C, BENJELLOUN N, SARRADIN J, et al. Vitreous tin oxide – based thin film electrodes for Li_2ion microbatteries[J]. Solid State Ionics, 2000, 135:1-4.

[128] YANG J, TAKEDA Y, IMANISHI N, et al. Novel composite anode based on nano – oxides and $Li_{2.6}Co_{0.4}N$ for lithium ion batteries [J]. Electrochimica Acta, 2001, 46 (17).

[129] PAULSEN J M, MULLER NEHAUS J R, DAHN J R. Layered $LiCoO_2$ with a different oxygen stacking (O_2structure) as a cathode material for rechargeable lithium batteries [J]. Electrochemical Soc., 2000, 147(2).

[130] 李相哲, 李秀华, 王黎. AB$_5$型贮氢合金研究进展[J]. 电池工业, 2001, 6 (1).

[131] WU B, WHITE R E. Modeling of a nickelhydrogen cell phase reactions inthe nickel active material [J]. Electrochem. Soc., 2001, 148 (6).

[132] DHAR S K, FETCENKO M A, OVSHINSKY S R. Advanced materials fornext generation high energy and power nickel2metal hydride portablebatteries [C]//The Sixteenth Annual Proceedings of Battery Conference on Applications and Advances, 2001.

[133] MORIOKA Y, NARUKAWA S, ITOU T. State of the art of alkaline rechargeable batteries [J]. Power Sources, 2001, 100:1-2.

[134] 胡子龙. 贮氢材料[M]. 北京:化学工业出版社, 2002.

[135] 王辉, 等. Mg 基贮氢合金研究进展[J]. 金属功能材料, 2002(2).

[136] 王宁, 席生岐. 提高 Mg – Ni 贮氢合金电极性能的因素[J]. 稀有金属材料与工程, 2002(4).